数字化设计与制造领域人才培养系列教材
高等职业教育系列教材

CAXA 电子图板应用教程

组　编　北京数码大方科技股份有限公司
主　编　刘春玲　赵青松　李长亮
副主编　欧阳玲玉　张俊生　朱丙新
参　编　程　慧　吴齐睿　于　波　杨护昱
主　审　胡福志

机械工业出版社

本书以 CAXA 电子图板 2023 为平台，以基本操作、案例实践、职业技能考核为脉络，通过具有代表性的案例，全面系统地介绍该软件在机械工程设计领域的具体使用方法和操作技巧。

本书分 3 篇，共 10 个项目，第 1 篇（项目 1~项目 4）主要介绍软件基本界面、绘图工具、编辑工具和尺寸标注方法；第 2 篇（项目 5~项目 8）以典型机械零件如轴类、盘类、箱体类等为例详细讲解软件的应用；第 3 篇（项目 9、项目 10）主要介绍机械工程制图职业技能等级考试（二维部分）初、中级样题的分析与解题过程。全书涵盖了 CAXA 电子图板常用功能，具有较强的针对性和实用性，在讲解的过程中使用了大量图表，以方便读者轻松掌握相关操作。每个项目附有项目小结及精学巧练，帮助读者及时检测知识点的综合运用情况。

本书可作为高等职业院校相关专业的教材，同时适合相关岗位从业人员入门学习或参考。

本书配有教学视频等资源，可扫描书中二维码直接观看，还配有授课电子课件、源文件素材等，需要的教师可登录机械工业出版社教育服务网 www.cmpedu.com 免费注册后下载，或联系编辑索取（微信：13261377872，电话：010-88379739）。

图书在版编目（CIP）数据

CAXA 电子图板应用教程 / 北京数码大方科技股份有限公司组编；刘春玲，赵青松，李长亮主编. -- 北京：机械工业出版社，2024. 11. -- (数字化设计与制造领域人才培养系列教材)（高等职业教育系列教材）.

ISBN 978-7-111-76686-5

Ⅰ. TP391.72

中国国家版本馆 CIP 数据核字第 2024JL3941 号

机械工业出版社（北京市百万庄大街 22 号　邮政编码 100037）

策划编辑：曹帅鹏　　责任编辑：曹帅鹏

责任校对：曹若菲　李　婷　　责任印制：张　博

北京雁林吉兆印刷有限公司印刷

2024 年 11 月第 1 版第 1 次印刷

184mm×260mm · 15.25 印张 · 405 千字

标准书号：ISBN 978-7-111-76686-5

定价：59.80 元

电话服务　　网络服务

客服电话：010-88361066　　机 工 官 网：www.cmpbook.com

010-88379833　　机 工 官 博：weibo.com/cmp1952

010-68326294　　金 书 网：www.golden-book.com

机工教育服务网：www.cmpedu.com

Preface

前 言

党的二十大报告指出“加快实现高水平科技自立自强”。长期以来，我国十分重视国产工业软件的发展，大力推进自主工业软件体系发展和产业化应用。CAXA 电子图板是根据中国机械设计国家标准和工程师使用习惯开发，具有自主的 CAD 内核和独立的文件格式，支持第三方应用开发，功能强大的国产自主 CAD 软件，现已广泛应用于航空航天、装备制造、电子电器、汽车及零部件、国防军工、教育等行业。作为绘图和设计的平台，它具有易学易用、兼容性强、稳定性强的突出特点。

本书以 CAXA 电子图板 2023 为平台，针对其设计功能，按照基础应用介绍、典型机械零件案例讲解和“1+X”机械工程制图职业技能等级考试样题分析的梯度划分为 3 篇，共 10 个项目。注重基础、突出实用，详细介绍了其基本操作、图形绘制及编辑、工程标注、图纸幅面、职业技能等级考试初级和中级样题等内容，并配备了实用的应用案例素材及讲解，确保读者在学习过程中边学边练，逐步提高软件的应用能力。本书结构严谨、知识全面，对于综合性实例以图表形式分步表达，步骤明确，讲解详细，可读性强；书中大多数知识点和实例配有视频讲解，读者可以随时随地扫码看视频进行学习，大幅提高了学习的便捷性。

本书由黑龙江农业经济职业学院刘春玲、贵州航空职业技术学院赵青松、北京数码大方科技股份有限公司李长亮主编；江西应用技术职业学院欧阳玲玉、重庆市教育科学研究院张俊生、北京数码大方科技股份有限公司朱丙新任副主编，黑龙江农业经济职业学院程慧、长春工业大学吴齐睿、黑龙江交通职业技术学院于波、黑龙江农业经济职业学院杨坤昱任参编。本书由黑龙江农业经济职业学院胡福志主审。项目 1、项目 2 由吴齐睿编写；项目 3 中 3.3 节、3.4 节和 3.5 节以及项目 6、项目 9 由刘春玲编写；项目 4、项目 5 由于波编写；项目 7、项目 8 由程慧编写；项目 3 中 3.1 节和 3.2 节、项目 10 由杨坤昱编写。全书由刘春玲统稿和定稿；参与项目案例测试的有欧阳玲玉、张俊生；全书编写过程中由朱丙新、李长亮提供技术支持；各项目“精学巧练”部分的教学视频由赵青松提供。本书在编写过程中得到齐重数控装备股份有限公司、中国航发哈尔滨东安发动机有限公司和哈尔滨东安实业发展有限公司技术人员的大力支持，在此表示衷心感谢。

由于编者水平有限，加之计算机辅助设计软件技术发展迅速，书中难免有遗漏和失误，恳请广大读者批评指正。

编　者

目 录 Contents

第2篇 应用案例

第3篇　机械工程制图职业技能等级考试样题

第1篇

基础操作

CAXA 电子图板是具有完全自主版权的国产 CAD 软件，它的特点是易学易懂、操作简单、功能强大，现已广泛应用在机械、电子、航天航空、汽车、轻工、纺织、建筑、船舶及工程建设等领域。

本篇共有四个项目：项目 1 初识电子图板；项目 2 绘制图形；项目 3 编辑曲线；项目 4 标注尺寸。本篇重点是 CAXA 电子图板 2023 的基本操作方法和基本功能的应用，这是工程设计人员通过软件有效表达设计思想、创新设计的重要基础，也是机械制图计算机辅助设计提质增效的前提。

项目 1　初识电子图板

【知识目标】 学习 CAXA 电子图板 2023 的用户界面，理解相关功能概念，以及各种绘图环境设置，掌握软件基本操作，为后面的学习打下基础。

【技能目标】 可以根据制图习惯、工作需求进行软件界面的各项基本设置，为绘图做好前期准备工作。

【素养目标】 培养新技术运用的意识；培养结合运用不同技术解决问题的意识；培养学生的爱国情怀，坚定学生的文化自信、科技自信。

用户界面是交互式绘图软件与用户进行信息交流的桥梁，用户可以通过 CAXA 用户界面来执行各种操作，如绘图、编辑、标注等，也可以通过它进一步了解下一步的操作。

1.1 界面和基本操作

1.1.1 界面介绍

CAXA 电子图板 2023 在整体上保持了直观简洁的设计风格，主要通过主菜单和工具条访问常用命令。此外还包括菜单栏、绘图区、工具选项板等。同时采用立即菜单并行操作方式实时反映用户的交互状态，调整交互流程不受深度限制，为用户节省大量的交互时间。

如图 1-1-1 所示，CAXA 电子图板 2023 的界面主要由快速启动工具栏、功能区选项卡及其面板、绘图区、工具选项板、菜单栏、状态栏等组成。

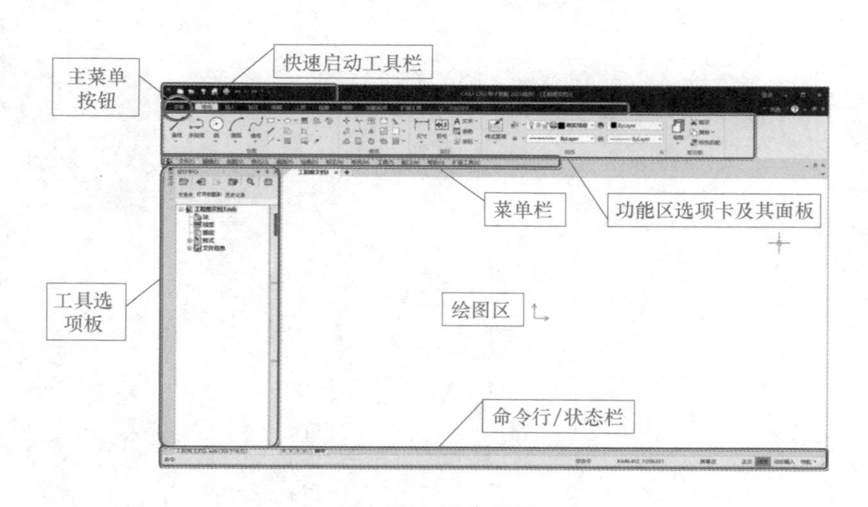

图 1-1-1　用户界面

1. 快速启动工具栏

快速启动工具栏在界面最上方，用户可以将一些常用的命令放到该工具栏上，以方便使用。

在工具栏中右键单击任意位置就会弹出如图 1-1-2 所示的菜单。可单击“自定义快速启动工具栏”，并在“定制功能区”进行自定义。

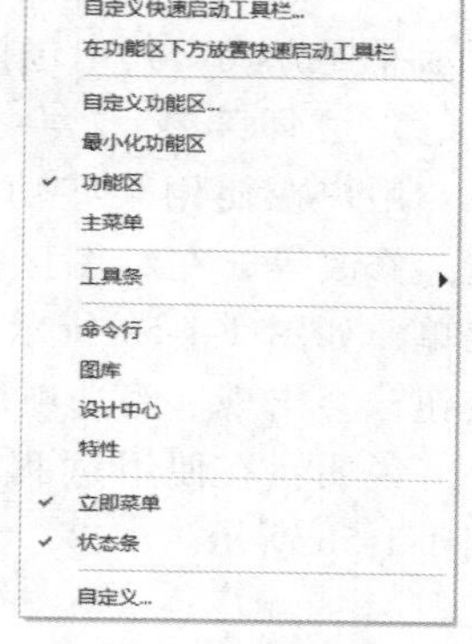

图 1-1-2　右键菜单

2. 状态栏

状态栏可显示当前状态下的情况，让用户更清晰地了解到当前状态，从而有利于操作设置，如图 1-1-3 所示。

“1”位置：操作信息提示区。

“2”位置：命令与数据输入区，它会显示当前的命令和参数，用户可以通过键盘输入命令和参数来执行操作。

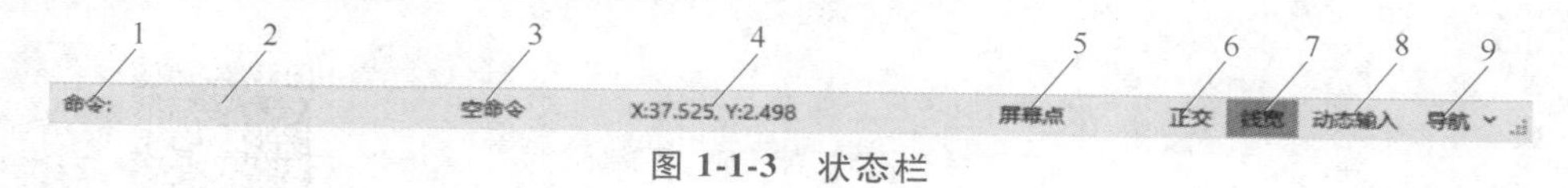

图 1-1-3　状态栏

“3”位置：命令提示区。此区用于显示当前执行的功能和输入的命令，方便掌握电子图板键盘命令。

“4”位置：当前点坐标显示区。该部分可显示出当前的绝对坐标值，或者是相对于前一点的偏移量。还可以显示部分图形的几何参数值，如圆的半径等。

“5”位置：点工具状态提示区。用于显示当前点的性质以及拾取方式，如屏幕点、端点等，拾取方式为添加状态或移出状态。

“6”位置：正交和非正交状态切换区。

“7”位置：线宽状态切换。单击该按钮可以在“按线宽显示”和“细线显示”两个状态间切换。

“8”位置：动态输入工具开关。单击“动态输入”即可打开动态输入命令。动态输入的内容包括动态提示、坐标和标注，详细介绍见表 1-1-1，表中的图例以执行“直线”命令为例。

表 1-1-1　动态输入详细介绍

作用	操作说明	补充说明	图例
动态提示	动态提示将在光标附近显示信息，该信息会随着光标的移动而动态更新；当执行某命令时，动态提示将为用户提供当前的位置	如果输入第一个值后按<Enter>键，则第二个输入字段将被忽略而采用当前默认值	第一点: 99.817 19.580
坐标输入	鼠标单击可以确定坐标点，也可以在动态输入的坐标提示框中直接输入坐标值，而不用在命令行中输入	在输入过程中，使用<Tab>键可以在不同的输入框内切换，输入最后一个坐标后按<Enter>键结束	第一点: 100 60
标注输入	当命令提示输入第二点时，动态提示将动态显示距离和角度值，根据提示分别输入所需的值	按<Tab>键可以将光标移动到要更改值的字段输入框中	45 第二点: 60

“9”位置：捕捉状态设置区，单击捕捉状态设置区会出现如图 1-1-4 所示捕捉方式，其中包括“自由”“智能”“栅格”和“导航”。

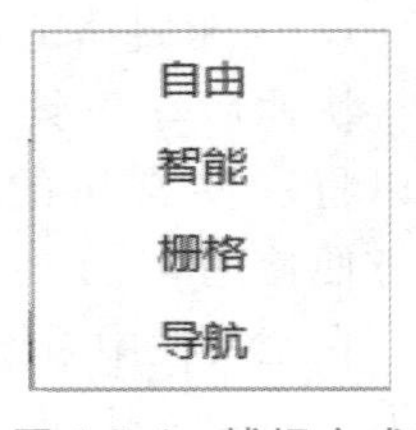

图 1-1-4 捕捉方式

3. 立即菜单

用户在使用某些功能的时候，如绘图、标注、修改等，在绘图区的底部会弹出一行立即菜单，如图 1-1-5a 所示。此时单击对应的下拉按钮，会出现一组选项供用户选择。

说明：在使用过程中，用户可以根据自己的操作习惯，使立即菜单浮于绘图区，如图 1-1-5b 所示。

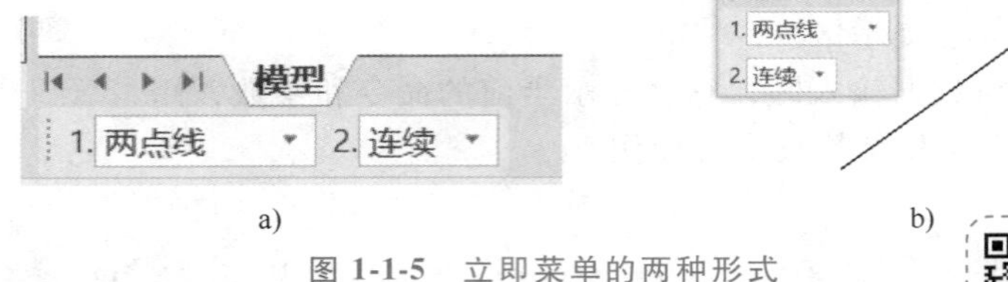

图 1-1-5 立即菜单的两种形式

a）固定于窗口底部 b）浮于绘图区

1.1.1-4
工具选项板

4. 工具选项板

工具选项板是一种特殊形式的交互工具，用来组织和放置图库、属性修改等工具。CAXA 电子图板的工具选项板有“图库”“特性”“设计中心”。工具选项板可以固定显示在窗口上，也可以隐藏在界面左侧的工具选项板工具条内。将光标移动到该工具条的某个工具选项按钮上时，对应的工具选项板就会自动弹出，如图 1-1-6 所示。

1.1.1-5
主菜单按钮

5. 绘图区

绘图区是用户进行绘图设计的工作区域。

6. 菜单

（1）“菜单”按钮：在选项卡模式界面下，用鼠标左键单击功能区的“菜单”按钮即可出现下拉式主菜单，如图 1-1-7 所示。

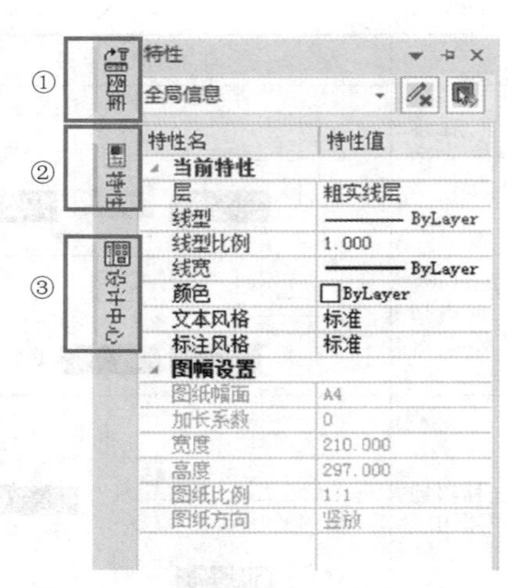

图 1-1-6 工具选项板（特性工具）

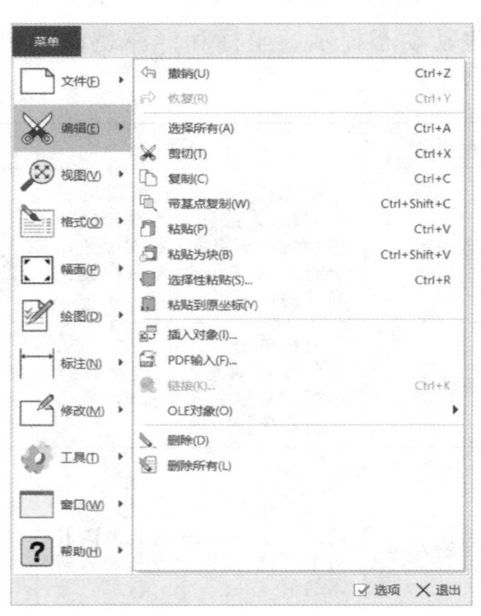

图 1-1-7 “菜单”按钮内容

（2）右键菜单：用户在绘图区、功能区、工具选项板的空白区单击鼠标右键，或者在命令执行期间单击鼠标右键，系统会弹出一个菜单，即为右键菜单。如图 1-1-8 所示为功能区右键菜单，图 1-1-9 所示为绘图区右键菜单。

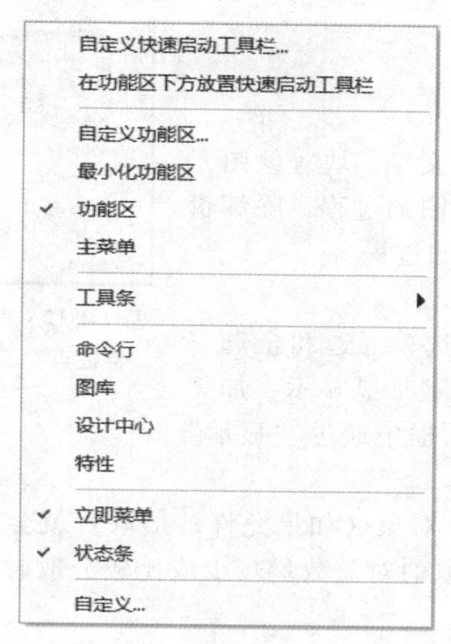

图 1-1-8　功能区右键菜单

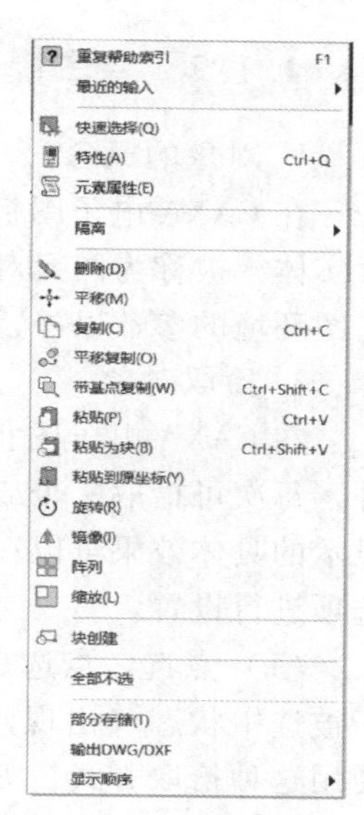

图 1-1-9　绘图区右键菜单

注意：鼠标右键是可以重复执行上一个命令的，或者对正在执行的操作进行确认。用户可以单击“菜单”→“工具”→“选项”，系统弹出“选项”对话框，如图 1-1-10 所示；再单击“交互”→“自定义右键单击”按钮，之后会弹出“自定义右键单击”对话框，如图 1-1-11 所示，即可重新定义鼠标右键的行为。

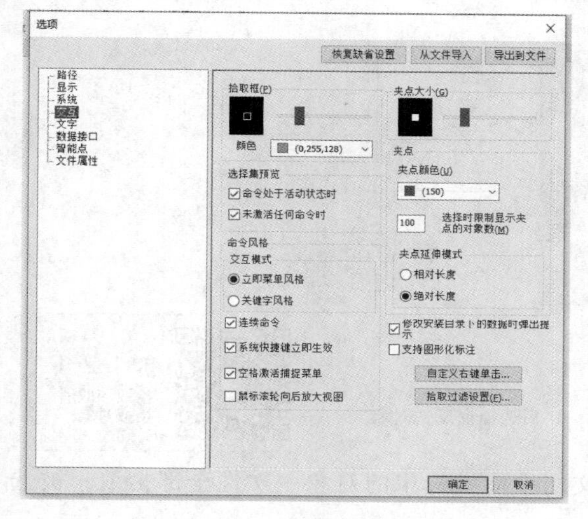

图 1-1-10　“选项”对话框

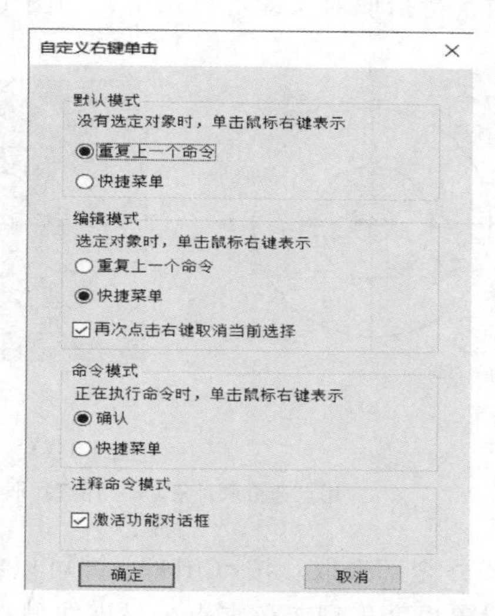

图 1-1-11　“自定义右键单击”对话框

（3）“捕捉特征点”菜单：当用户在操作过程中需要获得图形上的一些特征点时，如圆心、切点、端点、交点等，只需按一下空格键，系统即弹出“捕捉特征点”菜单。利用该菜单，用户可以很准确、快捷地捕捉到现有图形上所需的特征点。如图 1-1-12 所示为

"捕捉特征点"菜单。

说明：用户欲使用空格键打开"捕捉特征点"菜单，则必须在如图 1-1-10 所示的"选项"对话框中勾选"空格激活捕捉菜单"选项。

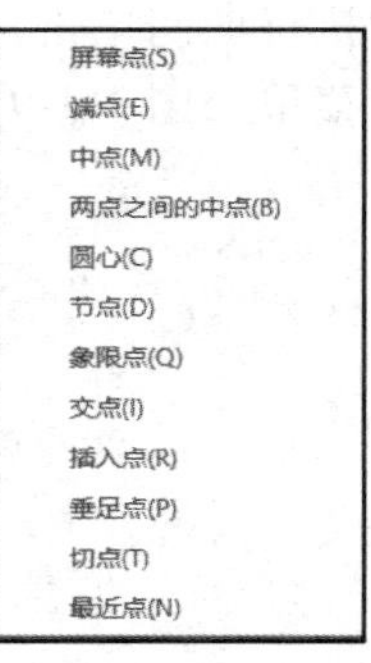

图 1-1-12 "捕捉特征点"菜单

1.1.2 基本操作

1. 对象的概念

在 CAXA 电子图板中，绘制在绘图区的各种曲线、文字、块等绘图元素实体，被称为图元对象，简称对象。在电子图板中绘图的过程，除编辑绘图环境的参数以外，实质上就是生成对象和编辑对象的过程。

2. 拾取对象

在 CAXA 电子图板中拾取对象的方法可以分为点选、框选和全选三种，每次可拾取一个或多个对象。凡是被选中的对象会被加亮显示，加亮显示的具体效果可以在如图 1-1-10 所示的"选项"对话框中通过"显示"选项进行设置。

（1）点选。点选是指将光标移动到对象上单击，该对象（如果允许被拾取）就会直接处于被选中状态（出现蓝色夹点，呈虚线型）。当需要拾取的对象数量较少或比较分散时，一般使用这种拾取方式，如图 1-1-13a 所示。

（2）框选。框选是指在绘图区选择两个对角点形成选择框拾取对象。框选一次可以选择单个或多个对象，被选中的对象呈虚线型。框选可分为正选和反选两种方法。

正选：即选择方向为自左上至右下，正选的选择框为蓝色。只有待拾取对象完全位于蓝色框内时，待选对象才会被选中，如图 1-1-13b 所示。

反选：即选择方向为自右下向左上，反选的选择框为绿色。只要待拾取对象任意部分在选择框内，待拾取对象即可被选中，如图 1-1-13c 所示。

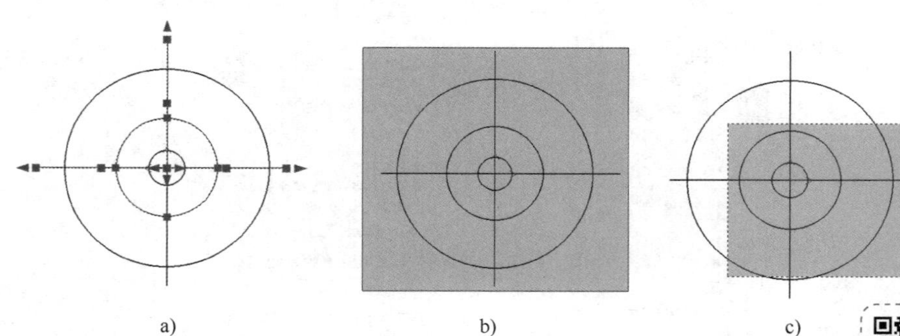

图 1-1-13 拾取对象

a）用点选拾取对象 b）用选择框正选对象 c）用选择框反选对象

1.1.2-1 拾取和取消拾取对象

（3）全部选取。按<Ctrl+A>键可以将当前文档中能够选中的对象一次性全部拾取，被选中的对象也会出现蓝色夹点，呈虚线型。

3. 取消拾取对象

使用常规命令结束操作后，被选择的对象也会自动取消选择状态。如果想手工取消当前的全部选择，则可以再按<Esc>键，也可以使用绘图区右键菜单中的"全部不选"选项来实现。

如果希望取消当前选择中某一个或某几个对象的选择状态，则可以在按住<Shift>键的同时用鼠标点选需要剔除的对象。

4. 命令操作

CAXA 电子图板所进行的任何操作都是在接收到用户给出的命令后才开始执行的。

调用命令方式分为单击方式、键盘命令方式和快捷键方式三种。

(1) 单击方式。单击主菜单或图标是指在主菜单、工具条或功能区等位置找到该命令的选项或图标，使用鼠标左键单击调用。

(2) 键盘命令方式。键盘命令是将简化的命令直接输入进行操作。一些基本的图形使用键盘命令会使操作更加便捷，例如：直线的键盘命令为“L”，输入“L”后按<Enter>键可以执行直线命令。

(3) 快捷键方式。快捷键（又称热键）方式是指通过某些特定的按键、按键顺序或按键组合来完成一个操作。不同于键盘命令的是，快捷键按下后，需要调用的功能会立即执行，不必再按<Enter>键。因此，使用快捷键调用命令可以大幅提高绘图效率。

基础操作常用的快捷键见表 1-1-2。其中<Esc>键的用处非常广泛，在取消拾取、退出命令、关闭对话框、中断操作等方面有广泛的应用。

表 1-1-2 基础操作常用的快捷键

快捷键	功能说明
鼠标左键	用于激活菜单、调用命令、确定点的位置、拾取实体等
鼠标右键	用于激活菜单、确认拾取、结束操作、终止命令等
鼠标中键	按住中键后拖动：用于动态显示平移
	滚动：用于动态显示缩放
F1	在任何时候，可请求系统的帮助
F2	坐标显示模式切换，即在显示直角坐标和显示相对坐标之间切换
F3	显示全部
F4	指定一个当前点作为参考点，用于相对坐标点/相对位移的输入
F5	当前坐标系切换开关
F6	点捕捉方式切换开关，用于设置捕捉方式
F7	三视图导航开关
F8	正交与非正交切换开关
F9	在新风格界面与经典风格界面之间切换
<Esc>键	在任何时候，可终止正在执行的任何命令或操作
<Home>键	在输入框中用于将光标移至行首
<End>键	在输入框中用于将光标移至行尾
<Tab>键	在输入框中用于移动光标位置
<Delete>键	在拾取对象状态下用来删除或清除

5. 点的输入

1.1.2-2 点的输入

CAXA 电子图板中点的输入方式有鼠标方式和键盘方式两种。为了准确、快速地获得点的位置，还设置了若干种捕捉方式，如智能点的捕捉、栅格点的捕捉等功能。

(1) 鼠标输入点。鼠标输入点的坐标，就是通过移动十字光标选择需要输入的点的位置。选中后按下鼠标左键，即可拾取该坐标点。

（2）键盘输入点。键盘输入点有绝对坐标、相对坐标和相对极坐标三种方式。

1）绝对坐标方式：当系统需要输入一个点时，可直接在键盘上输入一对实数值作为点的 *X*、*Y* 坐标，但 *X*、*Y* 坐标值之间必须用逗号隔开，如“100，50”等。

2）相对坐标方式：相对坐标是指相对于系统当前点的坐标，它与坐标系的原点无关。以这种方式输入点时，系统要求用户必须在第一个数值前面加上符号“@”，以表示相对。例如，输入“@50，25”，表示相对于参考点来说，输入了一个向右偏移 50 个单位且向上偏移 25 个单位的点。在相对坐标方式下，正值表示向正方向变化，负值表示向负方向变化。

3）相对极坐标方式：该方式是通过指定相对于参考点的极半径和极半径与 *X* 轴的逆时针夹角来确定一点位置的方法。当用户采用这种方式时，极半径与极角之间必须用小于号“<”隔开。例如，“@50<25”表示给出的一点相对于参考点来说，其极半径为 50，极角为 25°。

6. 视图工具

在绘图过程中需要经常显示和查看图形的不同部分。为此，电子图板提供了丰富的控制图形显示的命令。

视图控制的各项命令可以通过功能区“视图”选项卡下的“显示”面板执行，也可以使用鼠标的滚轮进行缩放或平移。“显示”面板如图 1-1-14 所示。

图 1-1-14 “显示”面板

说明：重生成是将显示失真的图形按当前窗口的显示状态进行重新生成。一般情况下，当圆和圆弧等图形元素被放大到一定比例时，会出现一定程度的显示失真现象。这时就需要使用重生成命令。

1.1.3 文件管理

文件操作可以通过“菜单”选项卡上的“文件”选项弹出如图 1-1-15 所示的下拉菜单，或者使用快速启动工具栏上的按钮来实现。

1.1.3-1
新建文件

1. 新建文件

新建文件是指创建基于模板的图形文件。

● 操作方法

（1）在如图 1-1-15 所示的菜单中单击“新建”选项，或在快速启动工具栏中单击按钮，系统弹出如图 1-1-16 所示的“新建”对话框。

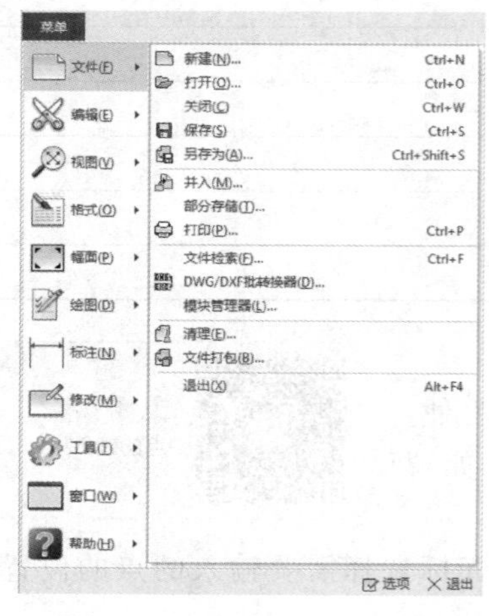

图 1-1-15 “文件”下拉菜单

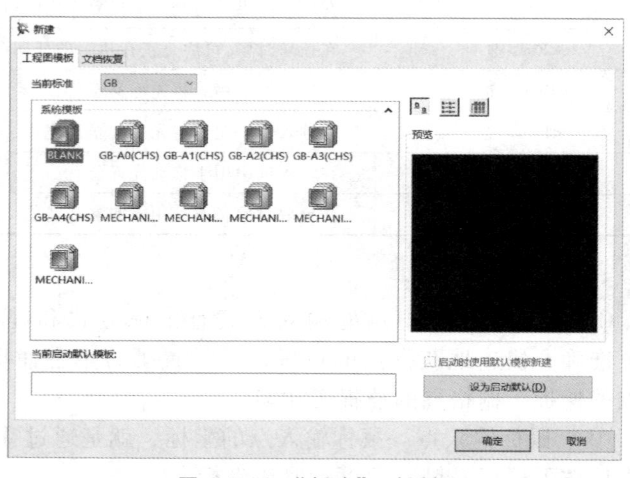

图 1-1-16 “新建”对话框

（2）在对话框中选择相应的模板或名为“BLANK. TPL”的空白模板文件，选择后单击“确定”即可进入绘图界面。

说明：如果单击“设为启动默认”按钮，并勾选了“启动时使用默认模板新建”复选框，则之后在建立新文件时将使用本次选用的模板文件。

1.1.3-2
打开文件

2. 打开文件

打开文件是指打开一个电子图板的图形文件或其他格式的图形文件。

● 操作方法

（1）在主菜单中单击“打开”选项，或在快速启动工具栏中单击按钮，系统将弹出如图1-1-17所示的“打开”对话框。

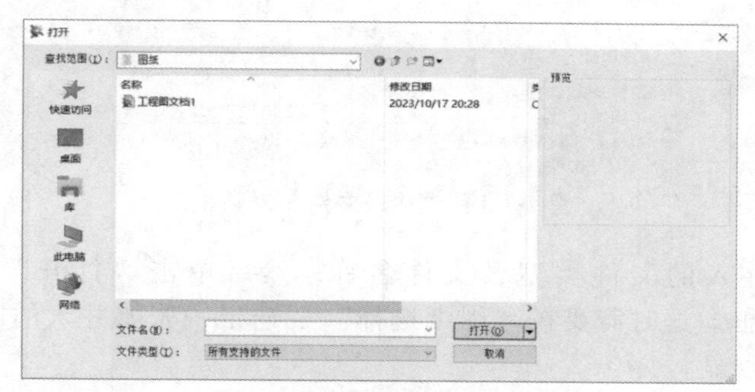

图 1-1-17　“打开”对话框

（2）在文件列表框中选择需要打开的图形文件名，或者直接在“文件名”后面的编辑框中输入文件名，单击“打开”按钮，系统将打开所选的图形文件并显示在屏幕绘图区。

3. 保存文件

保存文件是指将当前绘制的图形以文件的形式存储到磁盘上。

● 操作方法

（1）按<Ctrl+S>组合键，或在快速启动工具栏中单击按钮可以将文件存储到指定的磁盘位置。

（2）如果当前文件已经存盘或者打开一个已保存的文件，进行编辑操作后再存储文件，系统将直接把修改结果存储到原文件中，而不再提示选择存盘路径；如果当前文件尚未存盘，系统将弹出“另存文件”对话框，如图1-1-18所示。

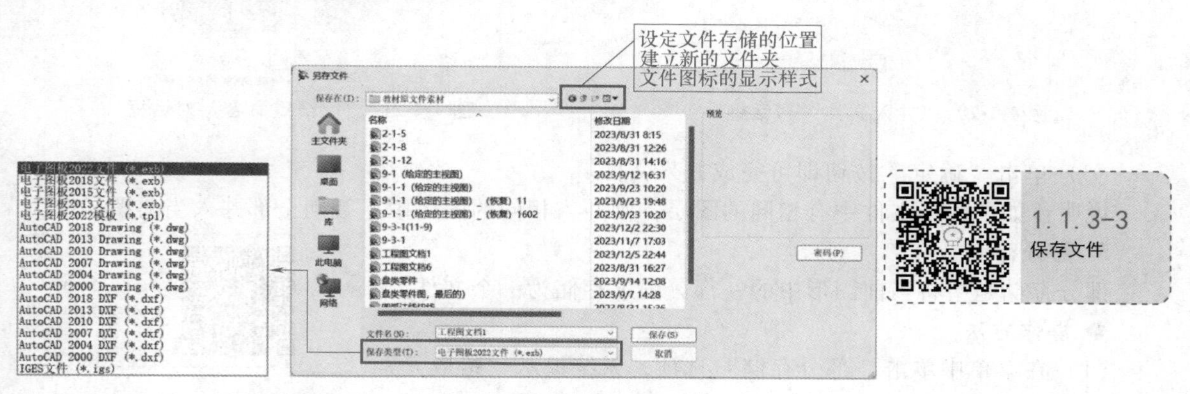

1.1.3-3
保存文件

图 1-1-18　“另存文件”对话框

4. 并入文件

并入文件是指将用户指定的图形文件并入当前文件中。

● 操作方法

(1) 在菜单中单击“并入”选项，系统将弹出如图 1-1-19 所示的“并入文件”对话框。

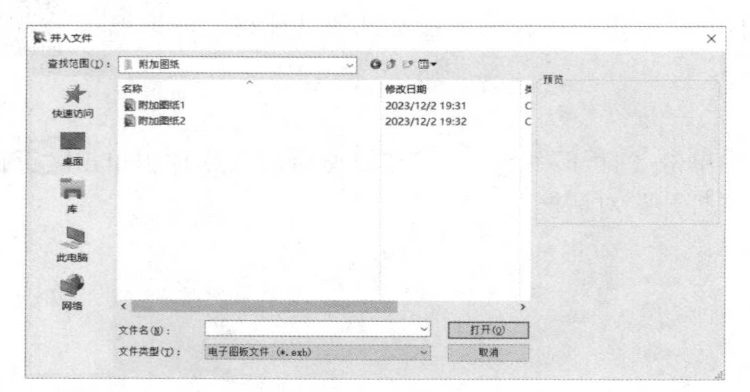

图 1-1-19 “并入文件”对话框

(2) 选择需要并入的文件类型及文件名称，然后单击“打开”按钮，系统弹出如图 1-1-20 所示的对话框。这时需要在“图纸选择”栏选定一张要并入的图纸，在对话框的右侧会出现所选图纸的预显。

“选项”中各项的具体含义如下。

① 并入到当前图纸：将所选图纸（只能选择一张）作为一个部分并入当前图纸中。随之可在立即菜单中选择定位方式为“定点”或“定区域”，将对象“保持原态”或者“粘贴为块”，设置缩放比例以及旋转角度等。

② 作为新图纸并入：可以选择一个或多个图纸将其作为新图纸并入当前文件中。如果并入的图纸和当前文件中的图纸同名，则弹出如图 1-1-21 所示的对话框以修改图纸名称。

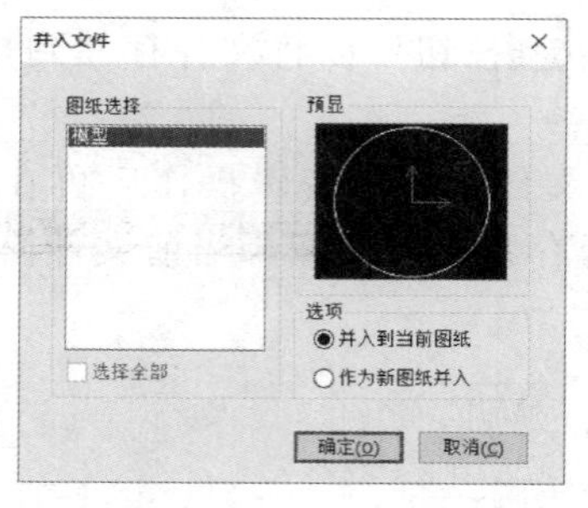

图 1-1-20 “并入文件”对话框

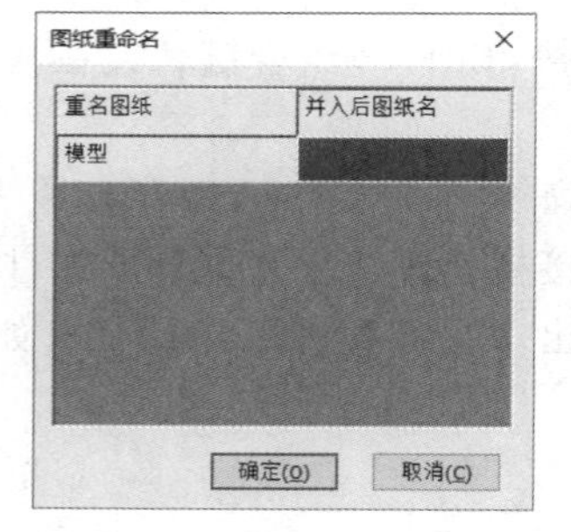

图 1-1-21 “图纸重命名”对话框

(3) 单击“确定”按钮即可完成并入文件。

说明：如果两个文件中有相同的图层，则并入相同的图层中，否则全部并入当前图层。

5. 部分存储

1. 1. 3-5
部分存储

部分存储是指将当前图形中的一部分图形存储为一个文件。

● 操作方法

(1) 在菜单中单击“部分存储”选项，系统提示“拾取元素”。

(2) 拾取需要存储的图形元素，按鼠标右键确认。此时系统提示“请给定图形基点”。

（3）给定图形基点后，系统弹出如图 1-1-22 所示的“部分存储文件”对话框。

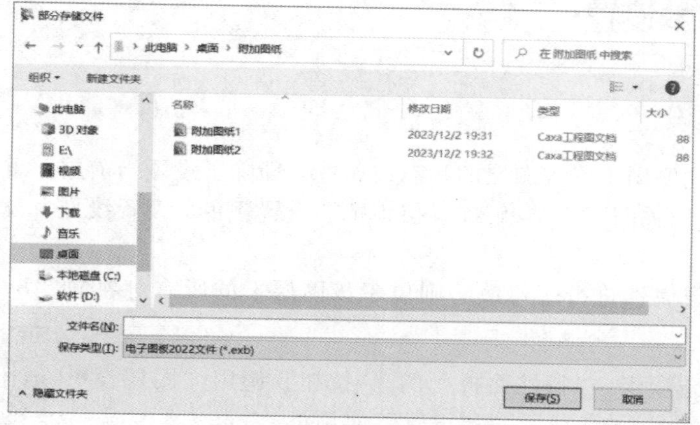

图 1-1-22　“部分存储文件”对话框

（4）在对话框中选择保存类型，指定文件名及文件存放路径，并单击“保存”按钮即完成部分存储。

1.1.4　系统配置

使用系统配置功能可以配置与系统环境相关的参数。例如：设计环境的参数设置、颜色设置和文字设置等。

选择“工具”→“选项”命令，系统弹出“选项”对话框，可以进行相关项目的系统配置，如图 1-1-23 所示。

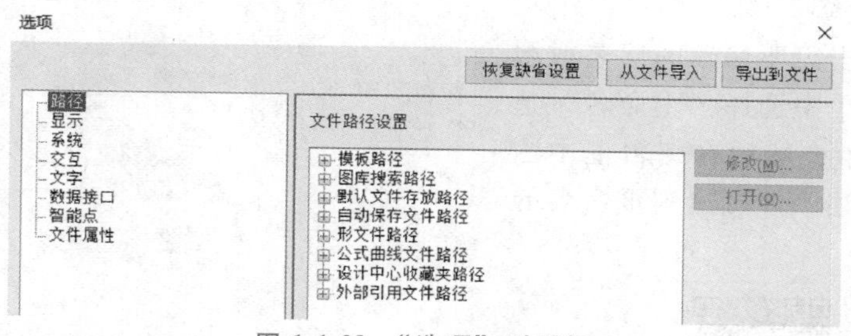

图 1-1-23　“选项”对话框

【技能点拨】

1. 在绘图命令激活状态下，按空格键可以打开“工具点”菜单。

2. 在绘图过程中拾取点时，可充分利用工具点、智能点、导航点、栅格点等功能。

3. CAXA 电子图板具有计算功能，不仅能进行常用的数值计算，还可以完成复杂表达式的计算。如在“空命令状态”下直接输入所需计算的表达式（不用输入等号“=”），然后按<Enter>键即可得到计算结果，如：23/41+55/3、sqrt（121）+75×6、sin（30）+cos（60）等。

4. 在 CAXA 电子图板中有很多快捷键，熟练使用快捷键可以提高制图效率。

5. 大部分的操作都可以通过按<Esc>键退出或结束。

6. CAXA 电子图板 2023 保留了“经典模式界面”，并具有“选项卡模式界面”，用户可以通过按功能快捷键<F9>完成两种界面之间的切换。

1.2 绘图基本设置

1.2.1 图层设置

图层设置功能主要用于修改图层的状态或属性，即除了设置当前层、重命名、新建、删除外，还可以进行打开/关闭、冻结/解冻、层锁定、设置颜色、设置线型、设置线宽以及本层是否打印等操作。

用户一旦对图层属性进行了修改，则位于该图层上的所有对象的“Bylayer”属性均会自动更新。

1.2.1-1
图层重命名

单击“常用”选项卡→“特性面板”的按钮，调用“图层设置”功能后，弹出如图 1-2-1 所示“层设置”对话框。

1. 图层重命名

重命名图层功能是指改变一个已有图层的名称，而图层的其他属性和状态不会发生变化。

图层名称包括层名和层描述两部分。层名是图层的识别代号，是区分不同图层的唯一标志，因此，在同一个图形文件中不能出现相同的层名。层描述是对图层的形象描述，为便于使用和管理，层描述应尽可能体现出图层的性质。但不同的图层可以使用相同的层描述。

● 操作方法

（1）单击“常用”选项卡→“特性面板”的按钮，调用“图层设置”功能。

（2）在“层设置”对话框中，用户可以用鼠标右键单击需要修改的层名或层描述，在弹出的菜单中选择“重命名”选项，如图 1-2-1 所示，然后在编辑框中输入新的层名或层描述，即可达到重命名的目的。

（3）对图层重命名后按“确定”按钮确认即可。

1.2.1-2
打开/关闭图层

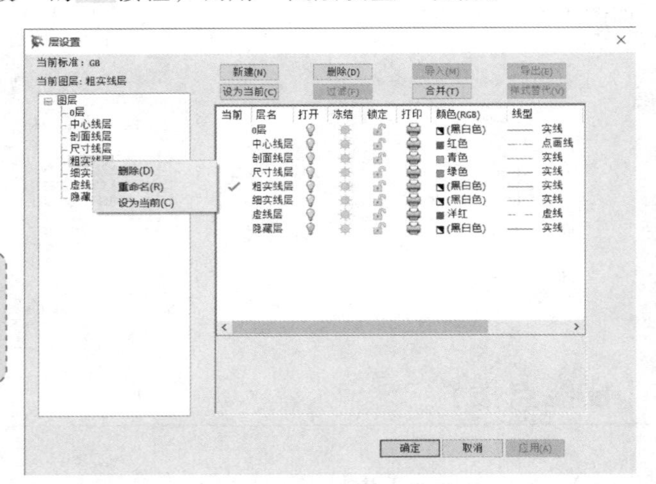

图 1-2-1 “层设置”对话框

2. 打开/关闭图层

打开/关闭图层功能，是指使选定的图层处于打开或关闭状态。

所谓打开图层，就是将位于该图层上的对象显示出来成为可见，而关闭图层则是将位于该图层上的对象隐藏起来，使其不可见。

● 操作方法

（1）单击“常用”选项卡→“特性面板”的按钮，调用“图层设置”功能。

（2）在对话框中，单击需要改变的图层状态值（即单击图标或图标），则该图层的层状态在“打开”与“关闭”之间切换。

（3）设置完成后再单击“层设置”对话框中的“确定”按钮即可保存修改。

说明：电子图板支持多选功能，即按住<Shift>键选择多个图层，可将它们一并处理，其效率较高。如果只需要对单个图层进行设置，则使用图层下拉列表框会更加快捷方便，但当前图层是不能关闭的。

1.2.1-3
冻结/解冻图层

3. 冻结/解冻图层

冻结/解冻图层功能，是指让选定的图层处于冻结或解冻状态。

在绘制复杂图形时，冻结不需要的图层将加快显示和重生成速度。已冻结图层上的对象是不可见的，并且不会遮盖其他对象。解冻图层可能会使图形重新生成，因此，冻结和解冻图层比打开和关闭图层需要更多的时间。

● 操作方法

（1）单击“常用”选项卡→“特性面板”的按钮，调用“图层设置”功能。

（2）在要冻结或解冻图层的层状态处，用鼠标左键单击或按钮，可以进行图层冻结或解冻的切换，图标代表图层处于解冻状态，图标代表图层处于冻结状态。

（3）设置完成后再单击“层设置”对话框中的“确定”按钮即可保存修改。

说明：当前图层不能被冻结。

1.2.1-4
锁定/解锁图层

4. 锁定/解锁图层

锁定/解锁图层功能，是指让选定的图层处于锁定或解锁状态。当一个图层处于锁定状态时，该图层上只能增加图形元素，即只能对选中的图形元素进行复制、粘贴、阵列、属性查询等操作，而不能进行删除、平移、拉伸、比例缩放、属性修改、块生成等修改性操作。系统规定，标题栏和明细表以及图框等图幅元素不受此限制。

● 操作方法

（1）单击“常用”选项卡→“特性面板”的按钮，调用“图层设置”功能。

（2）在要锁定或解锁图层的层状态处，用鼠标左键单击锁形按钮，可进行图层锁定或解锁的切换。

（3）设置完成后再单击“层设置”对话框中的“确定”按钮即可保存修改。

1.2.1-5
图层打印设置

5. 图层打印设置

图层打印功能是指选择是否打印所选图层中的内容。当一个图层处于“不打印”状态时，该图层上的内容在打印时不会被输出。

● 操作方法

（1）单击“常用”选项卡→“特性面板”的按钮，调用“图层设置”功能。

（2）在要设置为打印或不打印图层的层状态处，用鼠标左键单击打印机按钮，可进行图层打印或不打印的切换。图层不打印的层状态图标为，此图层的内容打印时不会输出，方便设置绘图中不想打印出的辅助线层。

（3）设置完成后再单击“层设置”对话框中的“确定”按钮即可保存修改。

6. 图层颜色设置

图层颜色设置功能是指设置所选图层的颜色。每个图层都可以设置一种颜色，可以按照以下方法进行设置。

1.2.1-6
图层颜色设置

● 操作方法

（1）单击“常用”选项卡→“特性面板”的按钮，调用“图层设置”功能。

（2）在对话框中，选择需要改变颜色的图层，然后用鼠标左键单击其颜色图标，系统将弹出如图 1-2-2 所示的“颜色选取”对话框。用户可以根据需要从“标准”中选择一种颜色，或者在“定制”中“调制”一种颜色。

（3）选取颜色结束后，单击“确定”按钮返回到原来的对话框。此时，选定图层的颜色发生了变化。

（4）设置完成后再单击“层设置”对话框中的“确定”按钮即可保存修改。

7. 图层线型设置

1.2.1-7 图层线型设置

图层线型设置是指设置所选图层的线型。每个图层都可以设置一种线型，可以按照以下方法根据需求进行设置。

● 操作方法

（1）单击“常用”选项卡→“特性面板”的按钮，调用“图层设置”功能。

（2）在“层设置”对话框中，选择需要改变线型的图层，然后在其线型图标上单击，系统将弹出如图 1-2-3 所示的“线型设置”对话框。用户可以从“线型”列表框中选择一种线型，并可以从对话框的下部查看该线型的信息和参数；但不能建立新线型，也不能对已有的线型进行编辑和修改。

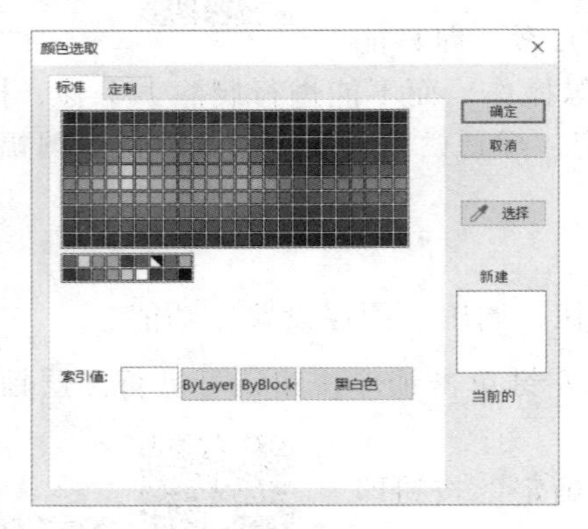

图 1-2-2 “颜色选取”对话框

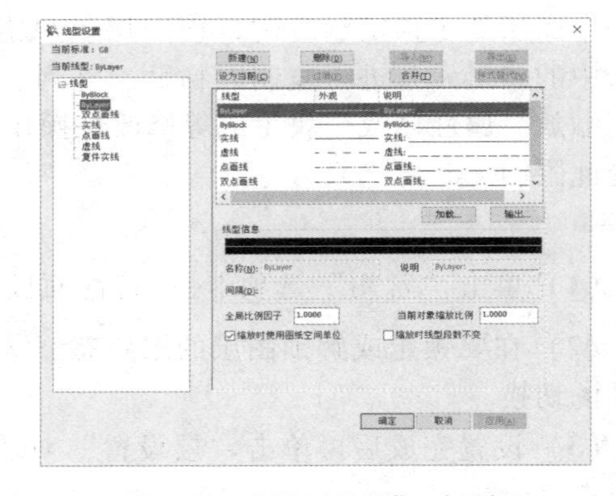

图 1-2-3 “线型设置”对话框

（3）单击“确定”按钮，返回到原来的对话框。此时，选定图层的线型发生了改变。

1.2.2 线型设置

1.2.2 线型设置

线型名称是线型的标志性代号，是线型与线型之间相互区别的唯一标志。无论在“样式管理”对话框还是在“线型设置”对话框中，修改线型名称都有如下两种方法：

（1）在右侧的“线型信息”框中选中需要修改的线型，之后直接在“名称”编辑框内进行修改即可，如图 1-2-4 所示。如果用户想修改线型说明，直接在“说明”编辑框内修改即可。

（2）在对话框左侧的线型列表中选择需要修改的线型并单击鼠标右键，在弹出的菜单中选择“重命名”，在激活的编辑框中输入新的线型名称即可。

说明：全局比例因子是电子图板对象的基本属性之一。其默认值为 1，通常情况下可以调整全局比例因子改变虚线、中心线的显示形式。

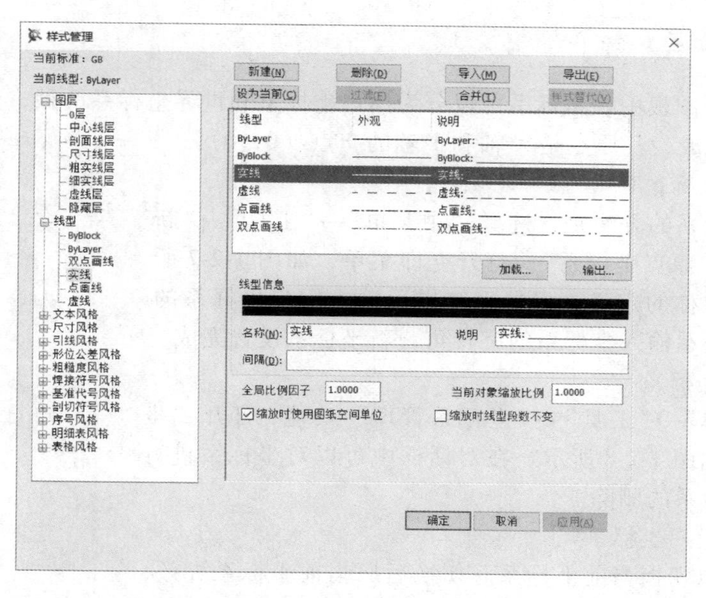

图 1-2-4 “样式管理”对话框

1.2.3　基本图形对象设置

1. 文本风格设置

选择“主菜单”→“格式”→“文字”功能，此时系统会打开“文本风格设置”对话框，如图 1-2-5 所示。

在“文本风格设置”对话框中，列出了当前文件中所有已定义的字型。系统预定义了一个“标准”的默认样式，该样式不可删除但可以编辑。在该对话框中可以设置字体、宽度系数、字符间距、倾斜角、字高等参数。

用户可以根据制图习惯和工作要求，单击“新建”按钮新建文本风格。

2. 点样式设置

利用选择“主菜单”→“格式”→“点”功能，打开“点样式”对话框，如图 1-2-6 所示。

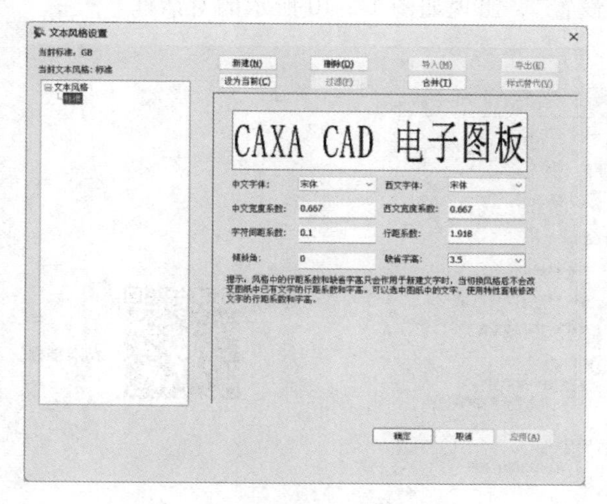

图 1-2-5 “文本风格设置”对话框

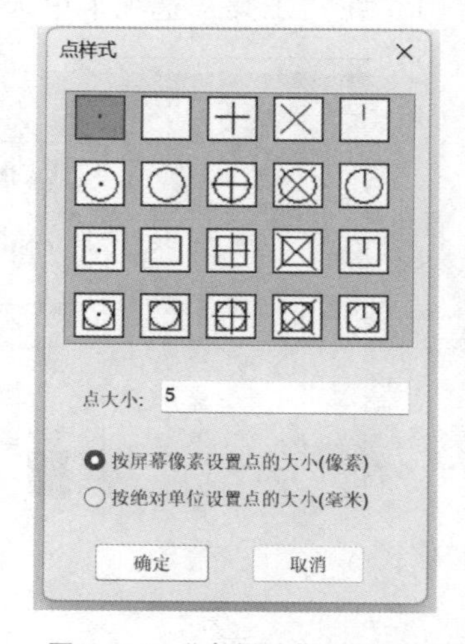

图 1-2-6 “点样式”对话框

1.2.4 用户坐标系

在 CAXA 电子图板中，坐标系可以分为用户坐标系和世界坐标系两种，世界坐标系由水平 X 轴和竖直 Y 轴组成，其原点是 X 轴和 Y 轴的交点（0，0）。

1. 新建用户坐标系

新建用户坐标系的方法是：选择“主菜单”→“工具”→“新建用户坐标系”→“原点坐标系”，打开立即菜单，如图 1-2-7 所示，进行坐标系名称的定义；根据系统提示输入用户坐标系的基点，然后根据提示输入坐标系的旋转角，新坐标系设置完成。

图 1-2-7 “新建用户坐标系”立即菜单

2. 管理用户坐标系

选择“主菜单”→“工具”→“坐标系管理”功能，打开“坐标系”对话框，如图 1-2-8 所示。在对话框中可以对坐标系进行重命名和用户坐标系的删除。

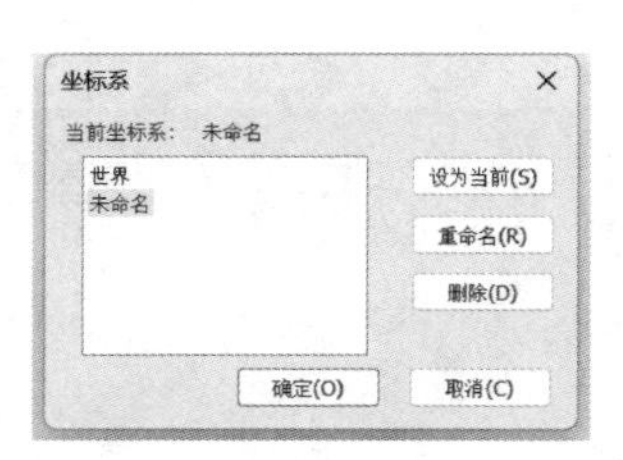

图 1-2-8 “坐标系”对话框

3. 切换当前用户坐标系

按<F5>键可以切换当前坐标系。切换后原当前坐标系失效，颜色变为非当前坐标系颜色，新的坐标系生效，坐标系颜色变为当前坐标系颜色。在系统默认情况下，当前坐标系为洋红。

1.2.5 精确捕捉

捕捉功能可以更方便用户对点的捕捉，例如图 1-2-9 所示直线的中点，当光标停留在直线中点时会出现小三角符号。

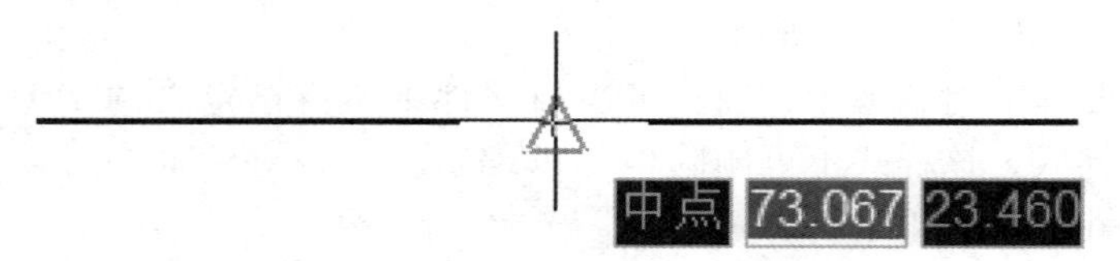

图 1-2-9 捕捉中点

1. 捕捉设置

（1）在“工具”选项卡中选择“捕捉设置”，出现如图 1-2-10 所示的对话框。

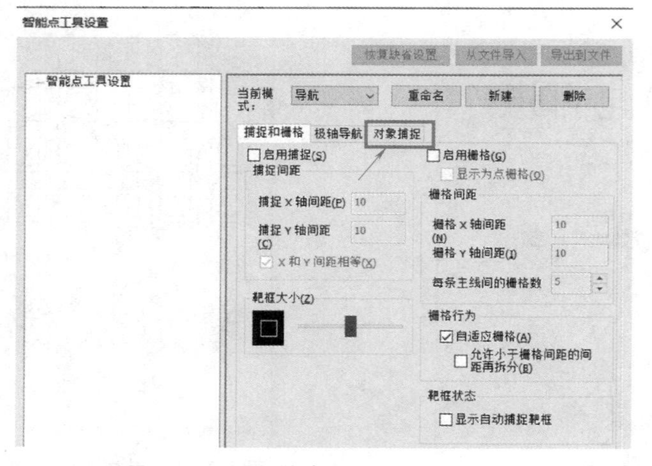

图 1-2-10 “智能点工具设置”对话框

（2）单击“对象捕捉”出现如图 1-2-11 所示界面，通过勾选特征点的方式，打开或关闭相应特征点的捕捉。

2. 捕捉方式的切换

在绘图区的右下方鼠标左键单击小三角，会出现含有自由、智能、栅格、导航的“捕捉方式”选项菜单，用户可以根据自己需求进行选择，如图 1-2-12 所示。

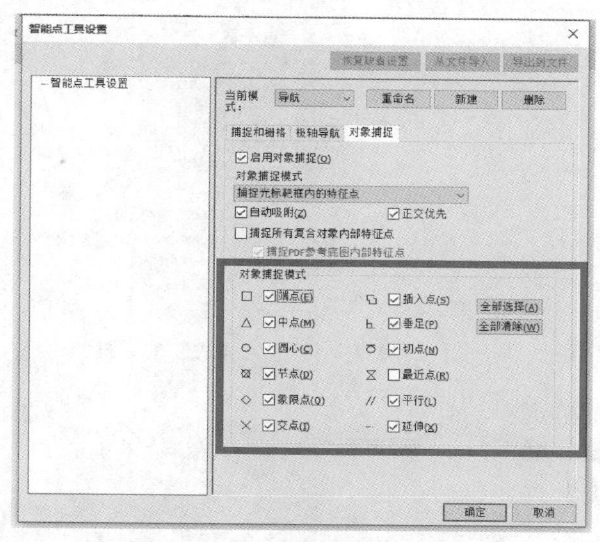

图 1-2-11　智能点工具设置（对象捕捉）

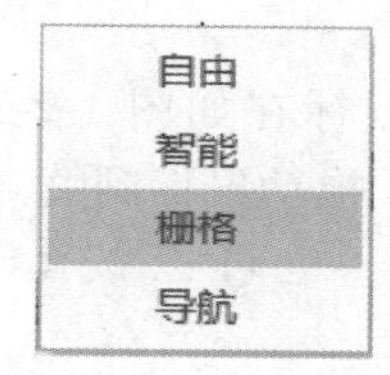

图 1-2-12　“捕捉方式”选项菜单

说明：用户也可通过<F6>键在不同状态下进行切换。

1. 2. 6　应用案例

【案例要求】　打开“1. 2. 6 素材”文件，将文件中的圆切换至“粗实线层”，将“点样式”设置为⊠。一次性拾取所有“点”对象，将其切换至“中心线层”。

注意：文件中绘制有“点”，因点样式原因，在打开时文件上看不到点。

【案例操作】

（1）打开文件：打开软件后，单击“打开”按钮，打开如图 1-2-13 所示对话框，选择文件“1. 2. 6 素材”，单击“打开”按钮。

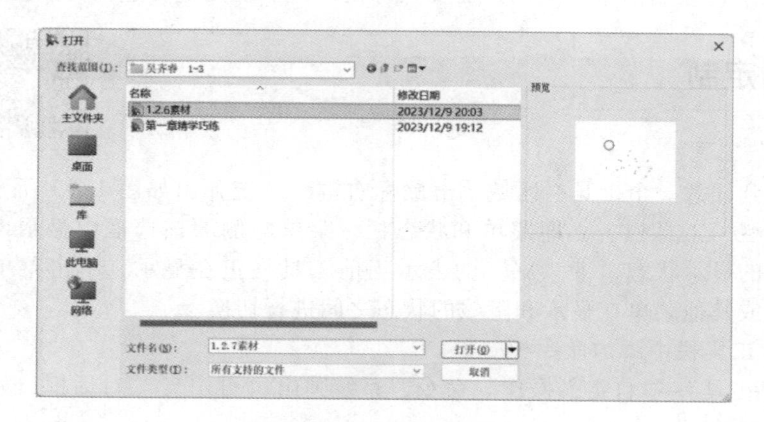

图 1-2-13　“打开”对话框

（2）将圆切换至“粗实线层”：左键拾取圆对象，单击“图层”打开下拉列表，如图1-2-14所示，在列表中选择“粗实线层”，完成圆的图层切换。

（3）点样式设置：选择“主菜单”→“格式”→“点”功能，打开“点样式”对话框，选择 ，如图1-2-15所示。此时，点全部以指定样式显示，如图1-2-16所示。

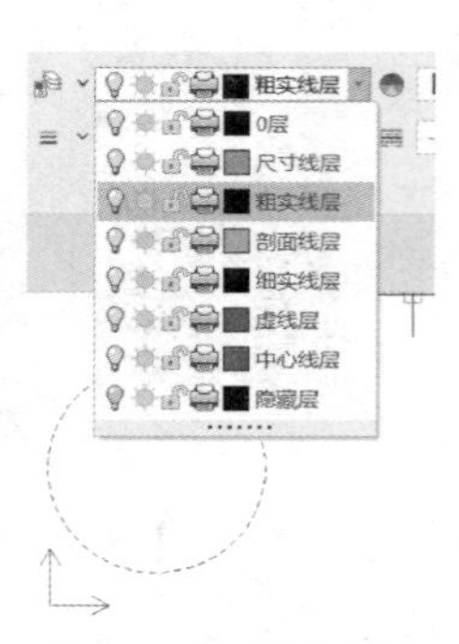

图1-2-14　切换图层

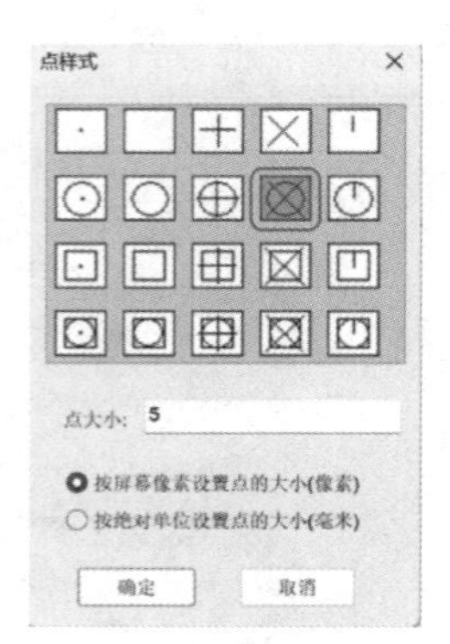

图1-2-15　“点样式”对话框

（4）鼠标在如图1-2-16所示①点位置单击鼠标左键，拖动鼠标到②点位置再单击左键，框选所有点（也可以按<Ctrl+A>组合键进行全选）。

（5）将点切换至“中心线层”：完成上一步拾取点后，单击“图层”打开下拉列表，如图1-2-14所示，在列表中选择“中心线层”，完成图层切换。

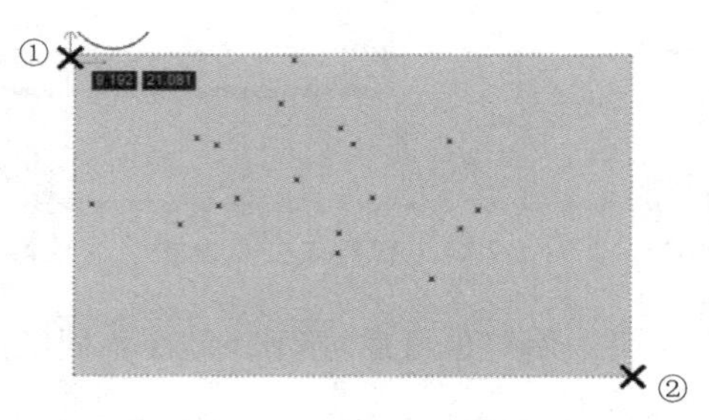

图1-2-16　框选所有点

【技能点拨】

1. 在绘图过程中输入坐标点时，要注意将输入法更改为“英文”输入状态。

2. 在绘制图形的过程中，合理设置图层，并利用图层相关特性对图纸进行相应的编辑，能极大地提高绘图效率。

3. 通常情况下，在制图过程中用户需要熟练使用左手快捷键，这样可以提高绘图效率。

1.3 界面定制

1. 显示/隐藏工具栏

将鼠标移动到任意一个工具栏区域单击鼠标右键，系统弹出如图1-3-1所示的菜单，在菜单中列出了菜单栏、工具栏、立即菜单和状态栏，菜单左侧的核选框中显示出菜单栏、工具栏、状态栏当前的显示状态，带“√”的表示当前工具栏正在显示，单击菜单中的选项可以使相应的工具栏或其他菜单在显示和隐藏的状态之间进行切换。

2. 在菜单和工具栏中添加命令

（1）选择“工具”→“自定义操作”命令，系统弹出“自定义”对话框，如图1-3-2所示，选择“命令”选项卡。

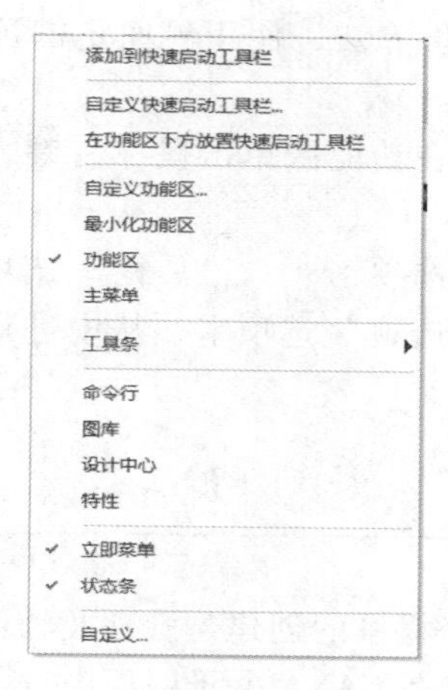

图 1-3-1　右键菜单

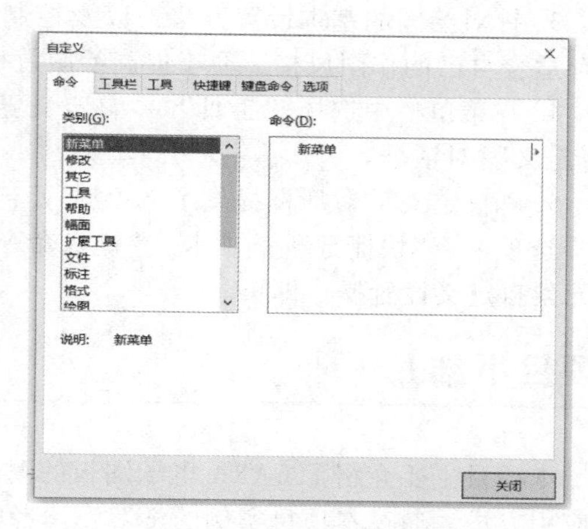

图 1-3-2　“自定义”对话框

（2）在对话框的“类别”列表框中，选择一个命令，在“说明”栏中显示出对该命令的说明。使用鼠标左键拖动所选择的命令，将该命令拖动到需要的菜单或工具栏中，然后释放鼠标即可。

3. 从菜单和工具栏中删除命令

在“自定义”对话框中选择“命令”选项卡，然后在菜单或工具栏中选择所要删除的命令，使用鼠标将该命令拖出菜单区域或工具栏区域即可。

4. 快速定制菜单和工具栏

使用键盘和鼠标左键拖动，可以执行移动、复制和删除命令。

（1）移动命令：在菜单或工具栏中选中需要移动的命令，按住<Alt>键，使用鼠标左键将命令拖动到所要移动到的位置，释放鼠标左键即可。

（2）复制命令：使用<Alt+Ctrl+左键>拖动图标到相应位置后释放左键，完成命令的复制。

（3）删除命令：在菜单或工具栏中选中需要删除的命令，按住<Alt>键，使用鼠标左键将命令拖出菜单区域或工具栏区域外后释放鼠标左键即可。

5. 定制工具栏

选择“工具”→“自定义操作”命令，系统弹出“自定义”对话框，选择“工具栏”选项卡，如图 1-3-3 所示，可以进行重置工具栏、新建工具栏等操作。

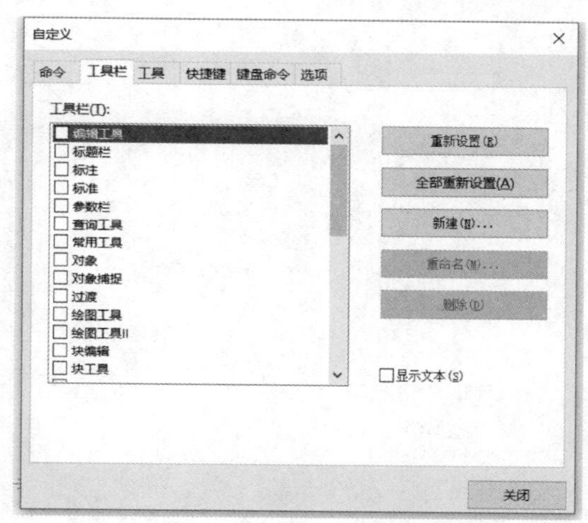

图 1-3-3　“自定义”对话框

【技能点拨】

1. CAXA 电子图板 2023 使用的大多数命令均可在主菜单中找到，它包含了文件管理菜单、文件编辑菜单、绘图菜单以及信息帮助菜单等。

2. CAXA 电子图板 2023 创建有多种图层，可直接使用，也可以根据需要自由创建。

3. 针对绘图的基本设置方法，以及控制图形显示的操作方法，使用界面定制可以定制和保存适合自己的作图风格，便于提高绘图效率。

4. 在菜单栏中选择“工具”→“自定义界面”命令，或在功能区单击鼠标右键，均可弹出“自定义”对话框。

5. “自定义”对话框提供了 6 个选项卡，即“命令”选项卡、“工具栏”选项卡、“工具”选项卡、“快捷键”选项卡、“键盘命令”选项卡和“选项”选项卡，从中进行相应的界面元素自定义设置操作即可。

【项目小结】

本项目主要介绍了 CAXA 电子图板的图层设置、用户坐标系的创建与管理及辅助绘图工具的应用方法。通过本项目实例的学习，读者应该可以熟练掌握 CAXA 电子图板中有关系统设置的方法。

【精学巧练】

请新建工程图文档，名称为“CAXA 学习”，保存路径为：D 盘→CAXA 工程图；将绘图区背景设置为“白色”；设置粗实线层线宽为 0.7mm；以直线端点为原点，新建用户坐标系；设置立即菜单浮动在窗口上；打开“动态输入”，设置捕捉点仅为中点、交点。

项目 2　绘制图形

【知识目标】 学习如何绘制基本图形，如直线、平行线、圆、圆弧、椭圆、矩形和多边形等，掌握基本的绘图技巧。

【技能目标】 可以根据图纸要求，正确使用绘图工具，完成工程图绘制。

【素养目标】 培养学生投身实践、知行合一、精益求精的工匠精神。

图形是由一些基本的元素组成的，如圆、直线和多边形等，而绘制这些图形是绘制复杂图形的基础。主要绘图工具按钮在“常用”选项卡“绘图”面板下，如图 2-1 所示。

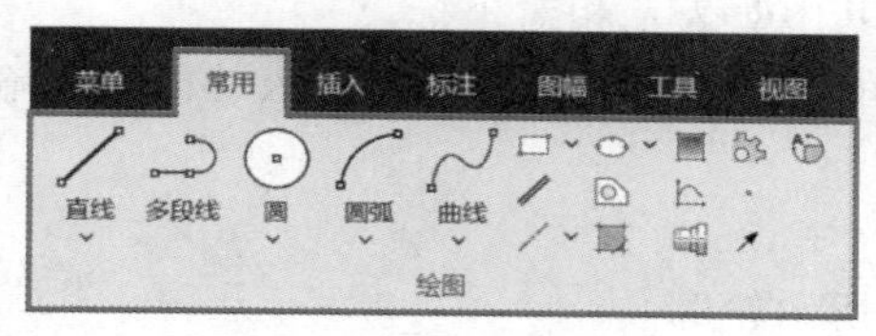

图 2-1 “绘图”面板

2.1 绘制直线和平行线

直线是图形的基本组成要素。在 CAXA 电子图板中绘制直线的方式主要有：两点线、角度线、角等分线、切线/法线、等分线、射线和构造线。

2.1.1 绘制直线

单击“常用”选项卡→“绘图”面板的 按钮，或者输入指令“L”后按<Enter>键，执行直线命令。

“直线”功能使用立即菜单进行交互操作，调用直线功能后弹出如图 2-1-1 所示的立即菜单。

2.1.1-1
两点线

1. 两点线

两点线是按给定两点画一条直线段或按给定的连续条件画连续的直线段。每条线段都可以单独进行编辑。其立即菜单如图 2-1-2 所示，在使用过程中可以选择“连续”绘制或“单根”绘制。

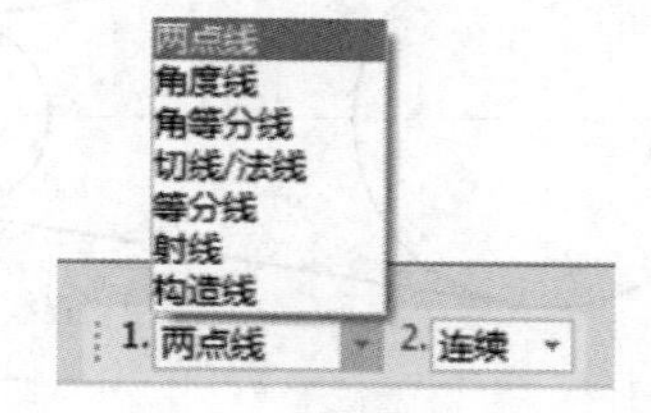

图 2-1-1 “直线”立即菜单

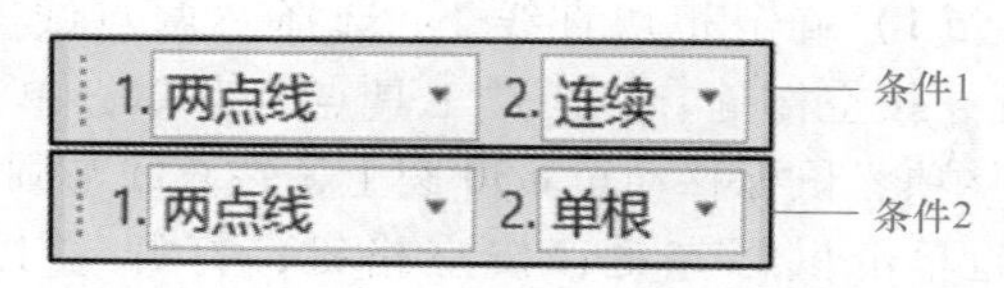

图 2-1-2 “两点线”立即菜单

● 条件说明

“连续”表示每个直线段相互连接，前一个直线段的终点为下一个直线段的起点，鼠标左键单击拾取或输入下一点坐标，可以连续绘制直线，直到单击鼠标右键结束命令。

“单根”是指每次绘制的直线段相互独立，互不相关。

● 使用方法

方法一：在绘图区分别单击两点，确定一条直线。

方法二：按立即菜单的条件和提示要求，使用键盘输入两个点的坐标或距离；也可以通过动态输入坐标和角度，确定两点直线，如图 2-1-3 所示。

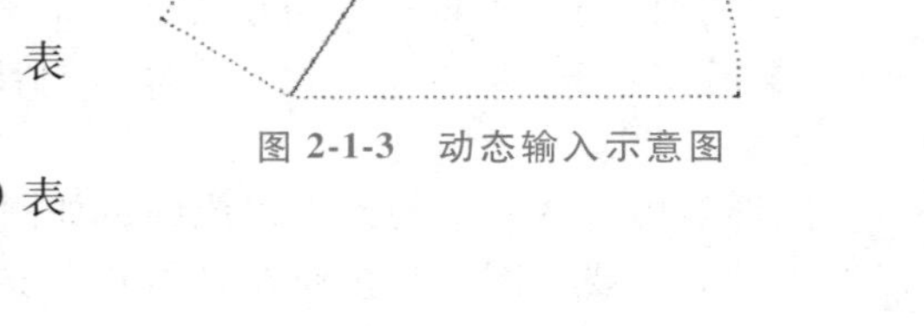

图 2-1-3　动态输入示意图

注意：

(1) 当输入坐标确定直线时，输入：10，50，表示 X 坐标是 10，Y 坐标是 50。

(2) 当输入极坐标确定直线时：100<60，100 表示极坐标值，60 表示与 X 轴的夹角，逆时针为正。

@ 10，50 或@ 100<60，其中@ 表示相对坐标。

(3) 当动态输入坐标和角度时，需要打开动态输入功能，先输入距离值，然后，按<Tab>键切换到角度输入框。

● 应用举例

实例 1：完成如图 2-1-4 所示轮廓。

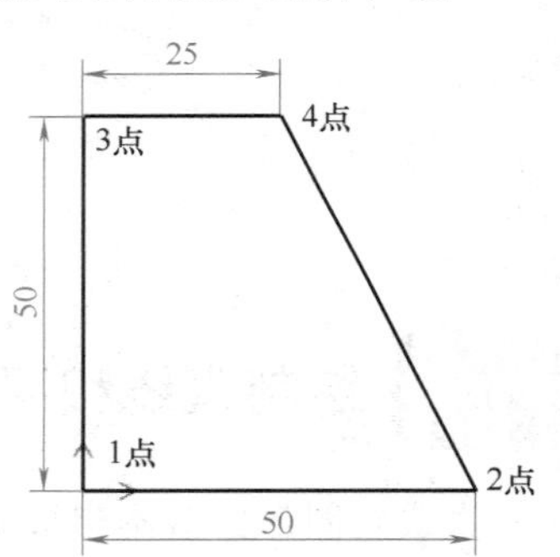

图 2-1-4　实例 1 图形

绘图方法如下。

(1) 确定 1 点位置：选择“两点线”→“单根”，光标靠近系统坐标零点时单击鼠标左键，自动捕捉到零点，确定 1 点位置。

(2) 确定 2 点位置：打开“正交”模式，将光标移至 1 点右侧，输入距离“50”后，按<Enter>键确定 2 点位置；单击鼠标右键退出直线功能。

(3) 确定 3 点位置：单击鼠标右键，重复“直线”功能，选择“连续”。移动光标至 1 点，单击鼠标左键，自动捕捉到 1 点，光标移动至 1 点上方，输入距离“50”后，按<Enter>键确定 3 点位置。

(4) 确定 4 点位置：将光标移至 3 点右侧，输入距离“25”后，按<Enter>键确定 4 点位置（此时不要退出直线功能）。

(5) 绘制 4-2 直线：关闭“正交”模式，将光标移至 2 点，单击鼠标左键自动捕捉到 2 点，完成 4-2 直线的绘制。

实例 2：已知两整圆，完成如图 2-1-5 所示的相切直线。

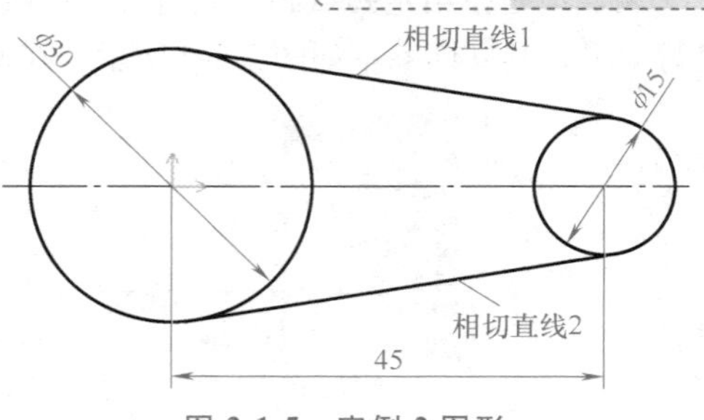

图 2-1-5　实例 2 图形

绘图方法如下。

(1) 确定相切直线 1：选择“两点线”→“单根”，按空格键，打开“工具点”菜单，单击“切点”项，鼠标移动至 ϕ30 圆上，在直线与圆的切点附近单击鼠标左键；按空格键，打开“工具点”菜单，单击“切点”项，鼠标移动至 ϕ15 圆上，在直线与圆的切点附近单击鼠标左键，完成相切直线 1。

（2）确定相切直线 2：方法同上。

注意：在拾取圆时，拾取位置不同，则切线绘制的位置也不同，如图 2-1-6 所示，分别拾取 1 点和 3 点时将生成内公切线。

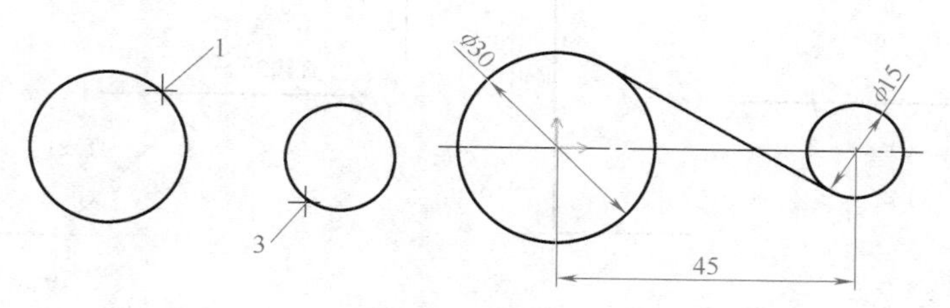

图 2-1-6　内公切线

2. 角度线

角度线是指按给定角度、给定长度绘制一条直线段。给定角度是指目标直线与已知直线、X 轴或 Y 轴所成的夹角。

调用直线功能并在立即菜单选择“角度线”，其立即菜单如图 2-1-7 所示。

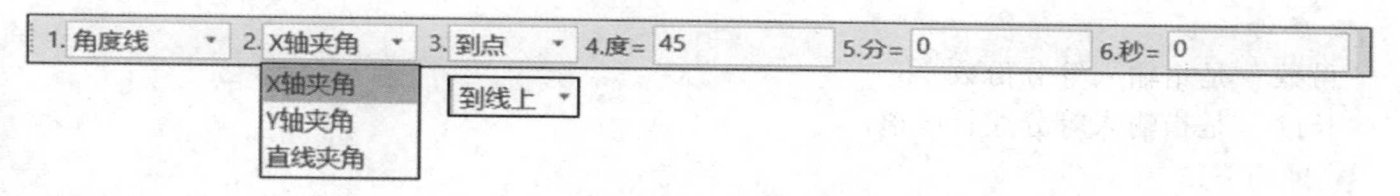

图 2-1-7　“角度线”立即菜单

● 条件说明

“X 轴夹角”是指绘制与 X 轴成指定角度的直线。

“Y 轴夹角”是指绘制与 Y 轴成指定角度的直线。

数值为正时，表示与坐标轴为正向夹角；数值为负时，表与坐标轴为负向夹角。

“直线夹角”是指绘制一条与已知直线段成指定夹角的直线。此时操作提示变为“拾取直线”，待拾取一条已知直线段后，再输入第一点和第二点即可。

“到点”表示指定终点位置是在选定点上。

“到线上”表示指定终点位置是在选定直线上。

“度”“分”“秒”各项可从其对应右侧小键盘直接输入夹角数值。

● 应用举例

打开“2. 1. 1 角度线素材”，完成如图 2-1-8 所示轮廓直线 1 的绘制。

绘图方法如下。

（1）调用直线功能并在立即菜单中选择“角度线”，绘图条件：“X 轴夹角”→“到线上”，角度输入“−45”。

（2）拾取 A 点，然后拾取直线 2。完成绘制。

3. 角等分线

角等分线是指按给定参数绘制一个夹角的等分直线。

调用直线功能并在立即菜单中选择“角等分线”。

角等分线功能的立即菜单如图 2-1-9 所示。

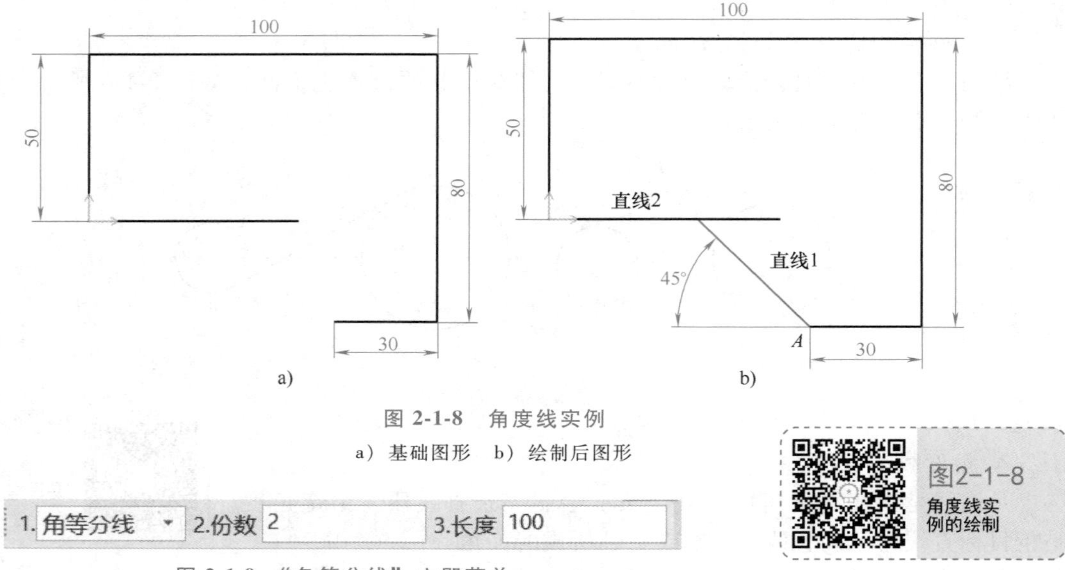

图 2-1-8 角度线实例

a）基础图形 b）绘制后图形

图2-1-8 角度线实例的绘制

1. 角等分线 2.份数 2 3.长度 100

图 2-1-9 “角等分线”立即菜单

● 条件说明

“份数”是指输入等分份数。

“长度”是指输入等分线长度值。

● 使用方法

设置完立即菜单中的数值后，命令输入区提示“拾取第一条直线”，单击“确认”后，命令行提示“拾取第二条直线”，此时屏幕上显示出已知角的角等分线。

● 应用举例

完成如图 2-1-10a 所示角的 3 等分线。

绘图方法如下。

（1）调用直线功能并在立即菜单中选择“角等分线”，输入条件参数：选择“角等分线”，输入“份数”为 3，“长度”为 100。

（2）拾取选择直线 1。

（3）拾取选择直线 2，完成角等分线绘制，如图 2-1-10b 所示。

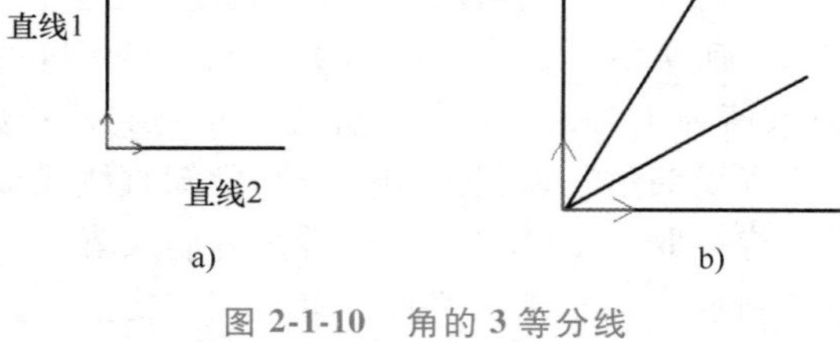

图 2-1-10 角的 3 等分线

a）基础图形 b）绘制后图形

2.1.1-4 切线/法线

4. 切线/法线

切线/法线是指过给定点作已知曲线的切线或法线。

调用直线功能并在立即菜单中选择“切线/法线”，“切线/法线”立即菜单如图 2-1-11 所示。

● 条件说明

法线 对称 到线上

1. 切线/法线 2. 切线 3. 非对称 4. 到点

图 2-1-11 “切线/法线”立即菜单

“切线”是指画出一条与已知直线相平行的直线。

“法线”是指画出一条与已知直线相垂直的直线。

“对称”是指使用此条件绘制切线或法线时，选择的第一点为所要绘制直线的中点，第二点为直线的一个端点。

"到点"/"到线上" 表示所画切线或法线的终点在一条已知线段上或点上。

● 应用举例

实例 1：在如图 2-1-12a 所示的基础图形轮廓上，绘制完成如图 2-1-12b 所示的直线 1 和直线 2。

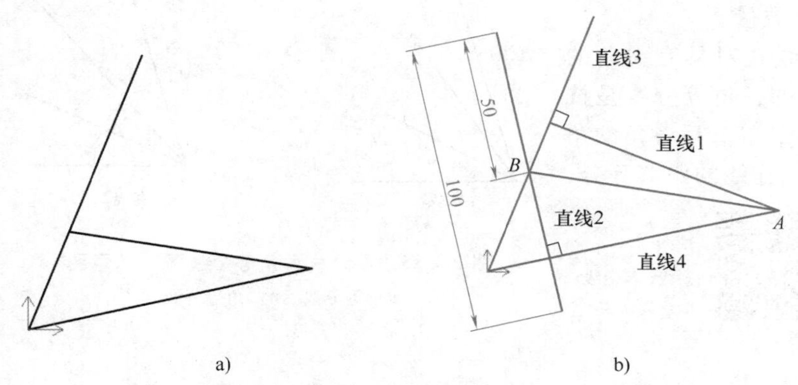

图 2-1-12　绘制直线的法线

a）基础图形轮廓　b）绘制后图形

绘图方法如下。

（1）绘制直线 1：调用直线功能并在立即菜单中选择"切线/法线"，绘制条件依次选择"法线""非对称""到线"。单击鼠标左键拾取直线 3，确定法线生成的对象；拾取 *A* 点，然后单击鼠标左键拾取直线 3，生成直线 3 的法线，即直线 1。

（2）绘制直线 2：调用直线功能并在立即菜单中选择"切线/法线"，绘制条件依次选择"法线""对称""到点"，单击鼠标左键拾取直线 4，再次单击鼠标左键拾取 *B* 点，最后输入长度"100"，生成直线 4 的法线，即直线 2。

2-1-13 圆弧的法线和切线绘制

实例 2：完成如图 2-1-13 所示圆弧 a 的切线和法线。

绘图方法如下。

（1）调用直线功能并在立即菜单中选择"切线/法线"，绘制条件依次选择"法线""非对称""到点"，单击鼠标左键拾取圆弧 a，然后在 1 点位置单击鼠标左键，在 2 点位置单击鼠标左键，即确定圆弧 a 的法线。

（2）续上一步。单击鼠标右键，激活直线功能，绘制条件依次选择"切线""对称""到点"，单击鼠标左键拾取圆弧 a，然后拾取交点 *A*，在 3 点位置单击鼠标左键（在长度已知的情况下，可以输入长度值），即确定圆弧 a 的切线。

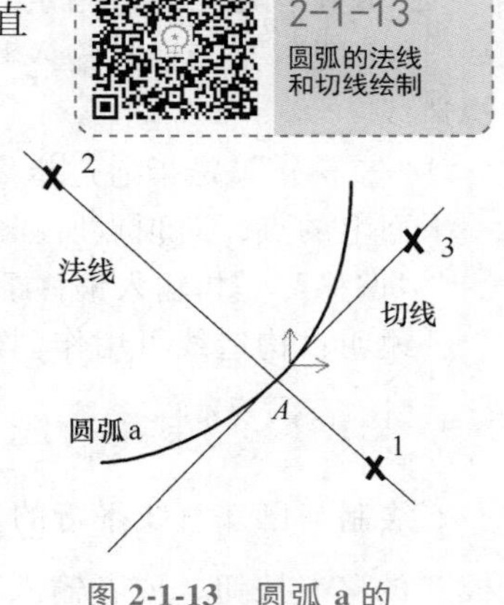

图 2-1-13　圆弧 a 的切线和法线

2. 1. 1–5 等分线

5. 等分线

等分线是按两条线段之间的距离 n 等分绘制直线。

调用直线功能并在立即菜单中选择"等分线"。"等分线"立即菜单如图 2-1-14 所示。

1. 等分线 ▾	2.等分量: 3

图 2-1-14　"等分线"立即菜单

生成等分线时要求所选两条直线段符合以下条件：

（1）两条直线段平行。

（2）不平行、不相交，并且其中任意一条线任意方向的延长线不与另一条线本身相交，可等分。

（3）不平行，一条线的某个端点与另一条线的端点重合，并且两直线夹角不等于 180°，也可等分。

● 条件说明

“等分量”是指输入等分数量。

注意：等分线和角等分线在对具有夹角的直线进行等分时概念是不同的，角等分线是按角度等分，如图 2-1-15b 所示，等分后各角的角度相等；而等分线是按照端点连线的距离等分，如图 2-1-15a 所示。

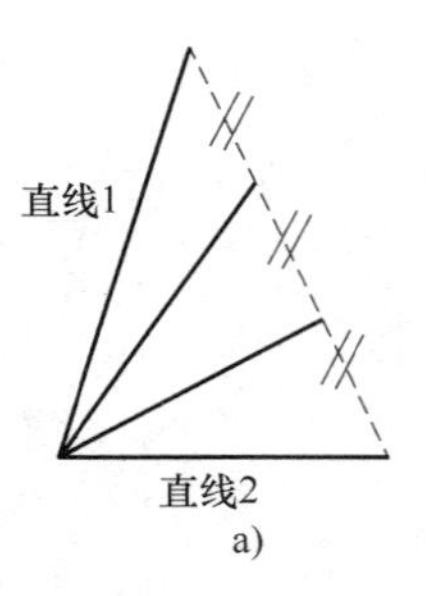

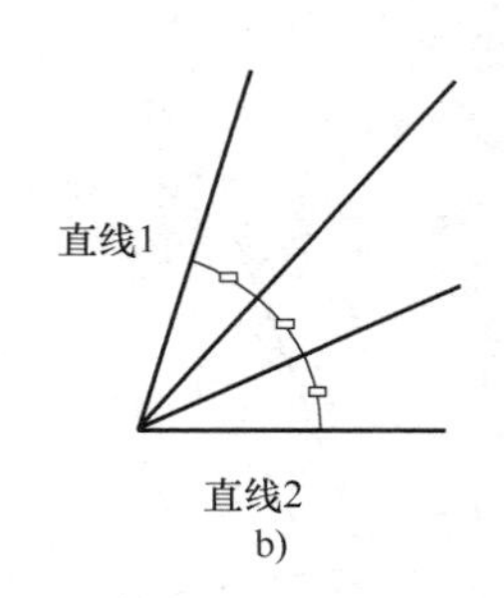

图 2-1-15 等分线和角等分线区别示意图
a）等分线 b）角等分线

2.1.1-6
射线、构造线

6. 射线

射线是指生成一条由特征点向一端无限延伸的射线。

调用直线功能并在立即菜单中选择“射线”。调用射线功能后，单击鼠标左键指定射线的特征点和延伸方向后即可生成射线。

7. 构造线

构造线是指生成一条过特征点向两端无限延伸的构造线。

调用直线功能并在立即菜单中选择“构造线”。“构造线”立即菜单如图 2-1-16 所示。

● 条件说明

“两点”是指通过两点确定构造线。

“水平”是指通过指定点确定水平构造线。

“垂直”是指通过指定点确定垂直构造线。

“角度”是指通过输入与 X 轴正向夹角角度，并指定通过点确定构造线。

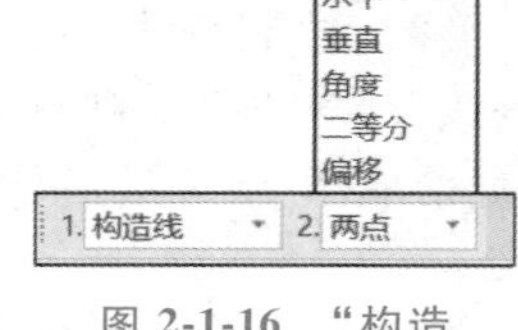

图 2-1-16 “构造线”立即菜单

“二等分”是指通过指定“起点”、“顶点”、“终点”三个不在同一平面上的点，对顶点所在的角进行二等分，从而建立构造线。

“偏移”是指输入偏移距离，通过拾取直线段，按照偏移距离生成与直线段平行的构造线。

说明：构造线可用作创建其他对象的参照或者作为辅助线使用。

2.1.2
平行线

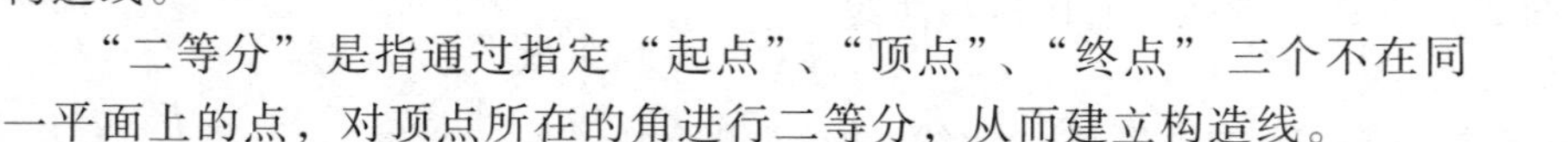

2.1.2 绘制平行线

绘制与已知直线平行的直线。单击“常用”选项卡中“绘图面板”的 按钮，或者输入指令“LL”后按<Enter>键，可以调用平行线功能。绘制平行线有两种方式，即偏移方式和两点方式，“平行线”立即菜单如图 2-1-17 所示。

方式① 1. 偏移方式 2. 单向 （双向）
方式② 1. 两点方式 2. 点方式 （距离方式） 3. 到点 （到线上）

图 2-1-17 “平行线”立即菜单

● 条件说明

“偏移方式”是指通过偏移已知直线的方式生成平行线。

“单向”是指在单向模式下，用键盘输入距离时，系统首先根据十字光标在所选线段的哪一侧来判断绘制平行线的位置。

“双向”是指在已知线段两侧生成长度相等的两条平行线段。

“两点方式”是指通过确定平行线两个端点位置的方式生成平行线。

2.1.3　应用案例

2.1.3
应用案例

【案例要求】 图2-1-18所示图形为直线组合形成。首先使用直线功能绘制图形，之后使用“平行线”命令绘制偏移的直线 *NM*。

【案例操作】

（1）打开正交模式。

（2）调用直线功能，在立即菜单中选择“两点线”，条件：“连续”。

（3）绘制直线 *AB*：拾取坐标系原点，光标移动至上方，输入“50”（如图2-1-19所示），按<Enter>确认，绘制完成直线 *AB*。

（4）绘制直线 *BC*：光标移动至右侧，输入“32”（如图2-1-20所示），按<Enter>键确认，绘制完成直线 *BC*。

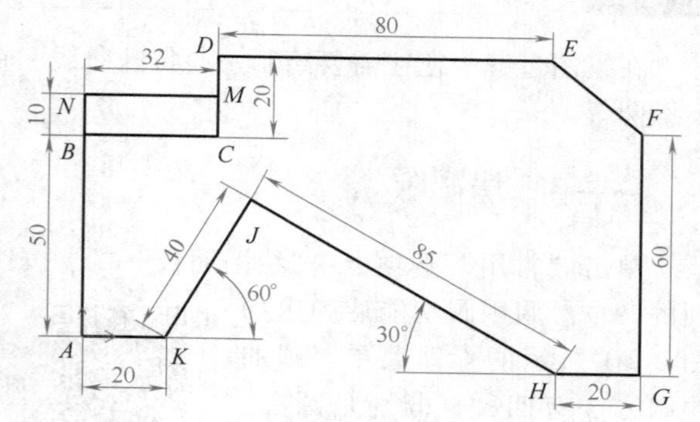

图 2-1-18　直线应用案例

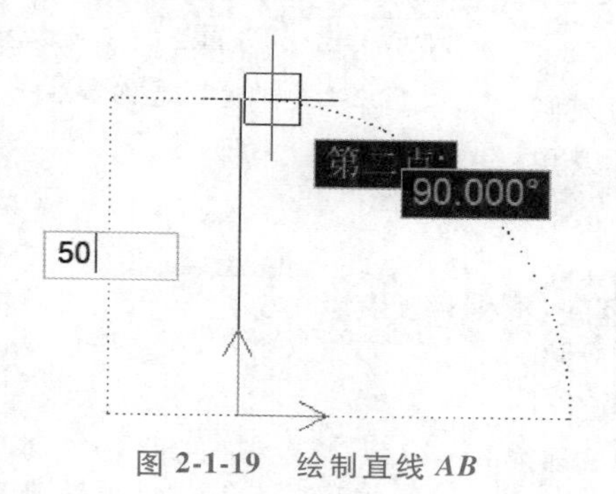

图 2-1-19　绘制直线 *AB*

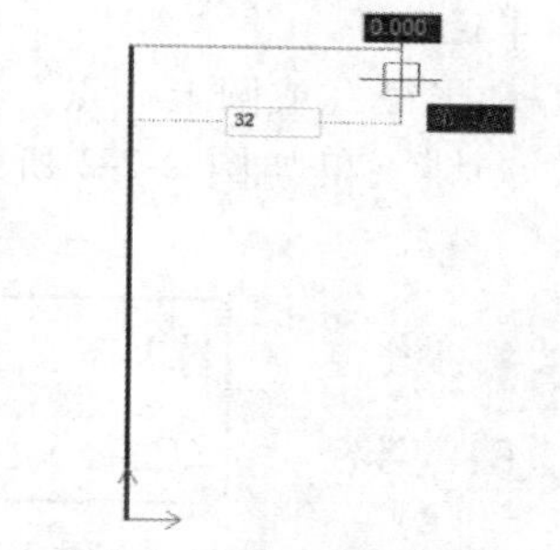

图 2-1-20　绘制直线 *BC*

（5）同样的方法，绘制直线 *CD* 和 *DE*，单击鼠标右键，退出“直线”命令。

（6）单击鼠标右键，重复“直线”命令，拾取 *A* 点，光标移动至右侧，输入“20”，按<Enter>键确认，绘制完成直线 *AK*。

（7）切换到“角度线”，条件为“X 轴夹角”→“到点”→“度”，输入“60”。拾取 *K* 点，输入长度“40”，按<Enter>键确认，绘制完成直线 *KJ*。

（8）单击鼠标右键，重复“角度线”命令，条件为“直线夹角”→“到点”→“度”，输入“90”。拾取直线 *KJ* 后，拾取 *J* 点，输入长度“85”，按<Enter>键确认，完成直线 *JH* 的绘制。

（9）单击鼠标右键，激活“角度线”命令，切换到“两点线”，条件是“连续”，按步骤（3）完成直线 *HG* 和 *GF* 的绘制；关闭“正交模式”，分别拾取 *E*、*F* 点，完成直线 *FE* 的绘制。

（10）调用“平行线”命令，条件设置为“单向”，选择直线 *BC*，光标移动至直线 *BC* 上方，输入距离“10”后，按<Enter>键确认，完成直线 *NM* 的绘制。

【技能点拨】

1. 在绘图过程中，会出现绘图区内显示的图形失真，此时可以使用全部重生成功能。调用方法：单击“视图”选项卡下的 全部重生成 按钮。

2. 正交模式“开”“关”切换可以使用快捷键“F8”。

3. 在绘图过程中拾取点时，可充分利用工具点、智能点、导航点、栅格点等功能。

4. 在直线功能激活状态下，按空格键，可以打开“工具点”菜单。

2.2 绘制圆、圆弧和椭圆

在绘图过程中往往需要绘制一些特殊曲线。在 CAXA 电子图板中主要的曲线包括圆、圆弧及椭圆等。

2.2.1 绘制圆

单击“常用”选项卡→“绘图面板”的按钮，或者输入指令“C”后按<Enter>键，打开圆的命令。调用圆功能后弹出如图 2-2-1 所示的立即菜单。圆的绘制方法有四种，分别是圆心_半径、两点、三点和两点_半径。

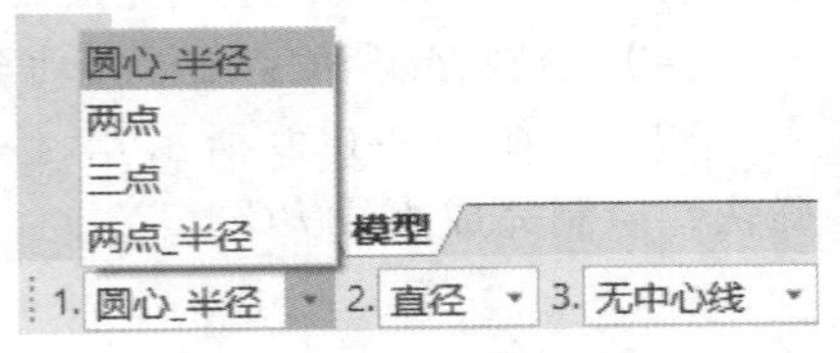

图 2-2-1 “圆”立即菜单

1. 圆心_半径

给定圆心和半径（或圆上一点）画圆，也可以输入圆的直径画圆，立即菜单如图 2-2-2 所示。每个圆都可以单独进行编辑。

图 2-2-2 “圆心_半径”立即菜单

● 条件说明

“半径”表示选取圆心点后，输入目标圆的半径来绘制圆。

“直径”表示选取圆心点后，输入目标圆的直径来绘制圆。

“有中心线”表示系统自动为绘制的圆添加中心线。

“中心线延伸长度”表示可以手动输入中心线的延伸长度，软件默认值为“3”。

“无中心线”表示绘制的圆没有中心线。

● 使用方法

方法一：在绘图区分别单击圆心点及圆周上一点，确定一个圆。

方法二：按状态栏提示要求，使用键盘输入圆心坐标或直接单击一点作为圆心，然后使用键盘输入它的半径值或直径值，如图 2-2-3 所示。

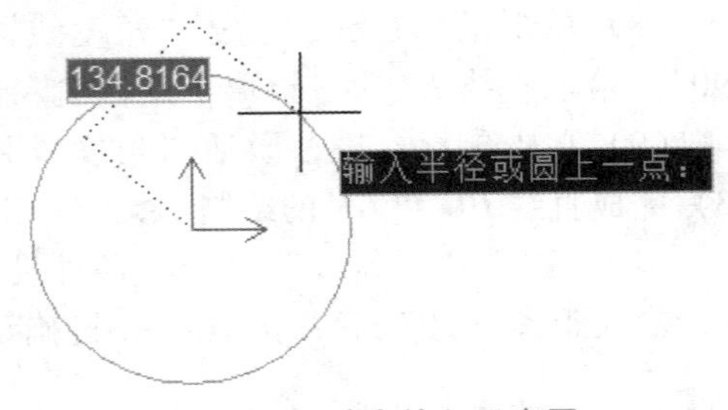

图 2-2-3 动态输入示意图

注意：

（1）输入坐标确定圆心时，输入“0，0”，表示 X 坐标是 0，Y 坐标是 0。

（2）在输入圆心后，可连续输入半径或圆上点画出同心圆，单击鼠标右键即可结束输入。

（3）动态输入圆心坐标和半径或直径时，需要打开动态输入功能，先输入圆心坐标，按<Enter>键确定圆心坐标，然后键盘直接输入半径值或直径值即可。

2. 两点圆

两点圆指的是给定圆周上的两点，并以这两点间的距离为直径画圆，其立即菜单如图 2-2-4 所示。

1. 两点　2. 有中心线　3.中心线延伸长度 3

图 2-2-4 “两点圆”立即菜单

● 使用方法

方法一：在绘图区分别单击圆周上的两点，确定一个圆。

方法二：按状态栏提示要求，使用键盘分别输入第一点坐标及第二点坐标，如图 2-2-5 所示。

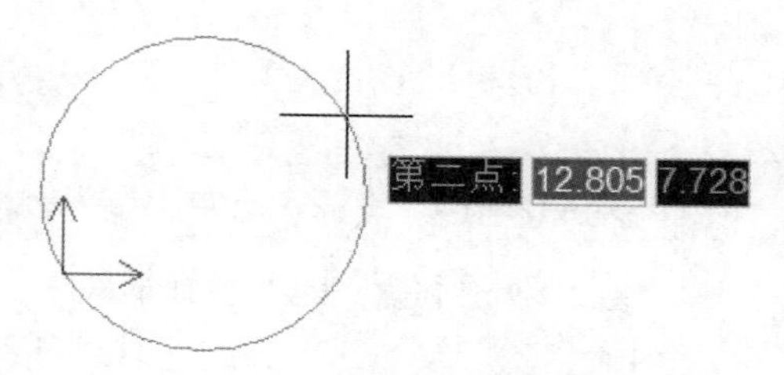

图 2-2-5 动态输入示意图

3. 三点圆

三点圆是指以给定圆周上的三个点画圆，立即菜单如图 2-2-6 所示。

2. 2. 1-3
三点圆

1. 三点　2. 有中心线　3.中心线延伸长度 3

图 2-2-6 “三点圆”立即菜单

● 使用方法

根据系统提示，用鼠标或键盘分别输入不在同一直线上的三个点，通过输入的三个点完成圆的绘制。

● 应用举例

已知等边三角形，绘制如图 2-2-7 所示的外接圆和内切圆。

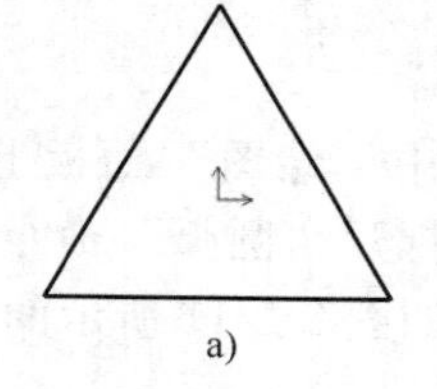

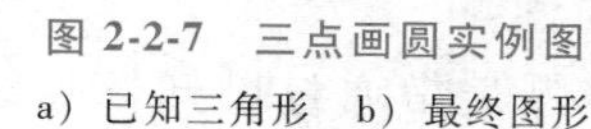

图 2-2-7 三点画圆实例图

a）已知三角形 b）最终图形

绘图方法：

（1）调用“圆”命令。

（2）立即菜单条件设置为：“三点”“无中心线”。

（3）按<F6>键，切换为“智能”捕捉。

（4）根据状态栏提示依次捕捉三角形的各顶点，完成三角形外接圆的绘制。

（5）单击鼠标右键，重复“圆”命令。此时，按空格键，在“工具点”菜单中选择“切点”，然后光标移动至三角形一条边上，会出现相切符号，如图 2-2-8 所示，此时单击鼠标左键，确定“第一点”；再次按空格键，在“特征点”菜单中选择“切点”，然后光标移动至三角形另一条边上，出现相切符号后单击鼠标左键，确定“第二点”；同样的方法，确定“第三点”，完成该三角形内切圆的绘制，如图 2-2-7b 所示。

注意：在捕捉切点时，可以使用相切快捷键<T>，此时光标移动至三角形一条边上，会出现相切符号。这种方法更能有效地提高制图效率。

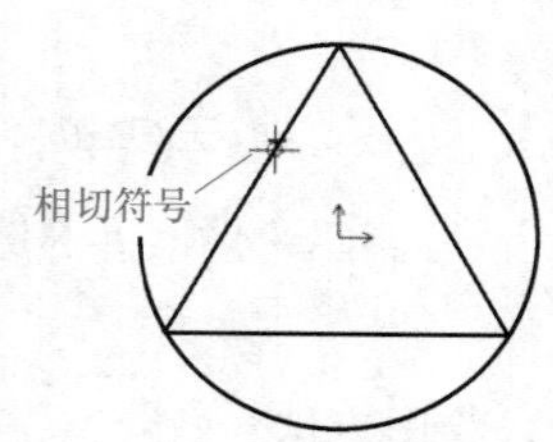

图 2-2-8 相切符号

4. 两点_半径圆

两点_半径圆是通过给定圆周上两点和圆的半径画圆，立即菜单如图 2-2-9 所示。

● 使用方法

通过鼠标点选指定两点或键盘输入圆上的两个点，最后输入圆的半径生成圆。

● 应用举例

如图 2-2-10a 所示为已知角，绘制与∠*CAB* 的两边相切且半径为 5 的圆，如图 2-2-10b 所示。

图 2-2-9 “两点_半径”立即菜单

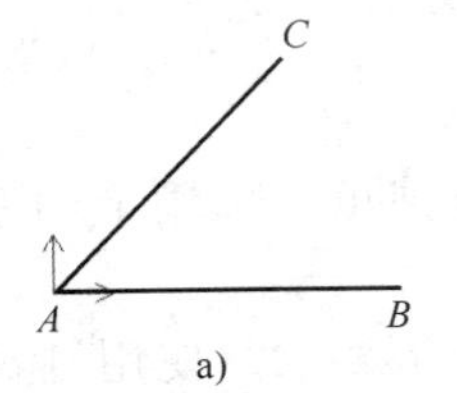

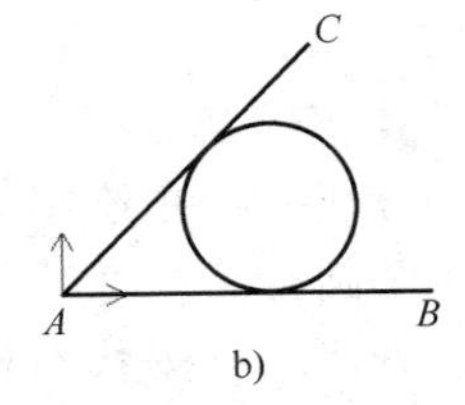

图 2-2-10 两点_半径圆实例图
a）操作前 b）操作后

绘图方法：

(1) 调用“圆”命令。

(2) 立即菜单条件设置为：“两点_半径”“无中心线”。

(3) 按<F6>键，切换为“智能”捕捉，打开“动态输入”。

(4) 按快捷键<T>，打开“切点”捕捉，选择角的一条边，确定“第一点”；再次按快捷键<T>，打开“切点”捕捉，选择角的另一条边，确定“第二点”；输入半径值“5”后按回车键，完成绘制。

2.2.2 绘制圆弧

单击“常用”选项卡中“绘图”面板上的按钮，或者输入指令“A”后按<Enter>键，打开“圆弧”命令。

调用圆弧功能后弹出如图 2-2-11 所示的立即菜单。

1. 三点圆弧

三点圆弧是指通过已知三点绘制圆弧，立即菜单如图 2-2-12 所示。

过三点画圆弧，其中第一点为起点，第三点为终点，第二点决定圆弧的位置和方向。

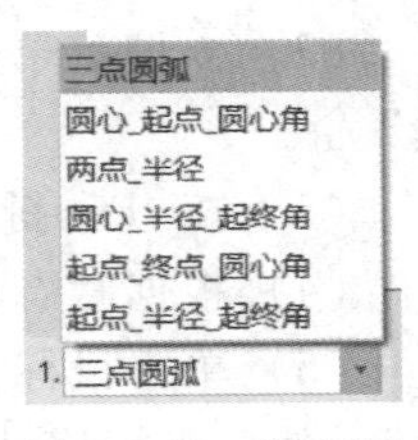

图 2-2-11 “圆弧”立即菜单

● 应用举例

实例 1：如图 2-2-13 所示，作与直线相切的圆弧（2.2.2 圆弧素材）。

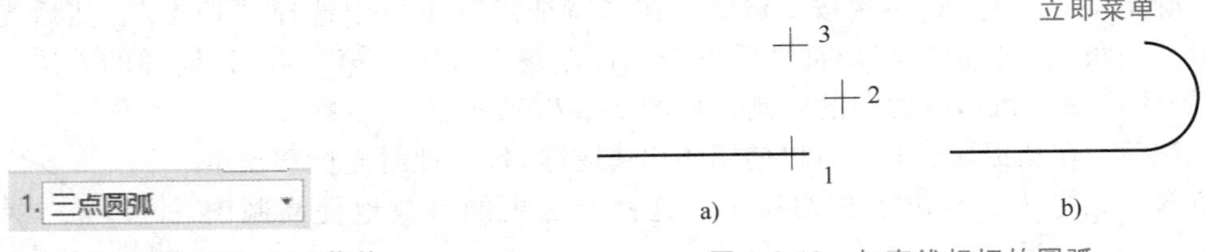

图 2-2-12 “三点圆弧”立即菜单

图 2-2-13 与直线相切的圆弧
a）选点 b）完成

绘图方法：

首先选择“三点圆弧”方式，当系统提示第一点时，按空格键弹出“工具点”菜单，单击“切点”，然后按提示拾取直线，再指定圆弧的第二点、第三点（如图 2-2-13a 所示）后，圆弧绘制完成（如图 2-2-13b 所示）。

实例 2：打开素材文件 2. 2. 2，如图 2-2-14 所示，作与圆弧相切的圆弧。

绘图方法：

首先选择“三点圆弧”方式，当系统提示第一点时，按空格键弹出“工具点”菜单，单击“切点”，然后按提示拾取第一段圆弧，再输入圆弧的第二点，当提示输入第三点时，拾取第二段圆弧的切点，圆弧绘制完成。

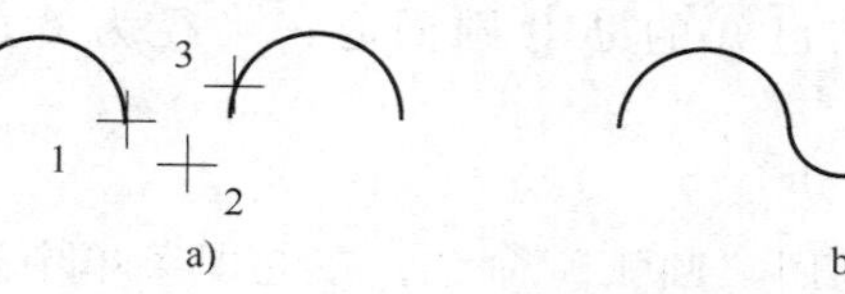

图 2-2-14 与圆弧相切的弧

a）选点 b）操作后

注意：选取圆弧上的点时，顺序不同所绘制出的圆弧也不同。

2. 圆心_起点_圆心角圆弧

圆心_起点_圆心角方式是指需要通过圆心、起点、圆心角或终点绘制圆弧。

3. 两点_半径圆弧

两点_半径方式是指已知圆弧上两点及圆弧半径绘制圆弧。

● 使用方法

按提示要求输入第一点和第二点后，系统提示又变为“第三点（半径）”。此时如果输入一个半径值，则系统首先根据十字光标当前的位置判断绘制圆弧的方向，判定规则是：十字光标当前位置处在第一、二两点所在直线的哪一侧，则圆弧就绘制在哪一侧，由于光标位置的不同，可绘制出不同方向的圆弧。

● 应用举例

绘制与图 2-2-15a 所示的两圆相切的圆弧。

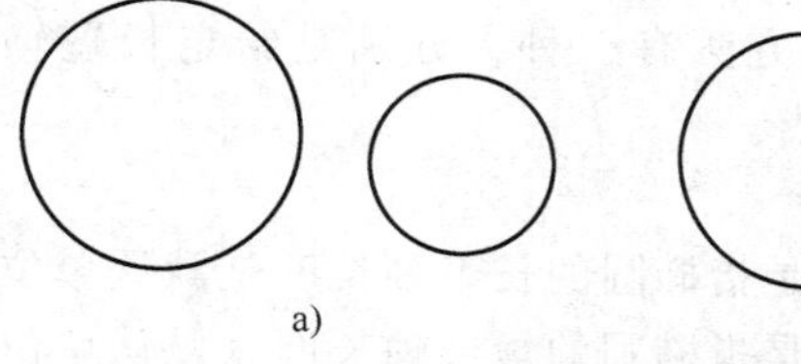

图 2-2-15 与两圆相切的圆弧实例图

a）操作前 b）操作后

绘图方法：

（1）调用“圆弧”命令。

（2）立即菜单条件选择为“两点_半径”。

（3）按快捷键<t>，捕捉切点，单击左侧的圆，确定第一个点；再次按快捷键<t>，捕捉切点，单击右侧的圆，确定第二个点；此时，屏幕上生成一段起点和终点固定（与两圆相切），半径由鼠标拖动改变的动态圆弧，移动鼠标使圆弧成凹弧，输入半径“15”，圆弧即可绘制完成，如图 2-2-15b 所示。

注意：在上述步骤（3）中移动鼠标成凸弧，然后输入半径，则可绘制一个凸圆弧。

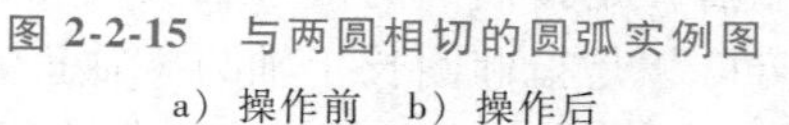

4. 圆心_半径_起终角圆弧

圆心_半径_起终角是指通过确定圆心、半径和起终角绘制圆弧，立即菜单如图 2-2-16 所示。

1. 圆心_半径_起终角 2.半径= 30 3.起始角= 0 4.终止角= 60

图 2-2-16 “圆心_半径_起终角”立即菜单

● 条件说明

“半径”是指绘制目标圆弧的半径。

“起始角”是指绘制圆弧起点与圆心的连线和 x 轴正方向的夹角。

“终止角”是指绘制圆弧终点与圆心的连线和 x 轴正方向的夹角。

● 应用举例

如图 2-2-17 所示，绘制 M12 的内螺纹外径圆弧（即与已知的 ϕ10 圆同心，半径为 6 的 270°圆弧）。

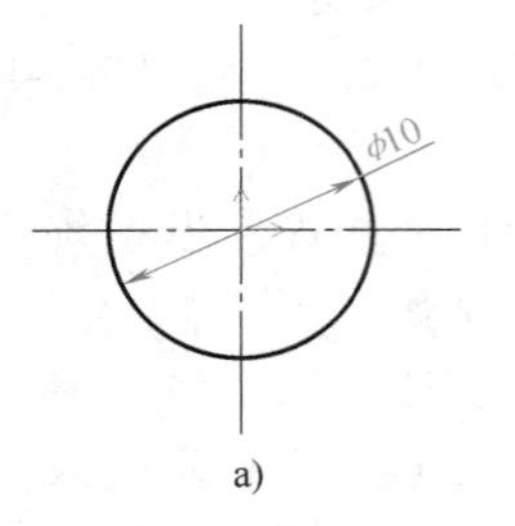

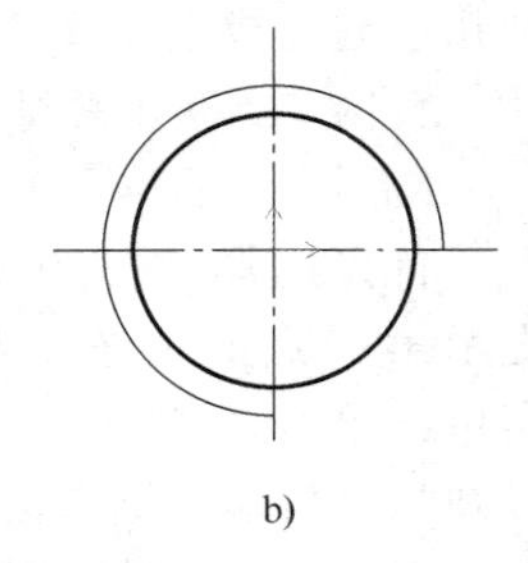

图 2-2-17 圆心_半径_起终角实例图
a）操作前 b）操作后

绘图方法：

（1）调用“圆弧”命令，在立即菜单中选取“圆心_半径_起终角”。

（2）在立即菜单中输入“半径”为“6”，“起始角”为“0”，“终止角”为“270”，系统提示输入圆心点，按空格键，在工具栏中选择“圆心”选项，单击已知圆的圆心，即生成如图 2-2-17b 所示圆弧。

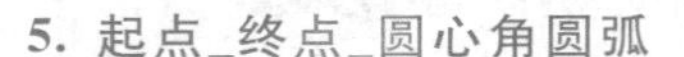

5. 起点_终点_圆心角圆弧

起点_终点_圆心角是指通过指定起点、终点和圆心角绘制圆弧。

6. 起点_半径_起终角圆弧

起点_半径_起终角是指通过指定起点、半径和起终角绘制圆弧。

2. 2. 3 绘制椭圆

单击“常用”选项卡中“绘图面板”的按钮，或者输入指令“EL”后按<Enter>键，打开“椭圆”命令，立即菜单如图 2-2-18 所示。

绘制椭圆的方法有三种，分别是给定长短轴、轴上两点和中心点_起点。

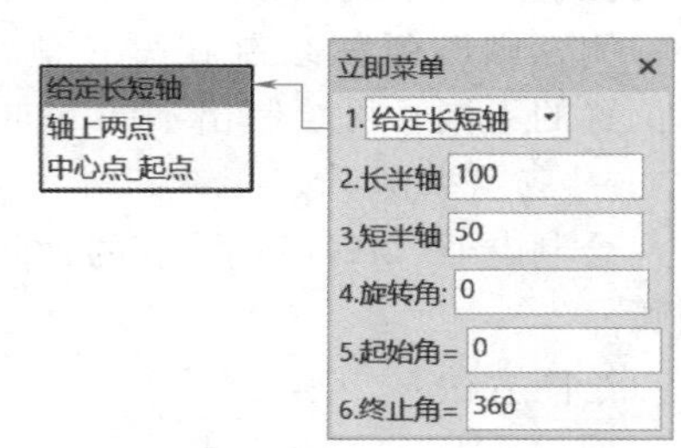

图 2-2-18 “椭圆”立即菜单

● 条件说明

“长半轴”是指椭圆的长半轴长度（默认单位：mm）。

“短半轴”是指椭圆的短半轴长度（默认单位：mm）。

“旋转角”是指椭圆长半轴与 x 轴正方向夹角。

“起始角”是指起点与椭圆中心的连线和长半轴的夹角。

“终止角”是指终点与椭圆中心的连线和长半轴的夹角。

1. 给定长短轴绘制椭圆

使用给定长短轴绘制椭圆时，可以根据要求在立即菜单中输入长半轴长度值、短半轴长度值、旋转角度及起始角和终止角；然后，指定椭圆（弧）的中心点即可。

2. 通过轴上两点绘制椭圆

使用轴上两点绘制椭圆时，分别用鼠标或键盘输入椭圆一轴上的两个端点，然后指定另一半轴长度即可。

3. 通过中心点_起点绘制椭圆

使用中心点_起点绘制椭圆时，分别指定椭圆的中心点和一个轴的一个端点，最后指定另一半轴长度即可。

2. 2. 4 应用案例

【案例要求】 本案例绘制如图 2-2-19 所示图形。首先使用椭圆功能绘制两同心椭圆，然后使用“圆”命令绘制 4 个圆。

【案例操作】

（1）绘制椭圆的方法：调用椭圆功能，在立即菜单选择“给定长短轴”，条件设置如图 2-2-20a 所示，绘制大椭圆；重复使用“椭圆”命令，以第一个椭圆的中心点为中心，绘制长轴为 20、短轴为 12 的椭圆，效果如图 2-2-20b 所示。

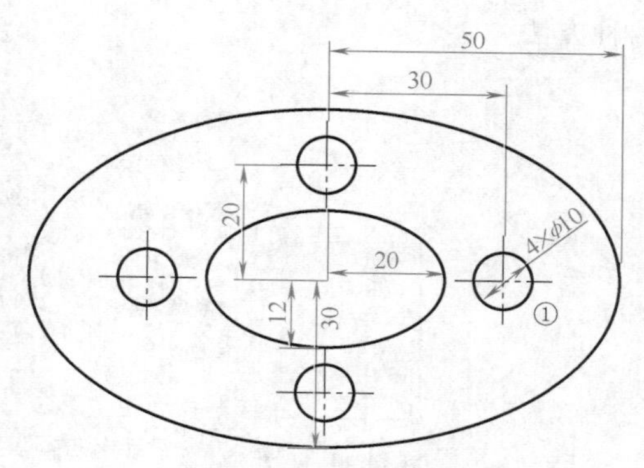

图 2-2-19　圆弧应用案例

（2）绘制圆的方法：调用“绘图”→“圆”命令，弹出圆的立即菜单，条件设置为“圆心_半径”→“半径”→“无中心线”，输入圆心坐标（30，0），按<Enter>键确定圆心位置，输入半径值为“5”，按<Enter>键，完成①位置的圆。其他圆的画法相同，不再赘述，其他圆的圆心坐标分别是（-30，0）、（0，20）和（0，-20）。

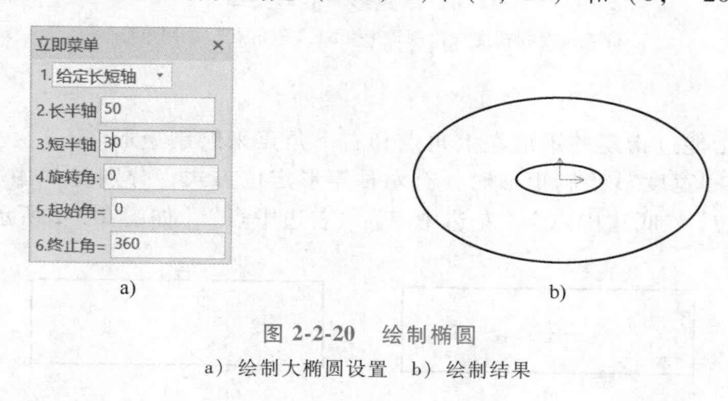

图 2-2-20　绘制椭圆

a）绘制大椭圆设置　b）绘制结果

【技能点拨】

1. 在绘图过程中，可能出现图形绘制错误，可以通过撤销与恢复功能实现快速返回上一步及恢复原操作，快捷键是<Ctrl+Z><Ctrl+Y>。

2. 对于圆、圆弧的绘制方法较多，可根据实际情况选择最适合的方法，尽量减少辅助线、辅助点的使用。

3. 在绘图工具相关功能（如圆、圆弧等）激活状态下，按空格键，可以打开“工具点”菜单，使用工具点对应的快捷键可以提高制图速度。

2.3　绘制矩形和正多边形

在制图过程中常常需要用到一些较为规则的多边形，例如矩形、正多边形等。在 CAXA 中“矩形”“正多边形”也是最为常见的绘图命令之一。

2.3.1　绘制矩形

2.3.1
绘制矩形

单击“常用”选项卡中“绘图”面板上的矩形 □ 按钮，打开“矩形”命令。

调用矩形功能后弹出如图 2-3-1 所示的立即菜单，矩形的绘制方法有长度和宽度、两角点两种方法。

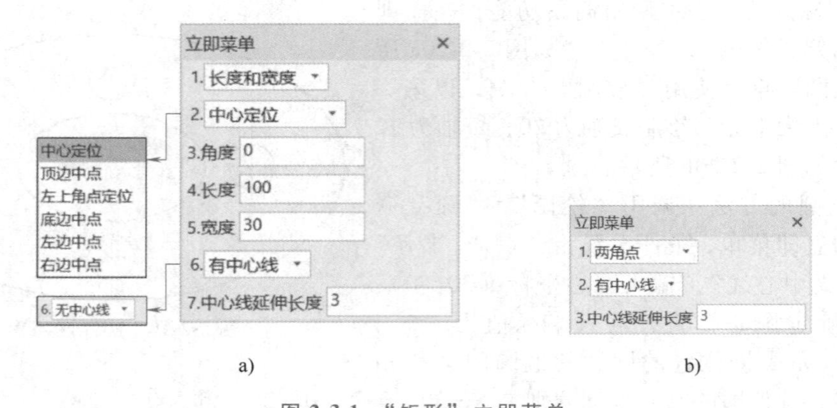

图 2-3-1 “矩形”立即菜单

a）“长度和宽度”绘制矩形 b）“两角点”绘制矩形

● 条件说明

“两角点”是指能过指定的矩形左上角点和右下角点来绘制矩形。

在使用“长度和宽度”绘制矩形时，有六种矩形定位方式，分别是“中心定位”“顶边中心”“左上角点定位”“底边中点”“左边中点”“右边中点”，如图 2-3-2 所示。

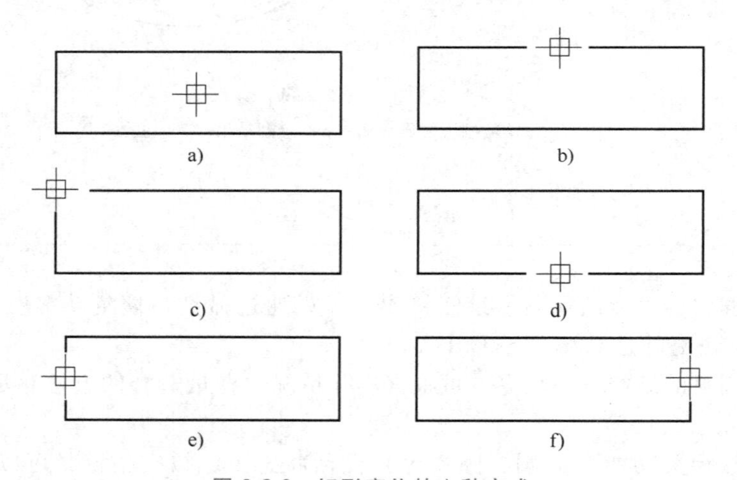

图 2-3-2 矩形定位的六种方式

a）中心定位 b）顶边中心 c）左上角点定位 d）底边中点 e）左边中点 f）右边中点

2. 3. 2 绘制正多边形

单击“常用”选项卡中“矩形”按钮，打开“正多边形”命令。

调用正多边形功能后系统弹出立即菜单，如图 2-3-3 所示。绘制正多边形的方法有“底边定位”和“中心定位”两种。

● 条件说明

“给定半径”表示输入正多边形的内切（或外接）圆半径确定正多边形。

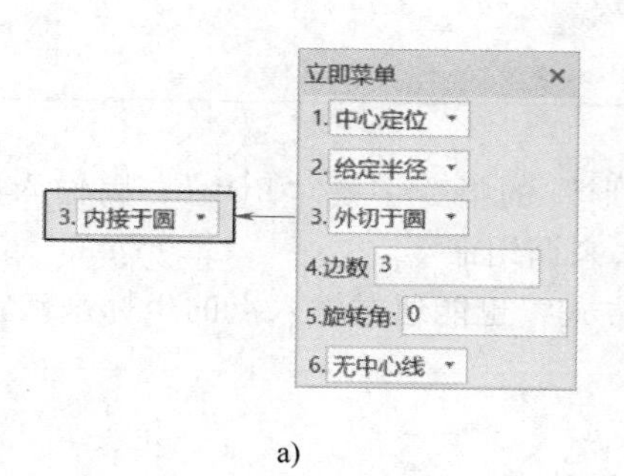

a)

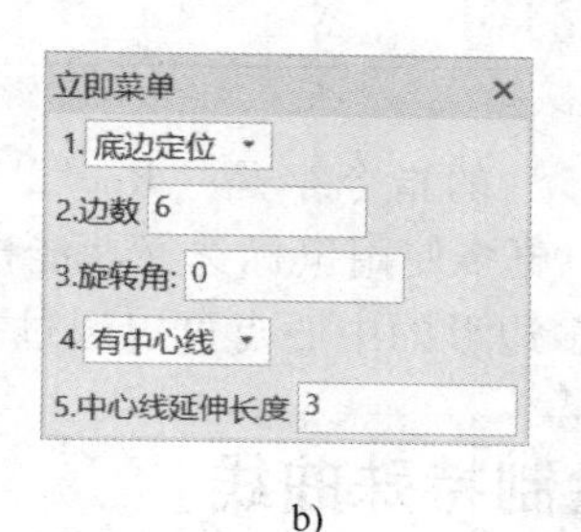

b)

图 2-3-3　“正多边形”立即菜单

a）“中心定位”绘制矩形　b）“底边定位”绘制矩形

“外切于圆”表示所画的正多边形为某个圆的外切正多边形，输入的给定半径值为正多边形外切圆的半径值。

“内接于圆”表示所画的正多边形为某个圆的内接正多边形，输入的给定半径值为正多边形内接圆的半径值。

“边数”表示正多边形边数。

“旋转角”表示正多边形旋转角度。

2.3.3　应用案例

【案例要求】　本案例绘制如图 2-3-4 所示直径为 10mm 圆的内接正六边形以及 6×2 的矩形，矩形中心与圆心重合。

【案例操作】

（1）绘制 $\phi10$ 圆。调用“圆”命令；在绘图区任意位置单击鼠标左键，确定圆心位置；输入直径尺寸“10”，按<Enter>键，完成圆的绘制，单击鼠标右键退出圆的命令。

图 2-3-4　应用案例

（2）绘制六边形。调用“多边形”命令，立即菜单条件设置如图 2-3-5a 所示。捕捉圆心点为多边形中心定位点；输入内接六边形边数为“6”，如图 2-3-5a 所示，按<Enter>键，完成六边形的绘制，如图 2-3-5b 所示。

（3）绘制矩形。调用“矩形”命令，立即菜单条件设置如图 2-3-6 所示。矩形定位点捕捉圆的圆心，完成矩形的绘制。

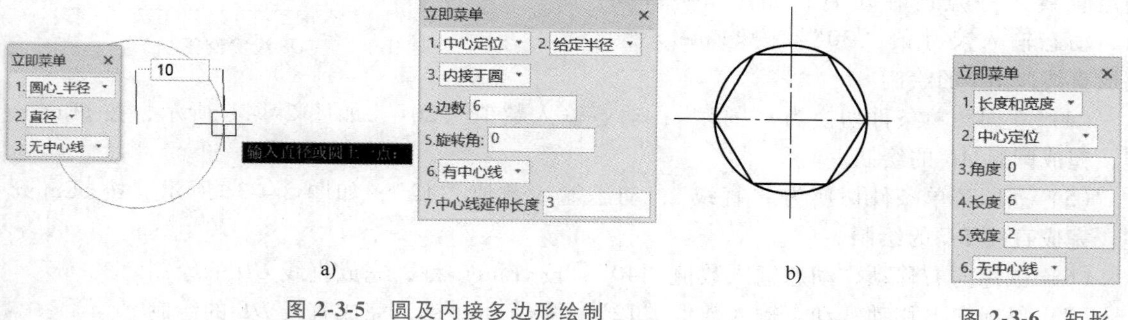

a)　　b)

图 2-3-5　圆及内接多边形绘制

a）圆与内接多边形绘制条件设置　b）绘制结果

图 2-3-6　矩形绘制条件设置

【技能点拨】

1. “矩形”的指令字是“Rec”，“正多边形”的指令字是“POL”，因输入的字母较多，因此在操作中更多使用鼠标选择功能按钮的方法来调用命令。

2. 对于多边形的中心点可以通过拾取点的方式，也能通过输入点的坐标来确定。

2.4 绘制特殊曲线

CAXA 电子图板中的特殊曲线一般包括多段线、等距线、样条曲线、中心线、波浪线、双折线、箭头以及齿轮轮廓线等。

2.4.1 绘制多段线

2.4.1 绘制多段线

多段线是由几段线段或者圆弧构成的连续线条，是一个独立的图形对象。

单击“常用”选项卡中“绘图”面板“多段线”按钮，打开“多段线”命令，立即菜单如图 2-4-1 所示。

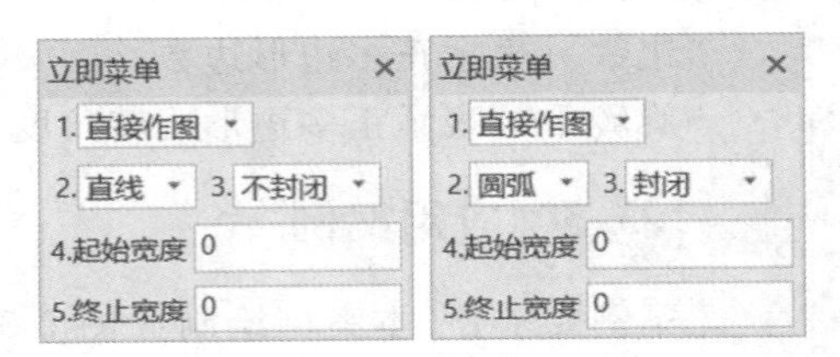

图 2-4-1 “多段线”立即菜单

● 条件说明

“直线”/“圆弧”是指在多段线使用中，可以绘制直线或者绘制圆弧，二者通过立即菜单可以随时切换。

“封闭”/“不封闭”是指定义多段线是否封闭；注意，在使用时如选择“封闭”，则多段线的最后一点可省略（不输入），直接单击鼠标右键结束操作，系统将自动在当前位置连接到第一点，使轮廓图形封闭。

● 应用举例

绘制如图 2-4-2 所示轮廓。

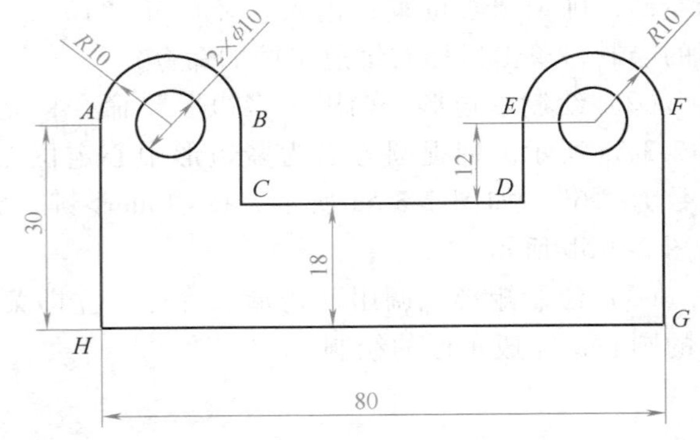

图 2-4-2 多段线实例图

绘图方法：

（1）打开“正交”和“动态输入”。

（2）调用“多段线”功能，立即菜单条件设置为“直接做图”“直线”“封闭”。

（3）在绘图区任意位置单击鼠标左键，确定直线第一点所在位置；如图 2-4-3a 所示，动态输入尺寸值“30”，按<Enter>键，完成直线段 *HA* 的绘制。

（4）立即菜单条件切换为“圆弧”；动态输入数值“20”，如图 2-4-3b 所示，按<Enter>键，完成圆弧 *AB* 的绘制。

（5）立即菜单条件切换为“直线”；动态输入数值“12”，如图 2-4-3c 所示，按<Enter>键，完成直线 *BC* 的绘制。

（6）鼠标向右移动，动态输入数值“40”，按<Enter>键，完成直线 *CD* 的绘制。

（7）鼠标向上移动，动态输入数值“12”，按<Enter>键，完成直线 *DE* 的绘制。

（8）立即菜单条件切换为“圆弧”；鼠标向右移动，动态输入数值“20”，按<Enter>键，

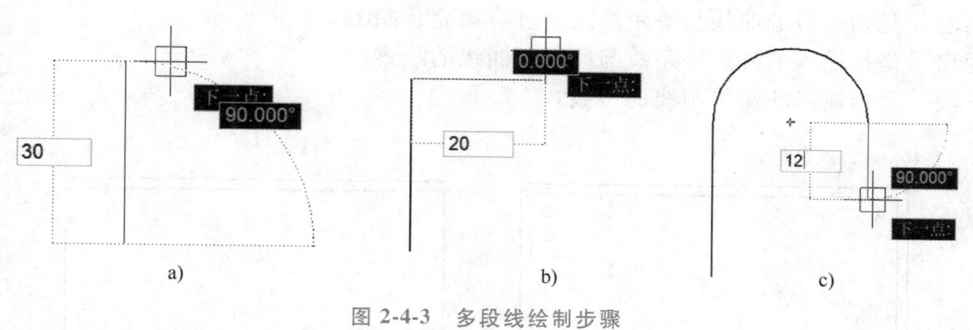

图 2-4-3　多段线绘制步骤

a）直线段 *HA*　b）圆弧 *AB*　c）直线 *BC*

完成圆弧 *EF* 的绘制。

（9）立即菜单条件切换为“直线”；鼠标向下移动，动态输入数值“30”，按<Enter>键，完成直线 *FG* 的绘制。

（10）直接单击鼠标右键实现轮廓封闭，即完成直线 *GH*。

（11）调用“圆”功能，分别捕捉圆弧中心为圆的圆心位置，输入直径尺寸“10”，按<Enter>键完成圆的绘制，至此多段线绘制完成。

2.4.2
绘制等距线

2.4.2　绘制等距线

“等距线”功能是将选定的线偏移一定的距离生成原线条的等距线。可以生成等距线的对象有直线、圆弧、圆、椭圆、多段线和样条曲线。

单击“常用”选项卡中“修改面板”上的“等距线”按钮，或者输入指令“O”后按<Enter>键，打开“等距线”命令。

调用“等距线”功能后弹出如图 2-4-4 所示的立即菜单。

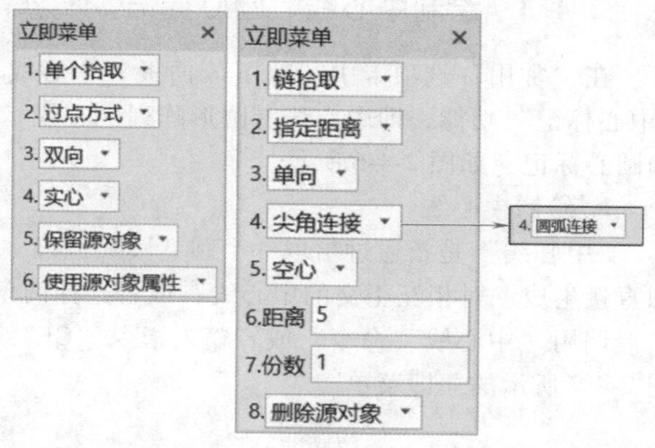

图 2-4-4　“等距线”立即菜单

● 条件说明

“单个拾取”/“链拾取”：若是“单个拾取”，则每次单击鼠标只能拾取一个元素，如图 2-4-5b 所示；若是“链拾取”，则单击鼠标拾取元素时，把与该元素首尾相连的元素也一起选中，如图 2-4-5a 所示。

“指定距离”是指选择箭头方向确定等距方向，按给定距离的数值来确定等距线的位置。

“过点方式”是指通过已知点绘制等距线。

“单向”指通过确定生成方向在原对象曲线的一侧生成等距线，如图 2-4-5a 所示。

“双向”指在直线两侧均绘制等距线，如图 2-4-5c 所示。

“尖角连接”在使用“链拾取”的情况下可用。如果原对象曲线元素间存在尖角连接，那么，生成的等距线也以尖角的形式连接。

“圆弧连接”在使用“链拾取”的情况下可用。如果原对象曲线元素间存在圆弧连接，那么，生成的等距线将以圆弧的形式进行连接。

“空心”是指生成的等距线与原对象曲线之间不进行填充。

“实心”是指原对象曲线与等距线之间进行填充，如图2-4-5d所示。

“距离”是指输入值确定等距线与原对象曲线的距离。

“份数”是指输入所需等距线的份数。

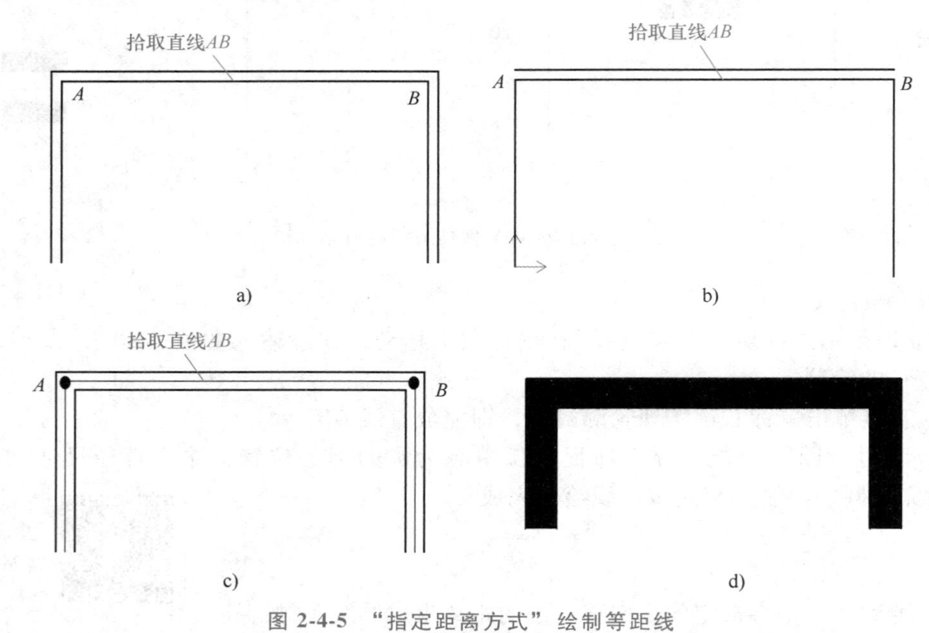

图2-4-5 “指定距离方式”绘制等距线

a）单向、链拾取 b）单向、单个拾取 c）双向、链拾取、空心 d）单向、链拾取、实心

2.4.3 绘制中心线、圆心标记

在“常用”选项卡中“绘图”面板“中心线”按钮后面的黑色三角下拉菜单中，有三种“中心标记”功能，即中心线、圆形阵列中心线和圆心标记，如图2-4-6所示。

2.4.3-1 绘制中心线

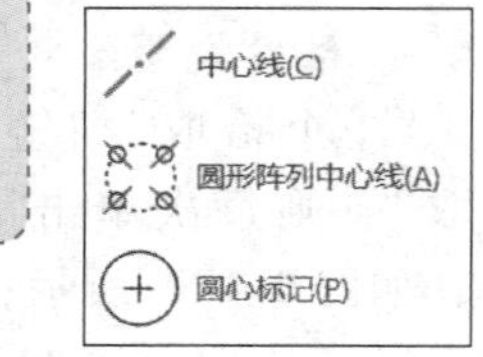

图2-4-6 “中心标记”功能

1. 绘制中心线

“中心线”是指通过拾取一个圆、圆弧或椭圆直接生成一对相互正交的中心线；或者选择两条直线生成轴的中心线。

调用“中心线”命令，或者输入指令“CL”后按<Enter>键，打开如图2-4-7所示的立即菜单。

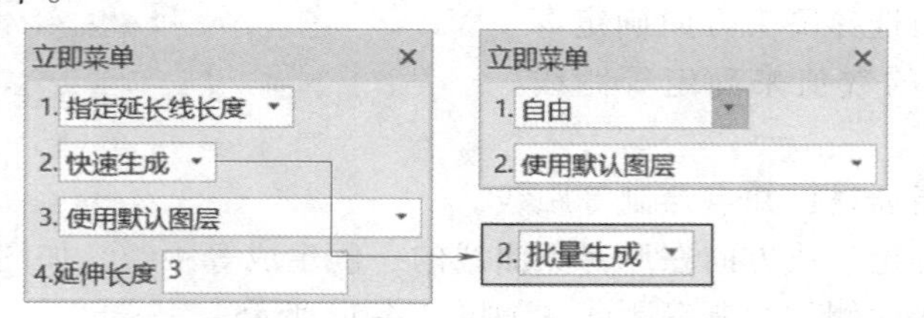

图2-4-7 “中心线”立即菜单的两种情况

● 条件说明

“指定延长线长度”是指通过在“延伸长度”输入栏中输入数值，确定中心线超出轮廓边界的长度。

“快速生成”是指拾取一个对象后立即生成中心线。

“批量生成”是指一次拾取多个对象后，单击鼠标右键批量生成多个对象的中心线。此命令不适用于两直线之间生成中心线。

“自由”是指在生成中心线后，中心线延伸长度是动态的，移动鼠标后单击确认其长度。

2.4.3-2 绘制圆形阵列中心线

2. 绘制圆形阵列中心线

“圆形阵列中心线”是指通过选择具有圆形阵列特征的圆、圆弧轮廓，生成中心线，如图 2-4-8 所示。

2.4.3-3 标记圆心

“圆形阵列中心线”在使用时需拾取要创建环形中心线的圆形不少于 3 个。

3. 绘制圆心标记

“圆心标记”是指通过拾取一个圆、圆弧或椭圆来生成中心标记符号，如图 2-4-9 所示。

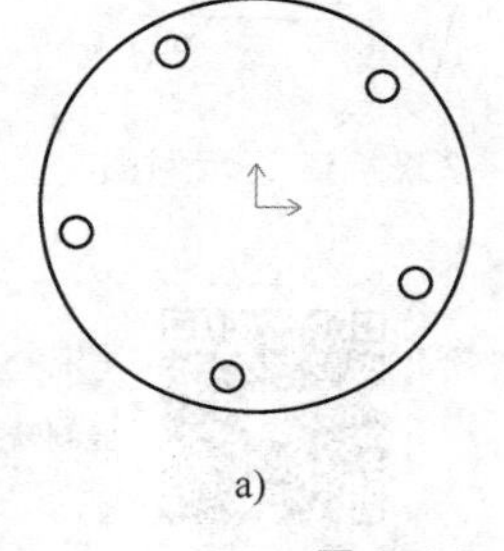
a)

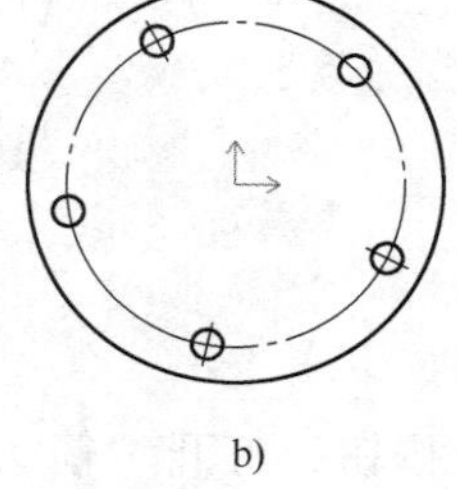
b)

图 2-4-8　圆形阵列中心线

a）坐标原点圆形阵列的 5 个圆　b）添加圆形阵列中心线

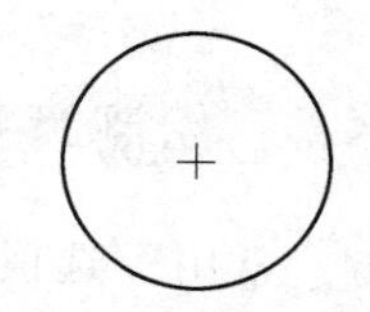

图 2-4-9　添加“圆心标记”符号

2.4.4　绘制样条曲线

2.4.4 绘制样条曲线

“样条曲线”是通过给定一系列顶点，由计算机根据这些指定点按插值方式生成的平滑曲线。单击“常用”选项卡中“样条”按钮，弹出如图 2-4-10 所示的立即菜单。

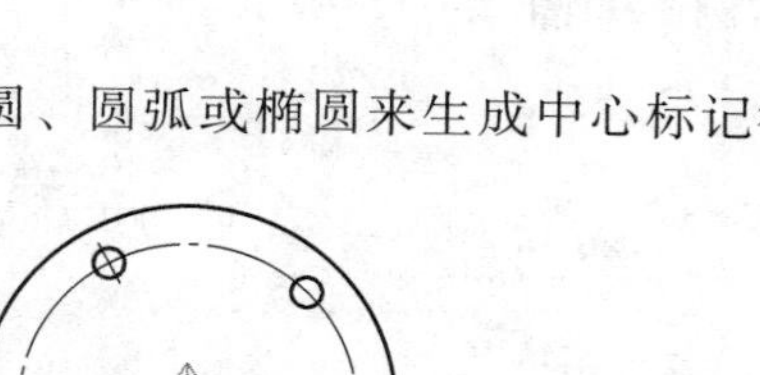

图 2-4-10　“样条”立即菜单

● 条件说明

“直接作图”是指根据提示用鼠标或键盘输入一系列控制点，一条光滑的样条曲线自动画出。

“从文件读入”是指切换此项时，会弹出“打开样条数据文件”对话框，从中可选择数据文件，单击“确认”后，系统可根据文件中的数据绘制出样条。

“开曲线”/“闭曲线”是指两者的切换可控制生成的样条曲线是开放的还是闭合的。

2.4.5　绘制波浪线和双折线

2.4.5-1 绘制波浪线

1. 绘制波浪线

“波浪线”可以按照给定的方式绘制波浪形状的曲线。此功能常用于绘制剖面线的边界线，一般用细实线。单击“常用”选项卡中“波浪线”的按钮，打开“波浪线”命令，立即菜单如图 2-4-11 所示。

1.波峰 10　2.波浪线段数 1

图 2-4-11 “波浪线”立即菜单

2. 绘制双折线

在机械制图中双折线的用途主要是在断裂处的表达上。单击“常用”选项卡中“双折线”按钮，打开“双折线”命令，弹出立即菜单。绘制双折线有两种方式，即通过折点个数或折点距离，如图 2-4-12 所示。

说明：在使用“双折线”时可以通过两点画双折线，也可以直接拾取一条现有直线将其改为双折线。“双折线”示例图如图 2-4-13 所示。

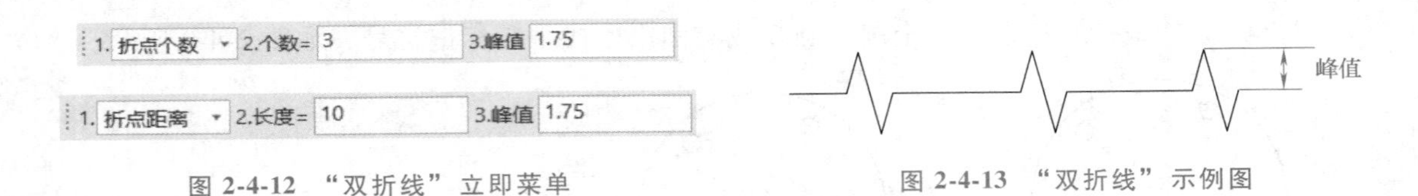

图 2-4-12 “双折线”立即菜单　　图 2-4-13 “双折线”示例图

2.4.6 绘制箭头

2.4.6 绘制箭头

单击“常用”选项卡中“箭头”按钮，打开“箭头”命令，立即菜单如图 2-4-14 所示。

● 条件说明

“正向”/“反向”表示生成箭头的方向。

立即菜单
1. 反向
1. 正向
2.箭头大小 4

图 2-4-14 “箭头”立即菜单

● 使用说明

绘制箭头时有两种方法，第一种是通过指定第一点（即箭头尖所在位置）和箭尾位置绘制带引线的实心箭头；第二种是通过拾取已知的直线、圆弧或样条曲线只生成动态实心箭头，最终位置需要单击鼠标左键确定。

注意：当拾取对象为直线时，以坐标系 *X*、*Y* 方向的正方向作为箭头的正方向，*X*、*Y* 方向的负方向作为箭头的反方向；当拾取对象为圆弧时以逆时针方向作为箭头的正方向，顺时针方向作为箭头的反方向。

2.4.7 绘制齿轮轮廓线

2.4.7 绘制齿轮轮廓线

在制图过程中常常需要绘制渐开线齿轮的齿形。在 CAXA 电子图板中可以直接通过“齿形”命令，绘制相应的齿轮轮廓线。单击“常用”选项卡中“齿形”按钮，调用“齿形”命令，立即弹出“渐开线齿轮齿形参数”对话框，如图 2-4-15 所示。

● 使用方法

（1）根据齿轮轮廓要求完成齿轮的参数设置后，单击“下一页”按钮。

（2）系统弹出“渐开线齿轮齿形预显”对话框，如图 2-4-16 所示。在此对话框中，设置齿形的“齿顶过渡圆角半径”和“齿根过渡圆角半径”及齿形的精度，确定要生成的齿数和有效齿起始角度，确定好参数后单击“预显”按钮，可观察生成的齿形。如果要修改前面的参数，单击“上一步”按钮，返回至上一级对话框。

注意：使用该命令生成的齿轮要求模数大于 0.1、小于 50，齿数大于等于 5、小于 1000。

（3）当图 2-4-16 所示预览框中的齿形符合要求后，单击“完成”按钮。

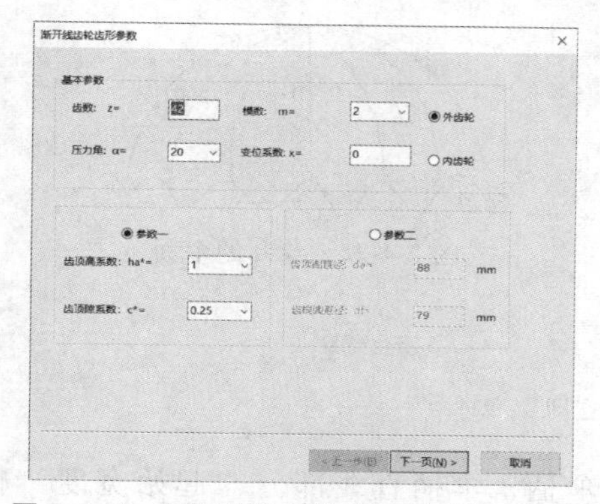

图 2-4-15 “渐开线齿轮齿形参数”对话框

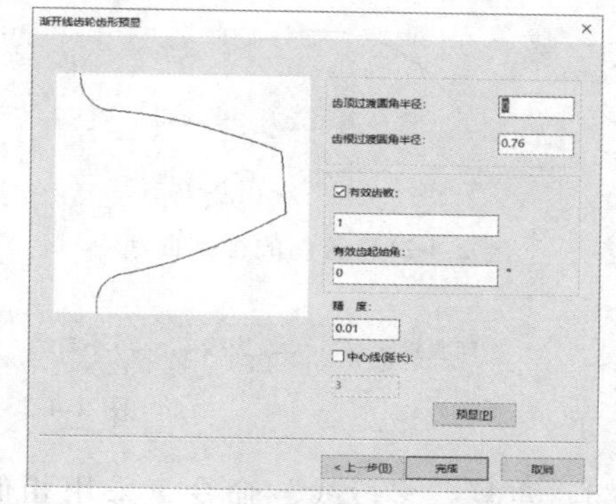

图 2-4-16 “渐开线齿轮齿形预显”对话框

（4）输入齿轮的定位点。输入或指定齿轮的中心点坐标，按<Enter>键，齿轮中心固定在定位点上，绘制结果如图 2-4-17 所示。

2.4.8 应用案例

【案例要求】 本案例绘制如图 2-4-18 所示雨伞轮廓（部分尺寸没有具体要求）。需使用“样条曲线”“多段线”“圆弧”等功能绘制图形。

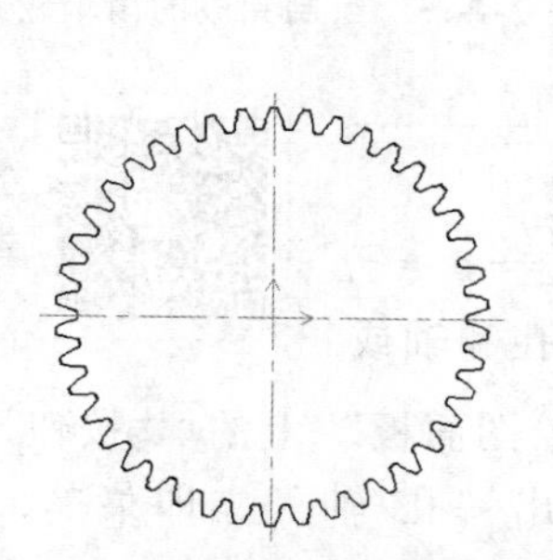

图 2-4-17 绘制完成的齿轮轮廓线

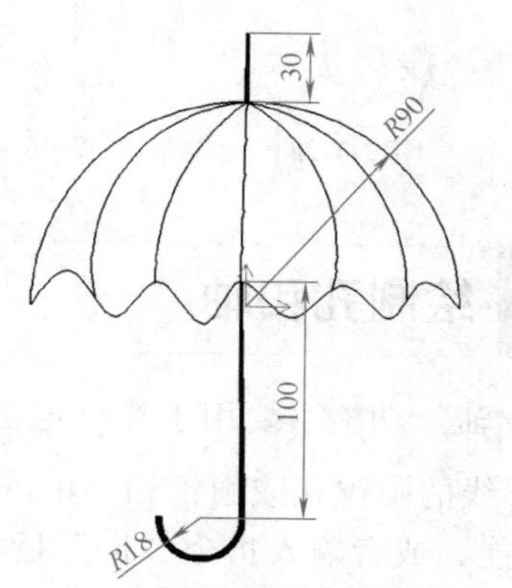

图 2-4-18 雨伞轮廓

【案例操作】

（1）调用“圆弧”功能，在立即菜单中选择“圆心_半径_起终角”，“半径”输入“90”，绘制圆心角为 180°的圆弧，如图 2-4-19 所示。

图 2-4-19 绘制的圆弧

（2）调用“样条曲线”命令，弹出“样条曲线”立即菜单，设置如图 2-4-20 所示。绘制雨伞底边的样条曲线，如图 2-4-21 所示。

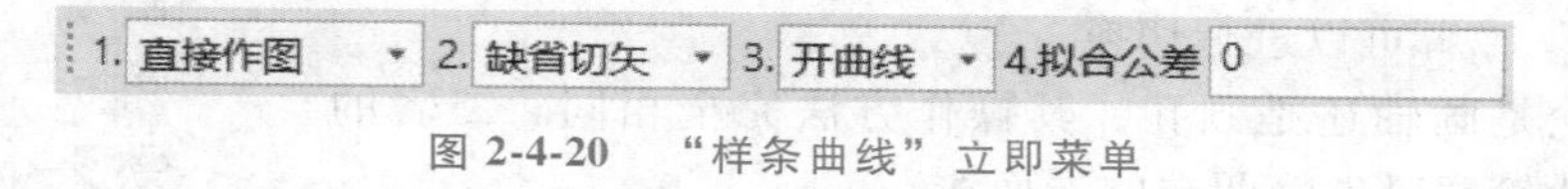

图 2-4-20 “样条曲线”立即菜单

（3）调用“圆弧”命令，弹出“圆弧”立即菜单，选用“三点圆弧”，绘制伞面的各条圆弧，如图 2-4-22 所示。

（4）调用“多段线”命令，弹出“多段线”立即菜单，设置如图 2-4-23 所示，绘制长度为 30 的伞顶，如图 2-4-24 所示。

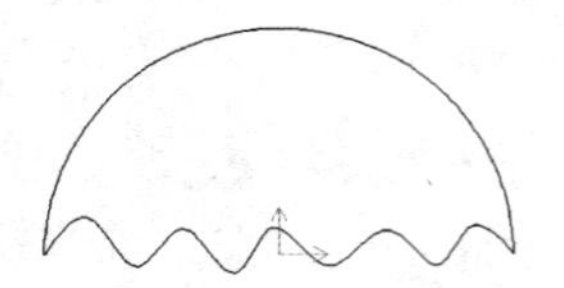
图 2-4-21 绘制的样条曲线

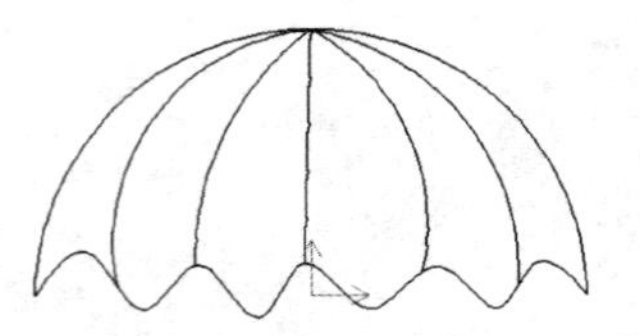
图 2-4-22 绘制的伞面

1. 直接作图 ▾ 2. 直线 ▾ 3. 不封闭 ▾ 4.起始宽度 3 5.终止宽度 1.5

图 2-4-23 “多段线”立即菜单

（5）重复“多段线”命令，采用相似方法绘制伞柄，伞柄直线部分“起始宽度”输入“1.5”，“终止宽度”输入“3”，伞柄圆弧部分“起始宽度”和“终止宽度”均为“3”，如图 2-4-25 所示为绘制完成的雨伞。

图 2-4-24 绘制的伞顶

图 2-4-25 绘制完成的雨伞轮廓

2.5 绘制孔和轴

2.5 绘制孔和轴

“孔/轴”功能主要用于在给定位置画出带有中心线的孔和轴或带有中心线的圆锥孔或圆锥轴。单击“常用”选项卡中“绘图面板”上的按钮，调用“孔/轴”功能，或者输入指令“ha”后按<Enter>键，系统弹出“孔/轴”立即菜单，如图 2-5-1 所示。

立即菜单	立即菜单	
1. 轴 ▾	1. 孔 ▾	
2. 直接给出角度 ▾	2. 直接给出角度 ▾	2. 两点确定角度 ▾
3.中心线角度 0	3.中心线角度 0	

图 2-5-1 “孔/轴”立即菜单

● 条件说明

“轴”“孔”二者可以进行切换。

注意：不论是画轴还是画孔，其操作方法完全相同。二者的区别是：绘制孔轮廓时省略两端的端面线。

“直接给出角度”是指用户可以按提示在“中心线角度”中输入一个角度值，以确定待画轴或孔的倾斜角度，角度的范围是（-360°，360°）。

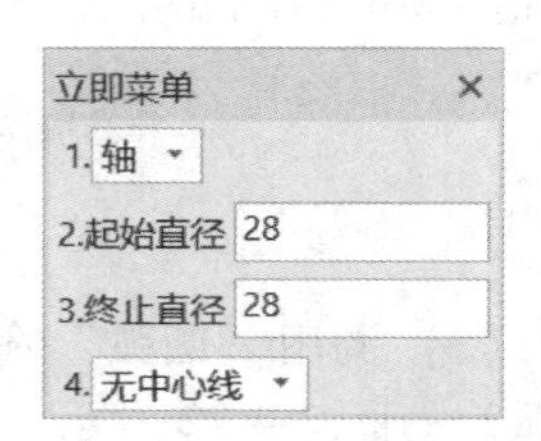

图 2-5-2 “轴”立即菜单

“两点确定角度”是指通过指定两点确定轴或孔的中心线。

当确定轴/孔位置后，其立即菜单变化如图 2-5-2 所示。

在“起始直径”/“终止直径”输入栏中输入轴/孔的直径尺寸值。

当起始直径与终止直径相同时，生成的是圆柱轴/孔；当二者数值不同时，则画出的是圆锥轴/孔。

“有中心线”/“无中心线”是指在轴或孔绘制完后是否自动添加轴/孔的中心线。

● 应用举例

绘制如图 2-5-3 所示的台阶轴，不需要进行尺寸标注。

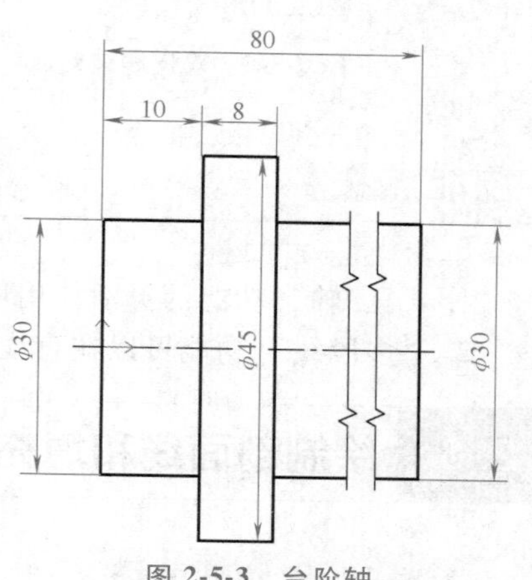

图 2-5-3　台阶轴

绘图方法：

(1) 调用“孔/轴”功能，立即菜单条件设置为“轴”“直接给出角度”“中心线角度”值为“0”。

(2) 在绘图区任意位置单击鼠标左键确定轴的插入点；在新的立即菜单中，“起始直径”输入“30”，有中心线，“中心线延伸长度”值为“3”；动态输入长度值为“10”，完成第一段轴的绘制，如图 2-5-4a 所示。

(3) 将立即菜单中“起始直径”值输入为“45”，动态输入长度值为“8”，完成第二段轴的绘制，如图 2-5-4b 所示。

(4) 将立即菜单中“起始直径”值输入为“30”，动态输入长度值为“40”，完成第三段轴的绘制，单击鼠标右键完成轴的绘制，如图 2-5-4c 所示。

说明：第三段轴采用折断画法，故不用按其真实长度进行绘制，但需要尺寸标注时要按真实尺寸标注。

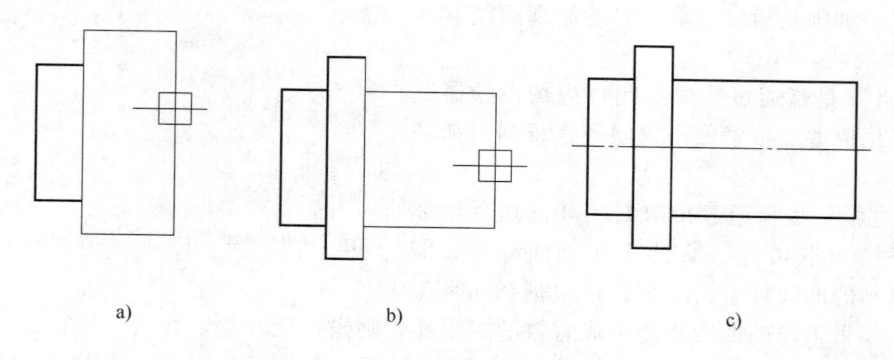

a)　b)　c)

图 2-5-4　台阶轴绘制过程

a) 第一段轴　b) 第二段轴　c) 第三段轴

(5) 绘制双折线。调用“直线”功能，在适当位置绘制直线 1；调用“平行线”命令，生成距离直线 1 为 3 的直线 2，完成如图 2-5-5 所示的双折线辅助线。

调用“双折线”功能，立即菜单条件设置为“折点个数”，“个数”为“2”、“峰值”为“1. 75”，拾取直线 1，完成双折线绘制。

单击鼠标右键重复“双折线”功能，拾取直线 2，绘制结果如图 2-5-6 所示。

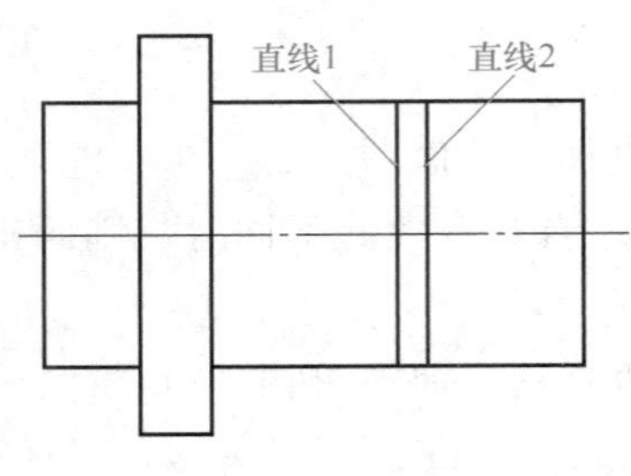

图 2-5-5　双折线辅助线

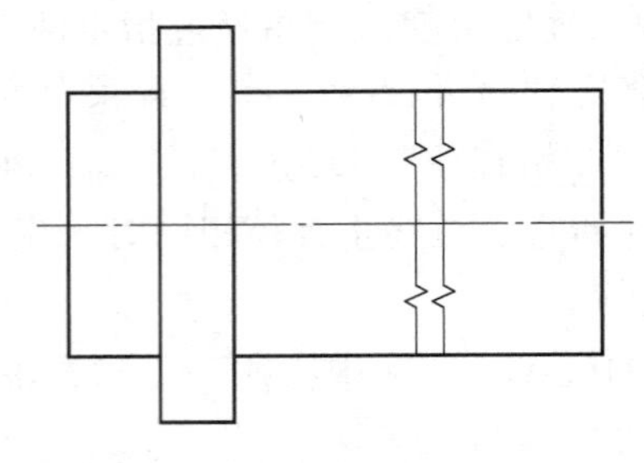

图 2-5-6　添加双折线

【技能点拨】

1. “孔/轴”功能的灵活使用可以提高制图效率。
2. “多段线”功能可以在直线和圆弧之间相互切换使用。

2.6 绘制剖面线和填充

2.6.1 绘制剖面线

2.6.1
绘制剖面线

在工程制图中，常常需要绘制剖面线来表示零件的剖切实体。“剖面线”功能是对封闭区域或选定对象进行剖面线填充。

单击“常用”选项卡中的“剖面线”按钮，或者输入指令“H”后按<Enter>键，打开“剖面线”命令，立即菜单如图 2-6-1 所示。绘制剖面线主要有两种方法，一种是通过拾取点绘制剖面线，另一种则是通过拾取边界绘制剖面线。

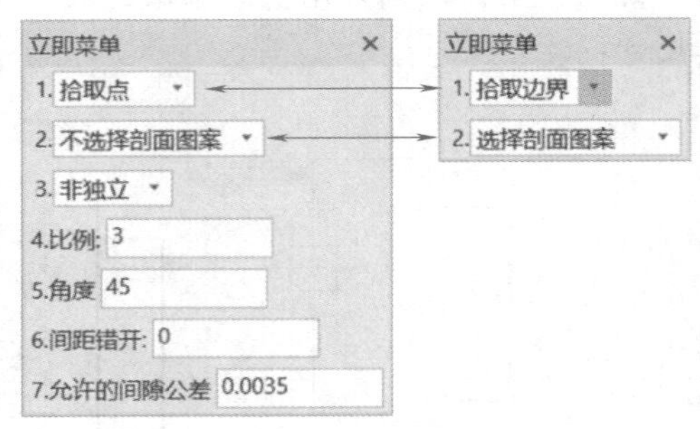

图 2-6-1　“剖面线”立即菜单的不同情况

● 条件说明

“拾取点”是指通过拾取封闭环内的点绘制剖面线，即根据拾取点搜索最小封闭环，根据封闭环生成剖面线。

“拾取边界”是指通过拾取封闭环的边界绘制剖面线。以“拾取边界”方式生成剖面线时，需要根据拾取到的曲线搜索封闭环，再根据封闭环生成剖面线。如果拾取的曲线不能生成有效的封闭环，则操作无效。

“选择剖面图案”是指在拾取完剖面线生成区域后，单击鼠标右键可以打开“剖面图案”对话框，在该对话框中可以从图案列表中选择剖面线图案，并设置剖面线的“比例”“旋转角”“间距错开”等参数。

“不选择剖面图案”是指在使用此项时，剖面线的参数如“比例”“角度”“间距错开”等需要在立即菜单的输入栏中进行输入。

图 2-6-2　剖面线练习实例图

● 应用举例

实例 1：绘制如图 2-6-2 所示图形的剖面线。

绘图方法：

（1）调用“剖面线”命令，立即菜单条件设置为“拾取点”“不选择剖面图案”，其他项使用默认设置。

（2）拾取环内一点：鼠标左键在如图 2-6-3a 所示位置单击；此时状态栏提示“成功拾取到环，拾取环内一点”，在圆形内部单击鼠标左键，如图 2-6-3b 所示位置，单击鼠标右键完成剖面线填充。

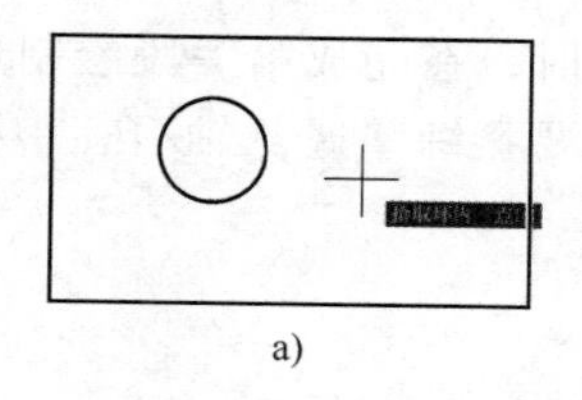

a）

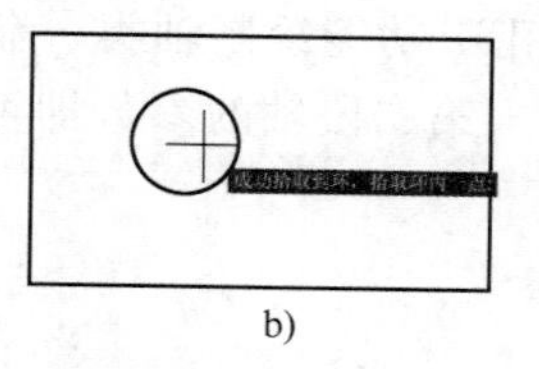

b）

图 2-6-3　通过拾取环内一点绘制剖面线

a）在矩形内、圆形外单击鼠标左键　b）在圆形内单击鼠标左键

注意：如果只拾取一个矩形封闭环，不再继续拾取圆形内环，直接单击鼠标右键，则剖面线效果如图 2-6-4 所示。

实例 2：完成如图 2-6-5 所示剖面线。

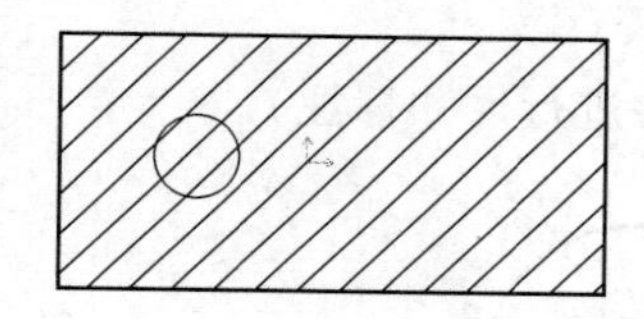

图 2-6-4　只拾取一个矩形封闭环

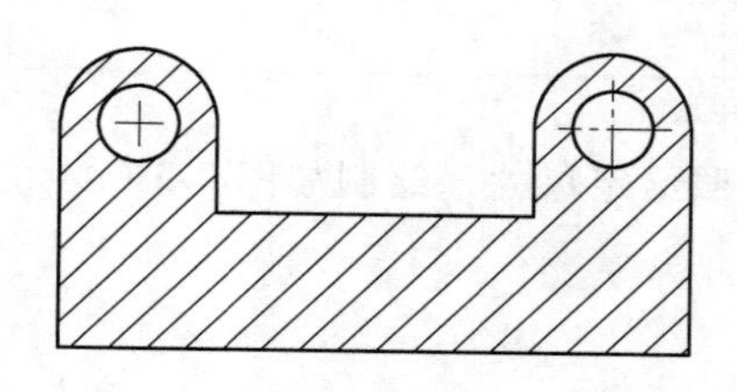

图 2-6-5　拾取边界绘制剖面线实例图

绘图方法：

（1）调用“剖面线”命令，立即菜单条件设置为“拾取边界”“不选择剖面图案”，其他项使用默认设置。

（2）拾取边界曲线：依次拾取边界曲线 1、边界曲线 2、边界曲线 3，如图 2-6-6 所示位置，单击鼠标右键完成剖面线填充。

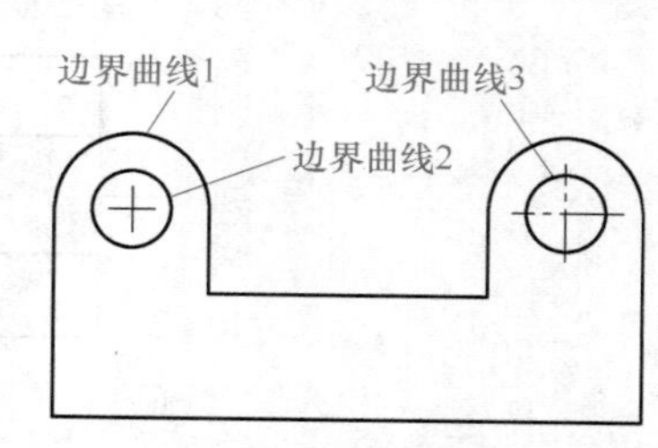

图 2-6-6　拾取封闭环的边界绘制剖面线

2.6.2　绘制渐变色填充

“渐变色”功能是对封闭区域的内部进行实心填充。多用于涂黑某些制件断面，如橡胶填充件断面，如图 2-6-7 所示。其绘制方式和“剖面线”填充相同，都有“拾取点”和“拾取边界”两种方式。立即菜单如图 2-6-8 所示，其说明同“剖面线”功能，不再赘述。

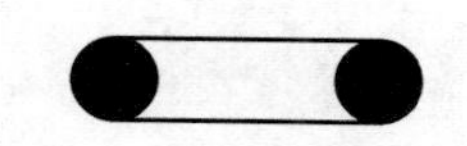

图 2-6-7　渐变色填充效果

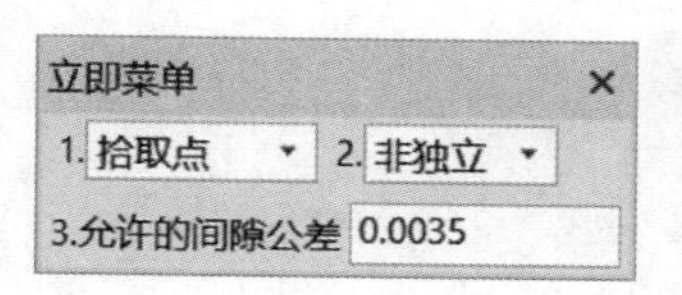

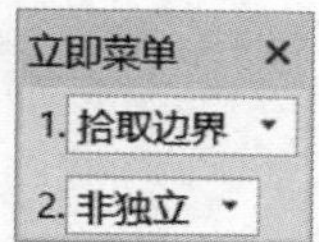

图 2-6-8　“渐变色”立即菜单

【技能点拨】

1. 在制图时，要熟练使用“中心标记”功能，以快速、准确、标准地完成中心线、圆形阵列中心线和圆心标记的绘制。

2. 在使用“轴/孔”功能绘制轴类、盘类零件时，在完成第一段绘制后不需要结束命令，直接在立即菜单中输入第二段轴的参数即可。读者要熟练掌握“轴/孔”功能的应用，可以大大提高制图效率。

【项目小结】

在本项目中，主要学习了 CAXA 电子图板的基本图形绘制，主要包括直线、平行线、圆、圆弧、椭圆、矩形、正多边形等，还学习了如等距线、剖面线、双折线等特殊曲线的使用。基本图形绘制是工程制图的基础，正确使用绘图工具，可以提高制图效率。

【精学巧练】

按照给定尺寸，绘制如图 2-2 所示的平面图形（不需要进行尺寸标注）。

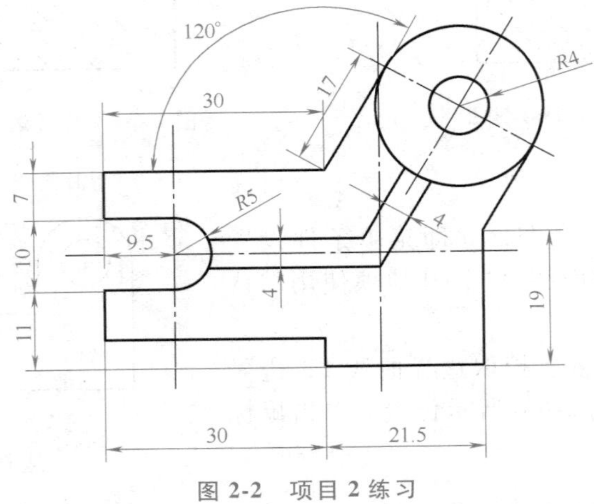

图 2-2 项目 2 练习

项目3 编辑曲线

【知识目标】 学习常见的修改编辑命令，比如裁剪、过渡、延伸、打断、复制、平移、旋转、镜像、阵列、拉伸、缩放，掌握一些基本的编辑技巧。

【技能目标】 可以根据图纸要求，正确使用修改工具完成工程图的绘制和修改。

【素养目标】 在绘图过程中，认真检查、反复修改，培养学生敬业、精益、专注的工匠精神。

对当前图形进行编辑修改，是交互式绘图软件不可缺少的功能，对提高绘图速度和质量都具有至关重要的作用，例如裁剪、镜像等。主要编辑工具按钮在“常用”选项卡中“修改”工具条下，如图3-1所示。

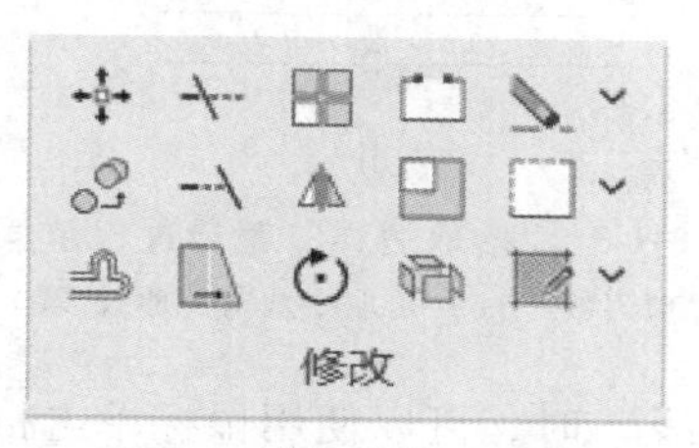

图3-1 “修改”工具条

3.1 裁剪和过渡

3.1.1 裁剪

3.1.1 裁剪

“裁剪”功能用于对给定曲线（一般称为被裁剪线）进行修整，删除不需要的部分，得到新的曲线。

单击“常用”选项卡中“修改”面板上的按钮，或者输入指令“tr”后按<Enter>键（或按空格键）打开“裁剪”命令。电子图板中的裁剪操作有“快速裁剪”“拾取边界”“批量裁剪”3种方式，调用“裁剪”功能后弹出如图3-1-1所示的立即菜单。

图3-1-1 “裁剪”立即菜单

● 条件说明

“快速裁剪”是指用鼠标直接单击选取被裁剪的曲线，系统自动判断边界并做出裁剪响应。在使用中要求各曲线间有交叉，否则无法实现裁剪。

“拾取边界”是指以一条或多条曲线作为剪刀线，对一系列被裁剪的曲线进行裁剪。在拾取剪刀线后，系统将根据拾取对象裁剪掉所拾取到的曲线段。

“批量裁剪”即利用剪刀线对较多曲线进行裁剪编辑。

● 使用方法

（1）快速裁剪的操作方法。

调用“裁剪”功能，从立即菜单中选取“快速裁剪”；根据系统提示单击拾取曲线上被裁剪掉的部分，如图 3-1-2 所示。

注意：对于与其他曲线不相交的一条单独的曲线不能使用“裁剪”命令，只能使用“删除”命令将其删除掉。

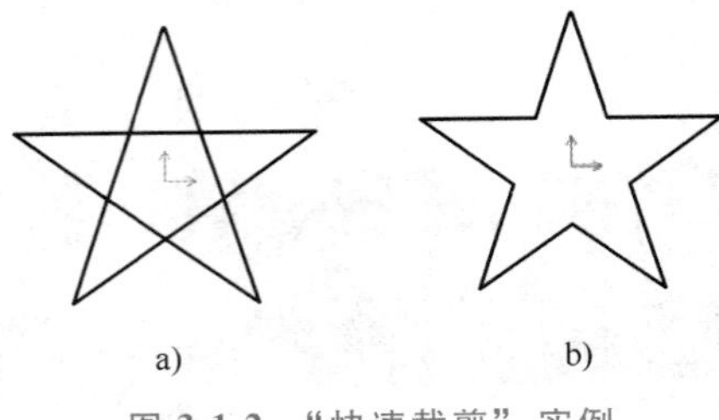

图 3-1-2 “快速裁剪”实例

a）操作前 b）操作后

（2）拾取边界的操作方法。

调用“裁剪”功能，从立即菜单中选取“拾取边界”；根据命令行提示，用鼠标分别拾取“剪刀线 1”和“剪刀线 2”，如图 3-1-3a 所示，单击鼠标右键确认拾取；命令行提示“拾取要裁剪的曲线”，框选如图 3-1-3b 所示位置，单击鼠标左键确认，完成裁剪操作后如图 3-1-3c 所示。

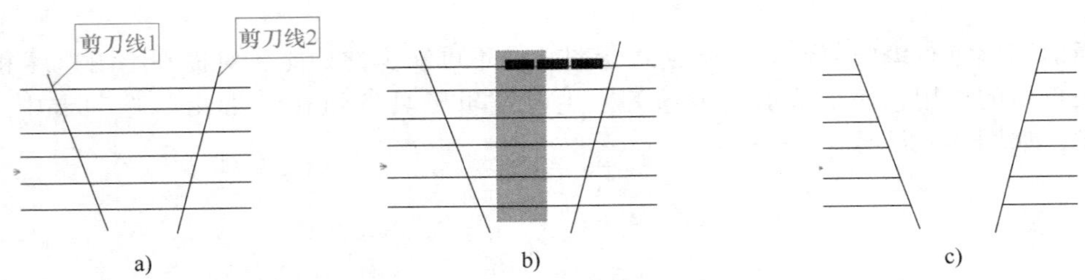

图 3-1-3 “拾取边界”裁剪过程示意图

a）拾取“剪刀线” b）拾取要裁剪的曲线 c）完成裁剪

注意：在“拾取要裁剪的曲线”时，可以使用鼠标单击拾取，也可以使用框选方式。

（3）批量裁剪的操作方法。

调用“裁剪”功能，从立即菜单中选取“批量裁剪”；根据命令行提示用鼠标单击拾取六边形剪刀链（剪刀链可以是一条曲线，也可以是首尾相连的多条曲线），如图 3-1-4a 所示；根据命令行提示“拾取要裁剪的曲线”，单击鼠标左键依次拾取要裁剪的 6 条直线，单击鼠标右键确认拾取；选择要裁剪的方向，如图 3-1-4b 所示，在裁剪侧箭头方向单击鼠标左键，完成裁剪，如图 3-1-4c 所示。

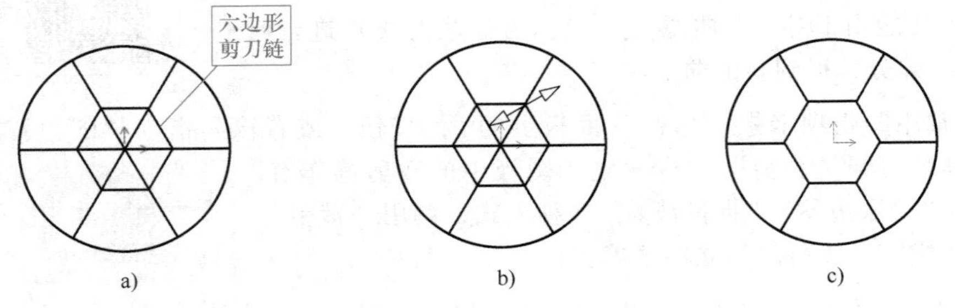

图 3-1-4 “批量裁剪”过程示意图

a）拾取剪刀链 b）确定要裁剪的方向 c）完成裁剪

注意：

（1）对于“批量裁剪”来说，在“拾取要裁剪的曲线”时，裁剪掉的部分与鼠标单击位置无关。

(2) 被裁剪曲线可与剪刀线无交点，方向选取后无交点的被裁剪曲线将被删除，如图 3-1-5 所示。

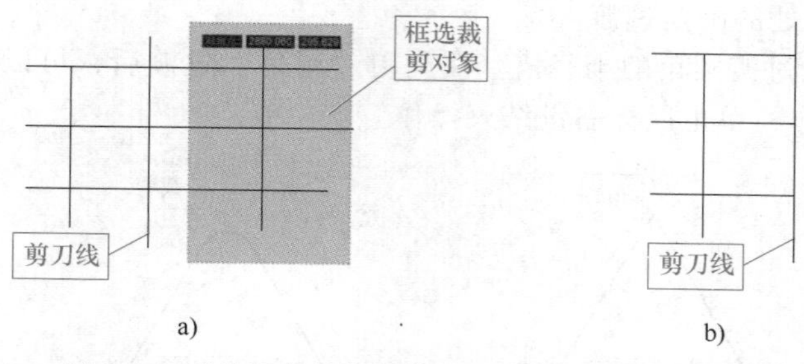

图 3-1-5 “批量裁剪”被裁剪曲线与剪刀线无交点

a）裁剪前 b）裁剪后

3.1.2 过渡

“过渡”功能的作用是修改对象，使其以圆角、倒角等方式连接。“过渡”功能包含“圆角”“尖角”“倒角”“外倒角”“内倒角”“多倒角”“尖角”等形式。

单击“常用”选项卡中“修改”面板上的“过渡”按钮，打开“过渡”命令。调用“过渡”功能后弹出如图 3-1-6 所示的立即菜单。

用户可以在“过渡”立即菜单中切换不同的过渡形式，也可以通过“修改”工具面板上“过渡”下拉菜单进行选择使用，如图 3-1-7 所示。

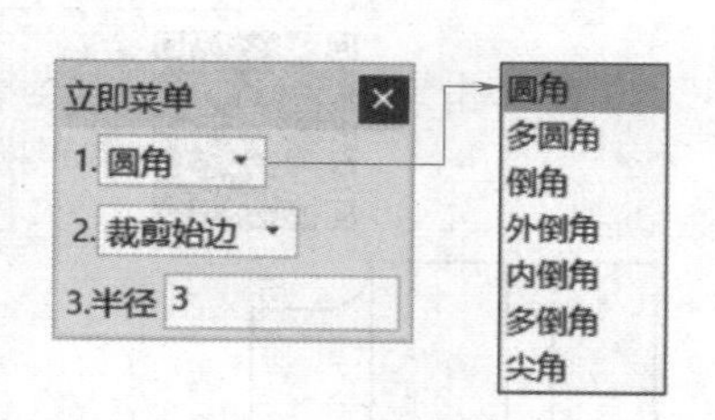

图 3-1-6 “过渡”立即菜单

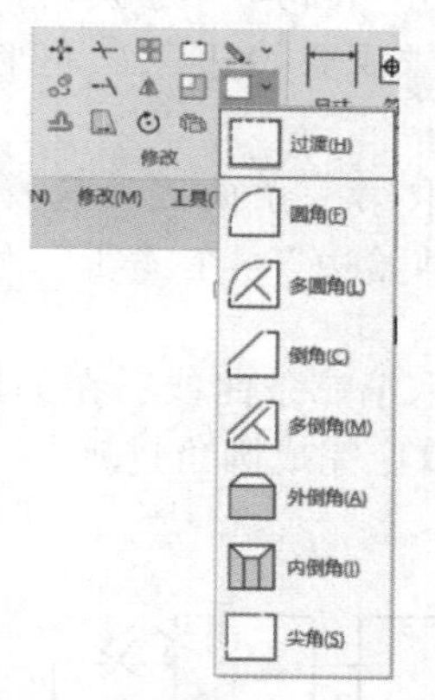

图 3-1-7 “修改”工具面板上“过渡”下拉菜单

1. 圆角过渡

圆角过渡用于对两曲线（直线、圆弧、圆）进行圆弧光滑过渡。

可以输入指令“f”调用“圆角”过渡功能，立即菜单如图 3-1-8 所示，“圆角”操作命令在立即菜单中可以选择“裁剪”“裁剪始边”“不裁剪”3 种形式。

● 条件说明

“裁剪”是指裁剪掉过渡后所有边的多余部分，如图 3-1-9 所示“角 1”处的圆角过渡。

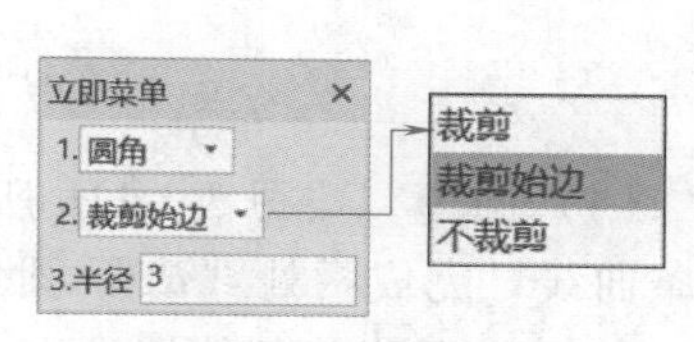

图 3-1-8 “圆角”过渡立即菜单

“裁剪始边”是指只裁剪掉起始边的多余部分，起始边也就是用户拾取的第一条曲线，如图 3-1-9 所示“角 2”处的圆角过渡。

“不裁剪”是指执行过渡操作以后，在增加过渡的同时，原线段保留原样，不被裁剪，如图 3-1-9 所示“角 3”处的圆角过渡。

“半径”是指输入过渡圆角的半径值。在调用“圆角”过渡后，可以连续对多个半径值相同的圆角进行过渡操作，单击鼠标右键结束操作。

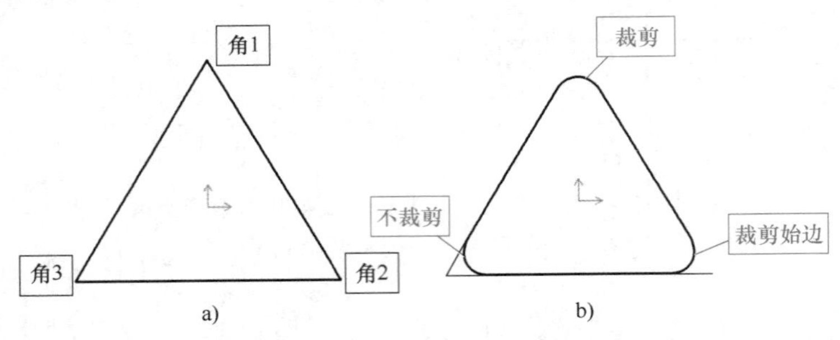

图 3-1-9 “圆角过渡”三种形式示意图

a）修改编辑对象 b）3 种圆角过渡形式

● 应用举例

请打开“3.1.1 圆角过渡素材”，完成如图 3-1-10 所示“*R*5”和“*R*3”两处圆角过渡。

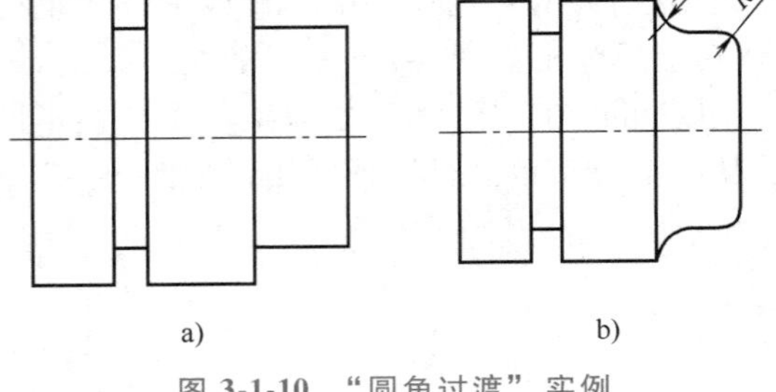

图 3-1-10 “圆角过渡”实例

a）圆角过渡前 b）圆角过渡后

绘图方法：

（1）调用“圆角”过渡功能，立即菜单条件设置为“裁剪始边”，“半径”输入为“5”。

（2）拾取第一条曲线：选择如图 3-1-11a 所示的“裁剪始边”，在“①”位置单击鼠标左键拾取。

（3）拾取第二条曲线：在如图 3-1-11a 所示的“②”位置单击鼠标左键拾取，完成圆角过渡。

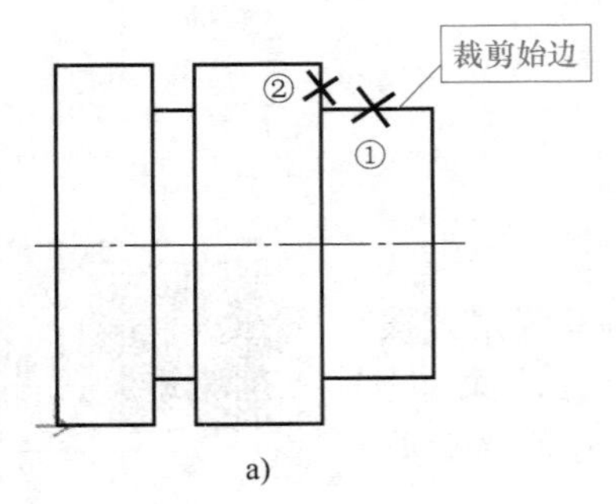

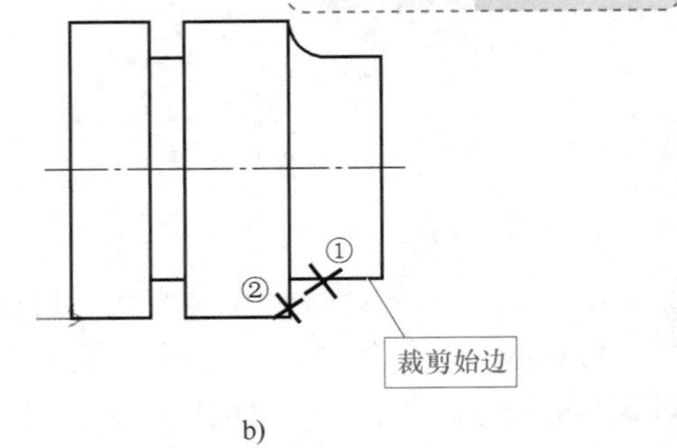

图 3-1-11 “*R*5”圆角过渡

a）第一处 *R*5 圆角过渡 b）第二处 *R*5 圆角过渡

（4）同理，按图 3-1-11b 所示，分别在“①”位置、“②”位置单击拾取第一条曲线和第二条曲线，完成两处“*R*5”圆角过渡。

（5）立即菜单条件切换为“裁剪”，“半径”输入为“3”。

（6）分别拾取如图 3-1-12a 所示直线，完成第一处“*R*3”圆角过渡；同理，拾取如图 3-1-12b 所示直线，完成第二处“*R*3”圆角过渡。

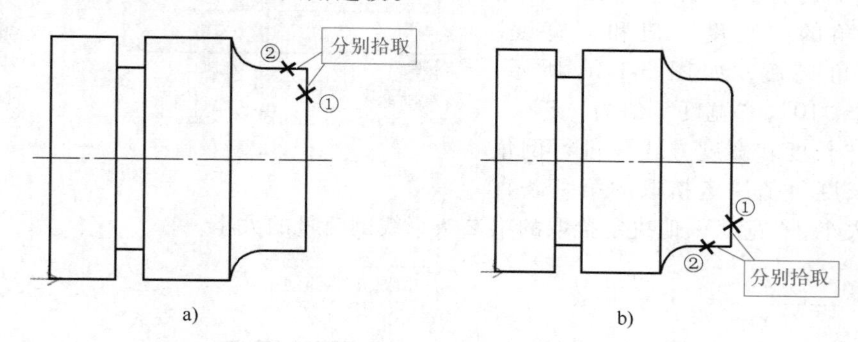

图 3-1-12 “*R*3”圆角过渡

a）第一处“*R*3”圆角　b）第二处“*R*3”圆角

说明：在过渡操作过程中，用鼠标拾取不同的曲线位置，会得到不同的结果，而且，过渡圆弧半径的大小应合适，否则将得不到正确的结果。

2. 多圆角过渡

多圆角过渡用于对多条首尾相连的直线进行圆弧光滑过渡。

单击“常用”选项卡中“过渡”功能子菜单的按钮，打开“多圆角”命令，其立即菜单中只有输入圆角半径大小的输入框。

● 使用方法

调用“多圆角”命令，从立即菜单中可以输入圆角半径；根据系统提示，拾取要进行过渡的首尾相连的曲线中的一条曲线即可，所有圆角过渡半径值均为立即菜单中输入的半径值。如图 3-1-13a、b 所示为封闭轮廓和开放轮廓进行多圆角过渡的示例。

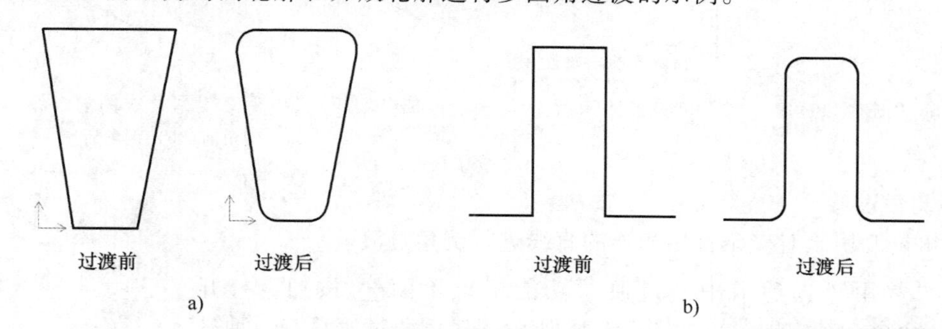

图 3-1-13 “多圆角”过渡示例

a）封闭轮廓　b）开放轮廓

3. 倒角过渡

倒角过渡用于对两直线之间进行直线倒角过渡。被倒角的直线可以被裁剪或延伸。

单击“常用”选项卡中“过渡”功能子菜单的按钮，打开“倒角”命令，其立即菜单如图 3-1-14 所示。倒角过渡方式有“长度和角度方式”和“长度和宽度方式”两种。

● 条件说明

“长度和角度方式”即通过在立即菜单中输入倒角的“长度”值和“角度”值，完成倒角过渡。如图 3-1-15a、b 所示，当“长度”值为“10”，“角度”值为“30”时，鼠标拾取直线的先后顺序会影响倒角过渡后的效果。

“长度和宽度方式”即通过在立即菜单中输入倒角的“长度”值和“宽度”值，完成倒角过渡，如图 3-1-16 所示，“长度”值为“10”，“宽度”值为“5”。

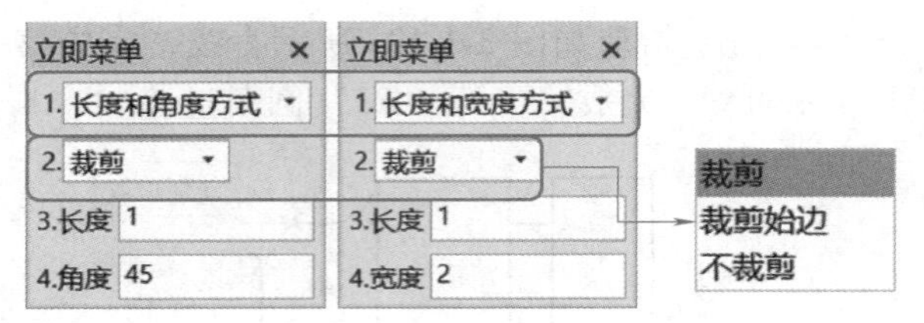

图 3-1-14 “倒角过渡”立即菜单

在使用“长度和宽度方式”进行倒角过渡时，“长度”值决定拾取的第一条直线倒角量的大小，“宽度”值决定拾取的第二条直线倒角量的大小。

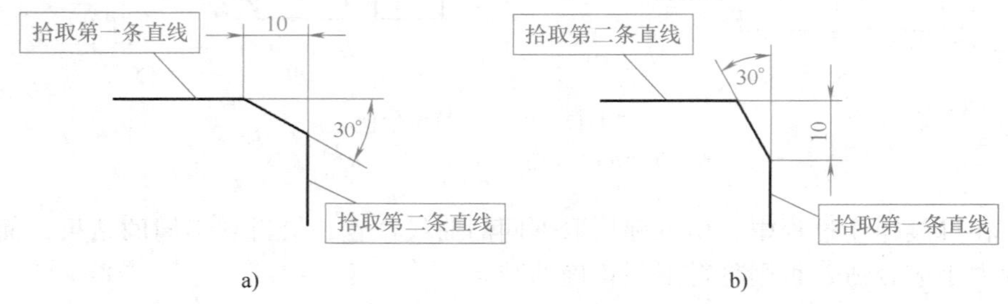

图 3-1-15 “长度和角度方式”倒角过渡示意图

说明：当进行倒角过渡的两条直线不相交，但是延长后存在虚拟交点时，倒角过渡功能会将两直线延伸，在交点处进行倒角过渡操作，如图 3-1-17 所示。

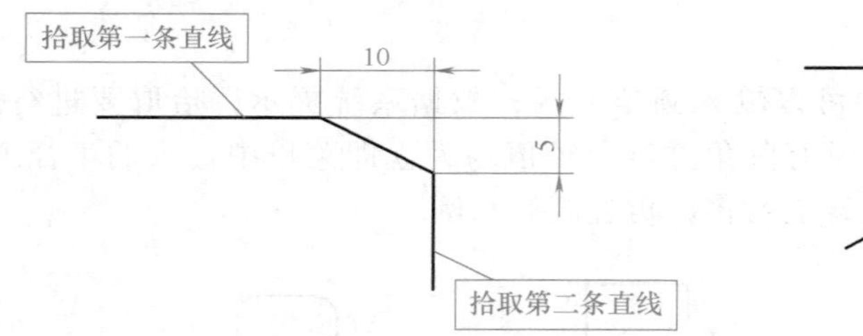

图 3-1-16 “长度和宽度方式”倒角过渡示意图

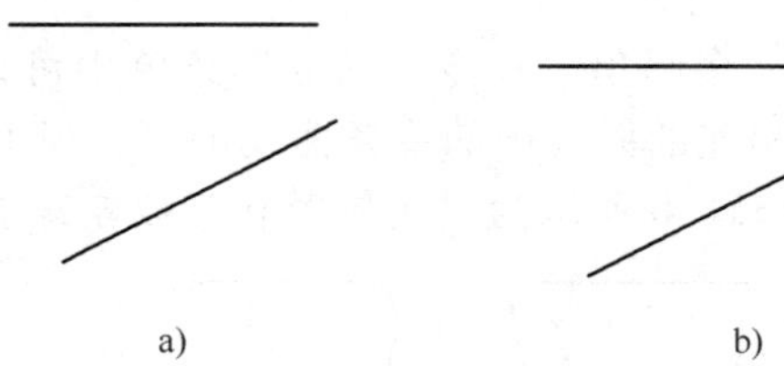

图 3-1-17 “不相交”两直线倒角过渡示意图

a）倒角前 b）倒角后

4. 多倒角过渡

多倒角过渡用于对多条首尾相连的直线进行倒角过渡。

单击“常用”选项卡中“过渡”功能子菜单的按钮，打开“多倒角”命令，其立即菜单如图 3-1-18 所示，多倒角过渡只有一种过渡方式，即通过输入“长度”值和“倒角”角度值确定倒角。

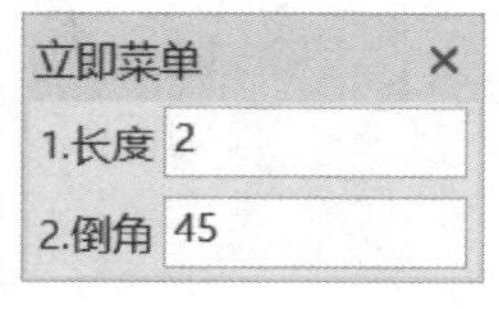

图 3-1-18 “多倒角”过渡立即菜单

● 使用方法

调用多倒角过渡功能，从立即菜单中输入倒角的“长度”值和“倒角”的角度值。根据命令行提示再用鼠标拾取要进行过渡的首尾相连的直线即可。如图 3-1-19a 所示为封闭轮廓多倒角过渡，图 3-1-19b 所示为开放轮廓多倒角过渡。

注意：多倒角过渡只对连续的直线有效。

5. 外倒角过渡

3.1.2-3 外倒角过渡和内倒角过渡

外倒角用于轴端倒角过渡，生成倒角线的同时，生成倒角轮廓线。

单击“常用”选项卡中“过渡”功能子菜单的按钮，打开

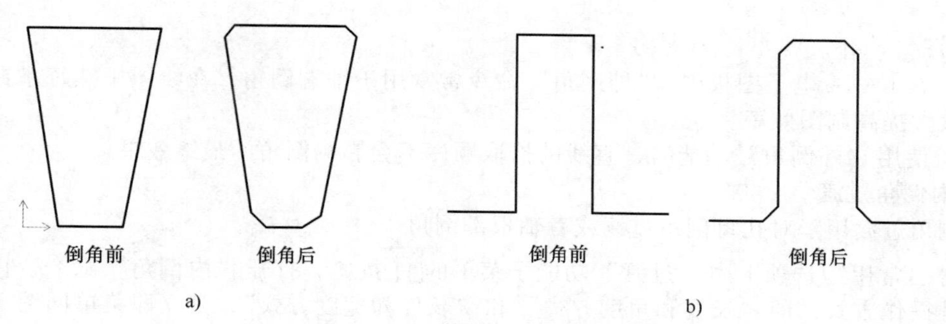

图 3-1-19 “多倒角”过渡示例

a）封闭轮廓 b）开放轮廓

“外倒角”命令，其立即菜单如图 3-1-20 所示。外倒角过渡有两种操作方式，即“长度和角度方式”和“长度和宽度方式”。

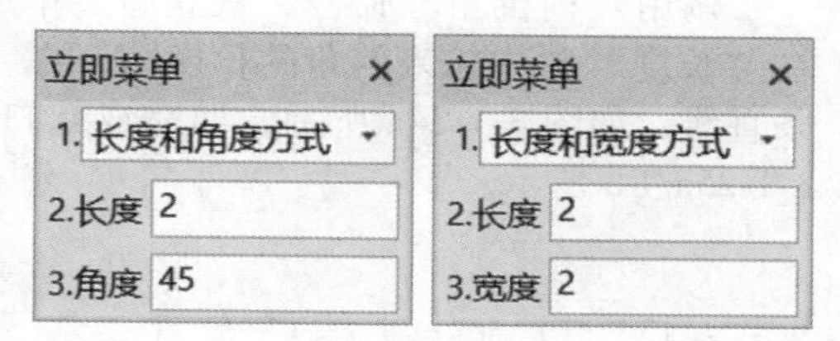

图 3-1-20 “外倒角”过渡立即菜单

● 使用方法

调用“外倒角”命令，从立即菜单中选择外倒角过渡方式，如选择“长度和角度方式”，在“长度”栏中输入倒角的长度值，在“角度”栏中输入角度值；依次拾取生成外倒角的 3 条直线，如图 3-1-21a 所示，即完成外倒角，效果如图 3-1-21b 所示。

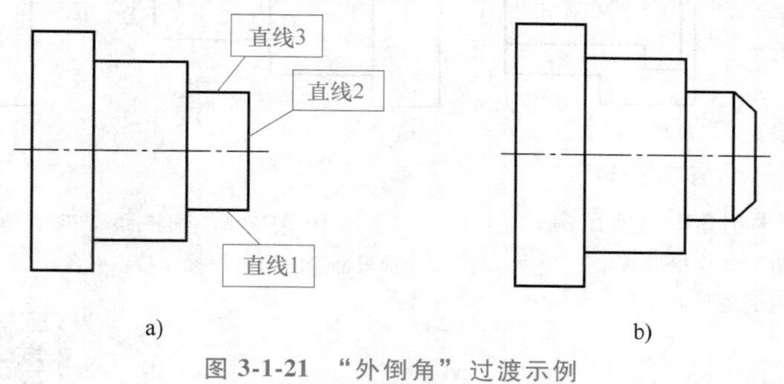

图 3-1-21 “外倒角”过渡示例

a）“外倒角”操作拾取对象 b）“外倒角”效果

“长度”值表示倒角轮廓线与倒角起始端面线间的距离；“角度”值是指倒角线与母线之间的夹角。“长度”和“角度”如图 3-1-22 所示。

当使用“长度和宽度方式”生成外倒角时，“长度”值表示倒角轮廓线与倒角起始端面线间的距离；“宽度”值表示端面线上倒角线起点到母线间的距离。“长度”和“宽度”如图 3-1-23 所示。

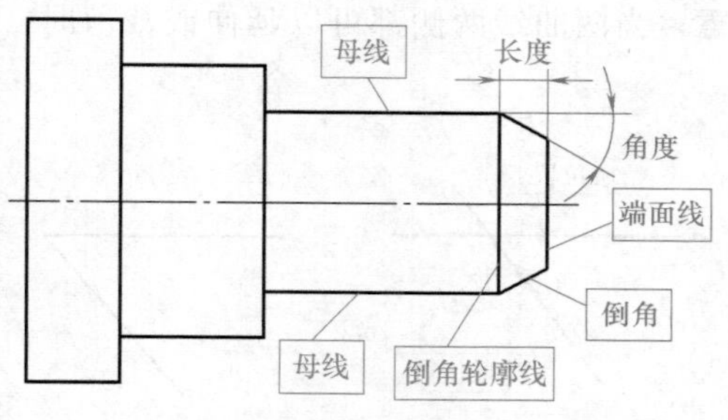

图 3-1-22 “长度和角度方式”倒角示意图

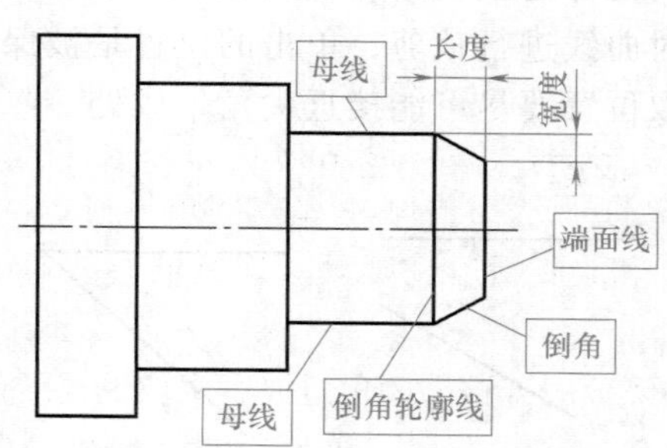

图 3-1-23 “长度和宽度方式”倒角示意图

说明：

（1）在 CAXA 电子图板中，“外倒角”命令常常用于轴端倒角，在绘图中熟练掌握软件功能可以大大提高制图效率。

（2）使用“外倒角”功能时，直线的拾取顺序不会影响倒角的最终效果。

6. 内倒角过渡

内倒角过渡用于对孔口倒角过渡或者轴根部倒角。

单击“常用”选项卡中“过渡”功能子菜单的按钮，打开“内倒角”命令。内倒角过渡有两种操作方式，即“长度和角度方式”和“长度和宽度方式”，其立即菜单同图 3-1-20 所示“外倒角”过渡立即菜单。

● 使用方法

调用“内倒角”命令，从立即菜单中选择内倒角过渡方式，如选择“长度和角度方式”，在“长度”栏中输入倒角的长度值，在“角度”栏中输入角度值；依次拾取生成内倒角的 3 条直线，如图 3-1-24a 所示，即完成孔口内倒角，效果如图 3-1-24b 所示；轴根部内倒角如图 3-1-25a、b 所示。

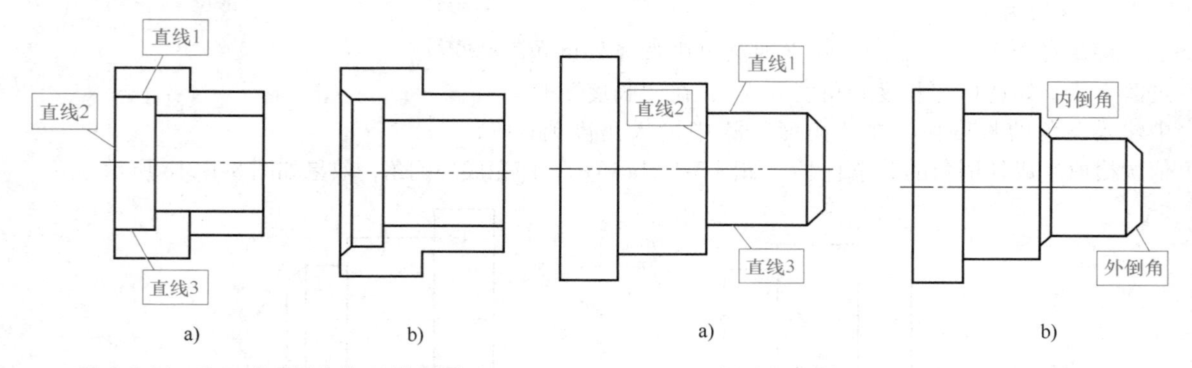

图 3-1-24 孔口“内倒角”过渡示例
a）孔口“内倒角”操作拾取对象
b）孔口“内倒角”效果

图 3-1-25 轴根部“内倒角”过渡示例
a）轴根部“内倒角”操作拾取对象 b）轴根部“内倒角”效果

3.1.2-4
尖角过渡

7. 尖角过渡

尖角过渡是在第一条曲线与第二条曲线（直线、圆弧、圆）的交点处形成尖角过渡。

单击“常用”选项卡中“过渡”功能子菜单的按钮，打开“尖角”命令。根据命令行提示，分别选择两条曲线即可完成尖角过渡。

当两曲线不相交但延伸后存在交点时，如图 3-1-26 所示，使用尖角过渡功能后，曲线向交点方向延伸形成尖角；当两曲线交叉存在实际交点时，如图 3-1-27 所示，使用尖角过渡功能后，对曲线进行裁剪，单击的位置是被保留侧。注意：当两曲线两侧都可以延伸或裁剪时，鼠标拾取位置要尽可能接近尖角生成处。

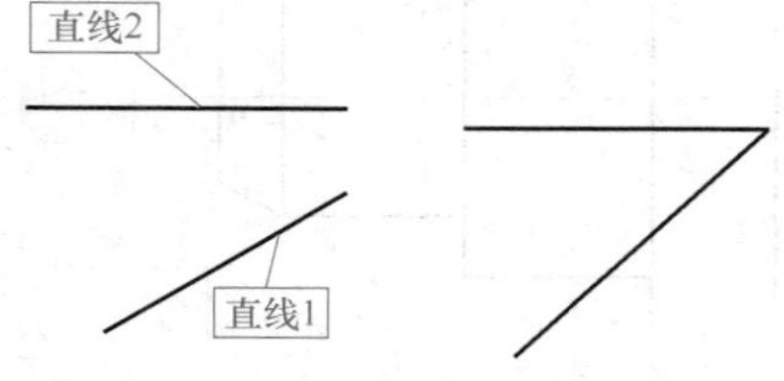

图 3-1-26 两曲线不相交时的尖角过渡

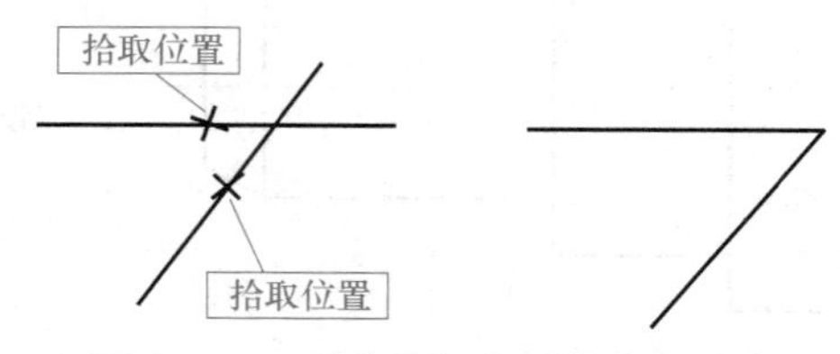

图 3-1-27 两曲线相交时的尖角过渡

3.1.3　应用案例

【案例要求】　打开“3.1.1 裁剪和过渡案例素材”，如图 3-1-28 所示，完成雪花轮廓的裁剪和过渡操作，图中未标注圆角均为 $R1$，效果图如图 3-1-29 所示。

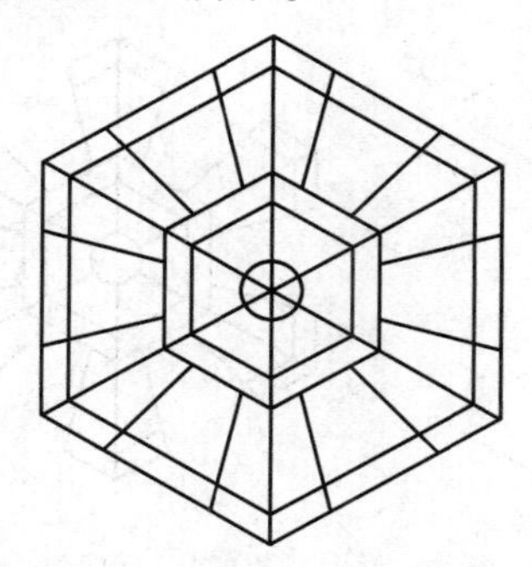

图 3-1-28　裁剪和过渡案例素材

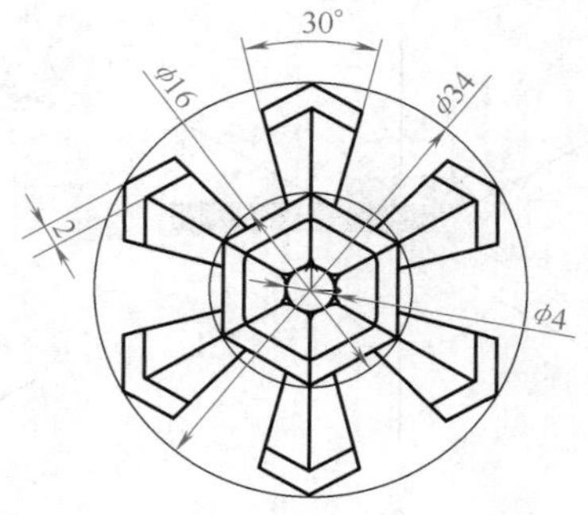

图 3-1-29　雪花轮廓

【案例操作】

（1）对轮廓进行裁剪，修剪掉多余曲线。

① 调用“裁剪”功能，切换“拾取边界”方式。拾取剪刀线：依次拾取如图 3-1-30a 所示两条直线为剪刀线；拾取要裁剪的曲线：依次拾取如图 3-1-30b 所示两条要裁剪的曲线，完成效果如图 3-1-30c 所示。

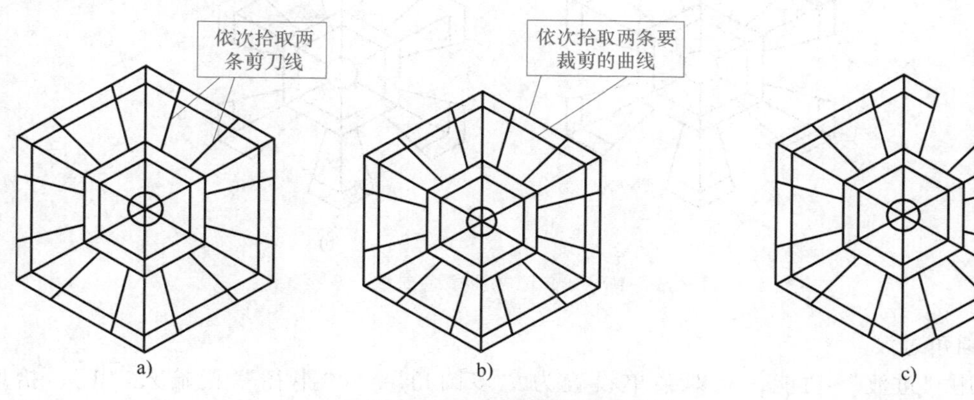

图 3-1-30　边界裁剪多余曲线

② 重复调用“裁剪”功能（可以直接单击鼠标右键重复上一命令），切换“快速裁剪”方式。拾取要裁剪的曲线：单击拾取如图 3-1-31a 所示要裁剪的曲线，“×”表示要裁剪的曲线

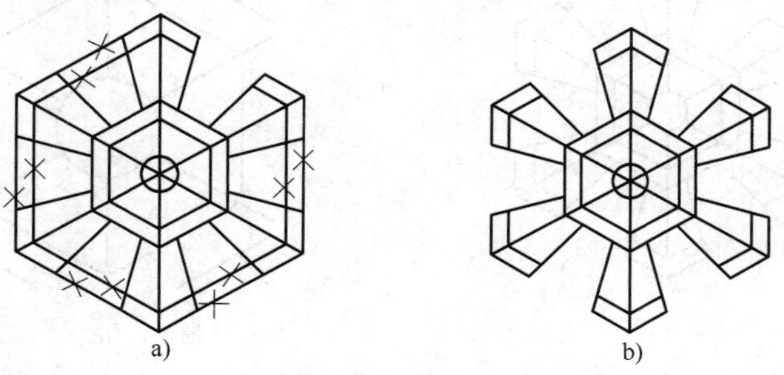

图 3-1-31　裁剪的多余线条及裁剪效果图

位置。完成效果如图 3-1-31b 所示。

③ 重复调用“裁剪”功能，切换“批量裁剪”方式。拾取剪刀线：拾取中间位置的圆；拾取要裁剪的曲线：使用框选的方法，拾取所有与圆交叉的直线，如图 3-1-32a 所示；单击鼠标右键确认拾取；选择要裁剪的方向：在如图 3-1-32b 所示①位置单击选择裁剪方向，完成裁剪，效果如图 3-1-32c 所示。

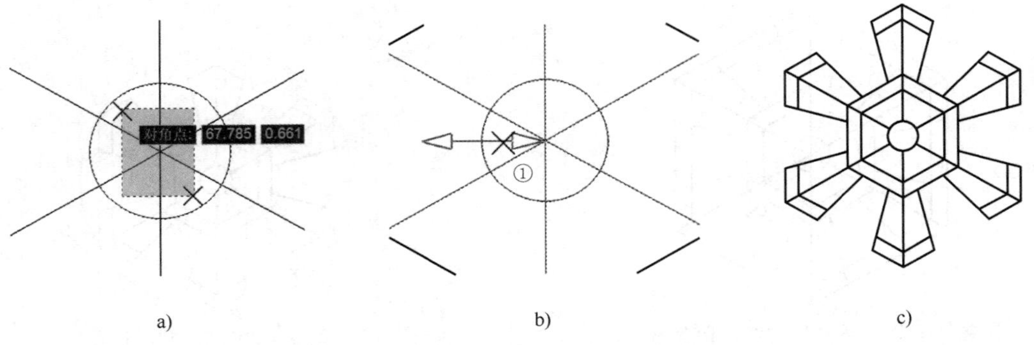

图 3-1-32 批量裁剪圆形内部曲线

④ 重复调用“裁剪”功能，切换“快速裁剪”方式。拾取要裁剪的曲线：单击拾取如图 3-1-33a 所示要裁剪的曲线（“×”表示要裁剪的曲线位置），完成效果如图 3-1-33b 所示。

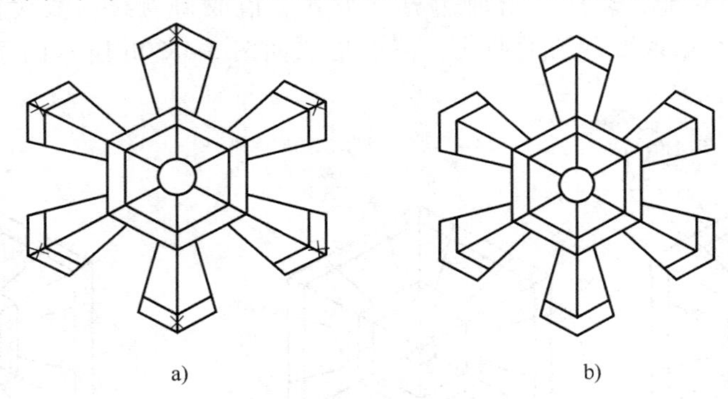

图 3-1-33 快速裁剪多余曲线

（2）圆角过渡。

① 调用“过渡”功能，立即菜单设置为“多圆角”，“半径”栏输入“1”；拾取如图 3-1-34a 所示的六边形，完成圆角过渡，效果如图 3-1-34b 所示。

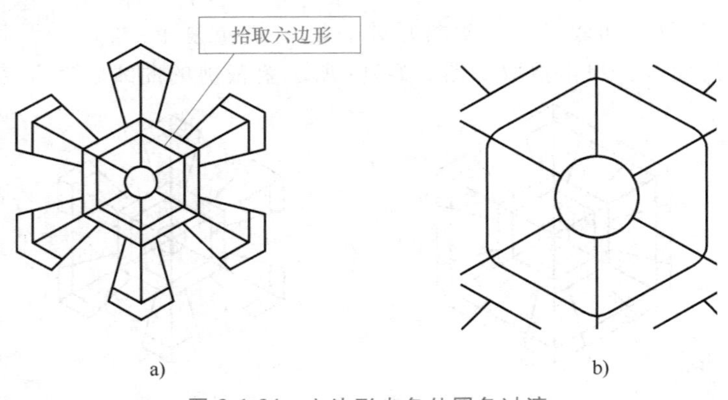

图 3-1-34 六边形尖角处圆角过渡

② 重复调用“过渡”功能，立即菜单设置为“圆角”“不裁剪”“半径”栏输入“1”；如图 3-1-35a 所示，依次拾取第一曲线和第二条曲线，完成圆角过渡，效果如图 3-1-35b 所示。

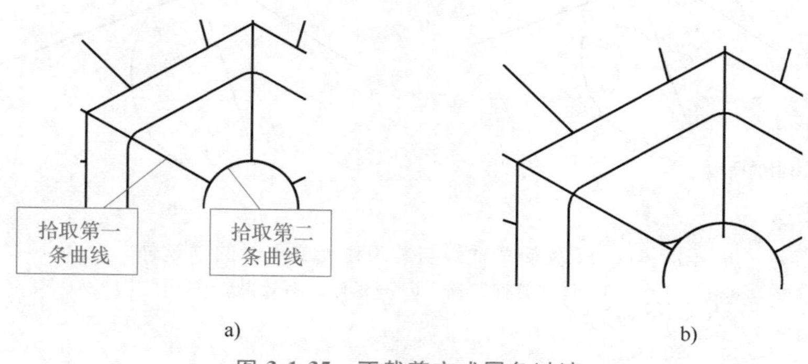

图 3-1-35 不裁剪方式圆角过渡

其他几处圆角过渡方法相同，不再赘述，编辑后的雪花轮廓效果如图 3-1-29 所示。

【技能点拨】

1. 在拾取对象较多时，可以使用框选的方法；拾取对象少或相对分散时，可以单击拾取。
2. 对于“裁剪”功能的不同使用方式，读者应根据绘图需求合理选择，以提高绘图效率。
3. “内倒角”“外倒角”常用于轴类零件轴端部、轴根部、孔口处的倒角。

3.2 延伸和打断

延伸与打断都是曲线编辑的主要手段。

3.2.1 延伸

“延伸”功能是以一条曲线作为边界对一系列曲线进行裁剪或延伸。

单击“常用”选项卡中“修改”面板上的按钮，打开“延伸”命令；或输入指令“ex”，然后按空格键打开“延伸”命令。

3.2.1-1 齐边

调用延伸功能后弹出立即菜单，“齐边”与“延伸”之间可以通过鼠标左键单击转换。

1. 齐边

（1）当被延伸的曲线与边界曲线没有实际交点（但是虚拟延伸后有交点）时，那么，系统将把曲线按其本身的趋势延伸至边界。如图 3-2-1 所示，延伸后直线的方向、圆弧的圆心和半径均不发生改变。

（2）当拾取的曲线与边界曲线有交点时，则系统按“裁剪”功能进行操作，系统将裁剪所拾取的曲线至边界为止，如图 3-2-2 所示。需要注意的是，在“拾取要编辑的曲线”时，单击拾取的一侧被裁剪掉。

● 使用方法

调用“延伸”立即菜单选择“齐边”，单击鼠标左键拾取剪刀线（剪刀线有唯一性）；系统状态栏提示“拾取要编辑的曲线”，单击鼠标左键拾取对象，单击鼠标右键可退出“延伸”命令。

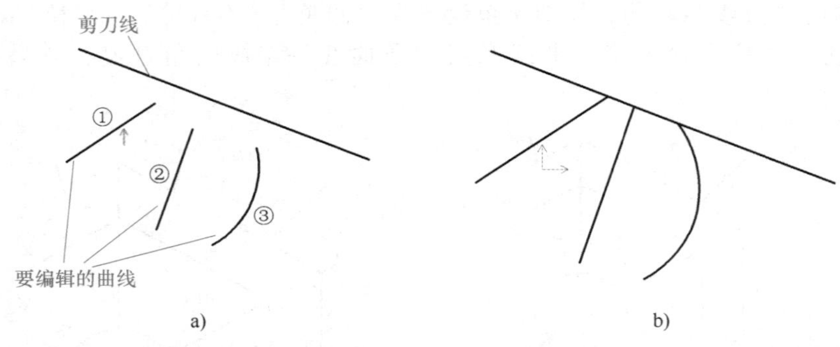

图 3-2-1 要编辑的曲线与剪刀线无交点时的“延伸”
a）“延伸”前 b）“延伸”后效果

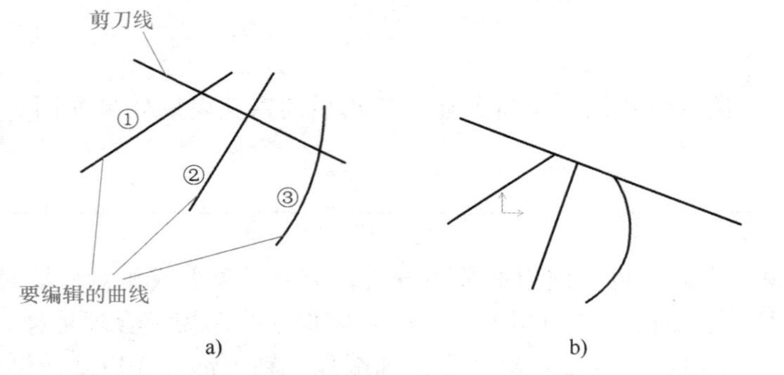

图 3-2-2 要编辑的曲线与剪刀线有交点时的“延伸”
a）“延伸”前 b）“延伸”后效果

注意：

(1) 所拾取的边界曲线为直线时，只需被延伸曲线沿自身趋势与边界曲线延长趋势有交点即可达成延伸或裁剪的结果，无须主动延长边界。

(2) 圆或圆弧无法向无穷远处延伸，它们的延伸范围是以半径为限的。

3. 2. 1–2 延伸

裁剪对象

拾取对象（剪刀线）

a) b)

图 3-2-3 按住<Shift>键进行裁剪
a）操作前 b）按住<Shift>键裁剪后

2. 延伸

其使用与“齐边”类似，不同的是要通过按下<Shift>键实现裁剪功能，使用拾取操作时，系统将裁剪所拾取的曲线延伸或裁剪至其曲线交点位置，如图 3-2-3 所示。

3. 2. 2 打断

3. 2. 2 打断

“打断”功能是将拾取的曲线在指定点处打断成两条曲线。

单击“常用”选项卡中“修改”面板上的按钮，打开“打断”命令；或输入指令“br”，按空格键，打开此命令。

调用“打断”功能后弹出如图 3-2-4 所示的立即菜单，打断分“一点打断”和“两点打断”。

1. 一点打断　　1. 两点打断　2. 伴随拾取点　　1. 两点打断　2. 单独拾取点

图 3-2-4 “打断”立即菜单

● 条件说明

“一点打断”即使用一点打断模式。打断后在外观上看不出变化，但是拾取对象时，原曲线以打断点为界，分成两个独立对象。

“两点打断”是指通过输入两个打断点，将原对象分成两个独立的对象。

“伴随拾取点”使用“两点打断”，在拾取曲线时，单击位置即为第一个打断位置。

“单独拾取点”使用“两点打断”，在拾取曲线后，单击确定第一个打断点位置，然后再次单击确定第二个打断点位置。

在使用“两点打断”时，两个打断点之间的曲线会被删除。

● 使用方法

（1）调用“打断”功能，立即菜单选择“一点打断”；用鼠标拾取待打断的曲线，然后拾取打断点，完成打断，打断效果如图 3-2-5 所示。

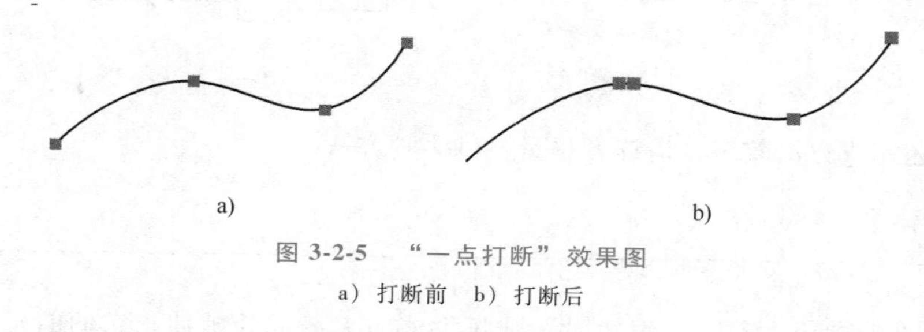

图 3-2-5 “一点打断”效果图

a）打断前　b）打断后

（2）调用“打断”功能，立即菜单选择“两点打断”“伴随拾取点”；拾取打断对象，然后，根据如图 3-2-6a 所示单击鼠标左键拾取“第一打断点”，再次单击鼠标左键拾取“第二打断点”，完成效果如图 3-2-6b 所示。

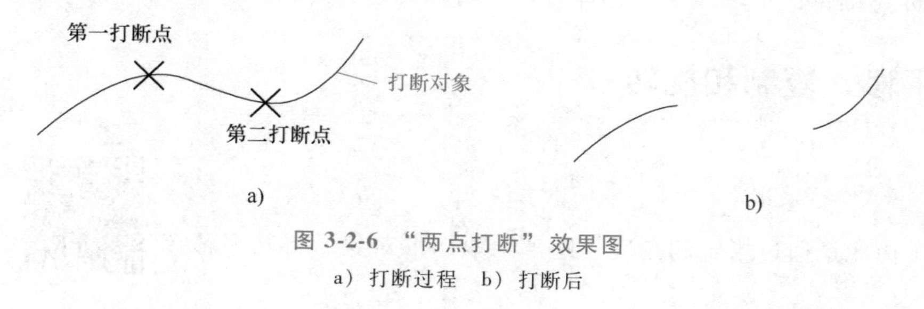

图 3-2-6 “两点打断”效果图

a）打断过程　b）打断后

3.2.3 应用案例

3.2.3
应用案例

【案例要求】 下载“3.2.3 延伸和打断应用案例”素材，把如图 3-2-7a 所示轮廓补充完整，完成后的效果如图 3-2-7b 所示。

【案例操作】

（1）调用“延伸”功能，条件设置为“齐边”，如图 3-2-8 所示，先拾取“剪刀线”，然后拾取“要编辑曲线”，拾取时要靠近曲线的延伸端，完成效果如图 3-2-9 所示。

（2）调用“打断”功能，条件设置为“两点打断”，分别拾取如图 3-2-9 所示的①、②两个交点，完成上方直线的打断。同样操作拾取③、④两个交点完成下方直线的打断。

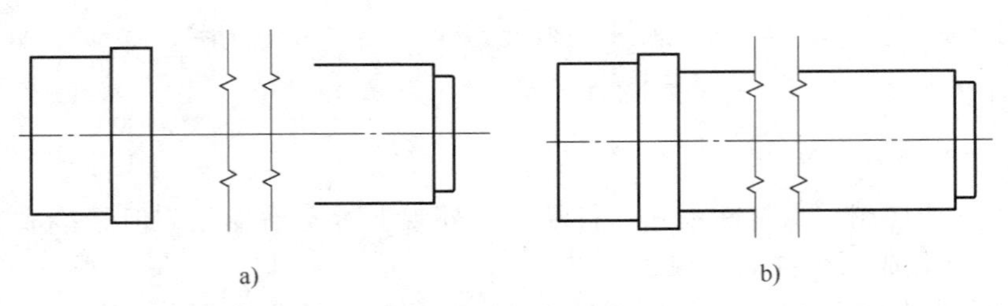

图 3-2-7　延伸和打断应用案例

a）素材轮廓图　b）完成效果图

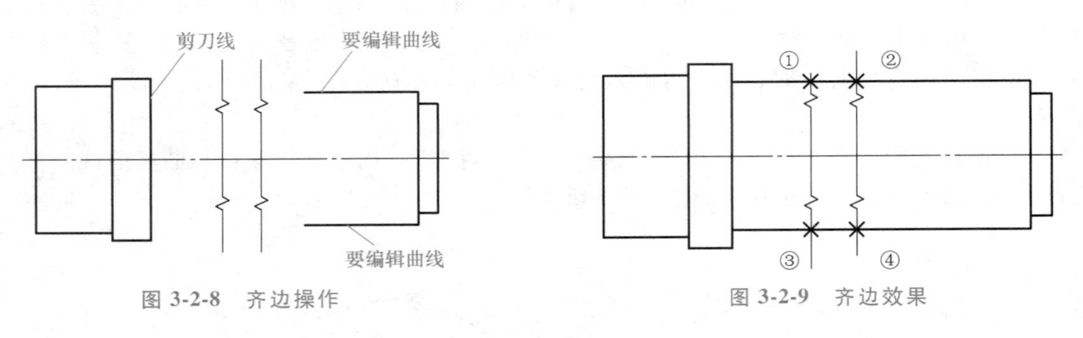

图 3-2-8　齐边操作　　图 3-2-9　齐边效果

说明：本题完成方法较多，请读者尽量尝试多种方法。

【技能点拨】

1. 需要对圆弧进行“齐边”编辑时，圆弧无法向无穷远处延伸，它们的延伸范围以半径为限，且圆弧只能以拾取处的近端开始延伸，不能两端同时延伸。

2. 当拾取对象较多时，删除其中一个曲线对象时可以使用反选操作，方法是按住<shift>键后，单击鼠标左键再次拾取该对象，即可取消对象的选择。

3.3 平移、复制和旋转

3.3.1 平移

“平移”功能是通过指定的角度、距离拾取图形对象后将其平移到新的位置。

单击“常用”选项卡中“平移”的按钮，打开“平移”命令，立即菜单如图3-3-1所示。

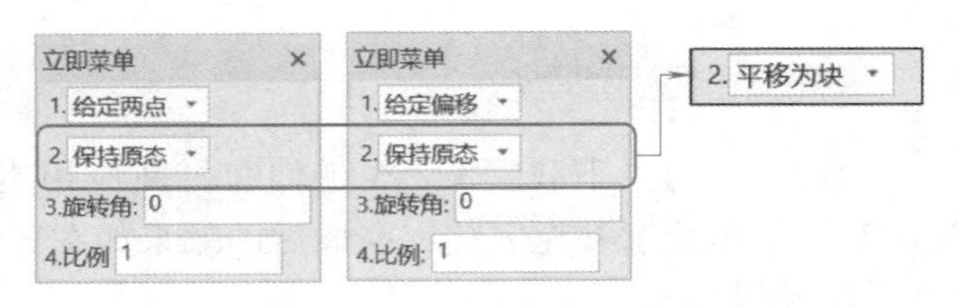

图 3-3-1　“平移”立即菜单

● 条件说明

“给定两点”是指通过指定两点将图形元素平移到新位置。

“给定偏移”是指根据偏移量将选定的图形元素平移到新的位置。

“保持原态”是指平移后的图形元素形态不发生变化。

“平移为块”是指平移后的图形元素转换为“块”（关于“块”的定义及用法在项目5中

进行介绍）。

“旋转角”的角度值输入范围为-360°~+360°。当以“给定两点”方式进行平移时，平移的图形元素以拾取的第一点为中心点进行旋转。角度值为正值时以中心点为基准逆时针旋转；角度值为负值时以中心点为基准顺时针旋转；当以“给定偏移”方式进行平移时，平移的图形元素以中心点为基准进行旋转。角度值为正值时以中心点为基准逆时针旋转；角度值为负值时以中心点为基准顺时针旋转。

注意：以“给定偏移”方式进行平移时，用户拾取曲线并单击鼠标右键确认后，中心点是系统自动确定的。通常直线的基准点默认在中点处，圆、圆弧、矩形和椭圆等图形对象的基准点为中心处。

“比例”是指平移后图形元素根据此处输入的数值进行放大或缩小。数值输入范围为0.001~1000。

● 使用方法

（1）以给定偏移的方式平移图形。

① 调用“平移”命令后，在立即菜单中条件设置为“给定偏移”“保持原态”，“旋转角”输入为“0”，“比例”为“1”，立即菜单如图 3-3-2 所示。

图 3-3-2 “平移”立即菜单设置

② 根据命令行提示依次拾取要平移的元素（或窗口拾取），单击鼠标右键确认。

③ 根据命令行提示输入 X 和 Y 方向的偏移量。当系统关闭“动态输入”时，如图 3-3-3 所示，按<Enter>键完成图形平移；当系统打开“动态输入”时，如图 3-3-4 所示，可以动态输入平移距离和平移角度（二者使用<Tab>键切换），按<Enter>键完成图形平移。

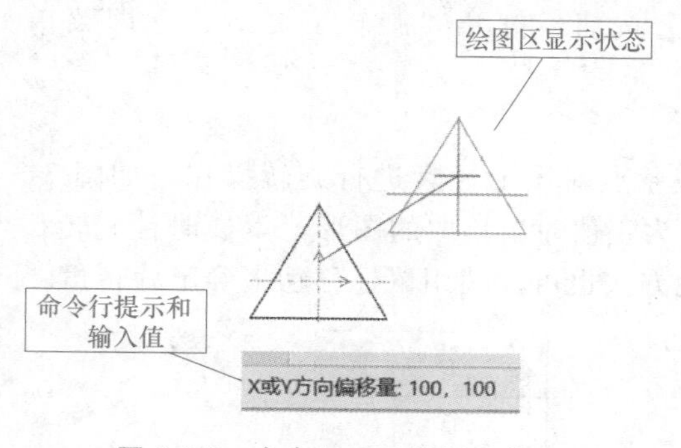

图 3-3-3 命令行提示及显示状态

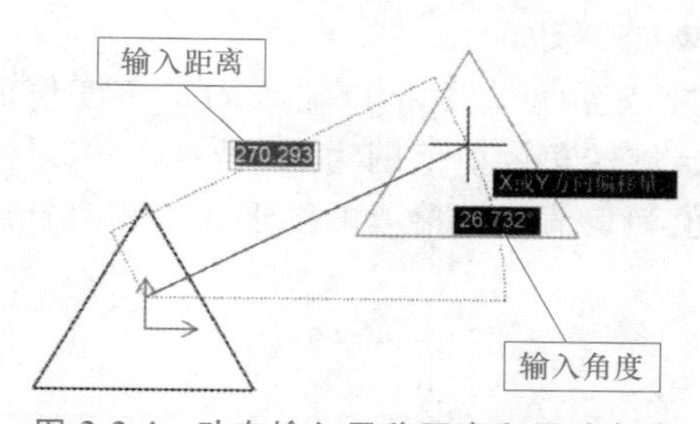

图 3-3-4 动态输入平移距离和平移角度

（2）以给定两点的方式平移图形。

① 调用“平移”命令后，在立即菜单中条件设置为“给定偏移”“保持原态”，“旋转角”输入为“0”，“比例”为“1”。

② 根据系统提示依次拾取要平移的元素（或用窗口拾取），单击鼠标右键确认。

③ 根据系统提示输入第一点和第二点的坐标，输入坐标值，按<Enter>键完成平移；或直接使用鼠标在绘图区选定两点即可。

3.3.2 平移复制

3.3.2 平移复制

“平移复制”功能是指将拾取的图形元素在平移的过程中生成原

对象的副本。

单击“常用”选项卡中“平移复制”的按钮，打开“平移复制”命令，立即菜单如图 3-3-5 所示，可以通过“给定两点”方式和“给定偏移”方式进行图形元素的平移复制。

此功能与“平移”功能的用法接近，其他条件及使用方法不再赘述。不同的是在立即菜单中多了“份数”输入框，用来输入生成副本的数量，如图 3-3-6 所示，平移复制份数为“3”。

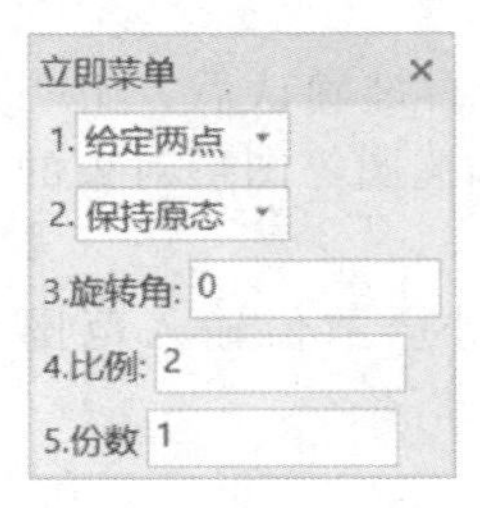

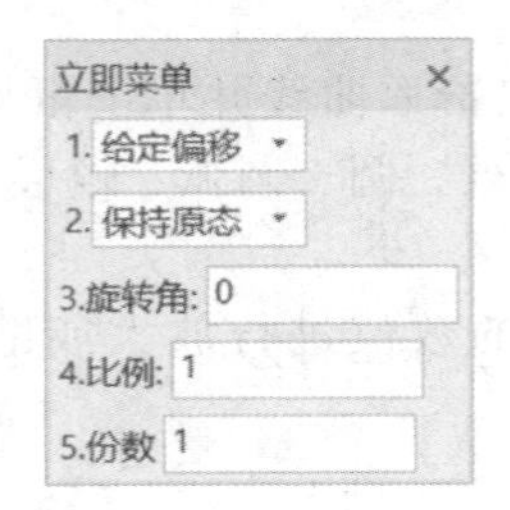

图 3-3-5 “平移复制”立即菜单

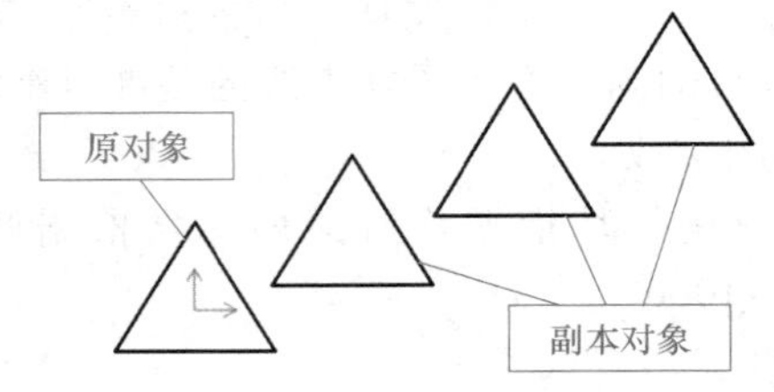

图 3-3-6 平移复制“份数”为 3

需要注意的是，在 CAXA 电子图板中可以使用“主菜单”→“编辑”→“复制”功能（快捷键是<Ctrl+C>），但是“复制”和“平移复制”有一定的区别，区别如下：

（1）“平移复制”只能用于当前电子图板文件的图形元素进行文件内部的复制。

（2）“复制”功能将选择的图形元素复制到 Windows 剪贴板下，可以将选择的图形元素在不同的电子图板文件之间进行粘贴生成副本，也可以将图形元素粘贴到 Word 等文档中。

3.3.3 旋转

“旋转”功能是指将图形对象绕基点旋转一个角度，或移动原图形元素，或旋转后生成副本。

单击“常用”选项卡中“修改”面板上的按钮，打开“旋转”命令，立即菜单如图 3-3-7 所示。

● 条件说明

“给定角度”是指以输入固定角度值的方式绕基点对图形元素进行旋转操作，如图 3-3-8 所示，旋转角度值范围为-360°~+360°。当输入值为正值时，拾取的图形元素逆时针旋转；当输入值为负值时，拾取的图形元素顺时针旋转。此方式也可以使用鼠标移动来确定旋转角。

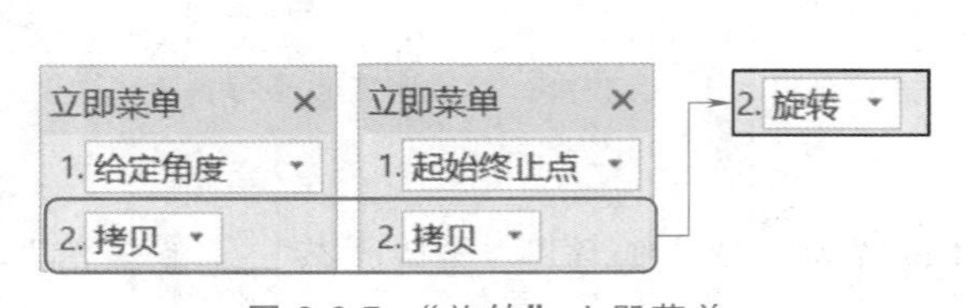

图 3-3-7 “旋转”立即菜单

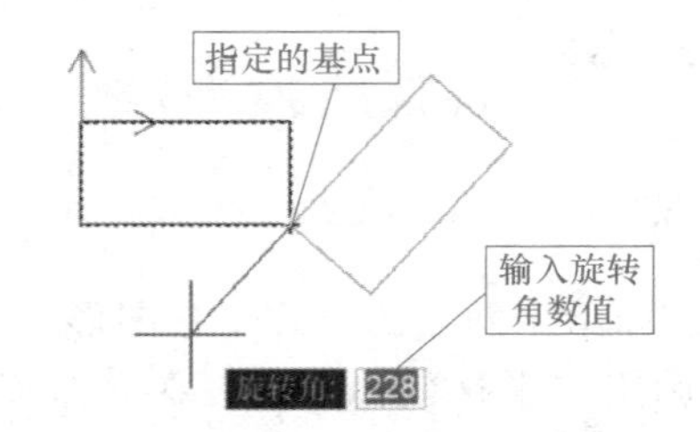

图 3-3-8 “给定角度”旋转操作示意图

“起始终止点”是指通过指定起始和终止点的方式绕基点对图形元素进行旋转操作。

“拷贝”是指在对拾取的图形元素进行旋转时保留原图形并生成图形元素的副本。

“旋转”是指只对拾取的图形元素进行旋转，不保留原图形。

● 使用方法

（1）调用“旋转”命令后，在立即菜单中设置“给定角度”值为“60”“拷贝”。

（2）根据系统提示拾取要拾取的元素（或用窗口拾取），单击鼠标右键确认。

（3）根据系统提示输入基准点（旋转的中心）。

（4）系统提示输入旋转角，此时可按提示输入需要的角度，或用光标在屏幕上动态旋转所选取的图素至需要的角度后单击鼠标左键确认，旋转效果如图 3-3-9b 所示。

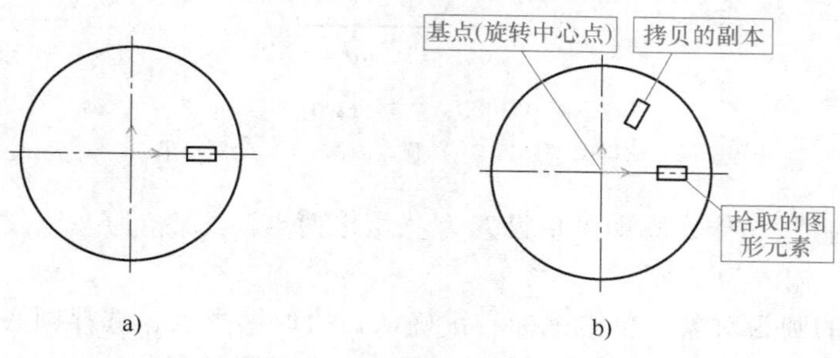

图 3-3-9 给定旋转角度旋转示意图
a）旋转复制前 b）旋转复制后

3.3.4 应用案例

【案例要求】本案例绘制如图 3-3-10 所示图形轮廓，图形元素包括直线、正五边形和圆（不用进行尺寸标注，表达五边形内切或外接的圆不用绘制）。利用“平移复制”“旋转”功能完成多个相同轮廓在不同位置的绘制；利用“裁剪”功能对图形进行修剪编辑。

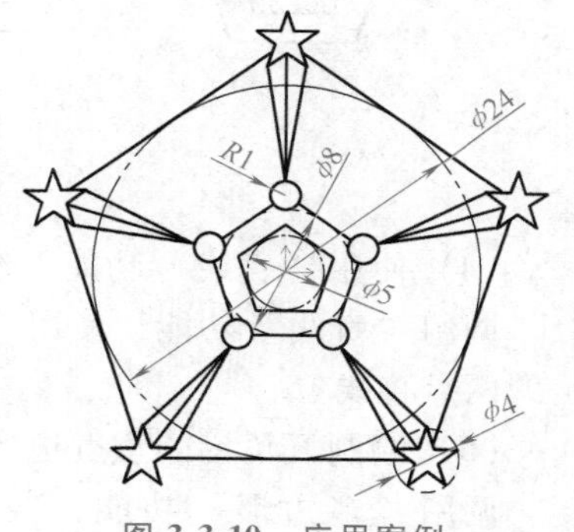

图 3-3-10 应用案例

【案例操作】

（1）绘制外切圆直径为 $\phi5$、$\phi8$、$\phi24$ 的正五边形。

选择“图层”→“粗实线层”，打开“动态输入”；调用“多边形”功能，立即菜单设置如图 3-3-11a 所示。

选择系统坐标系原点为中心点，动态输入半径值“2. 5”，按<Enter>键，完成外切圆直径为“5”的正五边形绘制，如图 3-3-11a 所示。同样方法，完成外切圆直径为“8”“24”的正五边形绘制，结果如图 3-3-11b 所示。

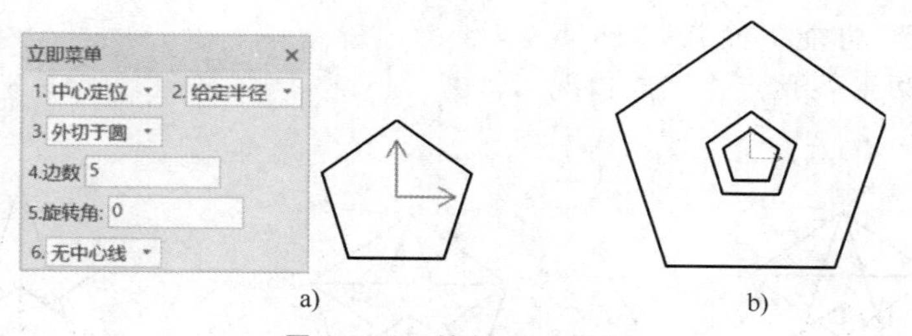

图 3-3-11 绘制正五边形

（2）绘制 $R1$ 的圆。

调用“圆”功能，立即菜单设置如图 3-3-12a 所示；选择如图 3-3-12b 所示五边形的顶点为圆心，输入半径为“1”，按<Enter>键，完成圆的绘制，结果如图 3-3-12c 所示。

（3）使用“平移复制”功能，在五边形顶点上生成圆的副本。

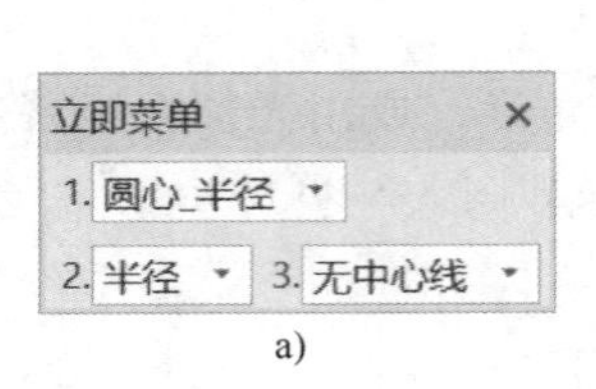

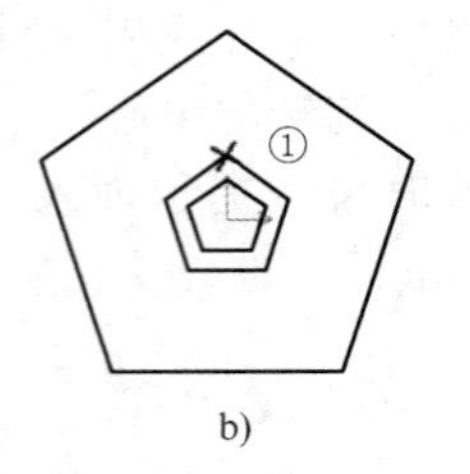

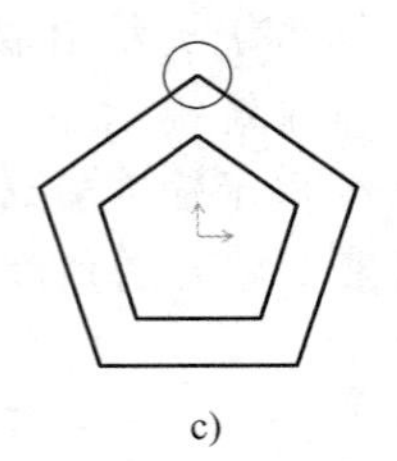

a)　　b)　　c)

图 3-3-12　绘制 *R*1 的圆

a）立即菜单设置　b）顶点画圆　c）绘制结果

调用“平移复制”功能，立即菜单设置为“给定两点”“保持原态”，“旋转角”为“0”，“比例”和“份数”输入为“1”。

拾取刚刚绘制的圆为对象，单击鼠标右键确认；拾取第一点，选择圆心；确定第二点或偏移量，依次拾取五边形其他顶点，如图 3-3-13 所示，完成圆的复制。

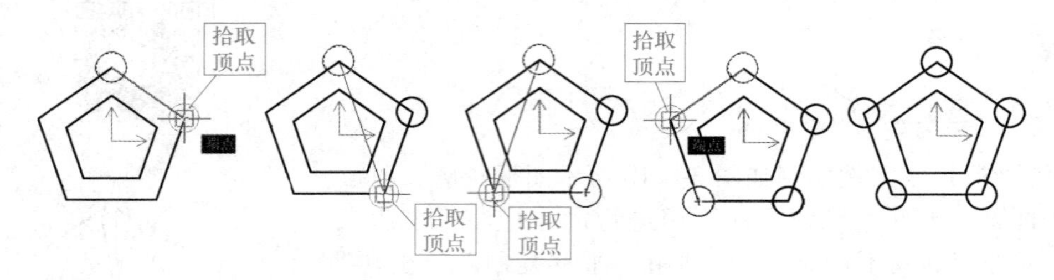

图 3-3-13　平移复制生成圆的副本

（4）使用“直线”功能，绘制直线。

调用“直线”功能，使用“两点线”，分别拾取两个五边形的顶点，绘制如图 3-3-14b 所示的两点直线。

（5）绘制五角星的正五边形辅助线。

调用“多边形”功能，立即菜单设置如图 3-3-14a 所示；选择最外侧五边形的上部顶点为中心，输入半径“2”，按回车键，完成如图 3-3-14b 所示五边形。

（6）绘制五角星。

调用“直线”功能，使用“两点线”，分别连接五边形各顶点，完成情况如图 3-3-15a 所示。

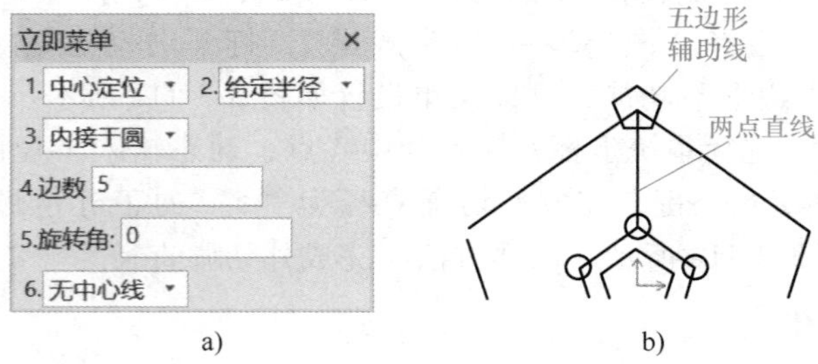

a)　　b)

图 3-3-14　绘制五角星的正五边形辅助线

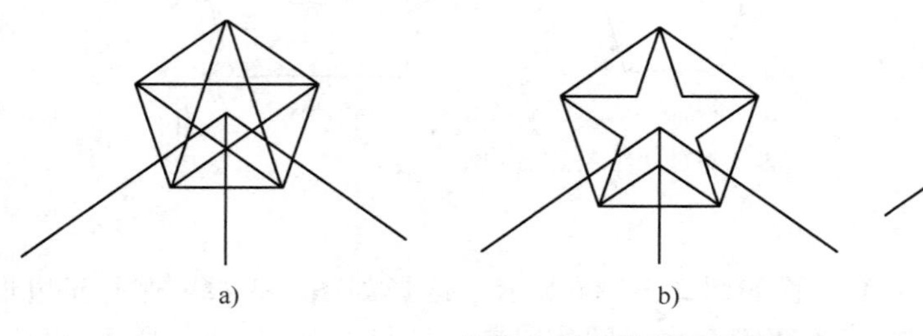

a)　　b)　　c)

图 3-3-15　绘制五角星

a）连线　b）裁剪　c）删除

调用“裁剪”功能，使用“快速裁剪”，拾取要裁剪掉的部位，完成后如图3-3-15b所示。

拾取五边形轮廓，按<Delete>键删除五边形辅助线，完成后如图3-3-15c所示。

（7）绘制连接直线。

使用“两点线”，绘制如图3-3-16所示两条直线。

（8）使用“旋转”功能，在最外侧五边形顶点上生成五角星及连接线副本。

调用“旋转”功能，立即菜单设置为“给定角度”“拷贝”；拾取绘制的“五角星边线和三条连接直线”为对象，单击鼠标右键确认；拾取基点：选择坐标系原点为基点（请注意第一步画图时，以坐标系原点为基准画图）；输入角度：输入旋转角度“72”，按回车键完成第一次旋转复制。同样的方法，将图形元素分别旋转“-72°”“144”“-144°”。完成情况如图3-3-17所示。

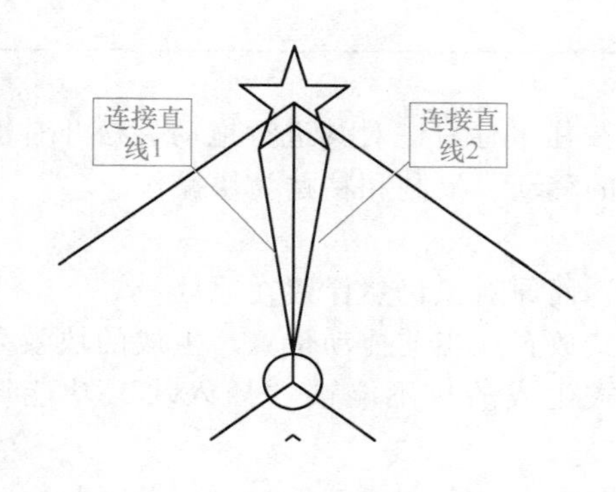

图3-3-16 绘制连接直线

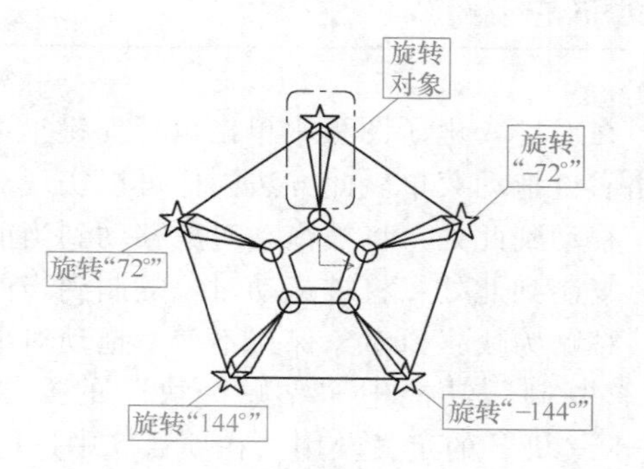

图3-3-17 生成五角星及连接线副本

（9）编辑修剪。

调用“裁剪”功能，使用“快速裁剪”；依次拾取如图3-3-18a所示被裁剪曲线，完成多余部分的修剪，效果如图3-3-18b所示。同样的方法，完成其他五角星内部多余曲线的裁剪。

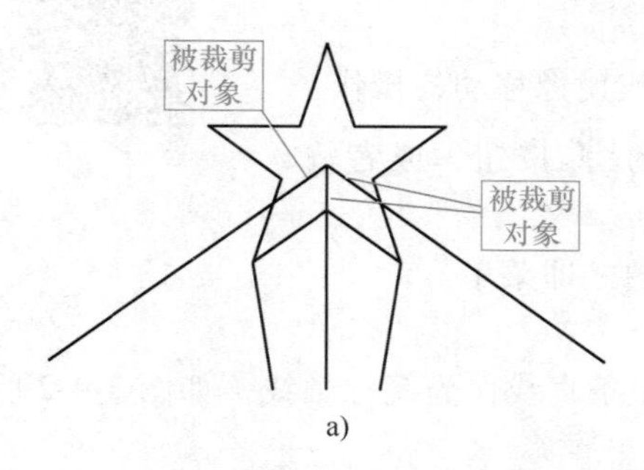

a)

b)

图3-3-18 快速裁剪曲线

a）裁剪 b）裁剪效果

调用“裁剪”功能，使用“批量裁剪”；拾取剪刀线：选择$R1$圆为剪刀线；拾取被裁剪的曲线：选择如图3-3-19a所示的被裁剪图形元素，单击鼠标右键确认拾取；选择要裁剪的方向：在如图3-3-19a所示①位置单击鼠标，确定内部图形元素被裁剪掉。完成效果如图3-3-19b所示。

同样的方法完成其他几处裁剪，完成效果如图3-3-10所示。

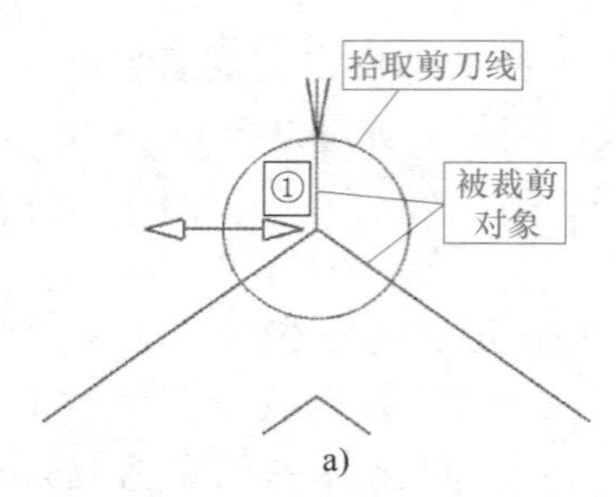

a)　　　b)

图 3-3-19 批量裁剪曲线

a）裁剪　b）裁剪效果

【技能点拨】

在 CAXA 电子图板中单击鼠标左键拾取对象后，按住鼠标右键对其进行拖动，松开右键时弹出右键拖动菜单。此方法同样可以实现对图形元素的移动、复制和粘贴为块操作。

移动到此处：将被拖动对象移动到当前拖动位置。

复制到此处：将被拖动对象复制到当前拖动位置，而原对象仍然保留在原处。

粘贴为块：原对象保持不变，拖动对象以块的形式放置在当前拖动位置。生成的块效果同“平移复制”功能中“粘贴为块”的操作，这种方式生成的块不能被“插入块”功能调用（关于“块”的定义及用法在项目 5 中进行介绍）。

取消：该选项用于撤销右键拖动，按<Esc>键效果相同。

3.4 镜像和阵列

镜像和阵列是曲线编辑的主要手段之一，可以实现对原对象按一定规律进行复制或移动。

3.4.1 镜像

镜像是对拾取到的图形元素进行镜像复制或镜像移动的操作。

选择“常用”选项卡中“修改”面板上的按钮，或者输入指令“mi”后按<Enter>键，打开“镜像”命令。

调用“镜像”功能后弹出如图 3-4-1 所示的立即菜单。

● 条件说明

“选择轴线”是指在已知图形元素中拾取一条直线作为镜像轴线，如图 3-4-2 所示。

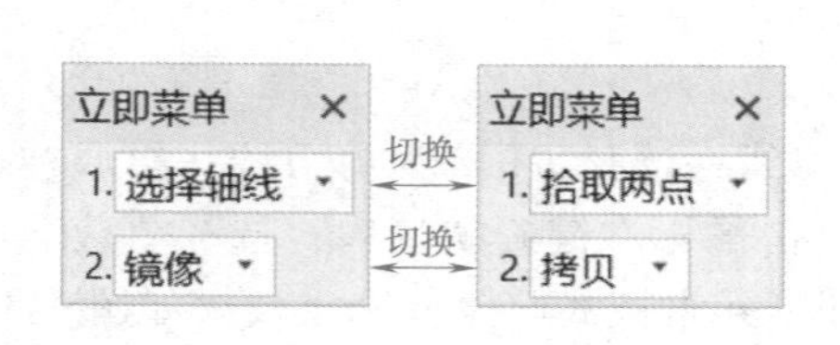

图 3-4-1 “镜像”立即菜单

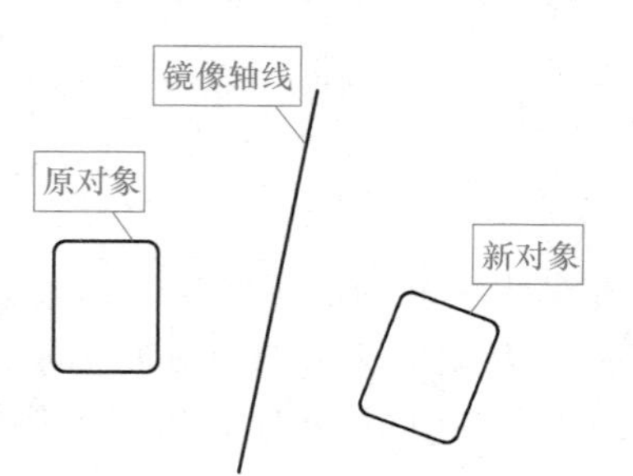

图 3-4-2 “选择轴线”“拷贝”镜像示意图

"拾取两点"是指通过指定两个点确定镜像轴线。

"镜像"是执行镜像操作后，将原对象按镜像的方式移动，原对象消失。

"拷贝"是执行镜像操作后，以镜像轴生成新图形的同时原对象不会消失，如图3-4-2所示。

● 使用方法

(1) 调用"镜像"功能，在立即菜单中设置条件为"选择轴线""拷贝"。

(2) 拾取元素，根据命令行提示拾取要镜像的元素，单击鼠标右键确认拾取。

(3) 拾取轴线，根据命令行提示拾取图3-4-2所示直线为轴线，即完成镜像操作。

3.4.2 阵列

"阵列"功能的作用是通过一次操作同时生成若干个相同的图形，以提高制图速度。

选择"常用"选项卡中"修改"面板上的按钮，或者输入指令"ar"后按<Enter>键，打开"阵列"命令。

调用"阵列"功能后弹出如图3-4-3所示的立即菜单，阵列的方式有"圆形阵列""矩形阵列""曲线阵列"三种。

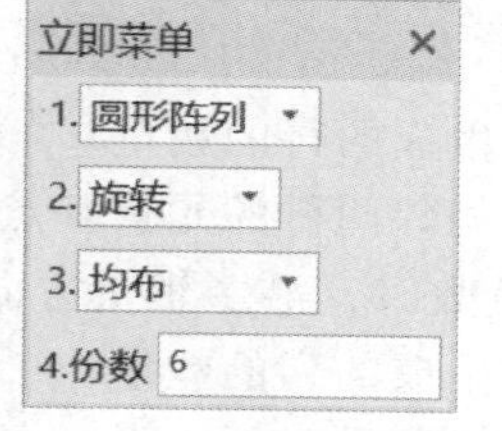

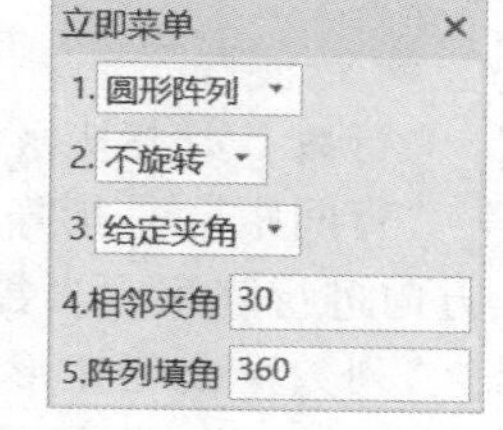

图3-4-3 "圆形阵列"立即菜单

1. 圆形阵列

圆形阵列是以指定点为圆心，以指定点到实体图形的距离为半径，将拾取到的图形在圆周上进行阵列复制。

● 条件说明

"旋转"是指在阵列时自动对图形进行旋转，如图3-4-4所示。

"不旋转"是指在阵列时图形不进行旋转，如图3-4-5所示。

"均布"是使阵列对象在圆周上均匀分布。根据"份数"值自动计算各插入点的位置，且各点之间夹角相等，如图3-4-4和图3-4-5所示，矩形在圆周上均布，"份数"为"6"。

"份数"是指圆周上阵列后的图形数量（包括阵列的原对象在内）。

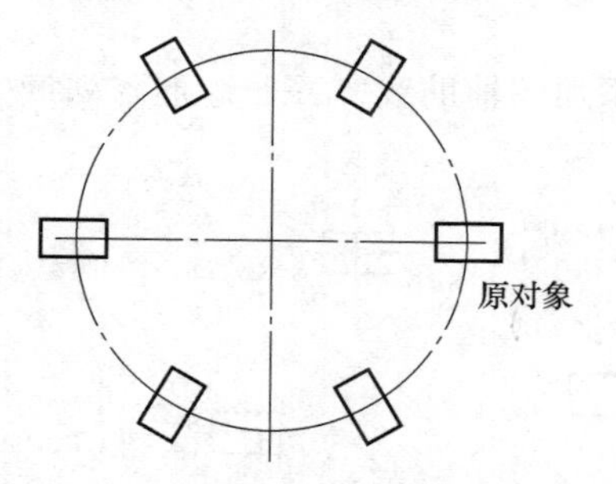

图3-4-4 "圆形阵列"→"旋转"示意图

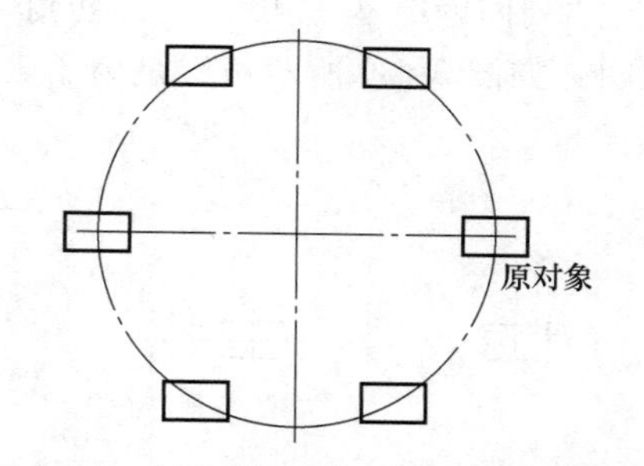

图3-4-5 "圆形阵列"→"不旋转"示意图

"相邻夹角"是指阵列后相邻两个图形元素之间的夹角。

"阵列填角"是指从拾取的图形对象所在位置起，绕中心点逆时针方向到最后一个阵列复制的图形元素之间的夹角，如图3-4-6所示，"给定夹角"为"45°"，"阵列填角"为"180°"，此时软件自动计算在填充角范围内的填充份数。

● 操作方法

阵列对象旋转时的使用方法以图3-4-4为例。调用"阵列"功能，立即菜单条件设置为

“旋转”“均布”“份数”输入“6”；拾取元素：拾取阵列的对象元素，单击鼠标右键确认拾取对象；中心点：拾取阵列的回转中心，完成阵列。

2. 矩形阵列

矩形阵列是将拾取到的图形按矩形阵列的方式进行阵列复制。“矩形阵列”立即菜单如图 3-4-7 所示。

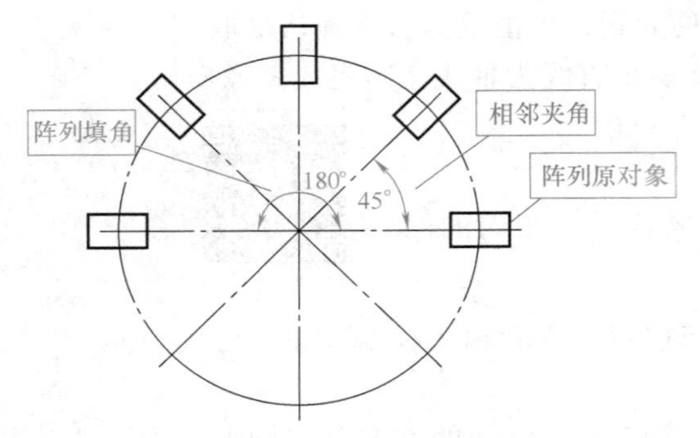

图 3-4-6 “相邻夹角”和“阵列填角”示意图

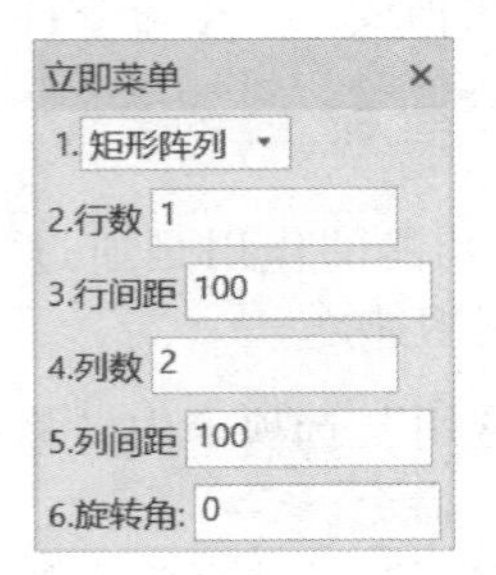

图 3-4-7 “矩形阵列”立即菜单

● 条件说明

“行数”是指矩形阵列后生成的行的数量。

“行间距”是指阵列后，相邻两行的元素基点之间的间距大小，当数值为正值时，沿 Y 轴正方向进行阵列；当数值为负数时，沿 Y 轴负方向进行阵列。

“列数”是指矩形阵列后生成的列的数量。

“列间距”是指阵列后，相邻两列的元素基点之间的间距大小，当数值为正值时，沿 X 轴正方向进行阵列；当数值为负数时，沿 X 轴负方向进行阵列。

“旋转角”是指与 x 轴正方向的夹角。

如图 3-4-8 所示的矩形阵列，条件设置为“行数”为“3”，“行间距”为“30”，“列数”为“2”，“列间距”为“40”，“旋转角”为“0”。

如图 3-4-9 所示的矩形阵列，条件设置为“行数”为“3”，“行间距”为“30”，“列数”为“2”，“列间距”为“40”，“旋转角”为“30°”。

说明：如图 3-4-9 所示虚线是为了表达旋转夹角而添加的辅助线，并非矩形阵列产生。

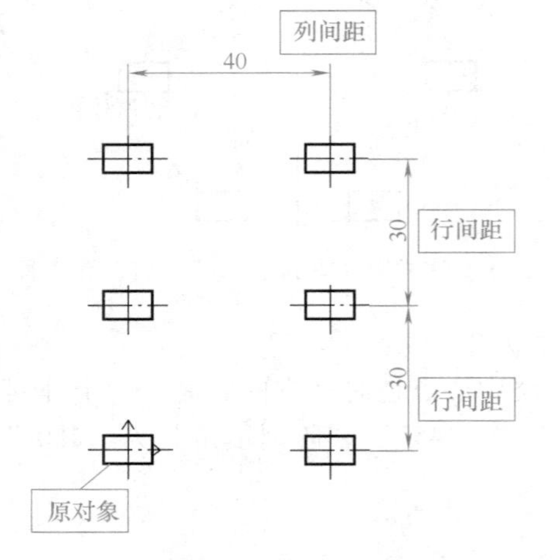

图 3-4-8 无“旋转角”的矩形阵列示意图

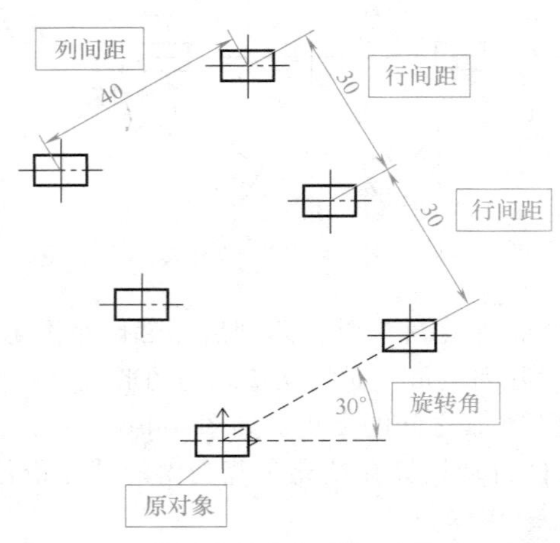

图 3-4-9 带“旋转角”的矩形阵列示意图

3. 曲线阵列

曲线阵列是在一条或多条首尾相连的曲线上生成均布的图形选择集。“曲线阵列”立即菜单如图 3-4-10 所示。

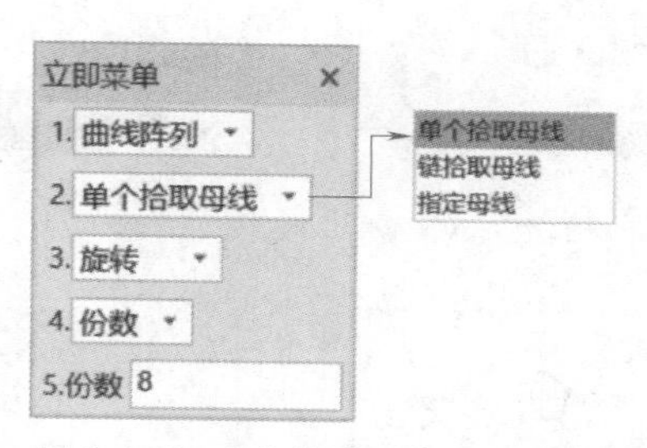

图 3-4-10 “曲线阵列”立即菜单

● 条件说明

“单个拾取母线”是指在阵列时只能拾取选择一条曲线为阵列母线。

“链拾取母线”是指链拾取时可拾取多根首尾相连的母线集，也可只拾取单根母线。链拾取母线时，阵列从单击的那根曲线的端点开始。

“指定母线”即通过输入母线上点的方式确定母线，直到单击鼠标右键结束母线点的输入。

● 操作方法

（1）用“单个拾取母线”方式进行阵列时的操作方法。

拾取元素：拾取阵列的元素对象，如图 3-4-11a 所示。

指定基点：拾取阵列的元素对象后，单击鼠标右键确认拾取，系统提示确定阵列对象的基点位置，单击鼠标左键拾取如图 3-4-11a 所示圆的中心为基点。

拾取母线：确定阵列产生的曲线，阵列对象在曲线的特征下进行阵列，如图 3-4-11a 所示。

拾取所需的方向：确定阵列产生侧，单击鼠标左键确定选择，如图 3-4-11b 所示，完成效果如图 3-4-11c 所示。

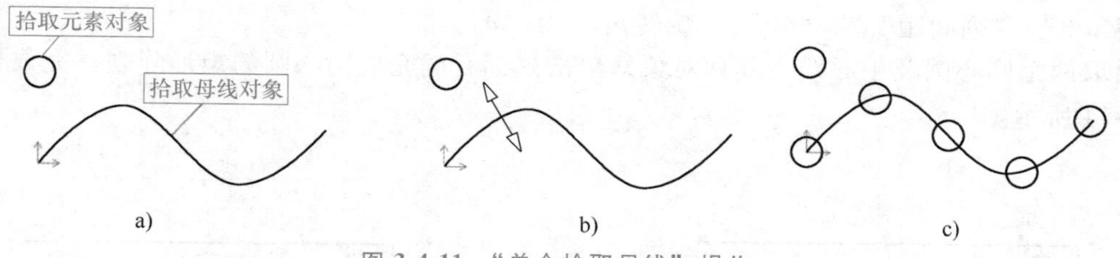

图 3-4-11 “单个拾取母线”操作
a）阵列元素及母线　b）阵列产生方向　c）阵列效果

（2）用“指定母线”方式进行阵列时的操作方法。

① 调用“阵列”功能，立即菜单条件设置为“指定母线”“旋转”，“份数”为“5”。

② 拾取元素：拾取五边形为阵列原对象，单击鼠标右键确认。

③ 基点：拾取阵列基点为五边形几何中心。

④ 指定母线起点及母线上其他点：选择如图 3-4-12a 所示①位置为母线起点；然后分别在②、③、④位置单击鼠标左键，最后单击鼠标右键结束母线上点的指定（图上各点没有确定数值，读者可以根据实际情况进行点的定义）。

⑤ 如图 3-4-12b 所示，出现阵列方向，在生成阵列的一侧单击鼠标左键即完成阵列，效果如图 3-4-12c 所示。

说明：各图形选择集的结构相同，位置不同，其姿态是否相同取决于“旋转”/“不旋转”选项。当母线不闭合时，母线的两个端点均生成新选择集，新选择集的总份数不变。

3.4.3 应用案例

3.4.3
应用案例

【案例要求】 打开“3.4.3 素材”阵列案例，如图 3-4-13 所示，

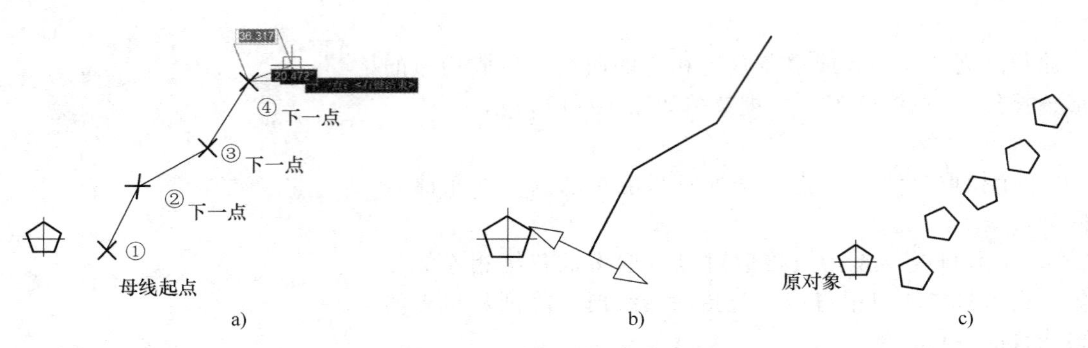

图 3-4-12 “指定母线”阵列过程图

a）指定母线上的点 b）指定阵列生成侧 c）效果图

使用“阵列”功能完成如图 3-4-14 所示图形的绘制。

【案例操作】

（1）对五边形进行圆形阵列。

调用“阵列”功能，立即菜单条件设置为“旋转”“均布”，“份数”输入“6”；拾取五边形为阵列对象元素，单击鼠标右键确认拾取对象；选择中心线交点为阵列中心点，完成圆形阵列。

（2）对两个同心圆进行矩形阵列。

调用“阵列”功能，立即菜单条件设置为“行数”为“2”，“行间距”为“-64”，“列数”为“3”，“列间距”为“40”，“旋转角”为“0”。

拾取两个同心圆及中心线为阵列对象，单击鼠标右键完成同心圆的矩形阵列。完成效果如图 3-4-14 所示。

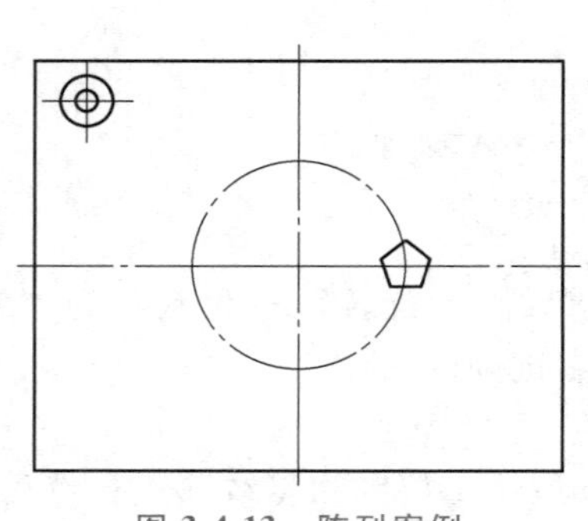

图 3-4-13 阵列案例

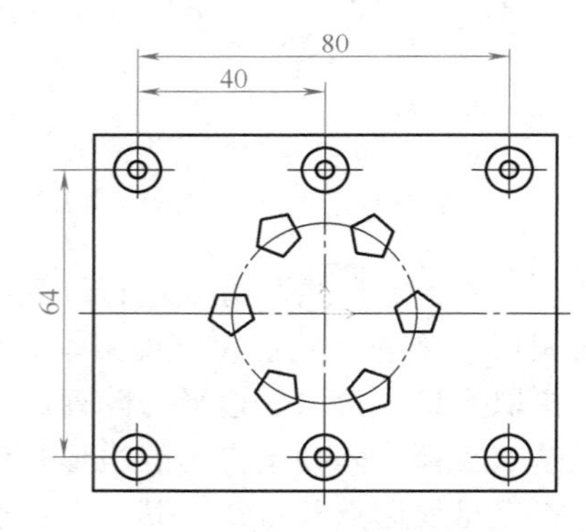

图 3-4-14 阵列后图形

【技能点拨】

1. 若工程图中有多个相同的图形元素，要根据排布特点合理使用阵列功能，实现快速复制，提高制图效率。

2. 单击鼠标左键拾取对象后，可以选择夹点后单击鼠标右键，打开右键菜单，对应选择的相关命令进行操作。夹点如图 3-2、图 3-3 所示。

3. “镜像”功能用在图形输入相同且具有对称关系的场合。

3.5 拉伸和缩放

拉伸和缩放是CAXA电子图板中对曲线或轮廓进行放大或缩小的编辑手段。

3.5.1 拉伸

3.5.1
拉伸

拉伸是在保持曲线原有趋势不变的前提下，对曲线或曲线组进行拉长或缩短处理。

单击“常用”选项卡中“修改”面板上的按钮，打开“拉伸”命令；或输入指令“S”后，按空格键。拾取方式主要有“单个拾取”和“窗口拾取”两种。

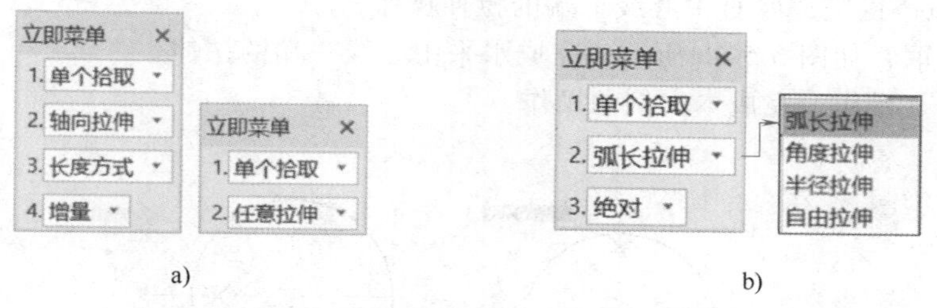

图3-5-1 “拉伸”功能“单个拾取”立即菜单形式
a）拾取对象为直线 b）拾取对象为圆弧

● 条件说明

“单个拾取”是指每次单击鼠标只能拾取一个曲线对象。根据拾取对象的不同，其立即菜单也不同。如图3-5-1a所示，当选择对象为直线时，可以有“轴向拉伸”和“任意拉伸”两种情况；如图3-5-1b所示，当选择对象为圆弧时，可以有“弧长拉伸”“角度拉伸”“半径拉伸”“自由拉伸”四种情况。

“轴向拉伸”在“单个拾取”方式下，拾取对象为曲线时，只能沿曲线的轴向进行拉长或缩短。

“任意拉伸”在“单个拾取”方式下，拾取对象为直线时，直线起点固定不变，但直线终点位置、长度均可随鼠标移动而改变。

“弧长拉伸”在“单个拾取”方式下，拾取对象为圆弧时，可以改变圆弧长度，其半径、圆心位置不变。

“角度拉伸”在“单个拾取”方式下，拾取对象为圆弧时，可以通过键盘输入新的圆心角改变圆弧圆心角，其半径、圆心位置不变。

“半径拉伸”在“单个拾取”方式下，拾取对象为圆弧时，可以改变圆弧的半径大小，圆心位置不变。

“自由拉伸”在“单个拾取”方式下，拾取对象为圆弧时，只有圆弧终点位置固定不变，其半径、弧长、圆心位置均可随鼠标移动而改变。

“窗口拾取”需要使用从右下向左上框选拾取拉伸对象。

“给定两点”在使用“窗口拾取”方式时通过拾取指定两点拉伸对象。

“给定偏移”在使用“窗口拾取”方式时能过指定“*X*和*Y*方向偏移量或位置点”拉伸对象。

“绝对”是在拾取对象后，命令行提示“输入长度值/输入角度值”，输入的值是指所拉伸图素的整个长度或者角度。

“增量”指在原图素基础上增加的长度或者角度。

● 应用举例

单条曲线拉伸。如图 3-5-2 所示，将圆的中心线拉伸超出轮廓 3mm。

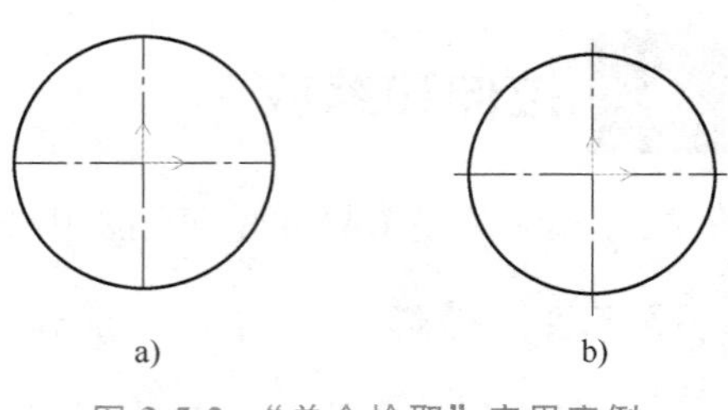

a) b)

图 3-5-2 “单个拾取”应用实例

a）拉伸前 b）拉伸后

操作方法：

（1）调用“拉伸”功能，立即菜单设置为“单个拾取”。

（2）靠近中心线一端拾取中心线，如图 3-5-3a 所示，立即菜单设置为“轴向拉伸”“长度方式”“增量”。

（3）动态输入长度值为“3”。

（4）按<Enter>键完成竖直中心线上端的拉伸操作。

（5）继续拾取，如图 3-5-3b 所示，完成水平中心线一端的拉伸。

（6）重复以上操作，完成本实例的操作。

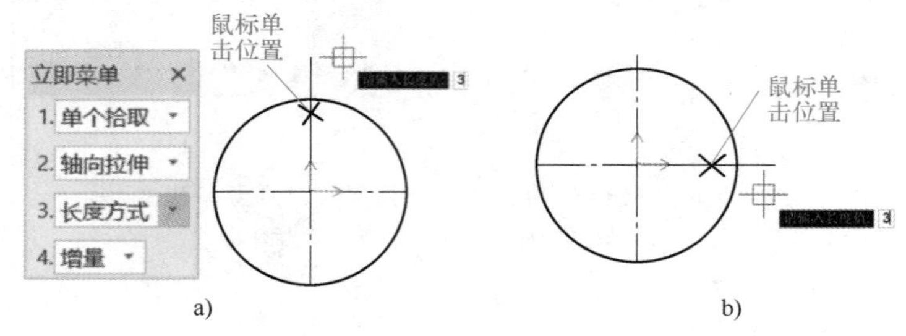

a) b)

图 3-5-3 “单个拾取”操作

a）竖直中心线上端拉伸 b）水平中心线右端拉伸

注意：

（1）“单个拾取”拾取直线段，在“长度方式”→“绝对”模式下，输入值为负值时，将会改变拉伸方向 180°；拾取圆弧“弧长拉伸”或“半径拉伸”→“绝对”模式下，输入值为负值时，输入值无效；拾取圆弧“角度拉伸”→“绝对”模式下，输入值正负都只表达拉伸角度与起点间角度关系，不影响拉伸方向。

（2）在“增量”模式下，输入值为负值时，将形成拾取曲线对应参数的减少，如果负值会使对应参数减少到零或负值，该输入值无效。

（3）“单个拾取”拾取圆弧后，在“弧长拉伸”“半径拉伸”“角度拉伸”模式下拖拽鼠标越过圆弧圆心将形成圆弧优劣的转变，之后的数值输入将在优劣转变基础上计算。

3.5.2 缩放

3.5.2
缩放

“缩放”是曲线编辑的主要手段之一。在 CAXA 电子图板中对曲线进行缩放是对拾取到的图素进行比例放大和缩小。方式主要有“比例因子”和“参考方式”两种。

单击“常用”选项卡中“修改”面板上的按钮，或者输入指令“sc”后按<Enter>键，打开“拉伸”命令。

调用“缩放”功能后弹出如图 3-5-4 所示的立即菜单。

● 条件说明

“平移”是指进行缩放操作后，只生成目标图形，原图形在屏幕上消失。

“拷贝”是指在进行缩放操作时，除了生成缩放目标图形外，还会保留原图形。

“比例因子”是指在进行缩放操作时，需要提供具体比例缩放数值。

“参考方式”是指进行缩放操作时，不用具体的比例缩放数值，而是用图形本身的某一特征尺寸，参考一个常数尺寸进行改变，同时以对应的比例修改所拾取的全部图形。

拾取缩放对象后，立即菜单变为图3-5-5所示。

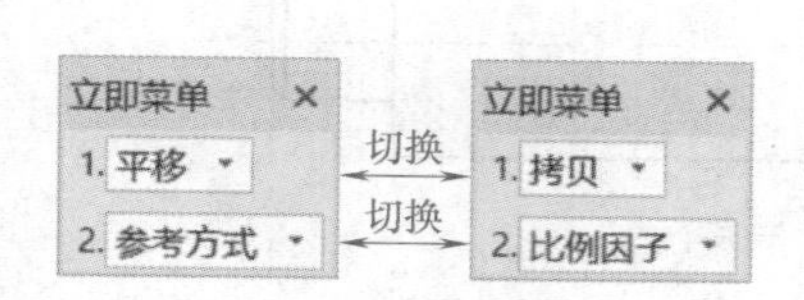

图 3-5-4 “缩放”立即菜单

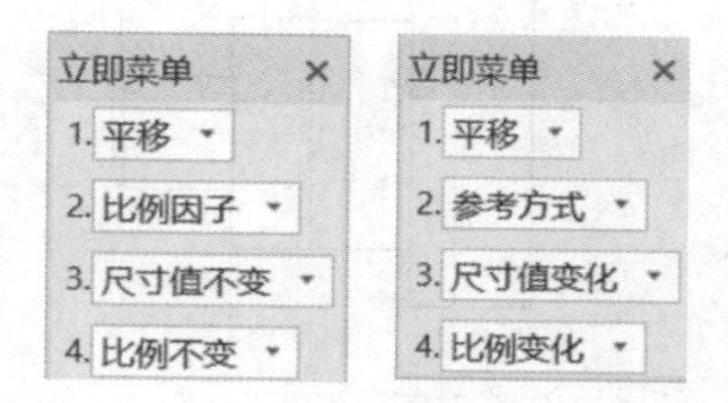

图 3-5-5 “缩放”拾取对象后的立即菜单

“尺寸值变化”是指如果拾取的图素中包含尺寸标注，则该项可以控制尺寸标注的数值进行相应的比例变化，如图3-5-6c、d所示，图3-5-6a中标注的值“30”缩小0.5倍后变为“15”。

“尺寸值不变”是指所选择尺寸标注的数值不会随着比例变化而变化，如图3-5-6b所示。

“比例不变/比例变化”是指当选择“比例变化”选项时，尺寸线、尺寸界线、箭头的大小都会根据比例系数发生变化，两者的对比情况如图3-5-6c、d所示。

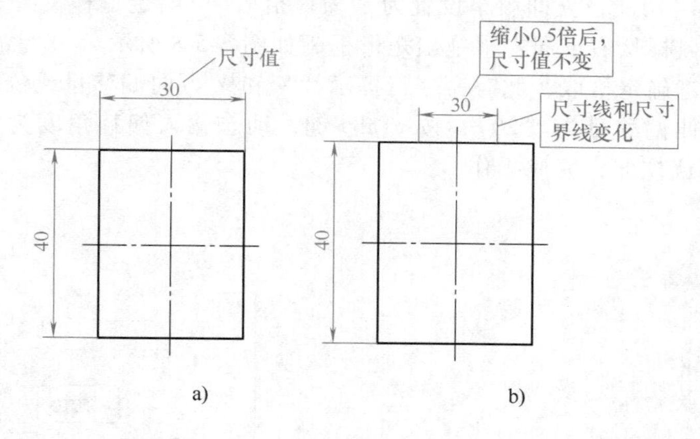

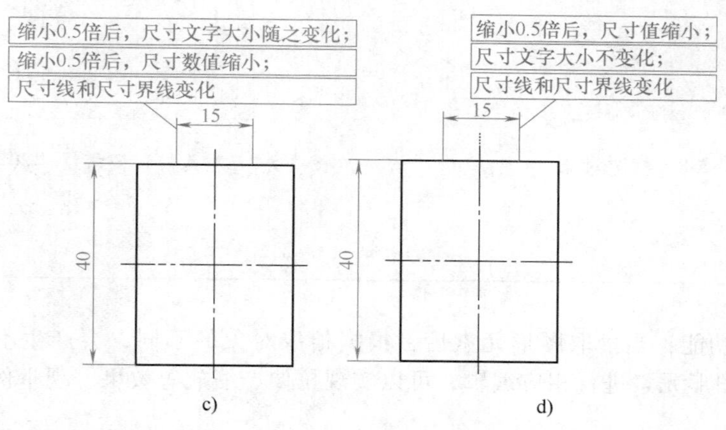

图 3-5-6 “缩放”立即菜单条件说明示意图

a）原对象 b）尺寸值不变、比例不变 c）尺寸值变化、比例变化 d）尺寸值变化、比例不变

3.5.3 应用案例

【案例要求】 如图 3-5-7 所示台阶轴，现需要将 ϕ20 轴段长度拉伸为 35，其他结构和尺寸不变。

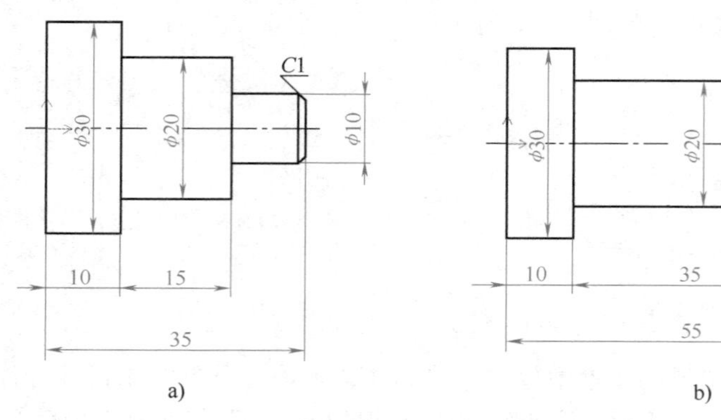

图 3-5-7 台阶轴拉伸

a）拉伸前 b）拉伸后

【案例操作】

（1） 调用“拉伸”功能，立即菜单设置为“窗口拾取”“给定偏移”。

（2） 框选对象，鼠标从右下向左上拖出矩形框，如图 3-5-8 所示。

（3） 单击鼠标右键确定拾取，此时命令行提示“X 和 Y 方向偏移量或位置点”。

（4） 动态输入拉伸偏移量为“20”，按<Tab>键，动态输入偏移角度为“0”，如图 3-5-9 所示，按<Enter>键确认拉伸，完成操作。

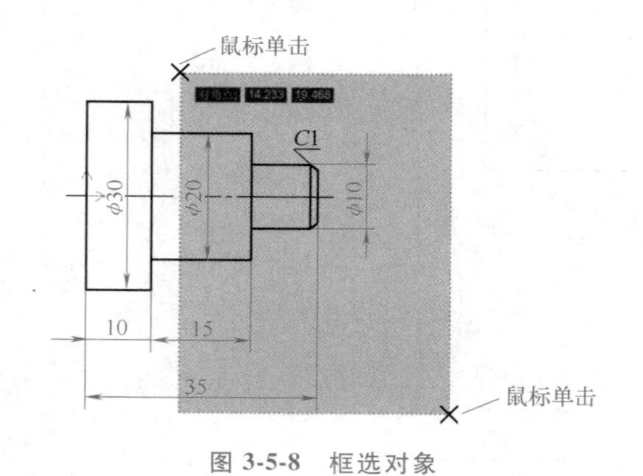

图 3-5-8 框选对象

图 3-5-9 输入拉伸偏移量“20”和偏移角度“0”

【技能点拨】

1. 夹点编辑功能：当拾取图形元素后，根据拾取对象的不同，会产生不同的夹点。可以通过夹点编辑对图形元素进行相应编辑，可以实现拉伸、缩放等效果。现举例说明夹点的相关操作。

（1） 当选择的图形元素为直线时，如图 3-2 所示有三个方块形夹点和两个端点处的箭头。拾取中点位置夹点：拖动鼠标，可以移动直线，改变直线位置，其他属性不变。

拾取端点位置夹点：拖动鼠标，不仅可以改变直线端点位置，还可以改变直线长短和直线方向。

拾取端点位置箭头：拖动鼠标，只改变直线长短，直线方向不发生变化。

（2）当选择的图形元素为整圆时，如图3-3所示，圆心位置和四个象限点各有一个方块形夹点。

拾取圆心位置夹点：拖动鼠标，可以移动整圆，改变整圆位置，其他属性不变。

拾取象限点夹点：拖动鼠标，可以调整圆的直径大小，不改变圆心位置。

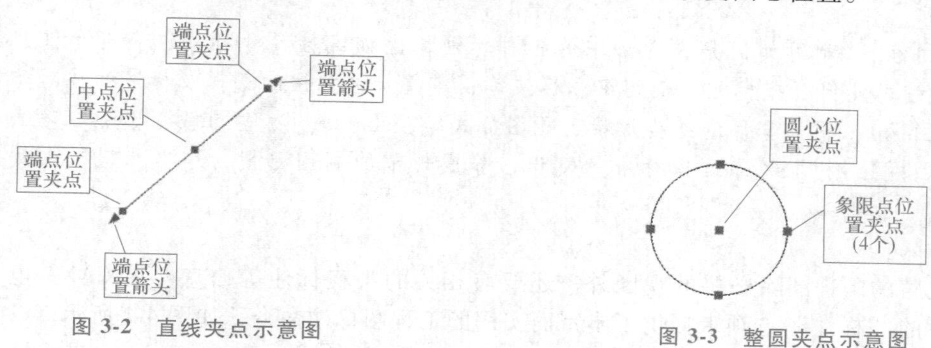

图3-2 直线夹点示意图　　图3-3 整圆夹点示意图

2. 在输入指令后，按<Enter>键或按空格键，都可以调用相关功能。

【项目小结】

图形的编辑修改操作在工程图绘图中是很重要的。通常，工程图成图需要灵活使用绘图工具与图形的编辑工具的结合。

本项目主要介绍了图形编辑工具，如平移、平移复制、旋转、镜像、比例缩放、阵列、裁剪、过渡、齐边（延伸）、打断、拉伸、分解等功能的使用。

本项目【技能点拨】里的相关操作，可以提高制图效率。同时，本项目中带有相关操作素材和相关功能的应用案例，读者可以反复练习以巩固所学知识。

【精学巧练】

利用绘图工具和编辑工具完成练习如图3-4所示轮廓的绘制。不需要进行尺寸标注。

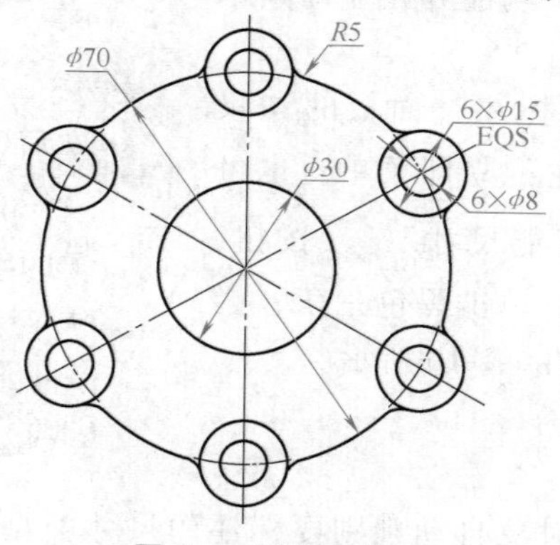

图3-4 项目3练习

项目 4　标注尺寸

【知识目标】　学习如何完成图形中的各种标注，比如线性尺寸标注、直径标注、角度标注、倒角标注、几何公差标注、剖切符号标注等，掌握标注方法的选择及标注的技巧。

【技能目标】　根据零件的结构形状、视图样式等，正确使用标注工具，完成工程图标注。

【素养目标】　树立遵守国家标准的意识，养成规范的制图习惯，培养严谨、细致的工作作风。

一张完整的工程图除必要的视图外，还要有相关的工程标注等信息。在 CAXA 电子图板中，菜单栏的“标注”选项卡提供了丰富而实用的工程图标注命令，如图 4-1 所示。

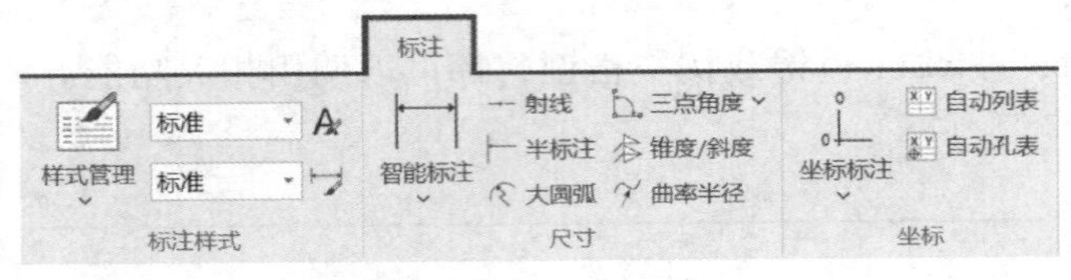

图 4-1　“标注”选项卡

国家标准（GB/T 4458.4—2003）中规定了标注尺寸的基本方法。

4.1　尺寸标注

CAXA 电子图板尺寸标注包括基本标注、基线标注、连续标注、三点角度标注、角度连续标注、半标注、大圆弧标注、射线标注、锥度标注、曲率半径标注、线性标注、对齐标注、角度标注、弧长标注、半径标注和直径标注。这些标注命令均可以通过调用“尺寸标注”功能并在立即菜单中切换选择，也都可以单独调用。

单击“常用”选项卡中“标注”面板的“尺寸”按钮，打开“尺寸标注”立即菜单。也可在“标注”选项卡中单击“智能尺寸”按钮，打开如图 4-1-1a 所示立即菜单，单击黑色三角，会打开可供选择的标注种类，如图 4-1-1b 所示。

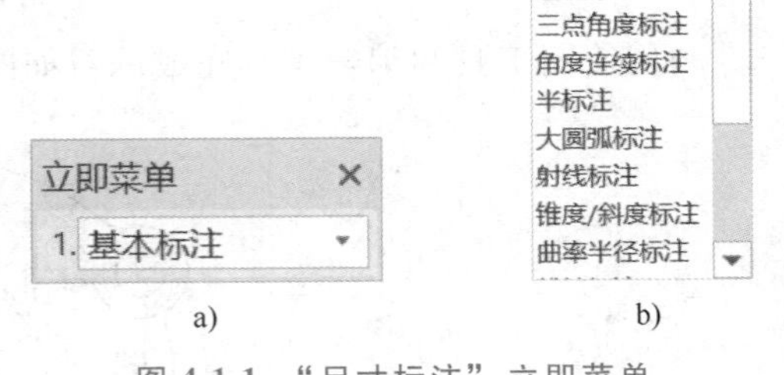

图 4-1-1　“尺寸标注”立即菜单

a）立即菜单　b）可供选择的标注种类

4.1.1　基本标注

基本标注可以根据所拾取对象自动判别要标注的尺寸类型，快速生成线性尺寸、直径尺寸、半径尺寸、角度尺寸等基本类型的标注。

1. 直线的标注

在“标注”选项卡中单击“智能尺寸”按钮，调用【基本标注】功能拾取直线或点选直线两个端点后，屏幕上出现标注预显，并且弹出如图 4-1-2 所示的“标注直线”立即菜单。

● 条件说明

（1）单击立即菜单第二项下拉按钮，可选三种文字标注样式：

“文字平行”用于设置标注的尺寸文字与尺寸线平行。

“文字水平”用于设置标注的尺寸文字呈水平状态。

“ISO 标准”用于设置标注的尺寸文字与尺寸线符合 ISO 标准。

（2）单击立即菜单第三项下拉按钮，可分别选择长度标注、直径标注或者螺纹标注，如图 4-1-3 所示。

当选择“直径”项时，立即菜单中第六项“前缀”输入栏自动填充直径符号“%c”。

当选择“螺纹”项时，立即菜单中第六项“前缀”输入栏自动填充螺纹符号“M”。

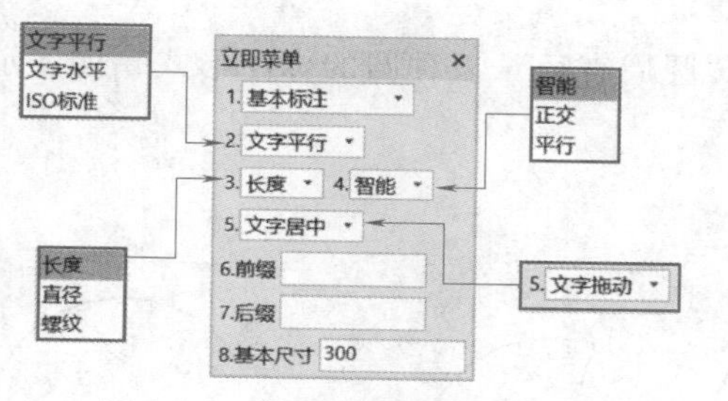

图 4-1-2 “标注直线”立即菜单

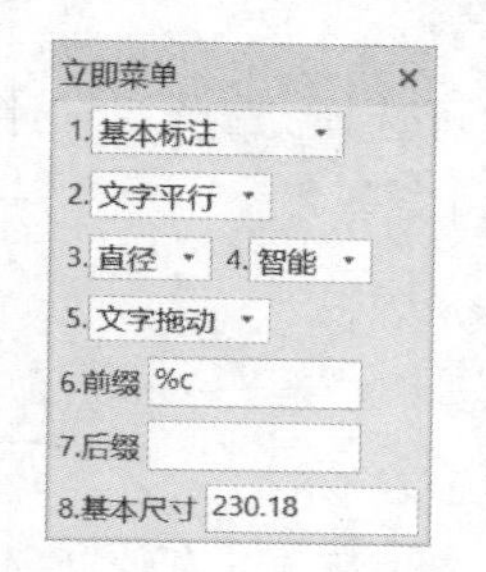

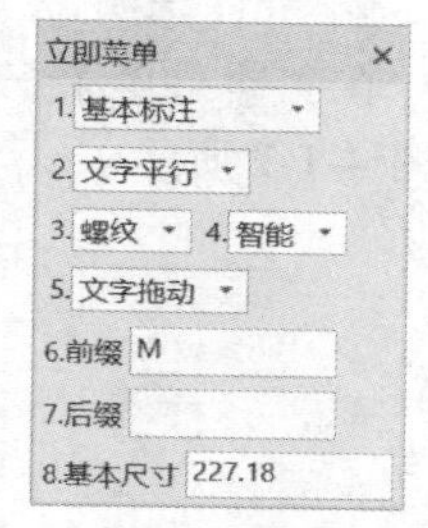

图 4-1-3 “直径”标注和“螺纹”标注的立即菜单

（3）单击立即菜单第四项下拉按钮，可选三种尺寸线放置状态：

“智能”是指根据鼠标和直线的相对位置关系可呈现尺寸线水平标注、竖直标注和直线平行。

“正交”是标注该直线水平方向或竖直方向的长度。

“平行”是指尺寸线与直线平行，且标注为直线的实际长度。

（4）单击立即菜单第五项下拉按钮，可选两种文字放置状态：

“文字居中”是指尺寸文字在两尺寸界限的中间放置。

“文字拖动”是指尺寸文字随光标的移动而移动，单击后确定标注位置。

（5）“基本尺寸”输入栏，用户可以使用默认尺寸值，也可以输入数值。

● 使用方法

（1）直线的“正交”标注方式。

调用“基本标注”功能，拾取标注对象或点取第一点：对于直线标注，可以直接左键拾取标注对象，也可以分别拾取直线两个端点。

在弹出的立即菜单中条件设置为“文字水平”“长度”“正交”“文字居中”。

确定尺寸线位置：拖动鼠标，通过单击鼠标左键放置尺寸标注位置。标注效果如图 4-1-4 所示。

（2）直线的“平行”标注方式。

调用“基本标注”功能，拾取要标注的直线对象。

在弹出的立即菜单中条件设置为“文字水平”“长度”“水平”“文字居中”。

确定尺寸线位置：拖动鼠标，通过单击鼠标左键放置尺寸标注位置，标注效果如图 4-1-5 所示。

说明：在使用过程中，应用较多的是智能判断尺寸标注方式，软件会根据用户拖动鼠标的方位自动判断尺寸标注方式是水平、竖直还是平行。

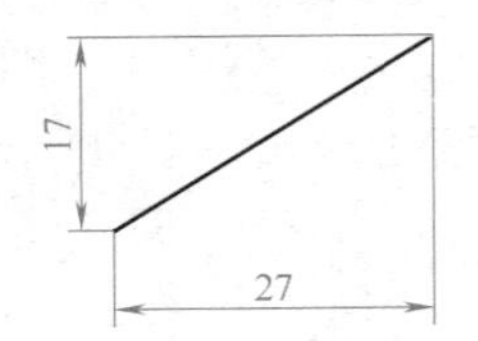

图 4-1-4 “正交”时的尺寸标注

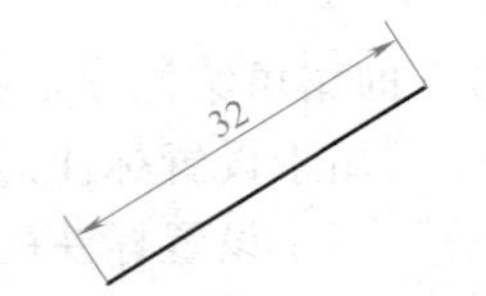

图 4-1-5 “平行”时的尺寸标注

2. 圆的标注

调用“基本标注”功能后，单击鼠标左键拾取圆，软件可以自动判断标注对象为圆，其立即菜单显示如图 4-1-6 所示。

● 条件说明

在立即菜单第三项中可选择“直径”“半径”“圆周直径”三种圆的标注形式，标注示例如图 4-1-7 所示。

图 4-1-6 标注圆的立即菜单

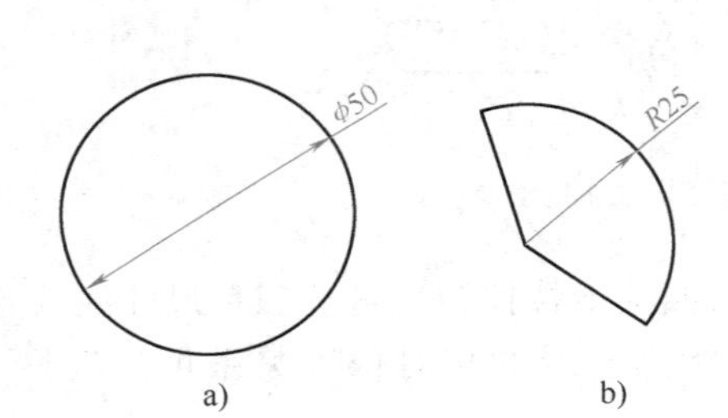

图 4-1-7 直径和半径的尺寸标注

a）直径 b）半径 c）圆周直径

3. 圆弧的标注

调用“基本标注”功能后，单击鼠标左键拾取圆弧，软件可以自动判断标注对象为圆弧，标注示例如图 4-1-8 所示。

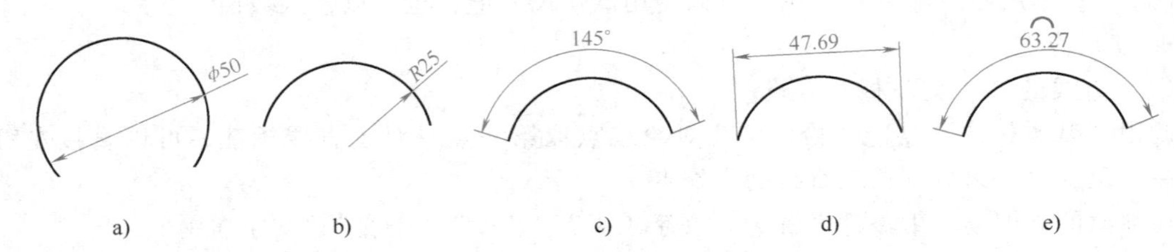

图 4-1-8 圆弧的尺寸标注

a）直径 b）半径 c）圆心角 d）弦长 e）弧长

4. 点到点的标注

调用“基本标注”功能后，单击鼠标左键分别拾取两个已知点。点到点的尺寸标注示例如图 4-1-9 所示。

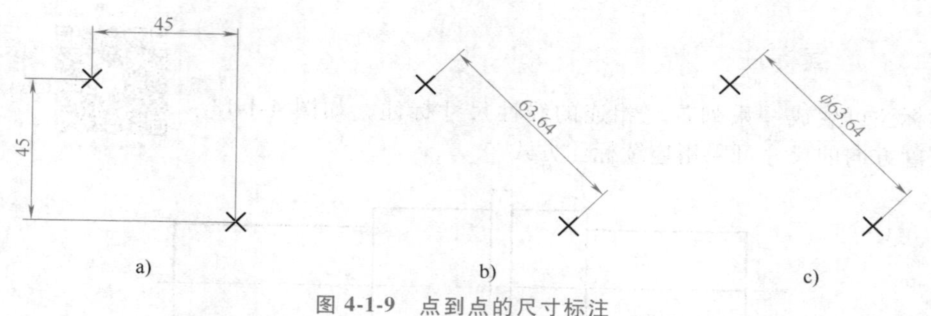

图 4-1-9　点到点的尺寸标注

a）长度、正交方式　b）长度、平行方式　c）直径、平行方式

5. 点到直线的标注

调用“基本标注”功能后，单击鼠标左键分别拾取已知点和已知直线，标注图例如图 4-1-10 所示。

6. 直线到直线的标注

调用“基本标注”功能后，单击鼠标左键分别拾取两已知直线，两直线平行状态和有一定夹角的状态会有不同的立即菜单显示，标注图例如图 4-1-11 所示。

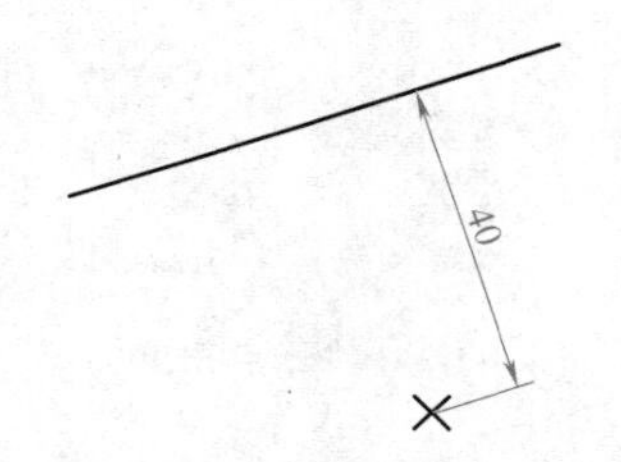

图 4-1-10　点到直线的尺寸标注

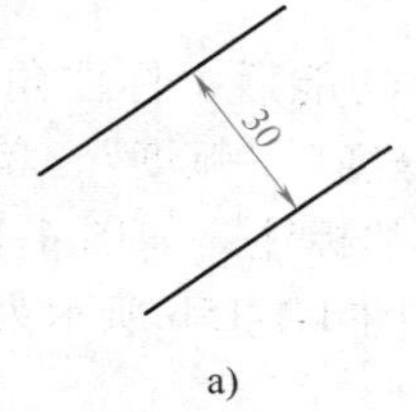

图 4-1-11　直线到直线的尺寸标注

a）两直线平行　b）两直线有一定夹角

4.1.2　基线标注

基线标注可以从同一基点处引出多个标注。

单击“常用”选项卡中“标注”面板的“尺寸”  按钮，打开“尺寸标注”立即菜单。打开如图 4-1-1 所示立即菜单，在下拉菜单中选择“基线标注”（其他标注类型的调用方法相同，后文不再赘述）。如图 4-1-12 所示，长度方向的尺寸可采用基线标注方式。

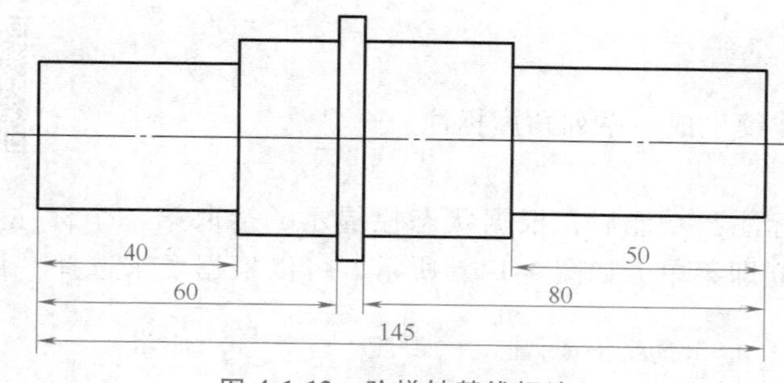

图 4-1-12　阶梯轴基线标注

4.1.3 连续标注

4.1.3
连续标注

连续标注可生成一系列首尾相连的线性尺寸标注，如图4-1-13所示，长度方向的尺寸可采用连续标注方式。

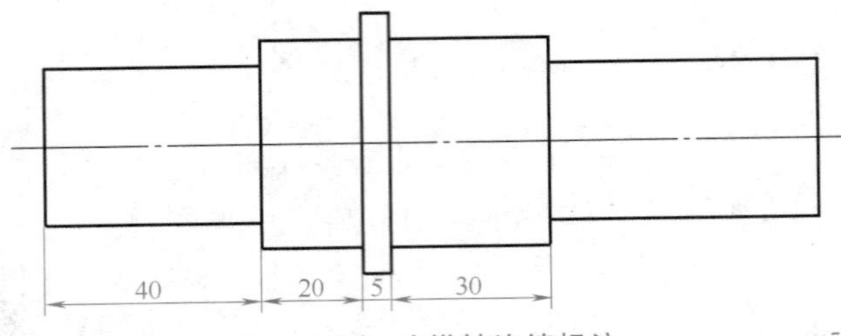

图4-1-13 阶梯轴连续标注

4.1.4
三点角度标注

4.1.4 三点角度标注

三点角度标注可通过拾取已知三点创建角度尺寸标注。

调用“三点角度标注”功能，弹出立即菜单，如图4-1-14所示。

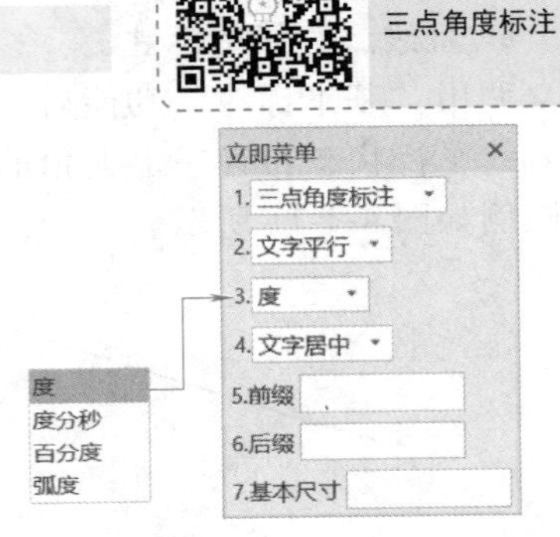

图4-1-14 “三点角度标注”立即菜单

● 条件说明

调用“三点角度标注”功能后，标注角度的表达方式包括“度”“度分秒”“百分度”“弧度”，单击鼠标左键依次拾取已知三点，完成相应的标注，如图4-1-15a所示为角度数值以度为单位表达，如图4-1-15b所示为角度数值以度分秒表达。

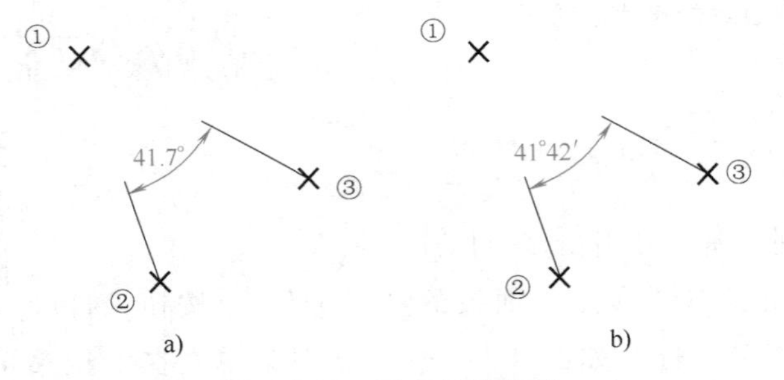

图4-1-15 三点角度标注

a）角度值为“度”的表达方式 b）角度值为“度分秒”的表达方式

4.1.5 角度连续标注

4.1.5
角度连续标注

角度连续标注可连续生成一系列角度标注。

● 使用说明

调用“角度连续标注”功能后，根据状态栏提示，拾取第一个标注元素或角度尺寸，弹出“角度连续标注”立即菜单，如图4-1-16所示，可以根据要求选择“顺时针”方向或“逆

1. 角度连续标注 2. 度 3. 顺时针

图4-1-16 “角度连续标注”立即菜单

时针”方向进行角度的连续标注。

如图 4-1-17 所示为角度连续标注示例。

4.1.6　半标注

零件有对称结构时，通常会采用半剖视图，或者旋转剖，此时标注直径尺寸或者总长尺寸，往往需要用到“半标注”命令。

调用“半标注”功能，弹出“半标注”立即菜单，如图 4-1-18 所示。

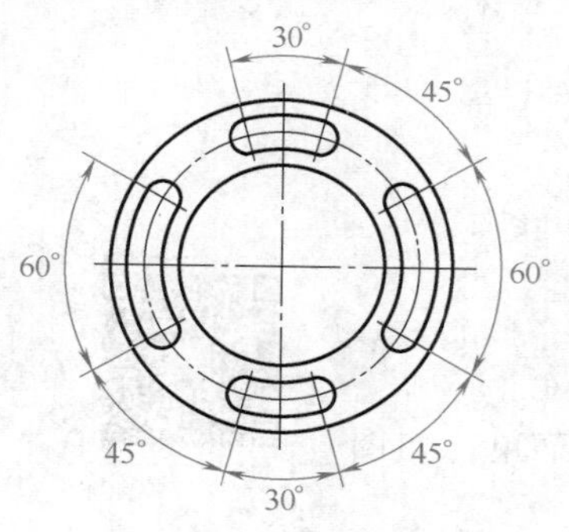

图 4-1-17　角度连续标注

立即菜单	立即菜单
1. 半标注	1. 半标注
2. 长度	2. 直径
3.延伸长度 3	3.延伸长度 3
4.前缀	4.前缀 %c
5.后缀	5.后缀
6.基本尺寸	6.基本尺寸

图 4-1-18　“半标注”立即菜单

● 条件说明

“延伸长度”是指可以设置半标注的尺寸线超出对称中心线的长度。

● 操作步骤

在图 4-1-19 中，立即菜单设置为：“长度”和“延伸长度”输入“3”（即尺寸线超出中心线 1 的长度）；“拾取直线或第一点”：单击鼠标左键选择中心线 1；“拾取第二点或直线”：单击鼠标左键选择圆 2 的圆心；“确定尺寸线位置”：移动鼠标到合适的位置单击鼠标左键放置半标注尺寸，完成标注。

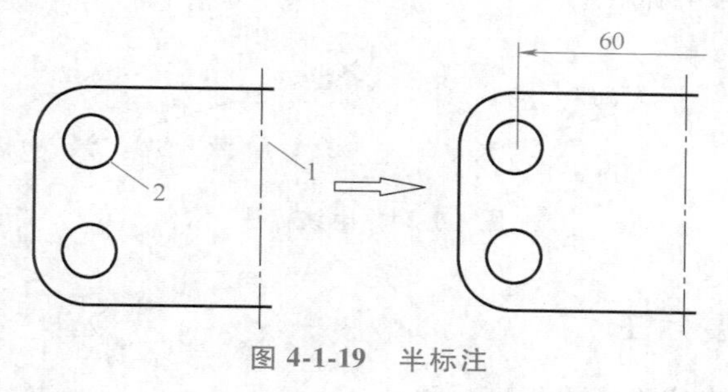

图 4-1-19　半标注

4.1.7　大圆弧标注

4.1.7
大圆弧标注

大圆弧标注用于较大圆弧半径（或直径）尺寸的标注。

调用“大圆弧标注”功能，弹出“大圆弧标注”立即菜单，如图 4-1-20 所示。

图 4-1-20　“大圆弧标注”立即菜单

● 操作步骤

调用“大圆弧标注”功能。

先拾取圆弧，在合适的位置单击指定“第一引出点”（如图 4-1-21a 所示的①位置），再选择其他位置指定“第二引出点”（如图 4-1-21a 所示的②位置），最后指定“定位点”（如图 4-1-21a 所示的③位置），完成大圆弧的标注，结果如图 4-1-21b 所示。

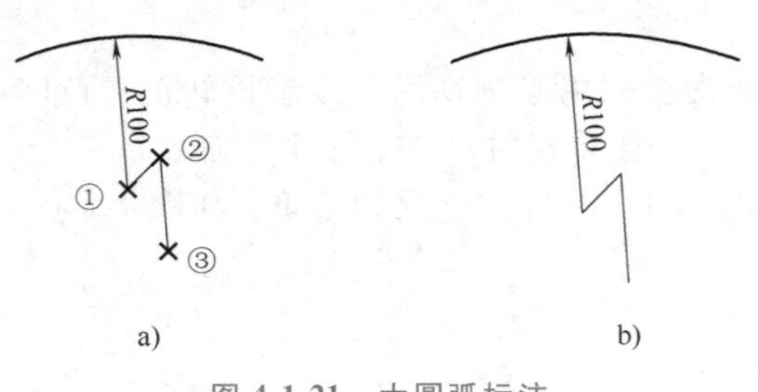

图 4-1-21　大圆弧标注

a）指定引出点和定位点　b）标注结果

4.1.8　射线标注

调用“射线标注”功能，弹出“射线标注”立即菜单，如图 4-1-22 所示。

1. 射线标注　2. 文字居中

图 4-1-22　“射线标注”立即菜单

● 操作步骤

调用“射线标注”功能，单击鼠标左键依次拾取已知点 1 和点 2（立即菜单发生变化，如图 4-1-23 所示，可以添加尺寸前缀和后缀，以及更改标注尺寸数值），拖动鼠标，可将尺寸值放在两点之间，也可放置在外侧，如图 4-1-24 所示。

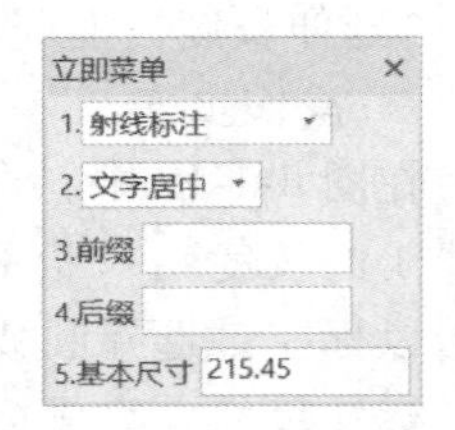

图 4-1-23　立即菜单

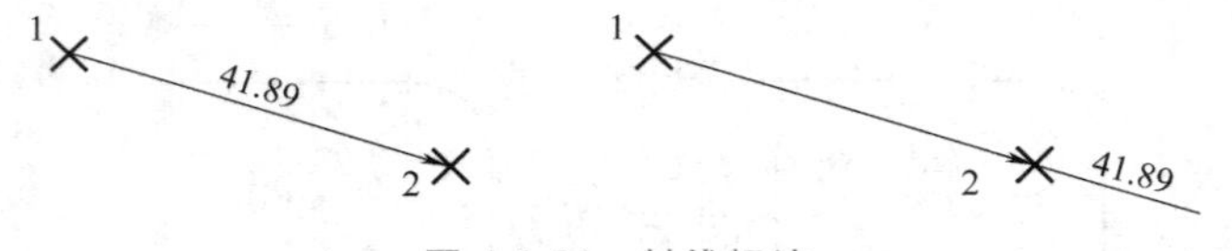

图 4-1-24　射线标注

4.1.9　锥度/斜度标注

锥度/斜度标注用于生成锥度或斜度标注。

调用“锥度/斜度标注”功能，弹出“锥度/斜度标注”立即菜单，如图 4-1-25 所示。

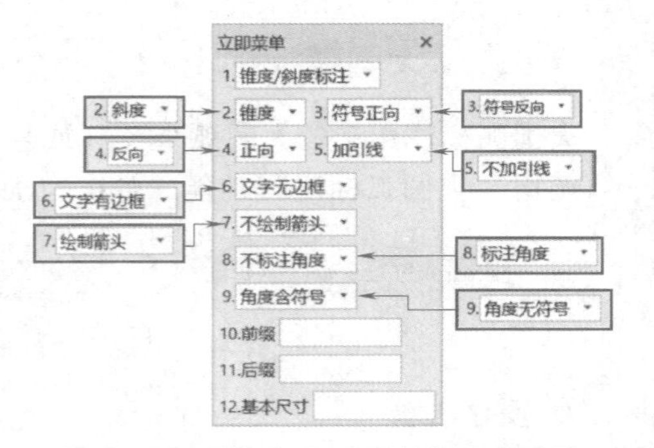

图 4-1-25　“锥度/斜度标注”立即菜单

● 条件说明

“锥度/斜度”用来确定标注锥度还是斜度。斜度的默认尺寸值为被标注直线相对轴线高度差与直线长度的比值，用 1：X 表示。

“符号正向/符号反向”用来调整锥度或斜度符号的方向。

“正向/反向”用来调整锥度或斜度标注文字的

方向。

“加引线/不加引线”用来控制是否添加引线。

“文字无边框/文字有边框”用来设置标注的文字是否加边框。

“不绘制箭头/绘制箭头”用来设置是否绘制引出线的箭头。

“不标注角度/标注角度”用来设置是否添加角度标注。

“角度含符号/角度无符号”用来设置角度值是否包含符号。

● 操作步骤

调用“锥度/斜度标注”功能，在立即菜单中进行条件设置，然后根据状态栏提示，先拾取轴线，再拾取直线。

如图 4-1-26a 所示的锥度标注，首先单击鼠标左键选择中心线，再单击鼠标左键选择斜线，然后在合适的位置再次单击鼠标左键放置标注；如图 4-1-26b 所示斜度标注，操作步骤同上。

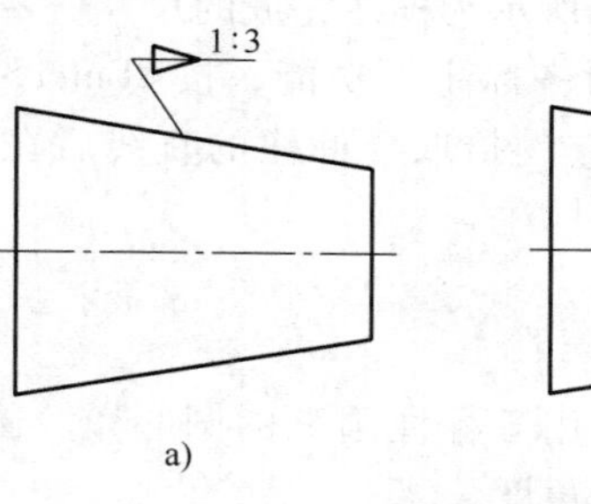

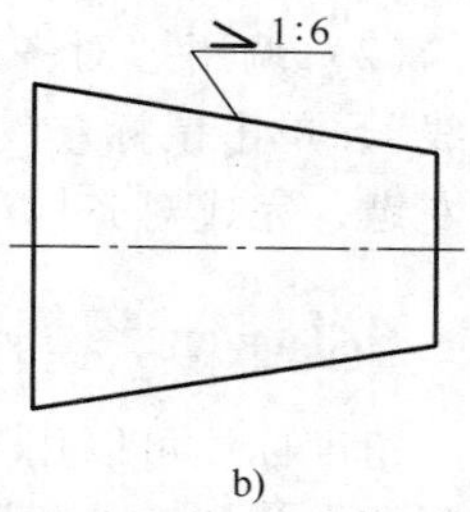

图 4-1-26　锥度/斜度标注
a）锥度标注　b）斜度标注

4.1.10　曲率半径标注

4.1.10
曲率半径标注

调用“曲率半径标注”功能，弹出“曲率半径标注”立即菜单，如图 4-1-27 所示。

1. 曲率半径标注　2. 文字平行　3. 文字居中　4.最大曲率半径 10000

图 4-1-27　“曲率半径标注”立即菜单

调用“曲率半径标注”功能，单击鼠标左键选择要被测的样条曲线，随着鼠标光标的移动，显示不同位置的曲率半径，在确定的位置单击鼠标左键，完成该位置的标注，如图 4-1-28 所示。

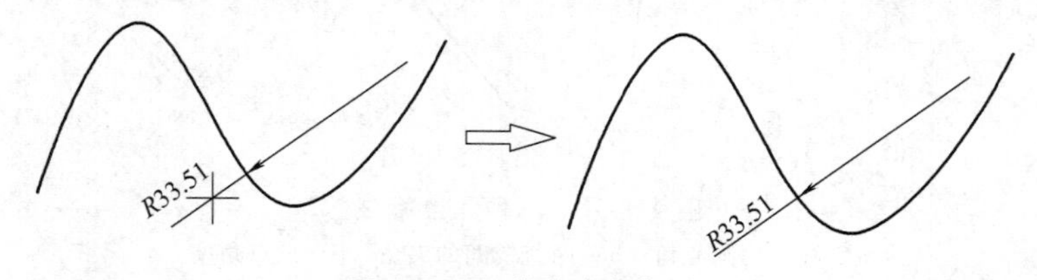

图 4-1-28　曲率半径标注

4.1.11　线性标注

4.1.11
线性标注

线性标注可以标注两点间的垂直距离或水平距离。

● 使用方法

（1）调用“线性标注”功能，分别拾取图形直线的两个端点，系统自动识别垂直和水平状态，在合适的位置单击鼠标左键，完成线性标注，如图 4-1-29 所示为标注完成的线性尺寸。

（2）调用“线性标注”功能，按<Enter>键，此时提示栏提示“拾取直线”，单击鼠标左键拾取要标注的直线后在合适的位置再次单击鼠标左键，完成线性标注。

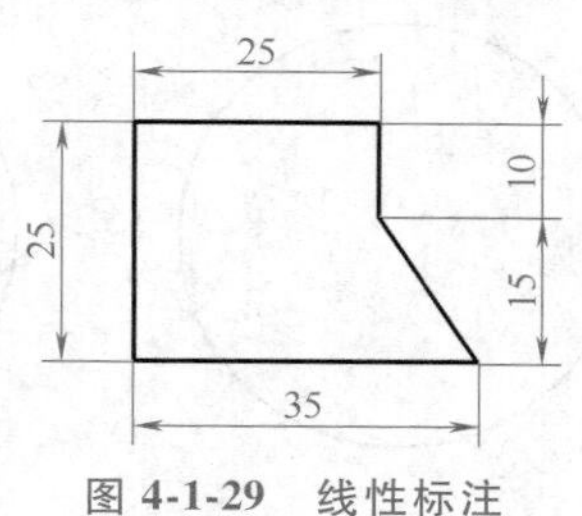

图 4-1-29　线性标注

4.1.12 对齐标注

4. 1. 12
对齐标注

对齐标注用于标注两点间的直线距离。

● 使用方法

（1）调用“对齐标注”功能，分别拾取图形直线的两个端点，系统自动识别垂直或水平状态，在合适的位置单击鼠标左键，完成对齐标注，如图 4-1-30 所示为标注完成的尺寸。

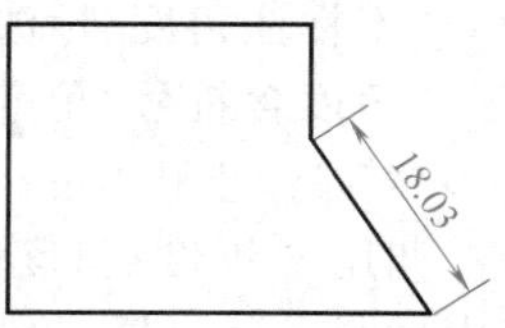

图 4-1-30 对齐标注

（2）调用“对齐标注”功能，按<Enter>键，此时切换为“拾取直线”，单击鼠标左键拾取要标注的直线后在合适的位置再次单击鼠标左键，完成对齐标注。

4.1.13 角度标注

4. 1. 13-1
三种角度标注

角度标注可以用于标注圆弧的圆心角、圆上部分圆心角、两直线间的夹角和三点角度。

● 使用方法

（1）圆弧的圆心角：调用“角度标注”功能，单击鼠标左键拾取圆弧，移动鼠标在合适的位置再次单击鼠标左键完成标注，结果如图 4-1-31a 所示。

（2）两直线间的夹角：调用“角度标注”功能，单击鼠标左键分别拾取要标注的两条直线，移动鼠标在合适的位置再次单击鼠标左键完成标注，结果如图 4-1-31b 所示。

（3）三点角度：调用“角度标注”功能，按空格键，状态行提示“顶点”，此时单击鼠标左键依次拾取点 1、点 2 和点 3，移动鼠标在合适的位置再次单击鼠标左键放置尺寸，完成标注，结果如图 4-1-31c 拾取所示。

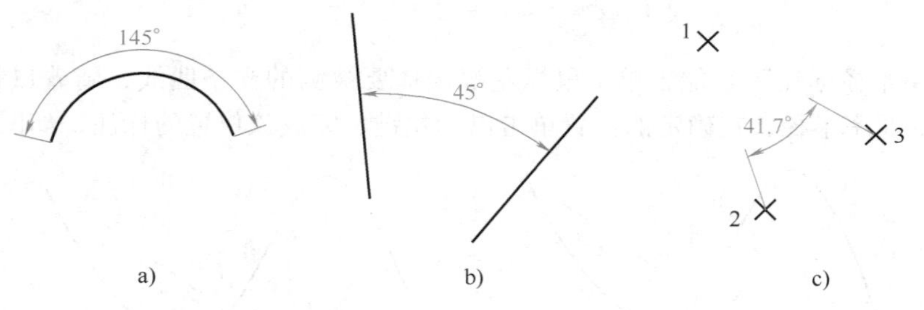

图 4-1-31 三种角度标注

a）圆弧的圆心角 b）两直线间的夹角 c）三点角度

（4）圆上部分圆心角：调用“角度标注”功能，单击鼠标左键拾取圆上点 1 位置，该点作为标注的开始点，再单击鼠标左键拾取圆上的点 2 位置，移动鼠标在合适的位置再次单击鼠标左键完成标注，如图 4-1-32 所示。

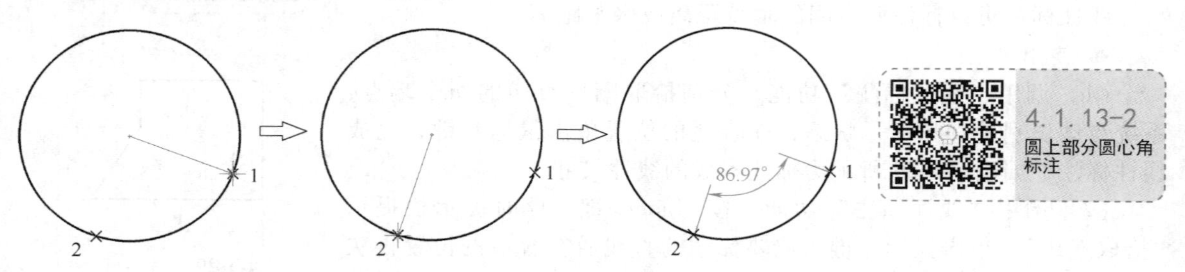

图 4-1-32 圆上部分圆心角标注

4.1.14 弧长标注

弧长标注用于标注圆弧的弧长。

调用“弧长标注”功能，弹出“弧长标注”立即菜单，如图 4-1-33 所示。

1. 弧长标注 2. 关闭径向引出 3. 全部

图 4-1-33 “弧长标注”立即菜单

● 条件说明

“关闭径向引出”用于设置标注的尺寸文字与尺寸线平行。

“打开径向引出”用于设置标注的尺寸文字呈水平状态。

“全部”是指标注整个圆弧的弧长。

“部分”是指需要选择圆弧上要标注的弧长段。

弧长标注示例如图 4-1-34 所示。

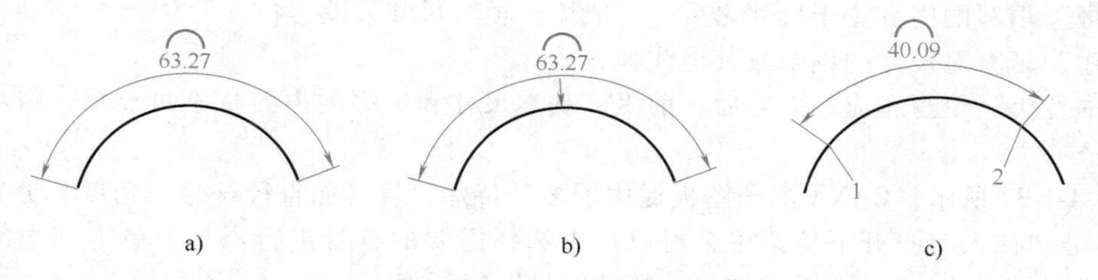

图 4-1-34 弧长标注

a）关闭径向指引 b）打开径向指引 c）部分

4.1.15 半径标注和直径标注

半径标注和直径标注用于标注圆或圆弧的半径尺寸和直径尺寸。

● 使用方法

调用半径标注或直径标注。单击鼠标左键选择要标注的圆或圆弧，移动鼠标到合适的位置，再次单击鼠标左键完成标注，如图 4-1-35 所示。

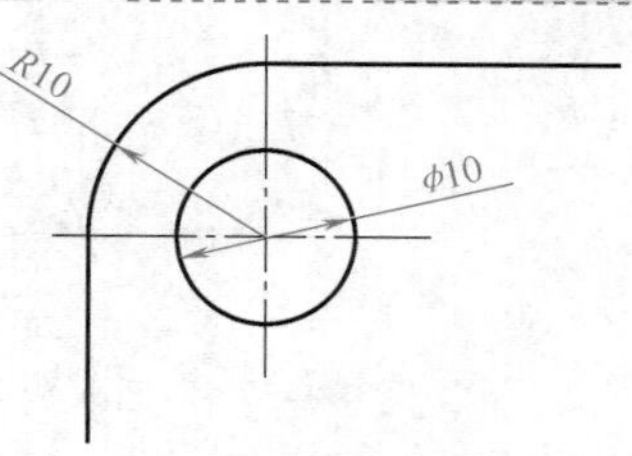

图 4-1-35 半径标注和直径标注

4.1.16 尺寸标注属性设置

在机械工程制图中，尺寸标注除尺寸外，通常还需要添加尺寸公差、特殊符号以及设置一些特殊参数。CAXA 电子图板可以利用“尺寸标注属性设置”完成尺寸公差、特殊符号等的标注。

● 使用方法

选择要标注的对象，在生成尺寸标注数值后，未放置尺寸标注前，单击鼠标右键，弹出的“尺寸标注属性设置”对话框如图 4-1-36 所示。

1. 基本信息

在基本信息中可以设置前缀、基本尺寸、后缀、附注和文本替代内容。

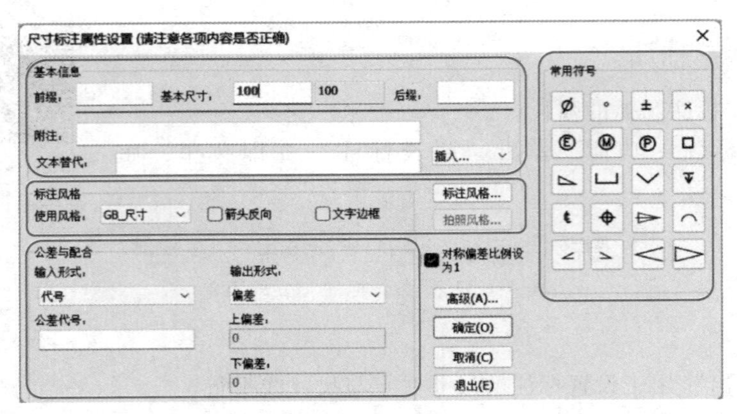

图 4-1-36 “尺寸标注属性设置”对话框

“前缀”填写的内容位于尺寸之前，例如填写“%c”代表直径“ϕ”，也可以在右侧“常用符号”区域选择相应符号进行添加。

“基本尺寸”显示系统默认尺寸，也可以根据情况填写数值来改变标注的尺寸值。

“后缀”填写的内容位于尺寸之后，一般用于填写尺寸公差。

“附注”填写对尺寸的说明或其他注释。

“文本替代”填写相应的内容后，前缀、基本尺寸和后缀的内容将不再显示，将填写的内容作为尺寸文字。

如图 4-1-37 所示，CAXA 电子图板提供了多种特殊符号，如直径符号、角度、分数、粗糙度等，单击“插入”打开下拉菜单，可以从中选择需要的符号进行添加。单击其中的“尺寸特殊符号”弹出如图 4-1-38 所示“尺寸特殊符号”对话框。

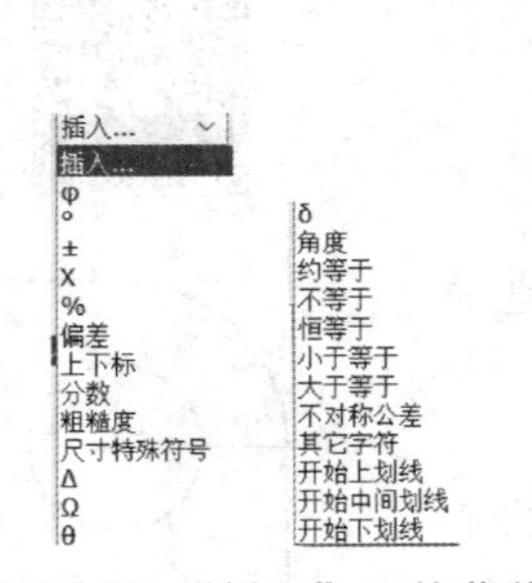

图 4-1-37 “插入”下拉菜单

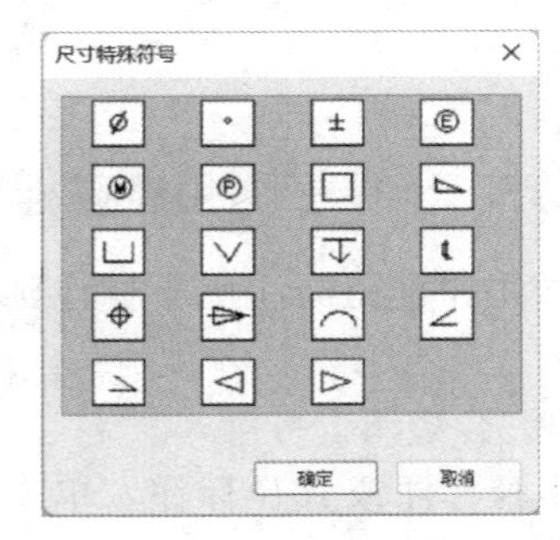

图 4-1-38 “尺寸特殊符号”对话框

2. 标注风格

标注风格可以设置使用风格、箭头反向、文字边框等。使用风格包括标准、GB_尺寸、GB_引出说明（1984）和 GB_锥度（2003），如图 4-1-39 所示。

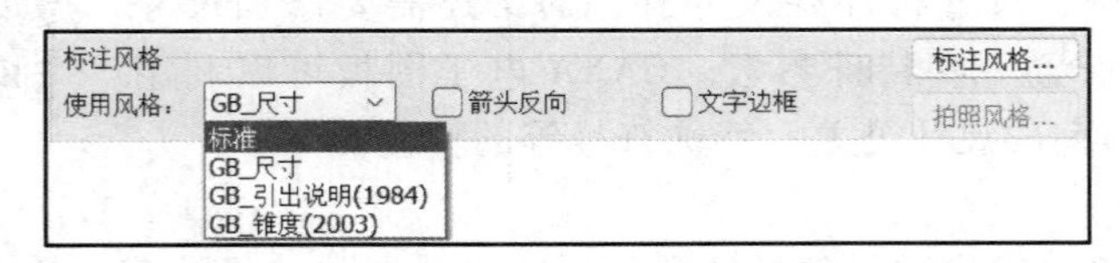

图 4-1-39 “尺寸标注属性设置”-“标注风格”

● 条件说明

“使用风格”是指在“标注风格设置”中已有的设置尺寸风格可以在此直接选择。

“箭头反向”是指设置尺寸箭头的方向，如图 4-1-40a 所示为箭头正向（不选“反向”）标注，如图 4-1-40b 所示为箭头反向标注。

“文字边框”是指设置标注的尺寸数字是否带边框，如图 4-1-40c 所示。

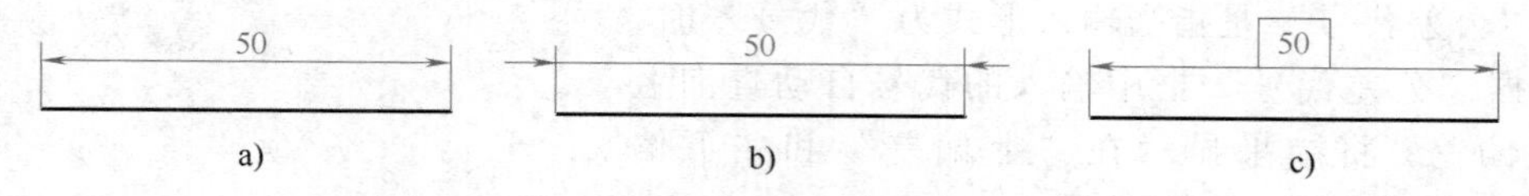

图 4-1-40　“箭头反向”和“文字边框”复选框示例

a）箭头正向标注　b）箭头反向标注　c）带文字边框的标注

● 使用方法

单击“标注风格”按钮，弹出“标注风格设置”对话框，可设置直线和箭头、文本、调整、单位、换算单位、公差和尺寸形式等，如图 4-1-41 所示。

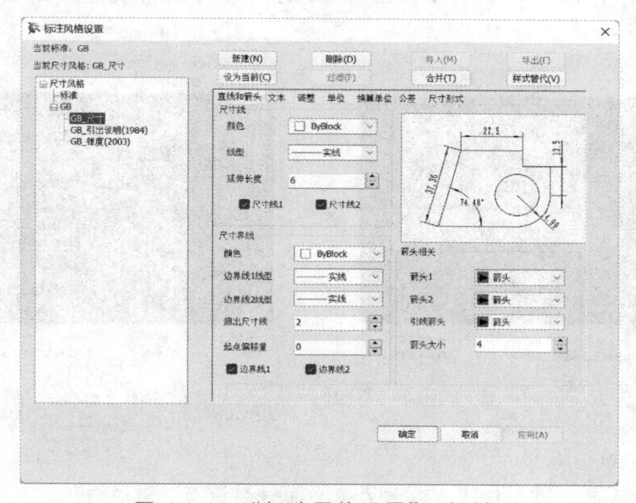

图 4-1-41　“标注风格设置”对话框

3. 公差与配合

公差与配合可以设置公差输入形式、输出形式、公差代号、上偏差和下偏差等，如图 4-1-42 所示。

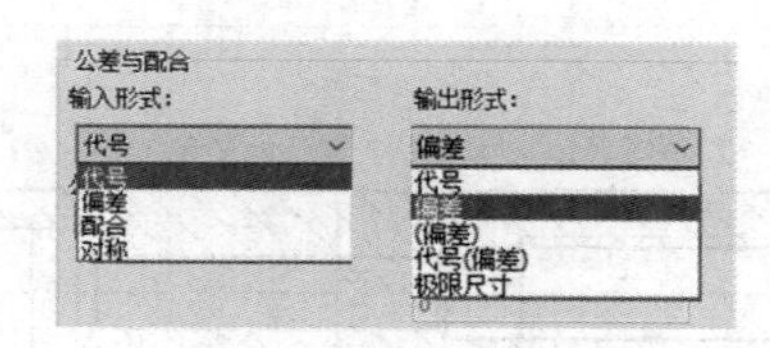

图 4-1-42　“尺寸标注属性设置”-“公差与配合”

● 条件说明

（1）“输入形式”用于设置公差的输入形式。

“代号”是指系统会根据“公差代号”框中输入的代号自动查询上偏差和下偏差，将结果显示在“上偏差”和“下偏差”文本框中，如图 4-1-43 所示。

“偏差”用于输入偏差值。

“配合”是指可在对话框中选择“基孔制”或“基轴制”，在“公差带”中选择相应配合公差。

“对称”是指此时只有“上偏差”可以输入。

（2）“输出形式”用于设置公差的输出形式。

（3）“公差代号”是指当输入形式为“代号”时，系统会根据“公差代号”框中输入的代号自动查询上偏差和下偏差，将结果显示在“上偏差”和“下偏差”文本框中，如图 4-1-43 所示。

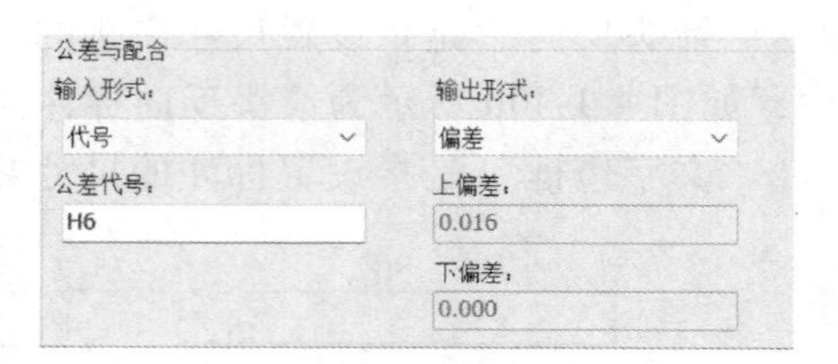

图 4-1-43 “代号”输入形式

4. 高级

单击“高级”按钮，系统弹出如图 4-1-44a 所示“公差与配合可视化查询”对话框，可以直接在对话框中选择相应的公差代号。

当“输入形式”选择“配合”时，单击“高级”按钮，系统弹出如图 4-1-44b 所示第二种“公差与配合可视化查询”对话框，在这个对话框中可以直观选择配合形式。

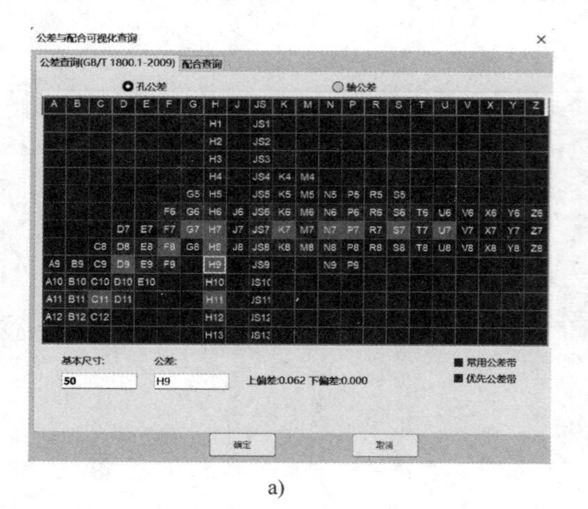

a)

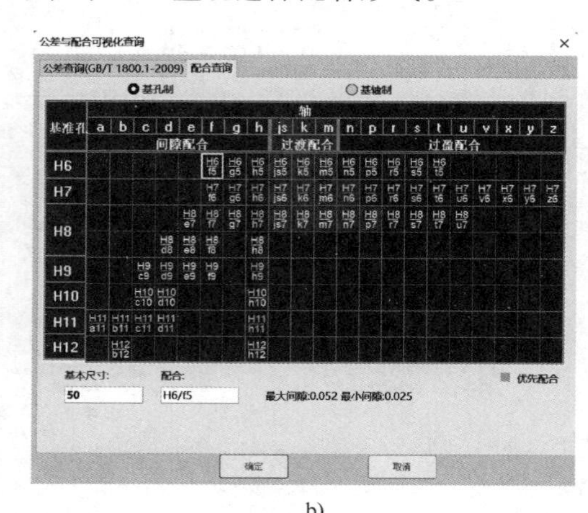

b)

图 4-1-44 “公差与配合可视化查询”对话框

4.1.17 应用案例

【案例要求】 如图 4-1-45 所示，完成图形的尺寸标注。

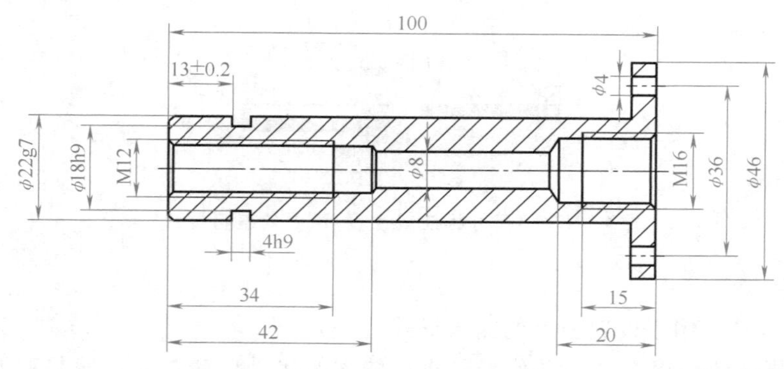

图 4-1-45 图形标注

【案例操作】

4.1.17-1 标注样式设置

（1）标注样式设置的操作方法。

在“标注”选项卡中选择“文本样式”，弹出“文本风格设置”对话框，根据需要，指定“标准”作为当前文本风格。

在“标注”选项卡中选择“尺寸样式”，弹出“标注风格设置”对话框。

在“尺寸风格”中选择“GB_ 尺寸”作为当前尺寸风格。

在“文本”选项下“文本对齐方式”中，选择“ISO 标准”。

（2）标注水平方向长度尺寸的操作方法。

“图层”选择“尺寸线层”。

单击“常用”选项卡“标注”面板中“尺寸标注”按钮，打开“尺寸标注”立即菜单，调用“基本标注”功能。单击鼠标左键依次拾取如图 4-1-46a 所示①和②两处交点；在立即菜单中条件设置为“基本标注”“文字平行”“长度”“正交”“文字居中”，“后缀”输入“h9”；移动鼠标将尺寸数字“4h9”放置于图形下方适当位置后单击鼠标左键，完成标注。

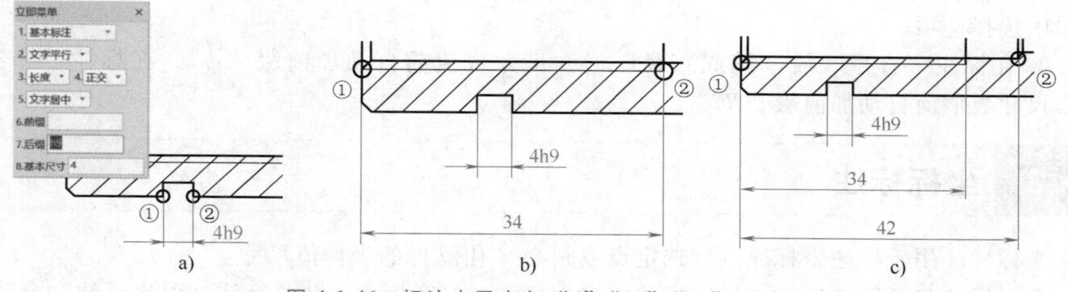

图 4-1-46　标注水平方向“4”“34”“42”尺寸

单击鼠标左键依次拾取如图 4-1-46b 所示①和②所在位置，移动鼠标将尺寸数字“34”放置于图形下方适当位置，再次单击鼠标左键，完成标注。

单击鼠标左键依次拾取如图 4-1-46c 所示①和②所在位置，移动鼠标将尺寸数字“42”放置于图形下方适当位置，再次单击鼠标左键，完成标注。

方法同上，完成尺寸“15”和尺寸“20”的标注以及长度尺寸“100”的标注。

（3）标注带公差的长度尺寸“13”的操作方法。

单击鼠标左键依次拾取如图 4-1-47 所示①和②两处位置。在立即菜单中条件设置为“基本标注”“文字平行”“长度”“正交”“文字居中”，“后缀”输入“%p0.2”，移动鼠标将尺寸数字“13±0.2”放置于图形上方适当位置，再次单击鼠标左键，完成标注。

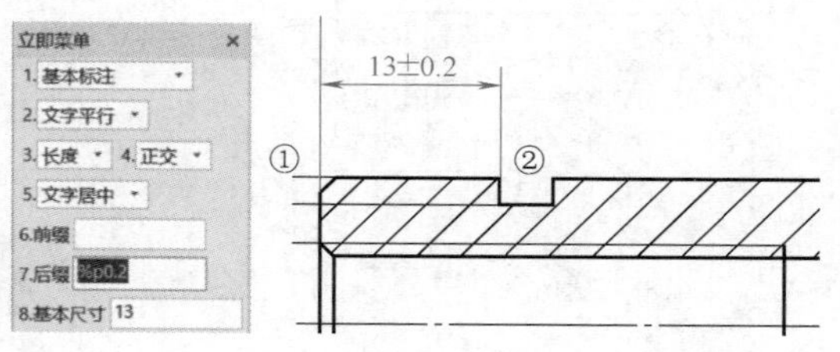

图 4-1-47　标注带公差的长度尺寸“13”

（4）标注直径尺寸的操作方法。

单击鼠标左键选择如图 4-1-48 所示①和②两处位置。在立即菜单中条件设置为“前缀”栏中输入“M”，移动鼠标将尺寸数字“M12”放置于图形左侧适当位置，再次单击鼠标左键，完成标注。

调用“基本标注”功能，单击鼠标左键选择如图 4-1-49 所示①和②两处位置。在立即菜单中条件设置为：“前缀”栏中输入“%c”，“后缀”栏中输入“g9”，完成直径尺寸“22”的标注。同样方法完成“ϕ18h9”尺寸的标注。

其他尺寸的标注请读者根据以上步骤的学习自行完成，这里不再赘述。

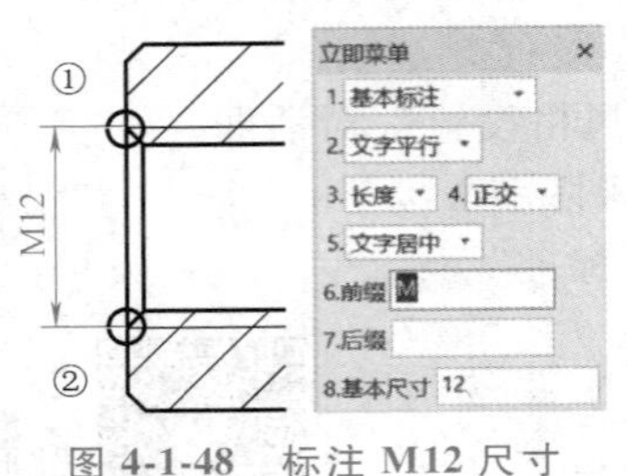

图 4-1-48　标注 M12 尺寸

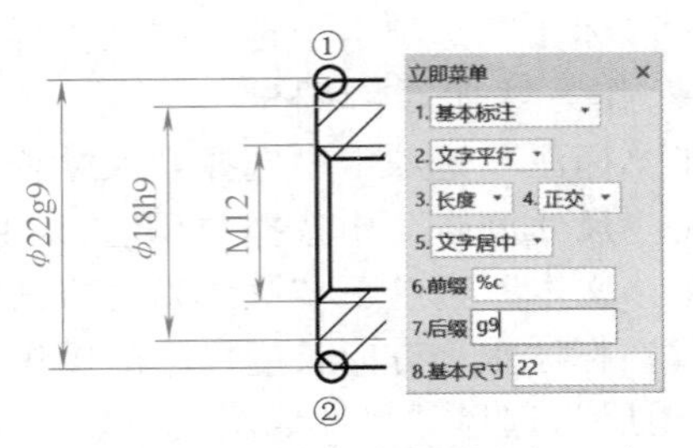

图 4-1-49　标注带代号的直径尺寸

【技能点拨】

1. 选择“智能标注”内的按钮之后，可以自动生成需要的标注，如需设置，可以在立即菜单中选择选项。

2. 在标注“直径”或“圆周直径”时，尺寸数值前自动加前缀“ϕ”，在标注“半径”时，尺寸数值前自动加前缀“R”。

4.2 坐标标注

坐标标注用于标注坐标原点、选定点或圆心（孔位）的坐标值尺寸。

坐标标注包括原点标注、快速标注、自由标注、对齐标注、孔位标注、引出标注、自动列表和自由孔表。在“标注”选项卡中单击“坐标标注”按钮下箭头，系统弹出“扩展”菜单，如图 4-2-1a 所示，通过单击相应功能单独执行，也可以单击“坐标标注”按钮打开如图 4-2-1b 所示立即菜单，在菜单中进行切换调用。

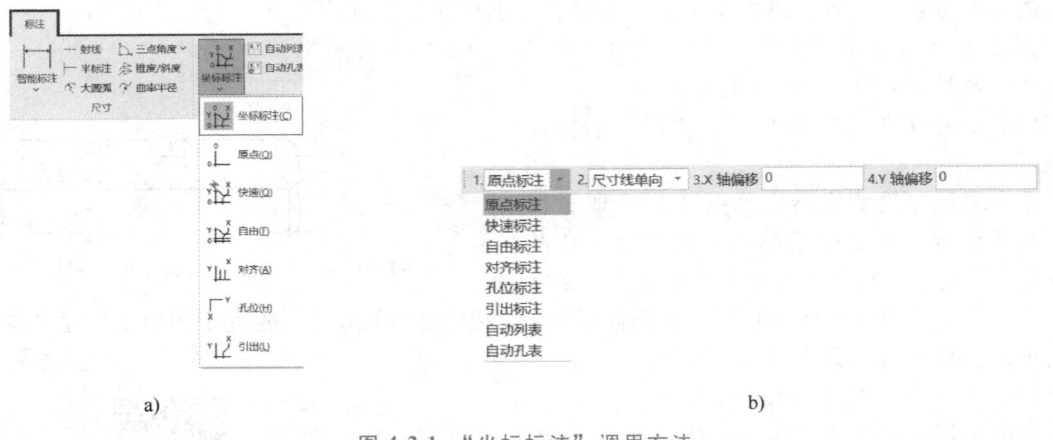

图 4-2-1　“坐标标注”调用方法

a）在“扩展”菜单下单独调用　b）在立即菜单中切换调用

4.2.1　原点标注

原点标注用于标注当前坐标系原点的 X 坐标值和 Y 坐标值。

调用“原点标注”，打开“原点标注”立即菜单，如图 4-2-2 所示，在标注时有“尺寸线双向”和“尺寸线单向”两种形式。

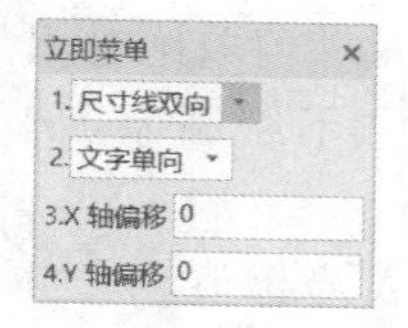

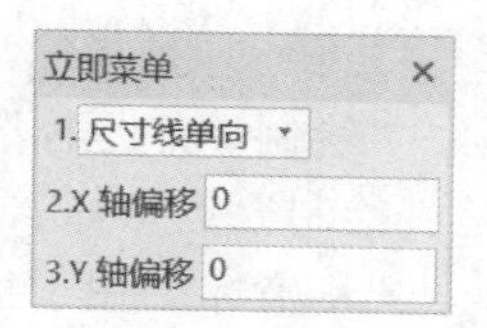

图 4-2-2 “原点标注”立即菜单

● 条件说明

“尺寸线双向”指尺寸线从原点出发，分别向坐标轴两端延伸。

“尺寸线单向”指尺寸线从原点出发，向坐标轴靠近拖动点一端延伸。

当选择“尺寸线双向”方式后，单击立即菜单第三项下拉按钮，可选两种方式：

“文字单向”指只在靠近拖动点一端标注尺寸值。

“文字双向”指在尺寸线两端均标注尺寸值。

“X 轴偏移”指原点的 X 坐标值。

“Y 轴偏移”指原点的 Y 坐标值。

● 使用方法

调用“原点标注”后，命令提示区显示“第二点或长度:”，移动鼠标从原点引出尺寸线，此时可以在合适的位置单击鼠标左键确定尺寸文字放置位置，也可以通过输入确定的长度确定放置位置。确定位置后，命令提示区仍显示“第二点或长度:”，单击鼠标右键或者按<Enter>键可以结束输入。如果继续输入，则可以在另一个坐标轴方向完成尺寸文字放置。

原点标注的四种形式如图 4-2-3 所示。

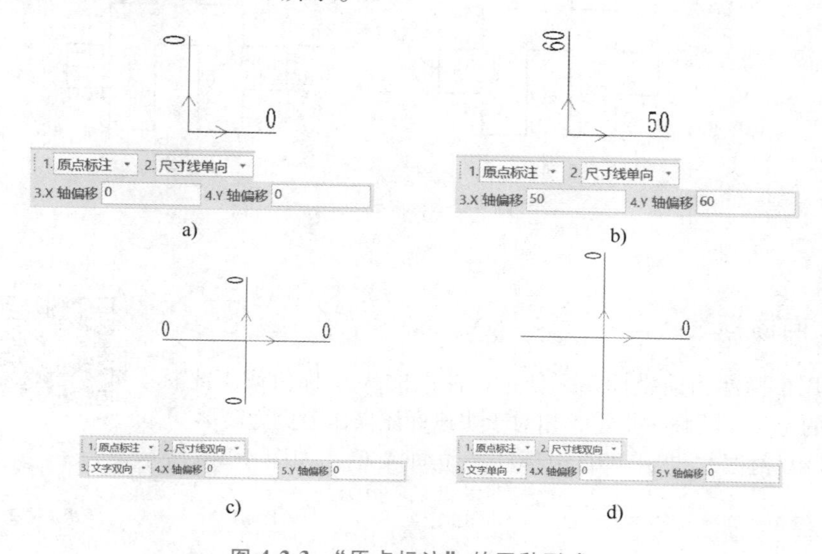

图 4-2-3 “原点标注”的四种形式

a）尺寸线单向、偏移为 0　b）尺寸线单向、有相应偏移

c）尺寸线双向、文字双向　d）尺寸线双向、文字单向

4.2.2 快速标注

快速标注用于标注当前坐标系下任一指定点的 X 坐标值或 Y 坐标值。

调用“快速标注”，打开“快速标注”立即菜单，如图 4-2-4 所示。

● 条件说明

“正负号”是指标注的尺寸值取实际值，如为负数则保留负号。

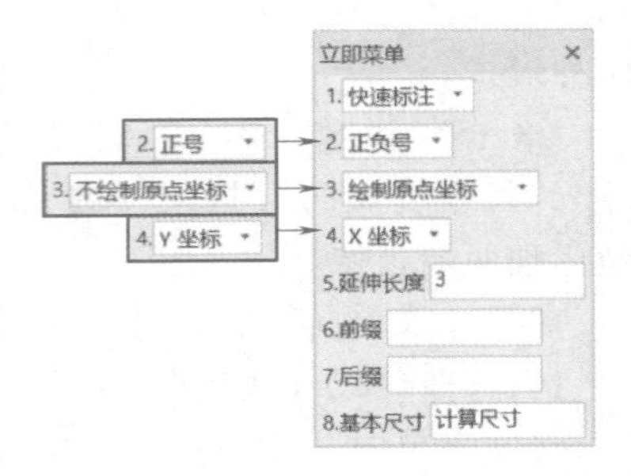

图 4-2-4 “快速标注”立即菜单

“正号”是指标注的尺寸值取绝对值。

“绘制原点坐标”和“不绘制原点坐标”用于分别设置是否绘制原点坐标。

“X 坐标”用于标注 X 坐标值。

“Y 坐标”用于标注 Y 坐标值。

“延伸长度”是指标注尺寸线向坐标轴方向超出尺寸数值的长度。

“基本尺寸”是指默认为标注点的 X 坐标值或 Y 坐标值。也可以输入尺寸值，依此值进行标注，此时正负号控制不起作用。

● 使用方法

调用“快速标注”后，命令提示区显示“指定原点（指定点或拾取已有坐标标注）”，单击鼠标左键拾取任意一点作为标注的坐标原点，命令提示区显示“标注点”后，单击需要标注的点，即可完成此坐标原点下各点的相应标注，如图 4-2-5 所示。

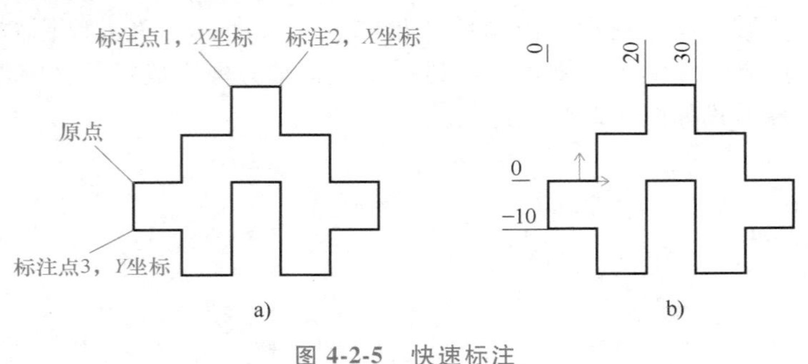

图 4-2-5 快速标注

a）标注前说明 b）标注后

4.2.3 自由标注

4.2.3 自由标注

自由标注用于标注当前坐标系下任一标注点的 X 坐标值或 Y 坐标值，尺寸文字的定位点要临时指定，相对于快速标注操作上更为简单。

调用“自由标注”，打开“自由标注”立即菜单，如图 4-2-6 所示。

1. 自由标注 2. 正负号 3. 绘制原点坐标 4.前缀 5.后缀 6.基本尺寸 计算尺寸

图 4-2-6 “自由标注”立即菜单

● 使用方法

调用“自由标注”，命令提示区显示“指定原点（指定点或拾取已有坐标标注）”，单击鼠标左键拾取任意一点作为标注的坐标原点，命令提示区显示“标注点”，单击需要标注的点后，鼠标向左或向右移动标注 Y 轴坐标，向上或向下移动标注 X 轴坐标。完成此坐标原点下各点的相应标注，如图 4-2-7 所示。

4.2.4 对齐标注

4.2.4 对齐标注

对齐标注用于创建一系列以第一个坐标标注为基准，尺寸线相互平行，尺寸数值对齐的标注。

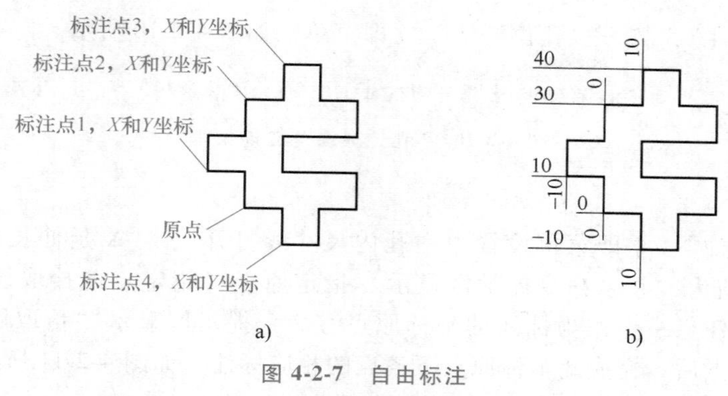

图 4-2-7 自由标注

a）标注前说明 b）标注后

调用“对齐标注”，打开“对齐标注”立即菜单，如图 4-2-8 所示。

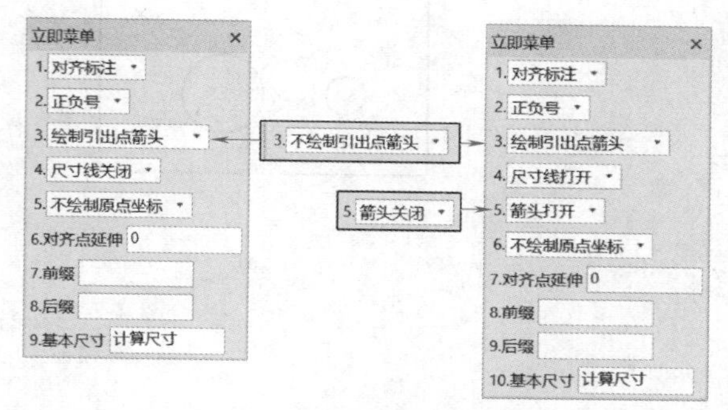

图 4-2-8 “对齐标注”立即菜单的两种情况

● 条件说明

“箭头打开/关闭”只有切换到“尺寸线打开”状态下时才有效，用于控制尺寸线一端是否要画出箭头。

“对齐点延伸”用于定义延伸长度。

● 使用方法

调用“对齐标注”，命令提示区显示“指定原点（指定点或拾取已有坐标标注）”，单击鼠标左键拾取任意一点作为标注的坐标原点，命令提示区显示“标注点”，单击需要标注的点后，鼠标向左或向右移动标注 Y 轴坐标（或者鼠标向上或向下移动标注 X 轴坐标）。对齐标注确定标注点后只能选择单一标注轴进行标注。完成此坐标原点下各点的相应标注，如图 4-2-9 所示，是经过两次调用“对齐标注”，分别对 X 轴和 Y 轴进行坐标标注后的结果。其中，第一次调用对 X 轴标注，设置为“不绘制引出点箭头”“尺寸线打开”“箭头打开”；第二次调用对 Y 轴标注，设置为“绘制引出点箭头”“尺寸线关闭”。

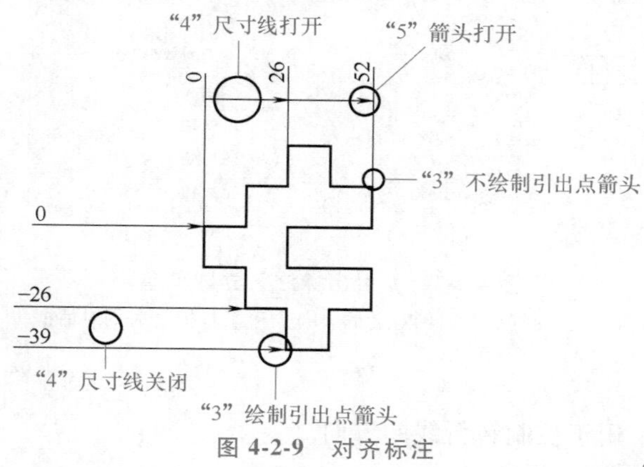

图 4-2-9 对齐标注

4.2.5 孔位标注

4.2.5
孔位标注

孔位标注用于创建圆心或点的 X、Y 坐标。

调用“孔位标注”，打开“孔位标注”立即菜单，如图 4-2-10 所示。

1.孔位标注 ▾ 2.正负号 ▾ 3.不绘制原点坐标 ▾ 4.孔内尺寸线打开 ▾ 5.X延伸长度 3 6.Y延伸长度 3

图 4-2-10 “孔位标注”立即菜单

● 使用方法

调用“孔位标注”，立即菜单设置为“孔内尺寸线打开”，“X 延伸长度”数值为“8”、“Y 延伸长度”数值为“4”。命令提示区显示“指定原点（指定点或拾取已有坐标标注）”，单击鼠标左键拾取任意一点作为标注的坐标原点，命令提示区显示“拾取圆或点”后，单击需要标注的圆心或点后，完成此坐标原点下各点的相应标注，如图 4-2-11 所示。

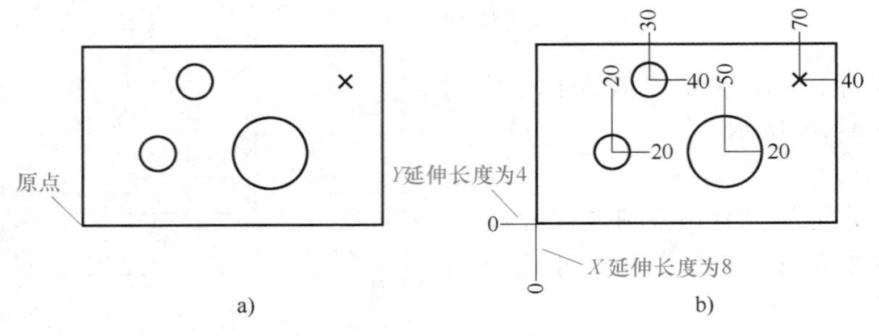

图 4-2-11 孔位标注

a）标注前 b）标注后

4.2.6 引出标注

4.2.6
引出标注

引出标注用于坐标标注中尺寸线或文字过于密集时，将数值标注引出来的标注。

调用“引出标注”功能，系统弹出“引出标注”立即菜单，如图 4-2-12 所示，图 4-2-12a 所示是“自动打折”时的对话框，图 4-2-12b 所示是“手工打折”时的对话框。

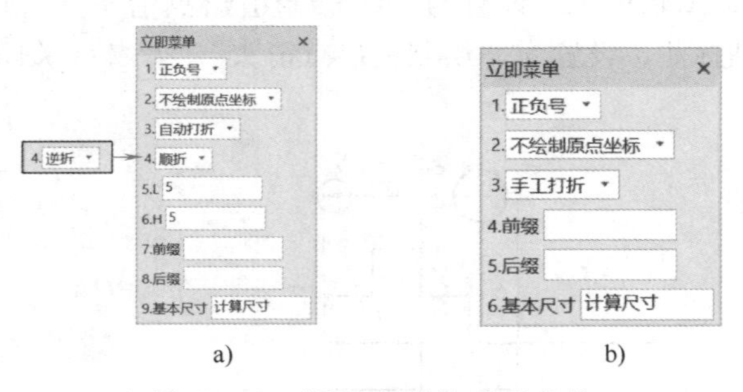

图 4-2-12 “引出标注”立即菜单

a）“自动打折”时的对话框 b）“手工打折”时的对话框

● 条件说明

“顺折”和“逆折”用于控制转折线的方向。

“L”用来设置第一条折线的长度

“H”用来设置第二条折线的长度。

● 使用方法

第一种情况：设置立即菜单条件为“自动打折”，命令提示区显示“指定原点（指定点或拾取已有坐标标注）”，单击鼠标左键拾取任意一点作为标注的坐标原点，命令提示区显示“标注点”后，在合适的位置单击鼠标左键完成标注，如图 4-2-13a 所示。“自动打折”为 90°折线。

第二种情况：设置立即菜单条件为“手动打折”，命令提示区显示“指定原点（指定点或拾取已有坐标标注）”，单击鼠标左键拾取任意一点作为标注的坐标原点，命令提示区显示“标注点”后，依次在合适的位置单击作为第一引出点，以及第二引出点，完成此坐标原点下各点的相应标注，如图 4-2-13b 所示。“手动打折”的折线可以随选择第一引出点和第二引出点的位置不同形成不同的形状。

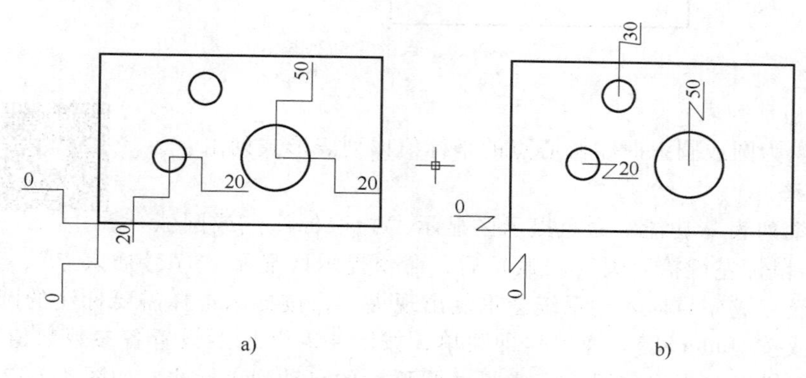

图 4-2-13 “引出标注”两种情况

a）自动打折 b）手动打折

4.2.7 自动列表

自动列表是以表格的形式直接列出标注点、圆心或样条插值点的坐标值。

调用“自动列表”功能，打开“自动列表”立即菜单如图 4-2-14 所示。

立即菜单
1. 正号
1. 正负号
2. 不加引线
2. 加引线
3. 不标识原点
3. 标识原点

图 4-2-14 “自动列表”立即菜单

1. 点的自动列表

当拾取对象为点时，点的坐标值以列表形式列出。

● 使用方法

调用“自动列表”功能，命令提示区显示“拾取标注点或圆弧或样条”。单击鼠标左键拾取标注点，命令提示区显示“序号插入点”，选择合适的位置单击鼠标左键完成序号插入。系统会重复出现提示，按提示选择需要标注的标注点后，单击鼠标右键或按<Enter>键，立即菜单显示如图 4-2-15 所示。

1. 自动列表 2.序号域长度 10 3.坐标域长度 25 4.表格高度 5

图 4-2-15 “自动列表”立即菜单

● 条件说明

“序号域长度”用来设置序号列的长度。

“坐标域长度”用来设置“PX”和“PY”列的长度。

“表格高度”用来设置表格行的高度。

● 使用方法

选择如图 4-2-16 所示的三个圆的圆心为标注点，并按图 4-2-16 所示设置各参数数值后，在合适的位置单击鼠标左键指定表格位置，完成点的自动列表标注。

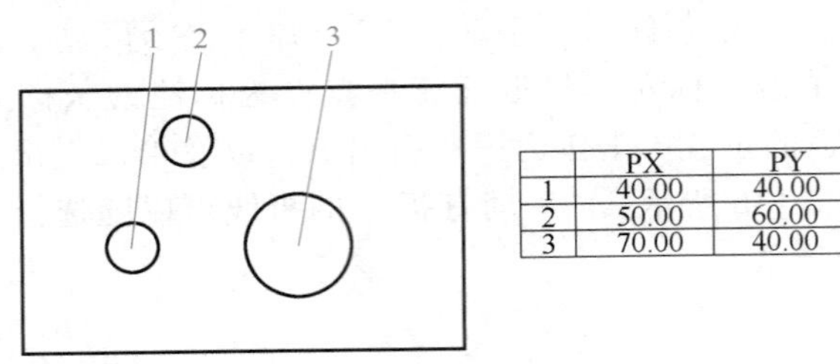

	PX	PY
1	40.00	40.00
2	50.00	60.00
3	70.00	40.00

图 4-2-16 点的自动列表

2. 圆弧的自动列表

4. 2. 7-2
圆弧的自动列表

当拾取对象为圆或圆弧时，圆心点的坐标值以列表形式列出。

● 使用方法

调用“自动列表”功能，命令提示区显示“拾取标注点或圆弧或样条”。单击鼠标左键拾取圆（圆弧）后，命令提示区显示“序号插入点”，选择合适的位置单击鼠标左键完成序号插入。系统会重复出现提示，按提示选择需要标注的圆（圆弧）后，单击鼠标右键或按<Enter>键，弹出立即菜单，按图 4-2-17 所示设置各参数数值后，在合适的位置单击鼠标左键指定表格位置，完成圆（圆弧）的自动列表标注，如图 4-2-17 所示。

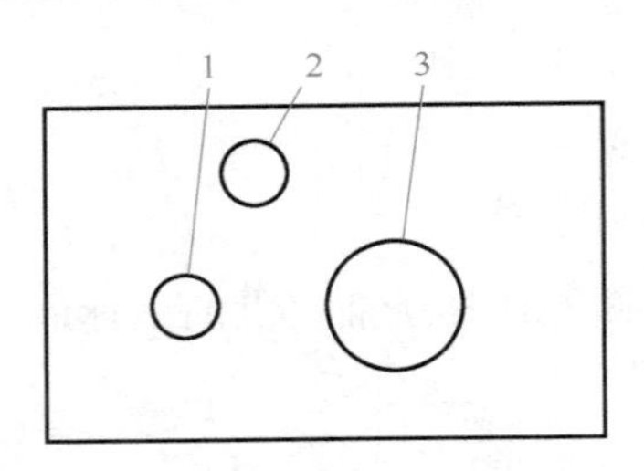

	PX	PY	ϕ
1	40.00	40.00	10.00
2	50.00	60.00	10.00
3	70.00	40.00	20.00

图 4-2-17 圆（圆弧）的自动列表

3. 样条曲线的自动列表

4. 2. 7-3
样条曲线的自动列表

当拾取对象为样条曲线时，样条曲线的插值点坐标值以列表形式列出。

● 使用方法

调用“自动列表”功能，命令提示区显示“拾取标注点或圆弧或样条”。单击鼠标左键拾取样条曲线后，命令提示区显示“序号插入点”，选择合适的位置单击鼠标左键完成序号插入。弹出立即菜单，按图 4-2-18 所示设置各参数数值后，在合适的位置单击鼠标左键指定表格位置，系统自动识别样条曲线控制点，完成样条曲线的自动列表标注，如图 4-2-18 所示。

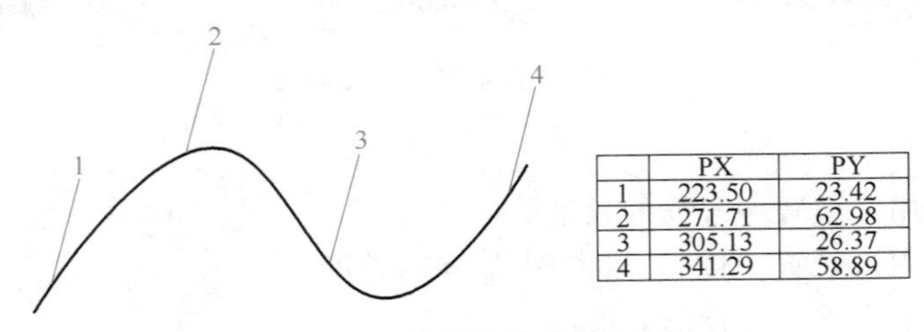

	PX	PY
1	223.50	23.42
2	271.71	62.98
3	305.13	26.37
4	341.29	58.89

图 4-2-18 样条曲线的自动列表

4.2.8　自动孔表

自动孔表是以表格的形式直接列出孔位坐标值。

调用“自动孔表”功能，打开“自动孔表”立即菜单，如图 4-2-19 所示。

1.自动孔表　2.创建孔表　3.原点名称

图 4-2-19　“自动孔表”立即菜单

● 使用方法

调用“自动孔表”功能，命令提示区显示“拾取直线作为 X 轴”，拾取如图 4-2-20 所示水平边为 X 轴。命令提示区显示“拾取直线作为 Y 轴”，拾取如图 4-2-20 所示竖直边为 Y 轴。命令提示区显示“请拾取孔”，单击鼠标左键拾取图形中的整圆轮廓，拾取完成后单击鼠标右键或按<Enter>键，在合适的位置单击，完成自动孔表的创建。

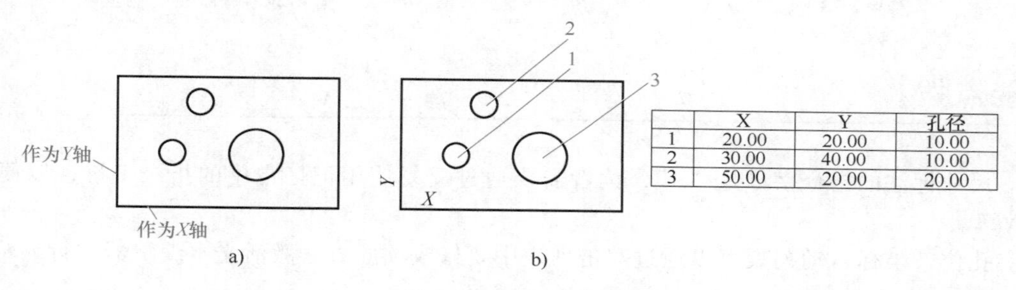

图 4-2-20　自动孔表

a）标注前　b）标注后

4.2.9　应用案例

4.2.9
应用案例

【案例要求】　打开素材文件 4.2.9，用坐标标注完成如图 4-2-21 所示各孔相对左下角圆孔的位置标注。由于孔径较小，且较密集，所以可以选择引出标注。

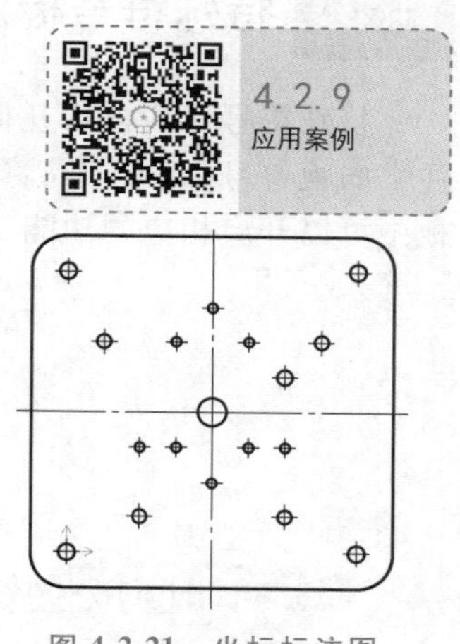

图 4-2-21　坐标标注图

【案例操作】

（1）调用“引出标注”功能，选择“手工打折”方式，各参数设置如图 4-2-22 所示。

（2）命令提示区显示“指定原点（指定点或拾取已有坐标标注）”，单击鼠标左键拾取左下角圆心为原点，在合适位置单击选择第一引出点和第二引出点，如图 4-2-23 所示。

图 4-2-22　参数设置

（3）命令提示区显示“标注点”，依次选择各孔圆心，标注 X 轴方向和 Y 轴方向的坐标，如图 4-2-24 所示。

由于标注为“手工打折”方式，标注的折线大小及位置并不统一，需要手动调整。单击任意标注，会出现三个蓝色控制点，用鼠标左键单击相应的控制点后移动鼠标可以调整折线大小和位置。

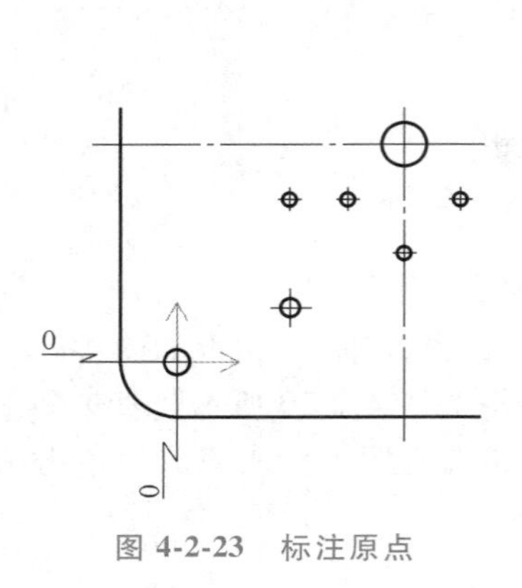

图 4-2-23　标注原点

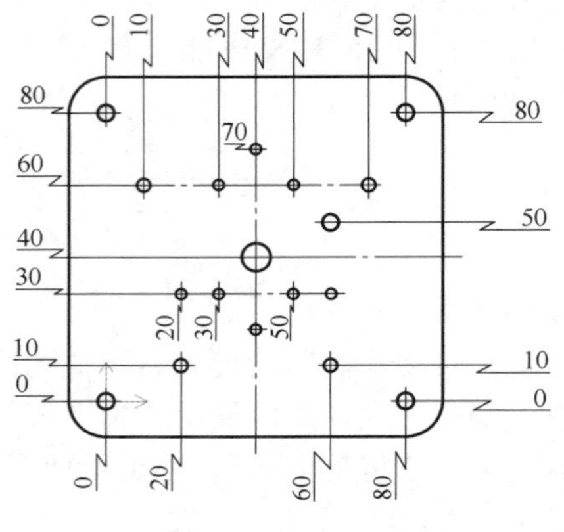

图 4-2-24　标注其他点

【技能点拨】

1. 尺寸标注的指令字母是“d”，读者需要通过反复使用记忆常用的指令字母，以便提高制图效率。

2. 孔位、坐标自动列表可以通过双击列表中要修改项的方法激活文本编辑器进行编辑。

4.3 特殊符号标注

特殊符号标注包括几何公差标注、粗糙度标注、倒角标注、基准代号标注、剖切符号标注、向视符号标注、中心孔标注和焊接符号标注等。在菜单栏“标注”选项卡的“符号”面板中可以开启相应的功能，如图 4-3-1 所示。

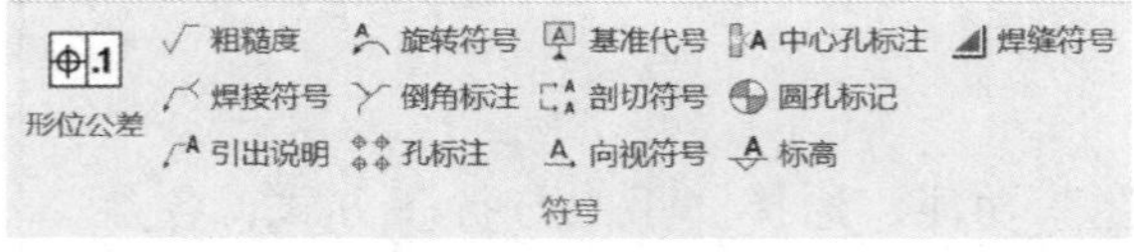

图 4-3-1　“符号”面板

4.3.1　几何公差标注

4.3.1 几何公差标注

在“符号”面板中单击“形位公差”⊖ 按钮，弹出如图 4-3-2 所示“形位公差”对话框。

● 条件说明

“预览区”用于显示设置的形位公差代号和相应内容。

“公差代号”共有 15 个按钮，单击后可以创建和设置相应的公差。其中“无”按钮为无选择和设置按钮。

⊖ 形位公差为几何公差旧称。

“公差1”和“公差2”是指当选择公差代号后，可以设置公差数值、形状限定和相关原则等。

“公差查表”可输入基本尺寸和选择公差等级。

在“附注”的“顶端”文本框和“底端”文本框中输入说明信息，例如图4-3-3所示文本框上方标写“4×ϕ20”和文本框下方标写“位置度”。

基准代号区包括“基准一”“基准二”“基准三”，用于输入基准代号和基准的包容条件，如图4-3-4所示。

“当前行”和“增加行”可以新增形位公差行，“删除行”可以删去所在行，“清零”用于删除当前形位公差的所有设置，恢复到无形位公差状态。

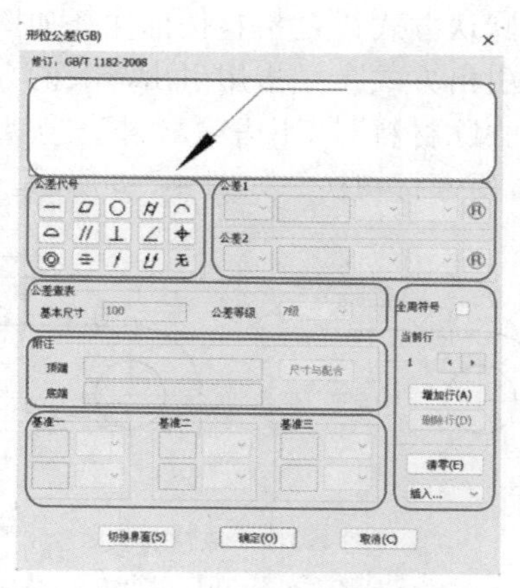

图4-3-2 “形位公差”对话框

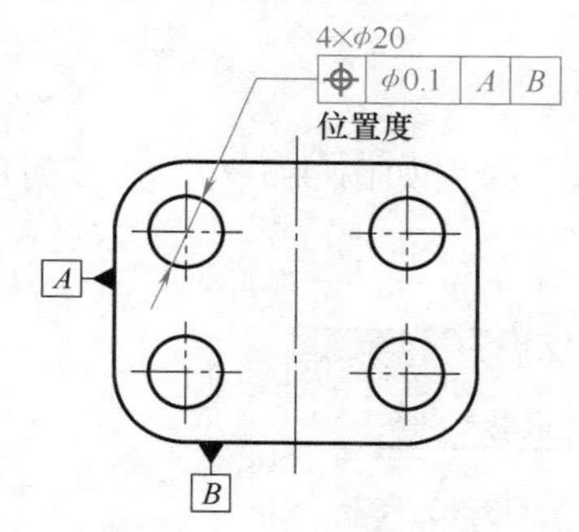

图4-3-3 “附注”中“顶端”“底端”文本

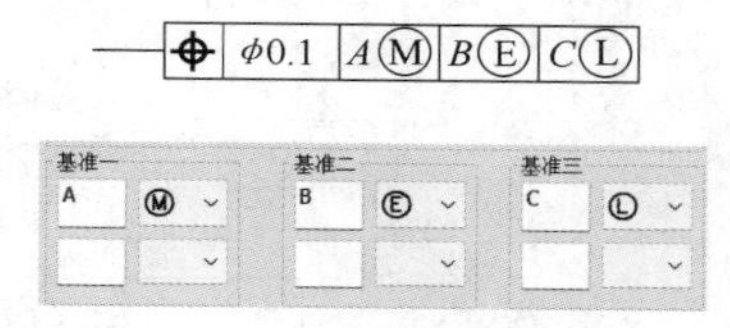

图4-3-4 基准代号区示例

4.3.2 粗糙度标注

4.3.2
粗糙度标注

在“符号”面板中单击“粗糙度”√ 粗糙度按钮，弹出如图4-3-5所示立即菜单。

● 条件说明

“简单标注”只标注表面处理方法和粗糙度值。

“标准标注”是指选择此选项后，弹出“表面粗糙度”对话框，可以设置基本符号、纹理方向、上限值、下限值以及说明标注等，各项填写举例如图4-3-6所示，填写后在预览区同步显示。

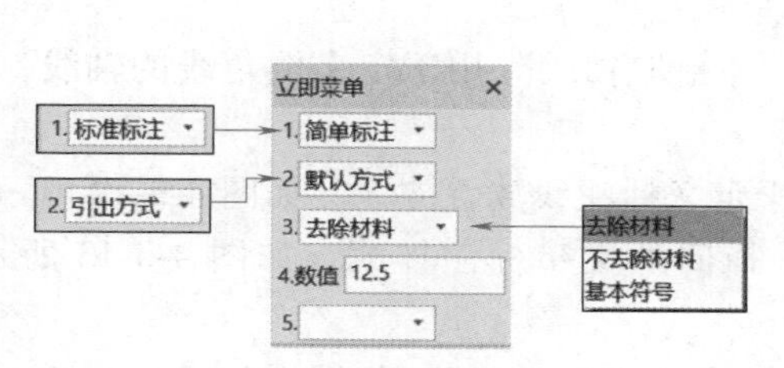

图4-3-5 “粗糙度”立即菜单

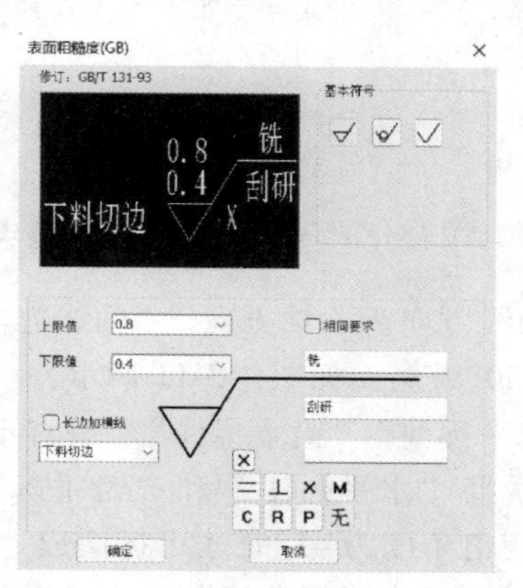

图4-3-6 “表面粗糙度”对话框

“默认方式”是指直接标注，如图 4-3-7a 所示。

“引出方式”是指用引出箭头的方式进行标注，如图 4-3-7b 所示。

“去除材料”“不去除材料”“基本符号”用来控制表面粗糙度符号的形式，三个选项可以根据需要进行切换，如图 4-3-8 所示。

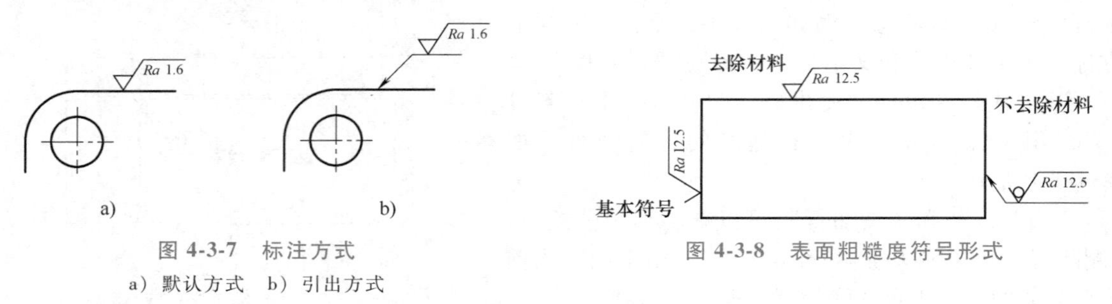

图 4-3-7 标注方式

a）默认方式 b）引出方式

图 4-3-8 表面粗糙度符号形式

4.3.3 倒角标注

在“符号”面板中单击“倒角标注” 倒角标注 按钮，弹出如图 4-3-9 所示“倒角标注”立即菜单。

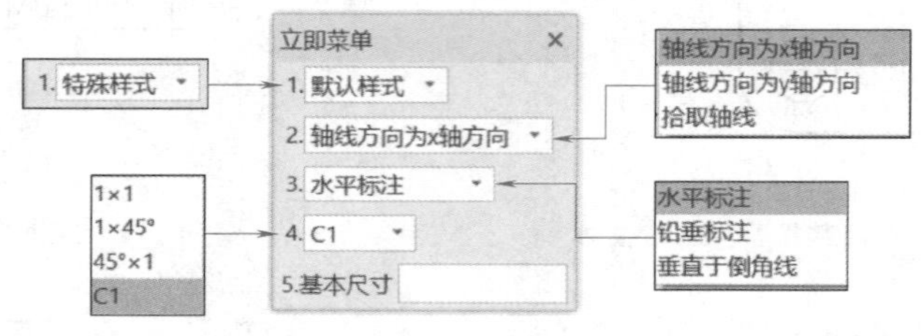

图 4-3-9 “倒角标注”立即菜单

● 条件说明

“默认样式”用于常规标注，如图 4-3-10a、b 所示。

“特殊样式”用于特殊样式标注，需要拾取一对倒角线完成标注，如图 4-3-10c 所示。

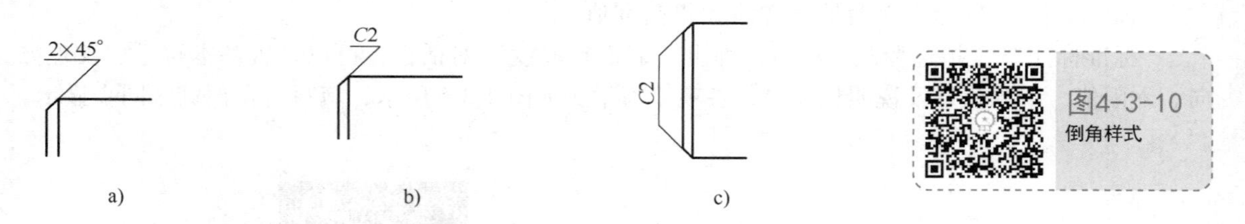

图 4-3-10 倒角样式

a）2×45°默认样式 b）*C*2 默认样式 c）特殊样式

“轴线方向为 x 轴方向”“轴线方向为 y 轴方向”“拾取轴线”用于定义倒角线的轴线，以倒角 2×30°为例，如图 4-3-11 所示。

“水平标注”“铅垂标注”“垂直于倒角线”用于定义标注线放置方向，如图 4-3-12 所示。

当选择“水平标注”和“铅垂标注”时，可选择四种文字标注样式，如图 4-3-13 所示，只有在倒角角度为 45°时才可标注成“*C*1”形式。

选择“垂直于倒角线”后，可选择“文字水平”或“文字平行”，如图 4-3-14 所示。

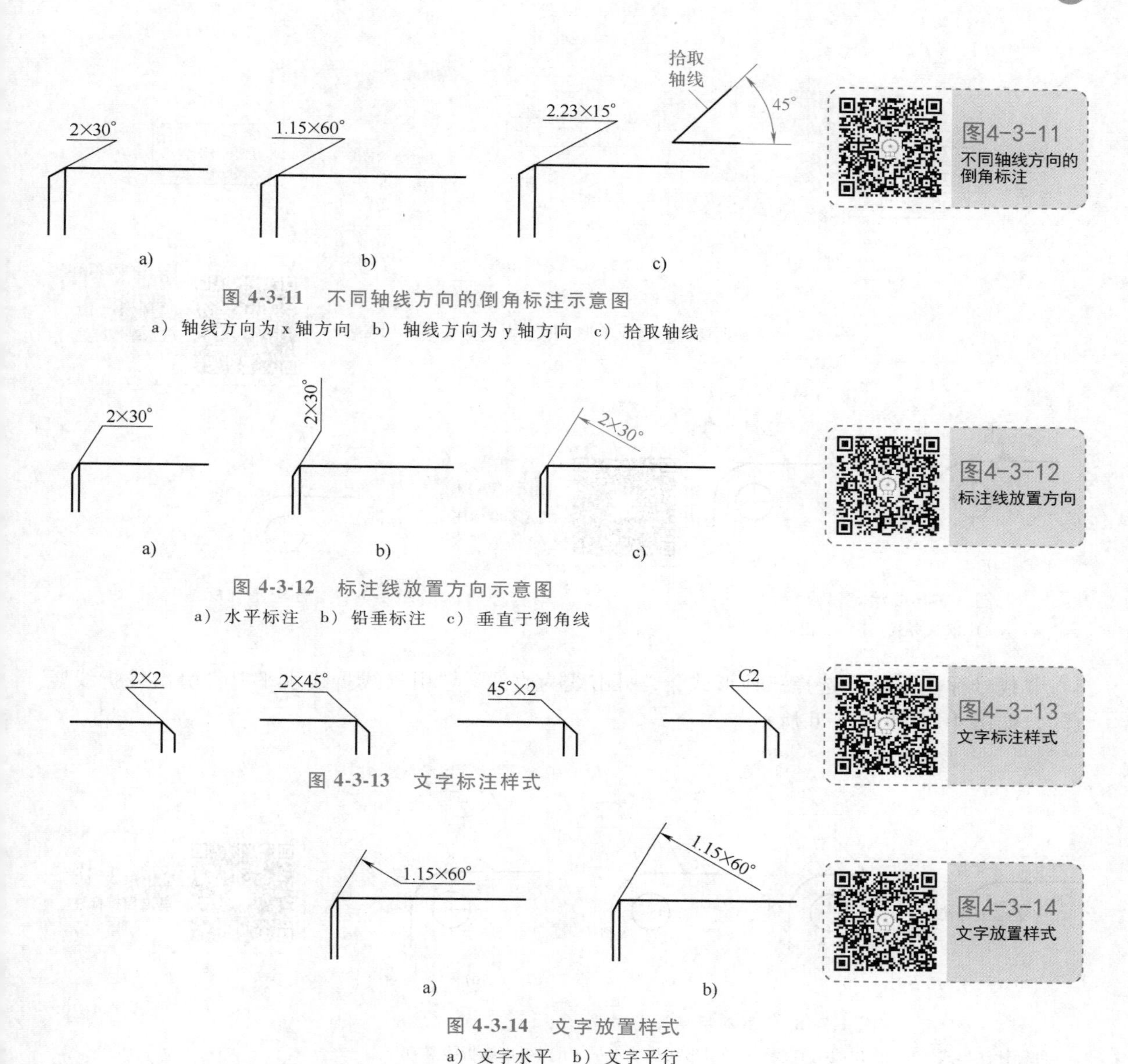

图 4-3-11　不同轴线方向的倒角标注示意图

a）轴线方向为 x 轴方向　b）轴线方向为 y 轴方向　c）拾取轴线

图 4-3-12　标注线放置方向示意图

a）水平标注　b）铅垂标注　c）垂直于倒角线

图 4-3-13　文字标注样式

图 4-3-14　文字放置样式

a）文字水平　b）文字平行

4.3.4　基准代号标注

基准代号标注有基准标注和基准目标两种标注形式。

在“符号”面板中单击“基准代号” 基准代号按钮，弹出“基准代号”立即菜单，通过立即菜单的第 1 项可以切换标注形式，“基准标注”立即菜单如图 4-3-15a 所示，“基准目标”立即菜单如图 4-3-15b 所示。

● 条件说明

“给定基准”下可选择两种形式：“默认方式”和“引出方式”，可以拾取定位点、直线或圆弧来放置基准，如图 4-3-16 所示。

“任选基准”是指以箭头形式进行标注，如图 4-3-17 所示。

“目标标注”用于拾取定位点、直线或圆弧来作为标注目标，如图 4-3-18a 所示。

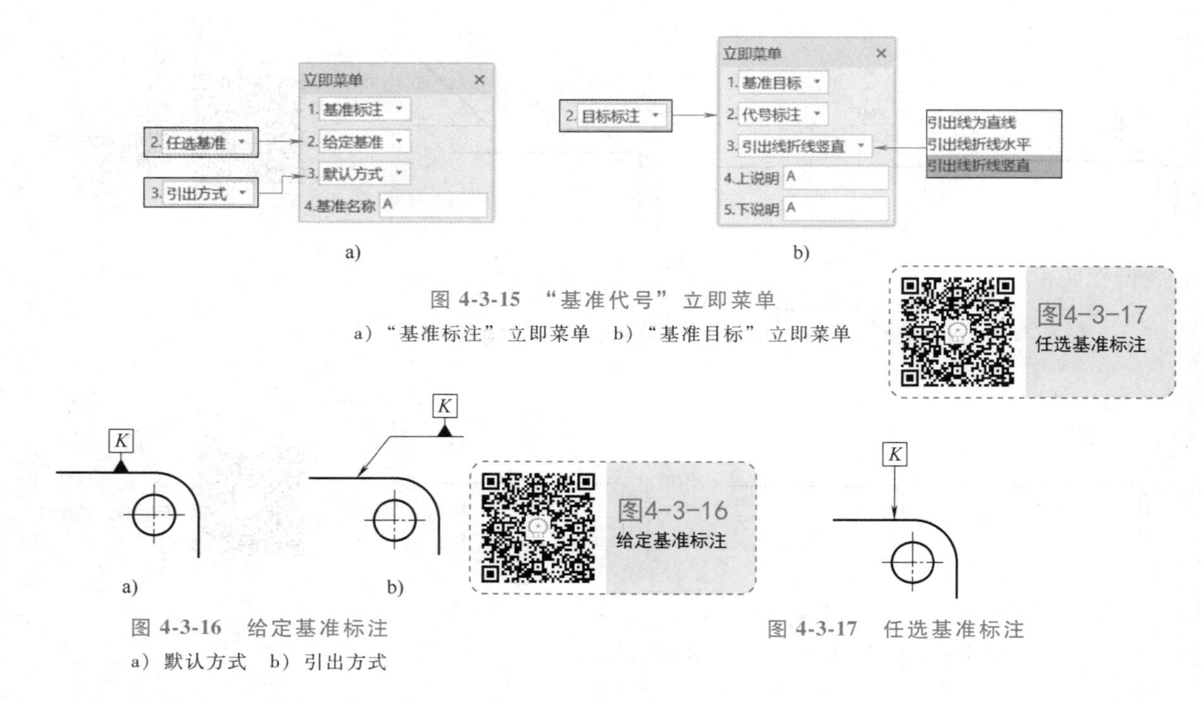

图 4-3-15 “基准代号”立即菜单

a）“基准标注”立即菜单 b）“基准目标”立即菜单

图 4-3-16 给定基准标注

a）默认方式 b）引出方式

图 4-3-17 任选基准标注

“代号标注”下可选择三种形式：“引出线为直线”“引出线折线水平”“引出线折线竖直”，如图 4-3-18b、c、d 所示。

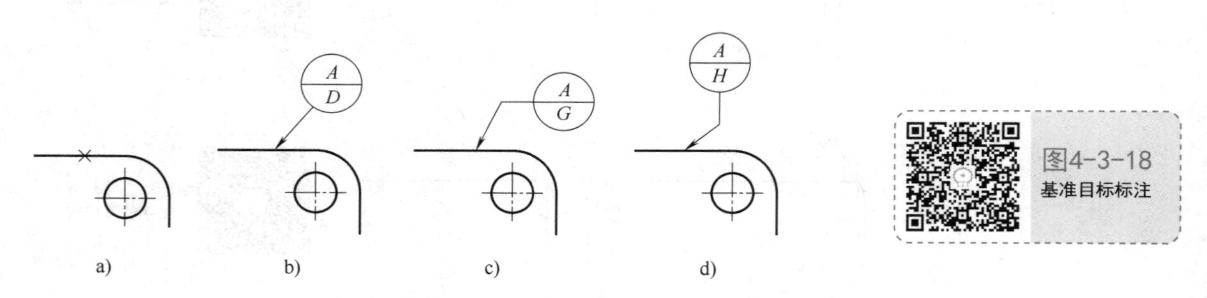

图 4-3-18 “基准目标”标注

a）目标标注形式 b）引出线为直线 c）引出线折线水平 d）引出线折线竖直

4.3.5 剖切符号标注

4.3.5 剖切符号标注

在“符号”面板中单击“剖切符号” 剖切符号按钮，弹出图 4-3-19 所示“剖切符号”立即菜单。

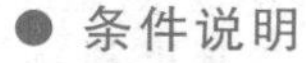

● 条件说明

“垂直导航”用于按水平和竖直方向进行剖切符号的绘制。

“不垂直导航”用于绘制带有剖切斜角度的剖切符号。

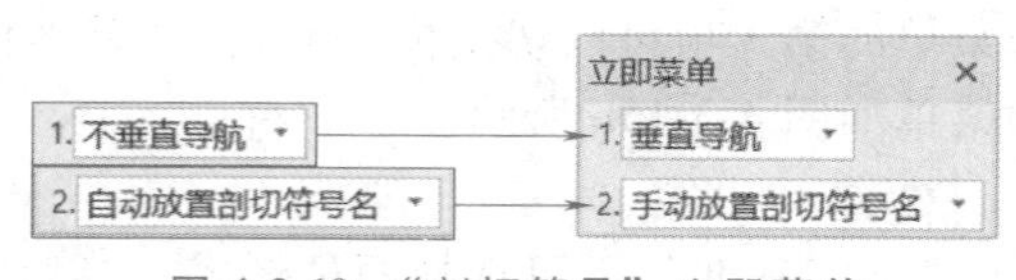

图 4-3-19 “剖切符号”立即菜单

“手动放置剖切符号名”手动确定添加位置和剖切符号名称。

“自动放置剖切符号名”用于根据剖切位置自动添加剖切名称。

4.3.6　向视符号标注

在“符号”面板中单击“向视符号” A 向视符号 按钮，弹出如图 4-3-20 所示“向视符号”立即菜单。

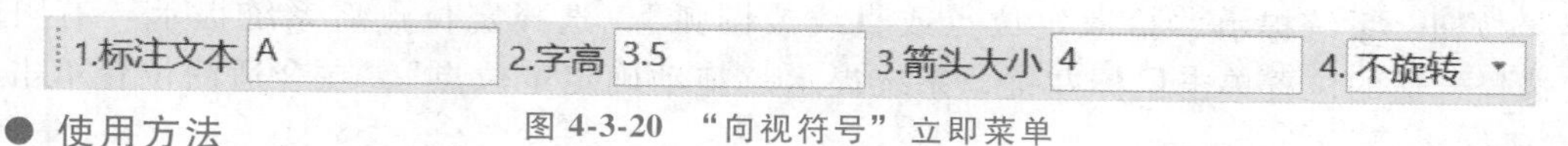

图 4-3-20　“向视符号”立即菜单

● 使用方法

调用向视符号功能后，系统提示“请确定向视符号的起点位置”，在需要添加向视方向箭头的合适位置单击鼠标左键添加“箭头位置”；系统提示“请确定向视符号固定长度的终点位置”，单击鼠标左键确定“箭头指引线位置”，从而引出方向箭头；系统提示“请确定文本的位置”，单击鼠标左键在合适的位置添加“向视图文本名称”；系统提示“请确定向视图标识的位置”，此时选择需要绘制向视图的位置，添加“向视图名称”。

4.3.7　中心孔标注

在“符号”面板中单击“中心孔标注” A 中心孔标注 按钮，弹出如图 4-3-21 所示立即菜单。

● 条件说明

“简单标注”可以在立即菜单中直接输入“字高”和“标注文本”选择定位点完成标注，如图 4-3-22 所示。

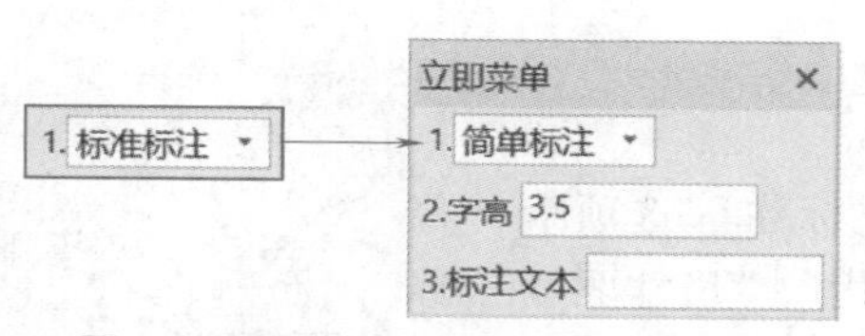

图 4-3-21　“中心孔标注”立即菜单

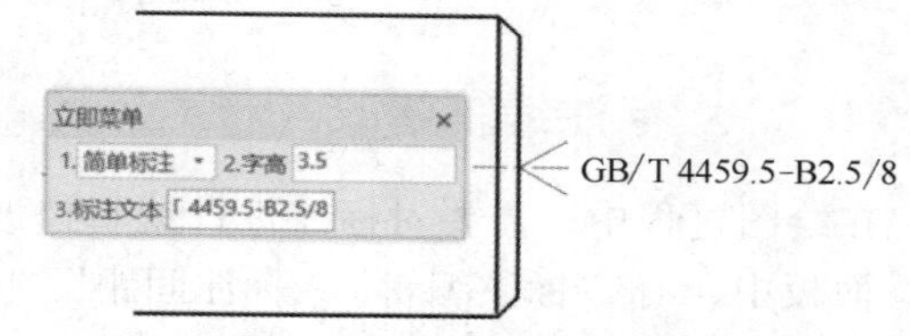

图 4-3-22　中心孔简单标注

“标准标注”是指选择此项后会弹出“中心孔标注形式”对话框，如图 4-3-23 所示。可以选择不同的“含义”“标注文本”“文本风格”“文字字高”“标准代号”。如图 4-3-24 所示为选择第二种标注形式，并在“标注文本”中输入相应文字后的标注。

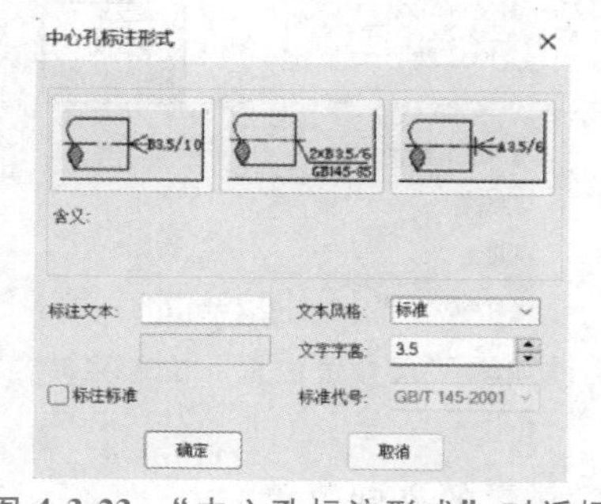

图 4-3-23　“中心孔标注形式”对话框

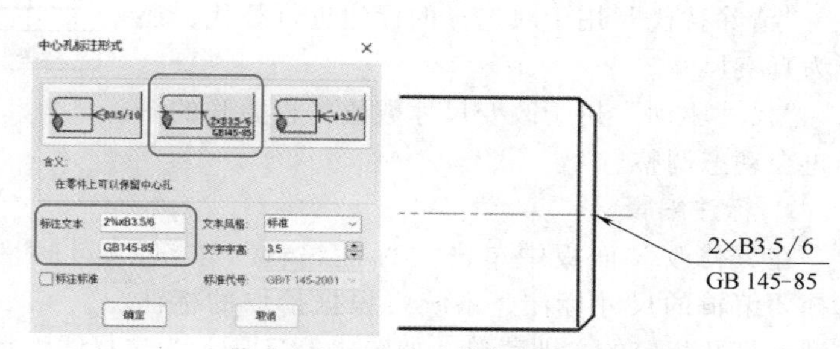

图 4-3-24　中心孔带指引线标注

4.3.8　焊接符号标注

在“符号”面板中单击“焊接符号” 焊接符号 按钮，弹出

如图 4-3-25a 所示“焊接符号”对话框。单击对话框左下角“切换界面”按钮，对话框显示如图 4-3-25b 所示。

● 使用说明

调用“焊接符号”功能后，在“焊接符号”对话框中输入数值及选择相应的符号后单击“确定”按钮，系统提示“拾取定位点或直线或圆弧”，选择定位点后系统提示“有限转折点”，选择合适的位置单击鼠标左键，系统提示“拖动确定定位点”，在合适的位置单击鼠标左键完成标注。

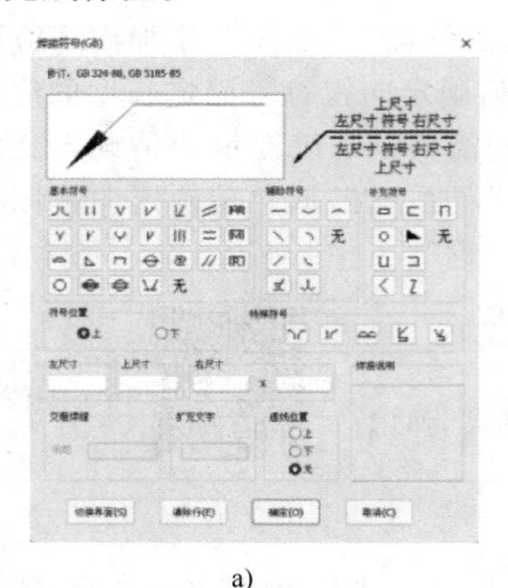

a)

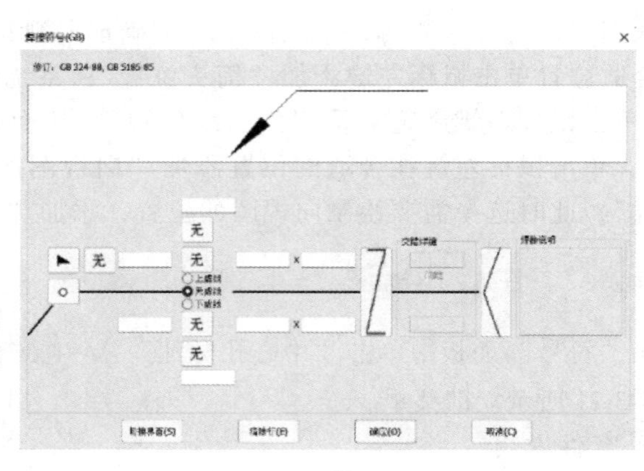

b)

图 4-3-25 “焊接符号”对话框

a）默认对话框页面 b）切换对话框页面

4.3.9 标注编辑修改

在绘图过程中，需要对标注进行编辑修改，在“标注”选项卡“修改”面板中，有“标注编辑”“标注间距”“清除替代”“尺寸驱动”修改工具，如图 4-3-26 所示。

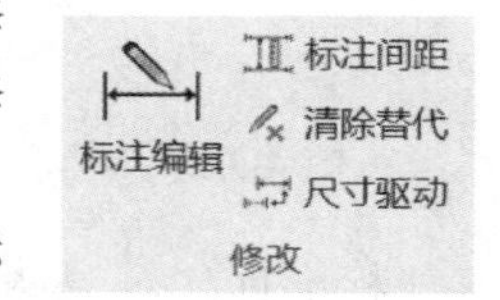

图 4-3-26 “修改”面板

“标注编辑”用于尺寸线、文字位置、文字样式、文字内容、特殊标注等的编辑修改。

“标注间距”用于修改线性标注的间距或具有公共顶点的角度间距。

“清除替代”用于对选择的标注进行替代，还原为真实尺寸。

“尺寸驱动”用于改变尺寸数值，相关联的图形也会动态调整。

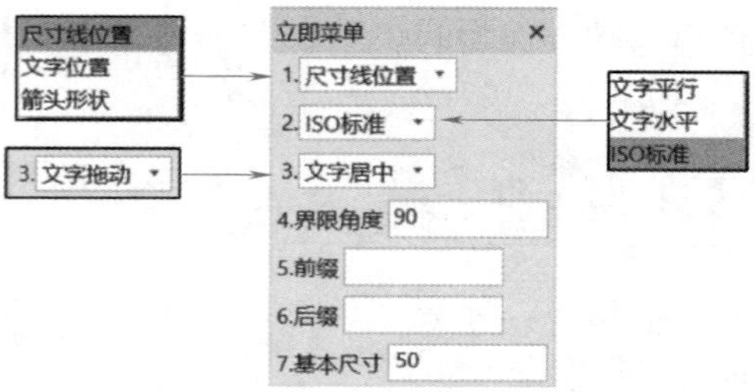

图 4-3-27 标注编辑“尺寸线位置”立即菜单

1. 标注编辑

在“修改”面板中单击“标注编辑”按钮，选择要编辑的尺寸标注，系统将根据拾取的标注类型，打开相应的立即菜单。如图 4-3-27 所示为选择线性尺寸后显示的立即菜单。

（1）尺寸线位置。

4.3.9-1 尺寸线位置

选择“尺寸线位置”选项后，可选“文字平行”“文字水平”“ISO 标准”，也可选“文字居中” “文字拖动”，并可修改界限角度，如图 4-3-28b 所示是将图 4-3-28a 所示的尺寸界限角度修改为“60”后效果。

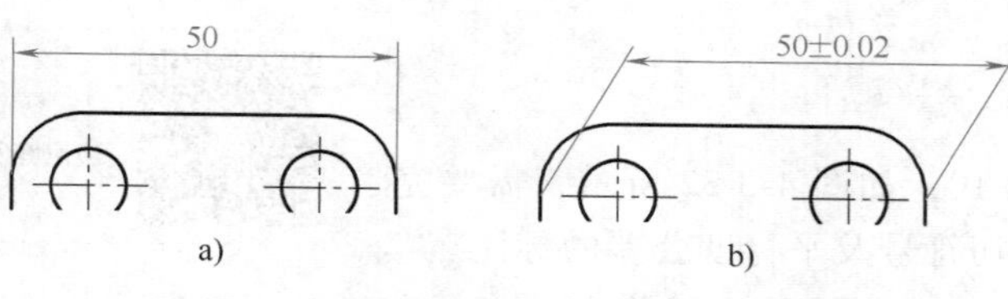

图 4-3-28　线性尺寸修改尺寸线位置

a）修改前　b）修改后

4. 3. 9-2
文字位置

（2）文字位置。

“文字位置”选项有“加引线”和“不加引线”，示意图如图 4-3-29 所示。

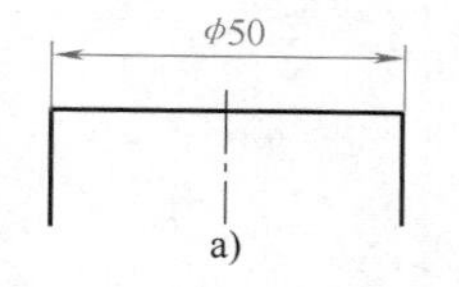

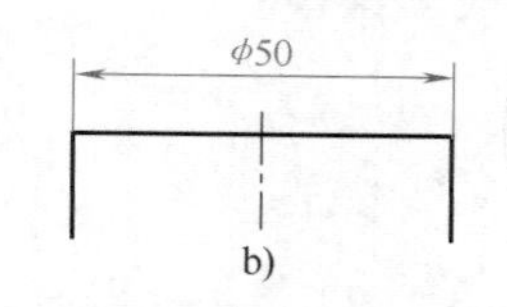

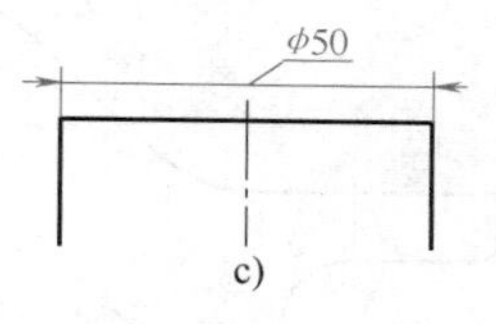

图 4-3-29　线性尺寸修改文字位置

a）修改前　b）“不加引线”修改后　c）“加引线”修改后

（3）箭头形状。

选择“箭头形状”选项后，弹出“箭头形状编辑”对话框，如图 4-3-30 所示，可以分别修改左箭头或右箭头标注箭头形状。

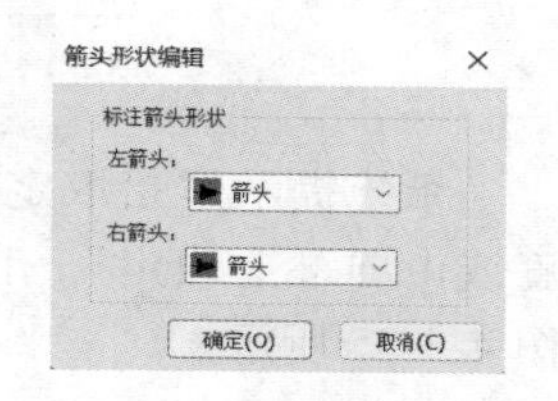

图 4-3-30　标注编辑“箭头形状编辑”对话框

2. 特殊符号标注编辑

在“修改”面板中单击“标注编辑”按钮，选择要编辑的特殊符号标注，系统将根据拾取的标注类型，打开相应的立即菜单。在立即菜单中可以选择“编辑位置”和“编辑内容”。

4. 3. 9-4
特殊符号标注编辑

● 条件说明

“编辑位置”用于重新调整标注的位置。

“编辑内容”用于选择不同的特殊符号标注，会弹出相应的对话框，可对相应内容进行修改。

3. 文字编辑

在“修改”面板中单击“标注编辑”按钮，选择要编辑的文字，将弹出“文本编辑器”对话框，如图 4-3-31 所示，可对文字进行相应的编辑操作。

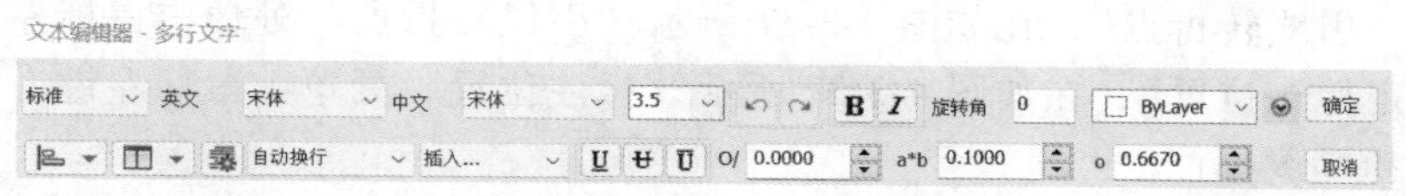

图 4-3-31　“文本编辑器”对话框

4. 尺寸驱动

利用“尺寸驱动”功能修改尺寸后，与之有关联的图形也会发生相应变化。

4.3.10 应用案例

4.3.10 应用案例

【案例要求】 打开素材文件 4.3.10，如图 4-3-32 所示，需要完成表面粗糙度、基准符号、倒角、剖切符号及平行度公差的标注。

【案例操作】

(1) 标注基准符号。

在“符号”面板中单击“基准代号”按钮，弹出“基准代号”立即菜单，条件设置为如图 4-3-33 所示。

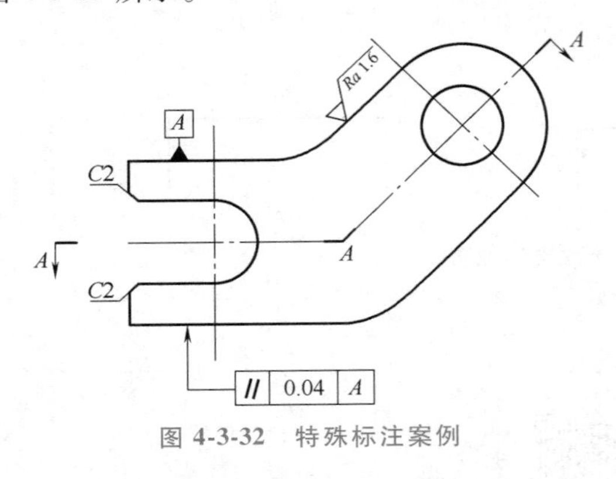

图 4-3-32 特殊标注案例

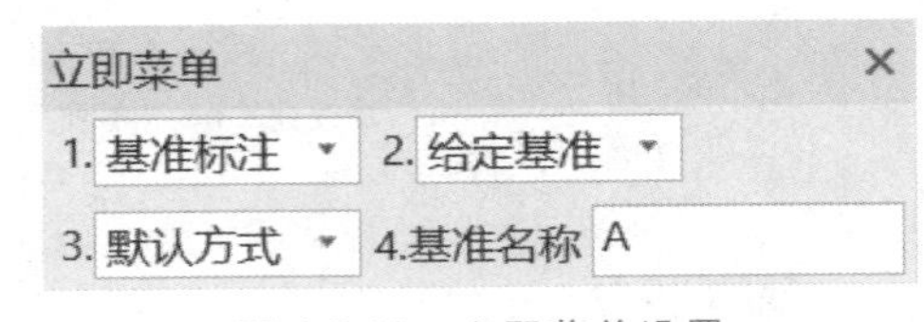

图 4-3-33 立即菜单设置

系统提示“拾取定位点或直线或圆弧”，选择如图 4-3-34 所示直线段；系统提示“输入角度或由屏幕上确定”，鼠标向上移动，然后单击左键确定位置，单击右键完成基准标注，如图 4-3-35 所示。

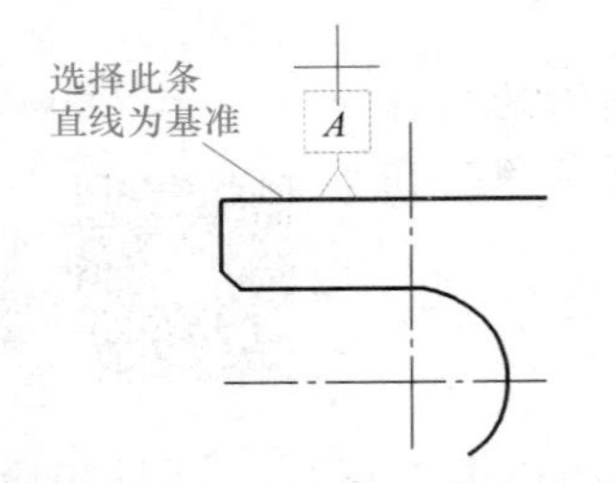

图 4-3-34 选择直线段确定基准符号位置

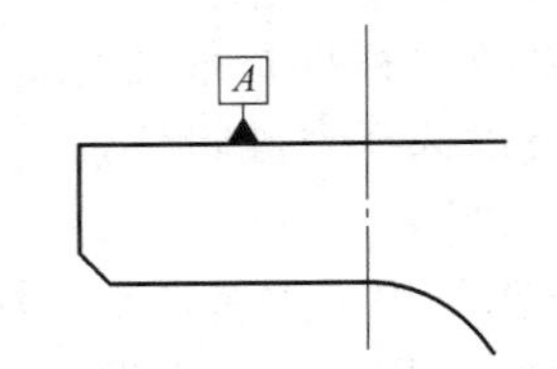

图 4-3-35 基准符号标注效果

(2) 标注平行度公差。

在“符号”面板中单击“形位公差”按钮，弹出“形位公差”对话框，条件设置如图 4-3-36 所示，单击“确定”按钮，系统提示“拾取定位点或直线或圆弧”，选择如图 4-3-37 所示直线段，立即菜单设置为“水平标注”，其他选项使用默认设置。

系统提示“引线转折点”，在如图 4-3-37 所示“引线转折点”处单击鼠标左键；此时系统提示“拖动确定标注位置”，在如图 4-3-37 所示“标注位置”处单击鼠标左键，完成标注。

(3) 表面粗糙度标注。

在“符号”面板中单击“粗糙度”按钮，弹出立即菜单。条件设置为：“简单标注”“默认方式”“去除材料”，数值为“1.6”；系统提示“拾取定位点或直线或圆弧”，选择如图 4-3-38 所示直线段；系统提示“拖动确定标注位置”，移动光标，确定粗糙度标注的位置。

(4) 倒角标注。

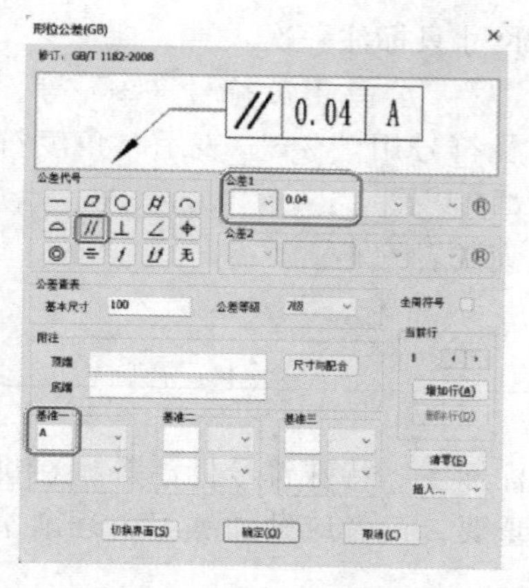

图 4-3-36　形位公差设置

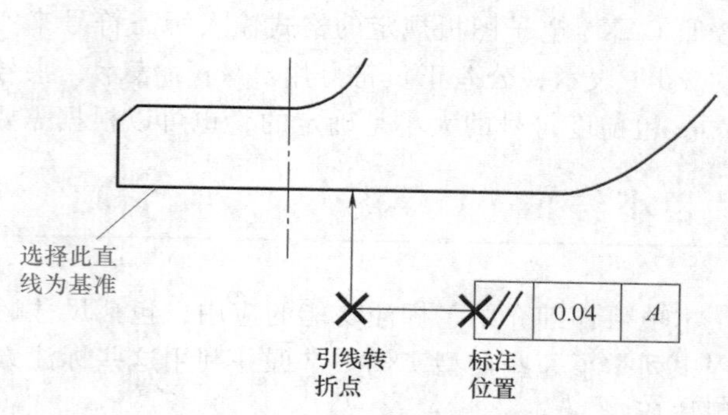

图 4-3-37　平行度公差标注

在“标注”选项卡“符号”面板中单击“倒角标注”按钮，弹出立即菜单。条件设置为：“默认样式”“轴线方向为 X 轴方向”“水平标注”“C1”；系统提示“拾取倒角线”，分别选择如图 4-3-39 所示倒角的直线段，完成倒角标注。

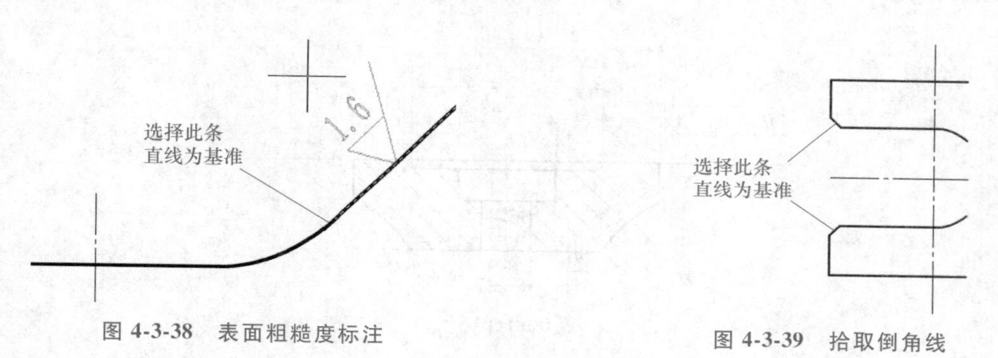

图 4-3-38　表面粗糙度标注

图 4-3-39　拾取倒角线

（5）标注剖切符号。

在“符号”面板中单击“剖切符号”按钮，立即菜单设置为“不垂直导航”“自动放置剖切符号名”。系统提示“画剖切轨迹（画线）”：鼠标分别在如图 4-3-40 所示①、②、③点位置单击；然后单击鼠标右键确认，出现投影方向选择箭头，单击向下的箭头，然后再单击鼠标右键确认，在合适的位置单击鼠标左键放置“*A-A*”符号。

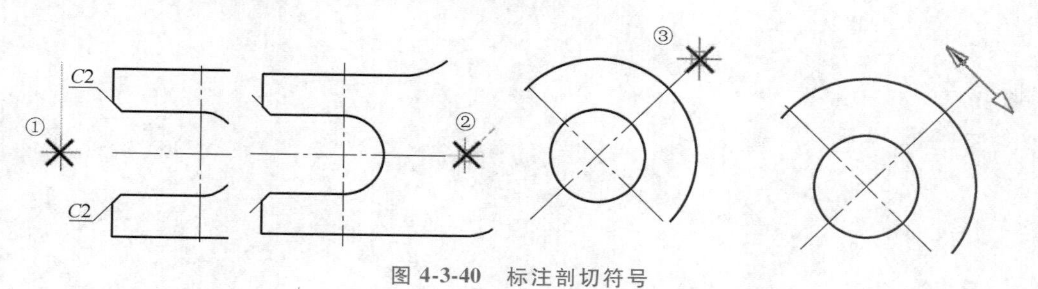

图 4-3-40　标注剖切符号

【技能点拨】

1. 图样中的尺寸单位是毫米时不用标注单位符号。如果需要其他单位标注，要注明。

2. 要在能反映机构形态的视图上标注尺寸，同一结构的尺寸只标注一次。

3. 对于一些特殊的符号，如直径符号“ϕ”、角度符号“°”、公差正负符号“±”等，可以按照 CAXA 电子图板规定的格式输入所需符号来实现。直径符号用“%c”表示，角度符号用“%d”表示，公差正负符号用“%p”表示，乘号用“%x”表示。

4. 粗糙度符号的大小是确定的，也可以根据需要进行放大或者缩小。

【项目小结】

本项目详细介绍了标注功能的应用，包括尺寸标注、坐标标注、特殊符号标注等，在讲解过程中列举了一些典型实例。掌握并利用这些标注方法至关重要，读者应勤加练习，逐渐掌握使用技巧。

【精学巧练】

利用绘图工具和编辑工具完成如图 4-2 所示练习题，并进行尺寸标注。

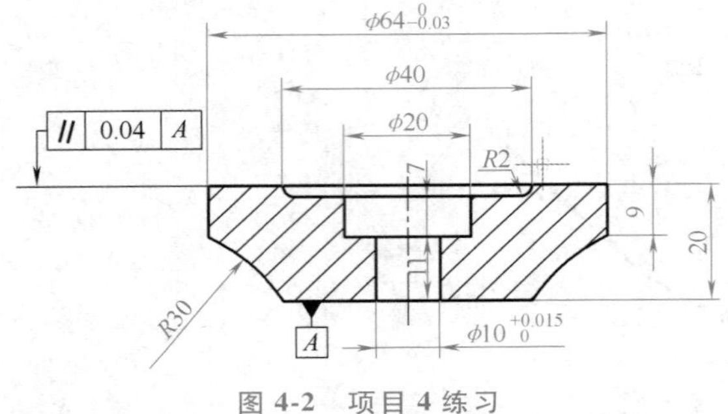

图 4-2　项目 4 练习

第2篇

应用案例

机械零件种类繁多，结构形状也各不相同，但可以根据结构、用途、加工制造等方面的特点，将零件分为轴套类、轮盘类、支架类和箱体类。本篇共包括4个项目，项目5轴类零件设计；项目6盘类零件设计；项目7箱体类零件设计；项目8定滑轮装配工程图设计。在4个项目中详细讲解了典型机械零件工程制图的过程，同时在讲解中，对于同一种结构的绘制介绍了不同的制图方法，读者要通过学习和总结经验，在实际工作中选择最有效、最快捷的方法。

项目 5　轴类零件设计

【知识目标】 掌握轴类零件的视图绘制方法，按国家标准完成轴类零件图的绘制；掌握图幅、图框和标题栏的调用，掌握块的创建和调用。

【技能目标】 具有应用 CAXA 电子图板绘图功能绘制轴类零件的能力；具有正确选择轴类零件视图表达的能力；具有根据轴类零件特点、加工要求及装配要求进行标注的能力；具有创建和调用块的能力。

【素养目标】 通过确定轴类零件视图表达方案、精准标注尺寸以及明确技术要求，培养学生在工程图绘制过程中遵循行业规范标准，于细节处养成严谨态度，从整体上树立统筹兼顾的全局意识。

轴类零件一般用来支承齿轮、带轮等传动零件传递转矩或运动。轴类零件是旋转体零件，其长度大于直径，一般由同心的外圆柱面、圆锥面、内孔和螺纹及相应的端面所组成。

轴类零件的视图表达通常由一个主视图构成，当带有槽、孔等结构时，可采用断面图表达。如果是齿轮轴，需要标注齿轮的模数、参数、压力角等。对于退刀槽、砂轮越程槽等细小结构可以采用局部放大图进行表达。

5.1　案例分析

齿轮轴零件图如图 5-1-1 所示，由图形、参数表、技术要求、图框和标题栏等组成。图形用于表达齿轮轴的几何形状、尺寸及精度、粗糙度等内容，而参数表则用于填写齿轮的模数、齿数、螺旋角及方向、变位系数等。零件的主要结构是阶梯轴，其中间轴段是齿轮结构，齿轮两侧有砂轮越程槽，两端轴段上有键槽，轴左端面有螺纹孔。ϕ24、ϕ40 轴段有同轴度要求，每段轴粗糙度要求也不相同。

本项目要求绘制完整的工程图。因此，除了零件轮廓的绘制、尺寸标注、技术要求等，还要绘制图幅和注写标题栏，首先学习相关知识。

5.1.1　图幅

在功能区“图幅”选项卡中单击“图幅设置”按钮，打开“图幅设置”对话框，利用“图幅设置”对话框可以选择 A0、A1、A2、A3、A4 图纸图幅或自定义图纸图幅大小，以及设置图纸比例、图纸方向、图框等，如图 5-1-2 所示。

5.1.2　图框

在功能区“图幅”选项卡“图框”面板中单击“调入图框”按钮，弹出如图 5-1-3 所示“读入图框文件”对话框。可选择当前路径下的标准图框或非标准图框。选择符合需要的图框，单击“导入”按钮，调入图框文件。

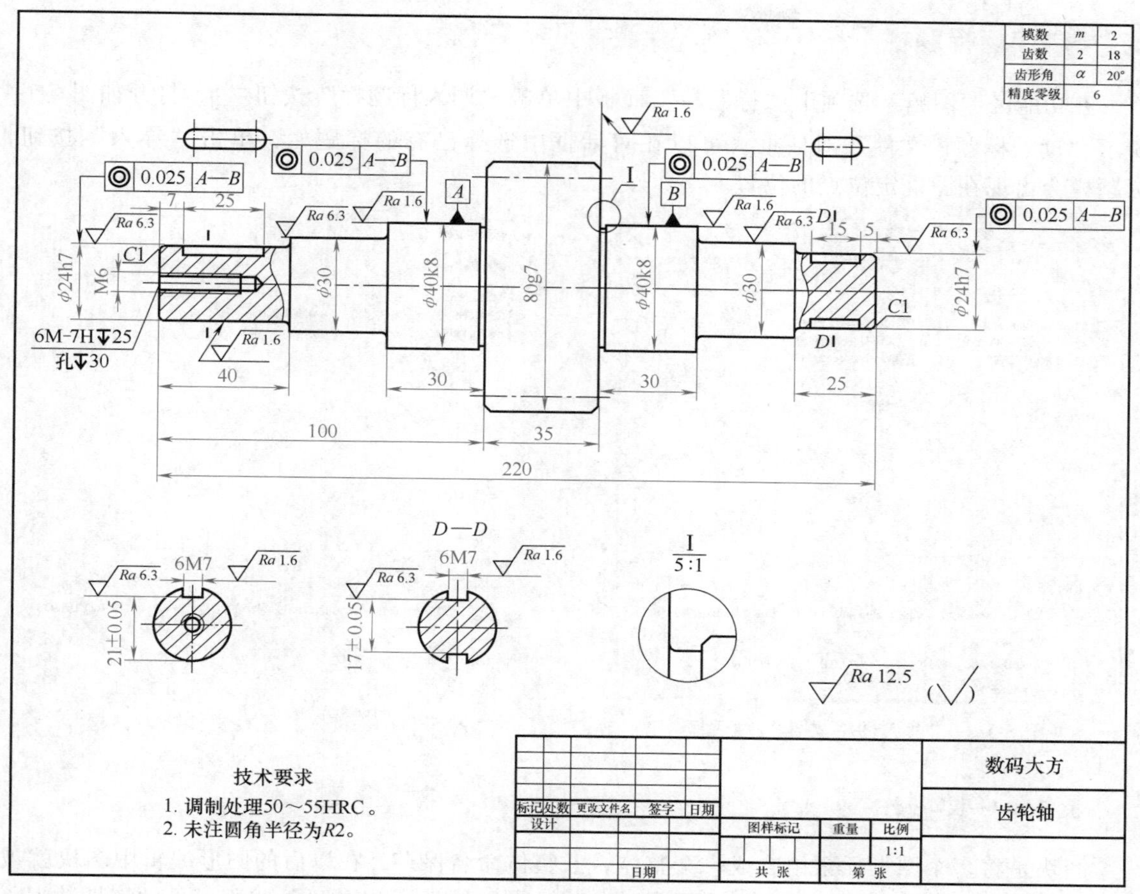

图 5-1-1　齿轮轴零件图

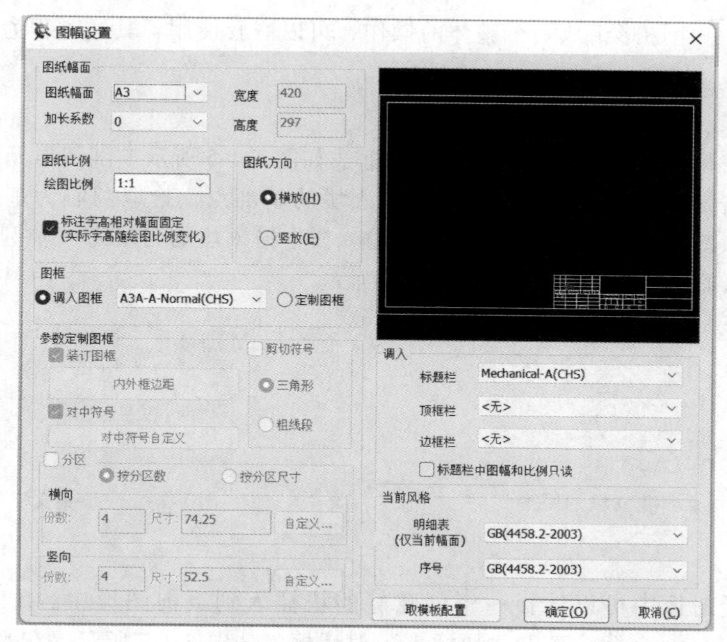

图 5-1-2　“图幅设置”对话框

5.1.3 标题栏

在功能区“图幅”选项卡“标题栏”面板中单击“调入标题栏”按钮，打开如图5-1-4所示“读入标题栏文件”对话框。可以在对话框中选择已有的标题栏，单击“导入”按钮，标题栏会出现在图框定位点的位置。

图5-1-3 “读入图框文件”对话框

图5-1-4 “读入标题栏文件”对话框

5.1.4 块操作

图块是将多个图形元素组合成一个整体，并整体命名保存，在以后的图形编辑中图块就被视为一个整体。图块包括可见的图形元素（如线、圆、圆弧）以及可见或不可见的属性数据。

1. 块创建

块创建是指将一组图形组成一个整体的操作，可以嵌套使用，其逆过程为块分解。在“插入”选项卡“块”工具条中调用 创建 命令。

操作方法如下：

（1）根据命令行提示，先拾取图形元素，框选如图5-1-5所示全剖图形元素。

（2）然后单击鼠标右键，根据系统提示输入块的基准点，拾取圆心为基点，即弹出“块定义”对话框，如图5-1-6所示，在“名称”输入栏中输入块的名字为“轴剖面”，单击“确定”按钮，完成块的创建。

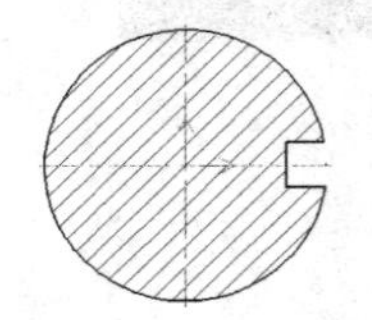

图5-1-5 要创建成块的图形

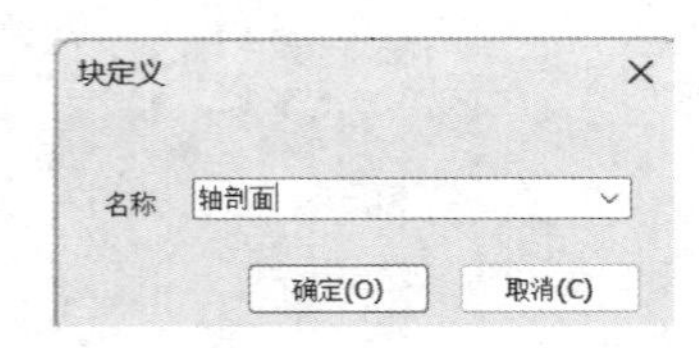

图5-1-6 “块定义”对话框

2. 块插入

在CAXA电子图板中可以选择一个创建好的块插入到当前图形中。在“插入”选项卡“块”工具条中调用命令，弹出“块插入”对话框，如图5-1-7所示。在对话框中选择要插入的块，设置“比例”和“旋转角”，确定后返回绘图环境，单击鼠标左键拾取块放置位置后完成块的插入。

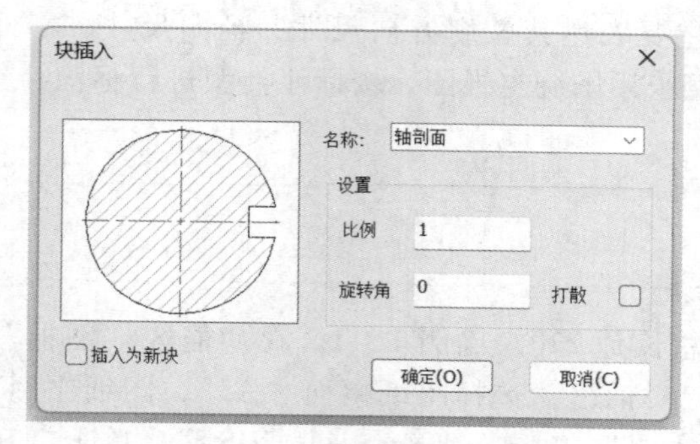

图 5-1-7 “块插入”对话框

3. 块分解

“块分解”命令可以将块分解成为单个图形。在“常用”选项卡“修改”工具条上选择 ，调用“分解”功能，根据系统提示拾取一个或多个要分解的块，被选中的块呈红色显示，单击鼠标右键确认即可。

4. 块消隐

若几个块之间相互重叠，则被拾取的块自动设为前景图形区，与之重叠的图形被消隐。在“插入”选项卡“块”工具条中调用 消隐，系统弹出“块消隐”立即菜单，可在“消隐”和“不消隐”之间切换。当选择“消隐”选项时，根据系统提示拾取要消隐的块即可。

5. 块编辑

在“插入”选项卡“块”工具条中调用 块编辑 命令，系统提示“拾取要编辑的块”，拾取块后，系统进入“块编辑器”，即可对块进行编辑修改，完成后单击“退出块编辑”，回到绘图环境。通过双击块对象的方法，也可以进入块编辑状态。

6. 块在位编辑

“块在位编辑”功能与“块编辑”的不同之处在于，块在位编辑时的各种操作，如测量、标注等，可以参照当前图形中的其他对象，而块编辑则只显示块内对象。如图 5-1-8 所示为块在位编辑工具。

图 5-1-8 块在位编辑工具

“保存退出”是指保存对块定义的编辑操作并退出在位编辑状态。

“不保存退出”是指取消此次对块定义的编辑操作。

“从块内移出”是指将正在编辑的块中对象移出块并放到当前图形中。

“添加到块内”是指从当前图形中拾取其他对象加入正在编辑的块定义中。

5.2 设计思路

1. 根据对零件的结构分析确定视图表达方案

齿轮轴零件主要用来传递动力，结构形式简单，由不同直径的同轴回转体构成。选用一个基本视图表达外形轮廓，轴线采用水平放置。齿轮轴上有倒角、倒圆、砂轮越程槽、键槽、中心孔等结构。因此，为表达中心孔及键槽轮廓，方便标注尺寸、表面粗糙度等，采用局部剖视图及移出剖面图，为表达砂轮越程槽结构和尺寸采用局部放大图。

2. 根据零件的结构特点确定尺寸标注方案

对于轴类零件来说，主要表达其长度方向尺寸、径向尺寸、零件表面粗糙度、形位公差等。结合视图数量，本案例采用围绕主视图，按标注类型进行标注，主视图标注结束后，分别对移出剖面等视图进行标注。

5.3 案例实操

根据本例图纸已知轴总长是 220，比例 1∶1。在功能区“图框”选项卡中，单击“图幅设置”，弹出“图幅设置”对话框，选择图纸幅面“A3”，图纸比例“1∶1”，图纸方向“横放”，如图 5-1-2 所示，调入图框“A3A-A-Normal（CHS）”，单击“确定”按钮，完成图框调用。在“读入标题栏文件”对话框中选择“Machanical-A（CHS）”，单击“导入”按钮，调入标准标题栏，如图 5-1-9 所示。

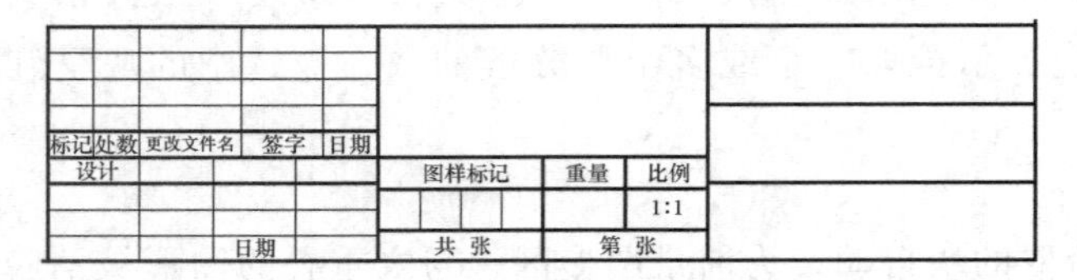

图 5-1-9 调入后的标题栏

5.3 案例实操

双击标题栏，弹出“填写标题栏”对话框，在“单位名称”中输入“数码大方”，在“图纸名称”中输入“齿轮轴”，在“图纸比例”中输入“1∶1”，读者也可自行输入其他信息，如图 5-1-10 所示。

图 5-1-10 “填写标题栏”对话框

5.3.1 创建主视图

轴类零件通常绘制一个主视图，主视图一般水平放置，具体操作步骤如下。

1. 绘制主视图外形轮廓

5.3.1-1 绘制主视图外形轮廓

序号	图例	操作步骤
1	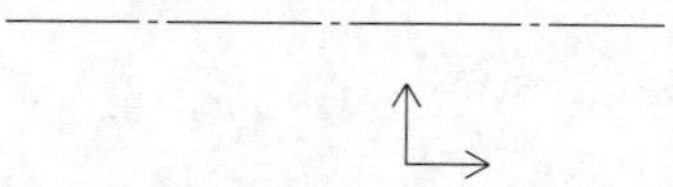	在“图层”中选择“中心线层” 打开“正交”模式 在“常用”选项卡“绘图”面板中调用“直线”功能,立即菜单条件设置为:“两点线”→“单根”。在图框中适当位置选择一点作为直线的起点,输入长度值“230”,完成中心线绘制
2		在“图层”中选择“粗实线层” 调用“直线”功能,立即菜单条件设置为:“两点线”→“单根”。靠近中心线左端3~5mm处,绘制一条长度为“50”的竖直线
3	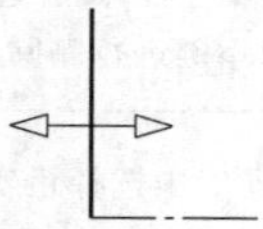	在“修改”面板中调用“等距线”功能,在立即菜单中条件设置为:“单个拾取”→“指定距离”→“单向”→“空心”→“距离”为“5”→“份数”为“1”→“删除源对象”→“使用源对象属性” 单击上一步绘制的“50”的直线,选择右侧箭头,将“50”的直线向右偏移“5”
4	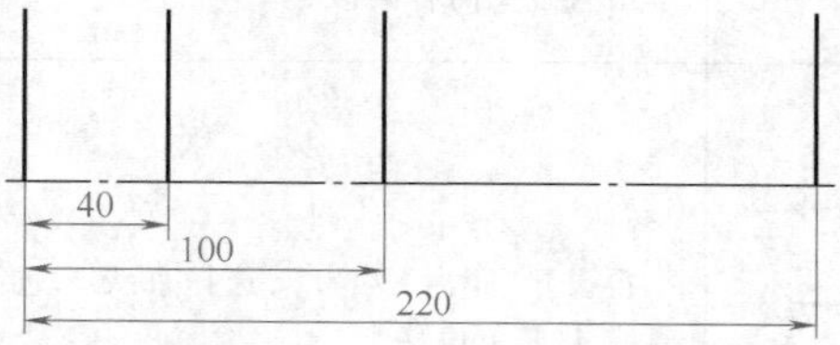	按<Enter>键,快速启动刚刚结束的“等距线”功能,选择上一步偏移后的直线,在立即菜单中条件设置为:“距离”为“40”,将直线向右偏移。再分别设置“距离”为“100”和“220”向右偏移。偏移后的结果如图所示
5	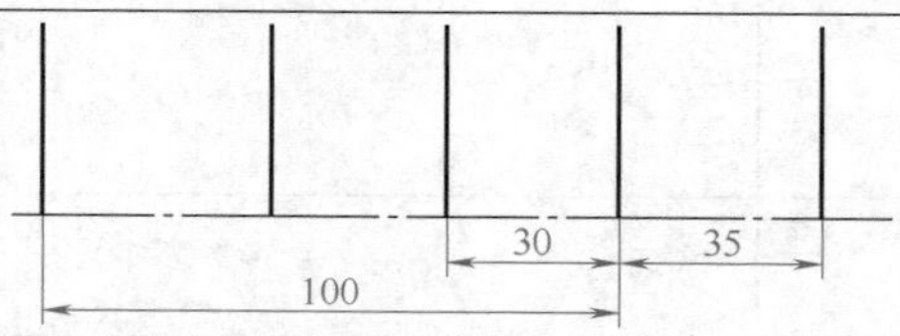	再分别设置“距离”为“30”和“35”,选择偏移“100”得到的直线,分别向左偏移“30”,向右偏移“35”,得到两条偏移的直线
6	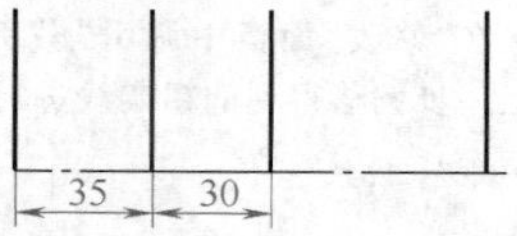	再设置“距离”为“30”,选择上一步向右偏移“35”得到的直线,将其向右偏移“30”
7	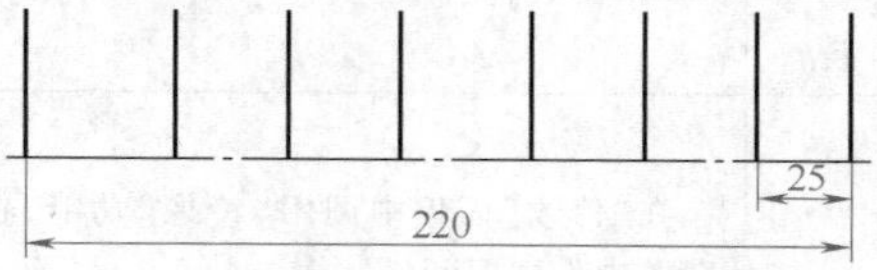	再设置“距离”为“25”,选择第4步中偏移“220”得到的直线,将其向左偏移“25”
8	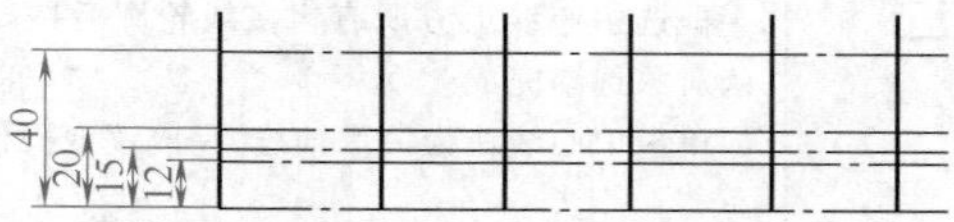	使用等距线功能,设置“距离”分别为“12”“15”“20”“40”,都选择水平中心线,方向向上,将中心线向上方分别偏移“12”“15”“20”“40”,得到四条平行的中心线

（续）

序号	图例	操作步骤
9	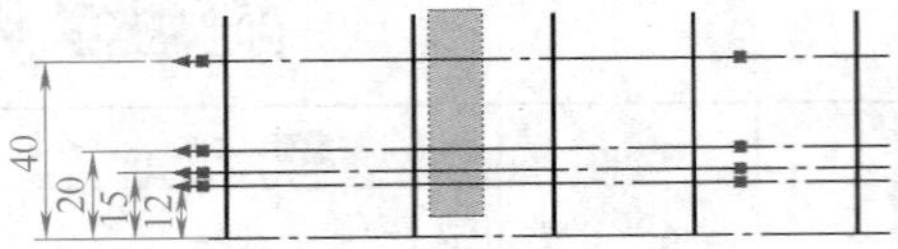 40 20 15 12	单击鼠标左键由右向左框选偏移得到的四条中心线
10	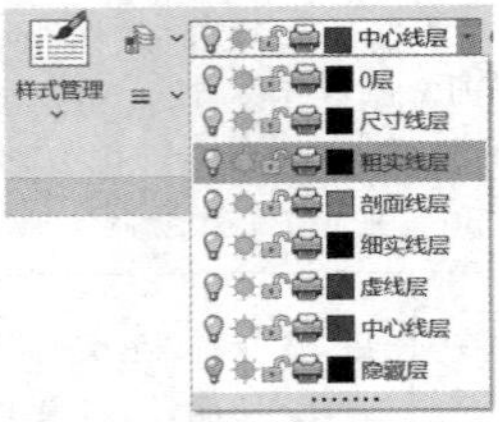 样式管理 中心线层 0层 尺寸线层 粗实线层 剖面线层 细实线层 虚线层 中心线层 隐藏层	在“特性”面板中选择“粗实线层”，则选中的四条中心线属性转换为“粗实线层”
11	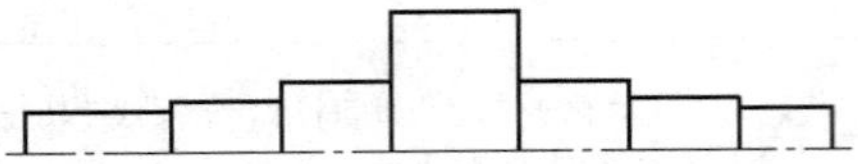	在“修改”面板中调用“裁剪”功能，按图纸轮廓对以上偏移得到的所有粗实线进行裁剪，得到中心线上方阶梯轴轮廓 提示：修剪后，没有边界的线条可以单击鼠标左键，按<Delete>键进行删除
12	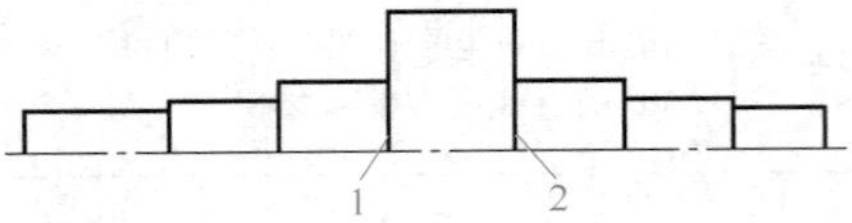 1 2	在“图层”中选择粗实线层 在“修改”面板中调用“等距线”功能，在立即菜单中条件设置为：“距离”为“2”。单击直线1向左偏移，单击直线2向右偏移
13	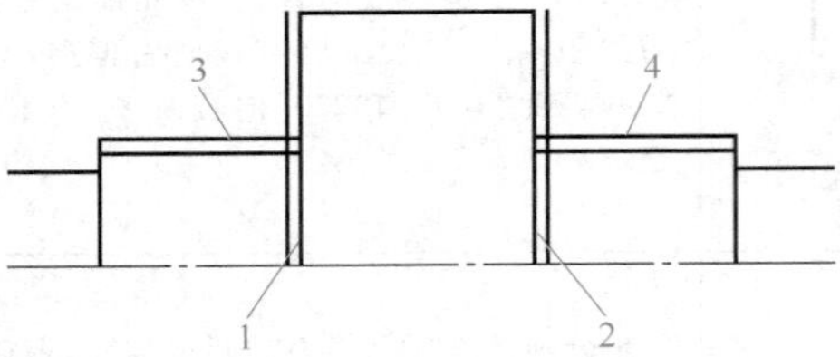 3 4 1 2	再设置“距离”为“1”，选择直线3，向下偏移，选择直线4，向下偏移
14	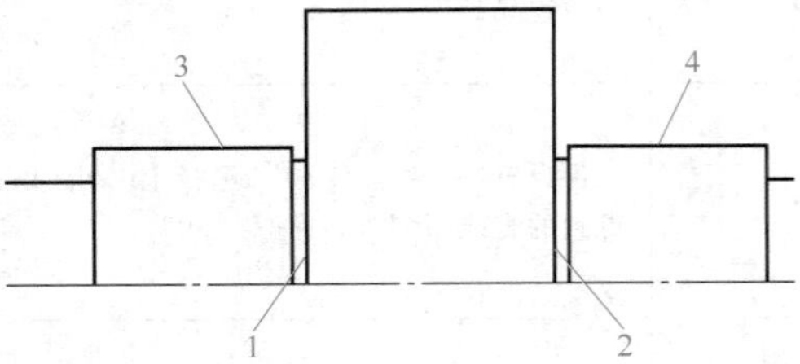 3 4 1 2	在“修改”面板中调用“裁剪”功能，按图纸轮廓对上一步偏移得到的粗实线进行裁剪，得到砂轮越程槽结构
15	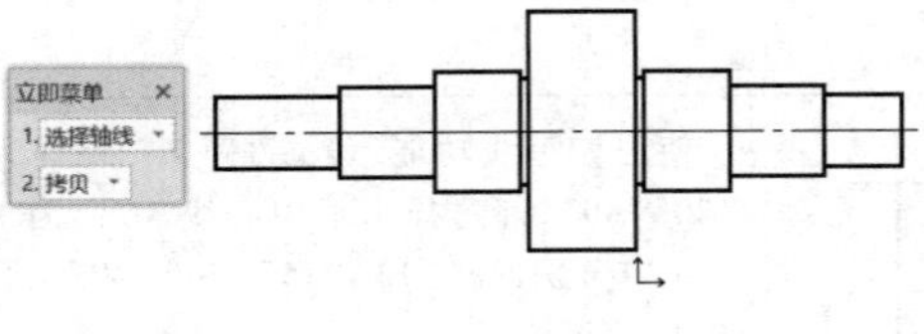 立即菜单 1.选择轴线 2.拷贝	在“修改”面板中调用“镜像”功能，在弹出的立即菜单中设置“拷贝” 框选中心线上方所有粗实线轮廓后按<Enter>键确认对象选择完成 单击中心线作为镜像轴线，完成镜像操作

2. 绘制螺纹孔

5.3.1-2
绘制螺纹孔

序号	图例	操作步骤
1	立即菜单 1.单个拾取 2.指定距离 3.单向 4.空心 5.距离 3 6.份数 1 7.保留源对象 8.使用源对象属性	在“修改”面板中调用“等距线”功能，在立即菜单中条件设置为：“距离”为“3”。单击中心线，单击选择向上的箭头，将中心线向上偏移距离“3”
2	立即菜单 1.单个拾取 2.指定距离 3.单向 4.空心 5.距离 0.4 6.份数 1 7.保留源对象 8.使用源对象属性	在“修改”面板中调用“等距线”功能，在立即菜单中条件设置为：“距离”为“0.4”。单击上一步向上偏移的中心线，单击选择向下的箭头，将该中心线向下偏移“0.4”
3	立即菜单 1.单个拾取 2.指定距离 3.单向 4.空心 5.距离 25 6.份数 1 7.保留源对象 8.使用源对象属性	在“修改”面板中调用“等距线”功能，在立即菜单中条件设置为：“距离”为“25”。单击轴最左端竖直直线，单击选择向右的箭头，将该直线向右偏移“25”
4	立即菜单 1.单个拾取 2.指定距离 3.单向 4.空心 5.距离 30 6.份数 1 7.保留源对象 8.使用源对象属性	在“修改”面板中调用“等距线”功能，在立即菜单中条件设置为：“距离”为“30”。单击轴最左端竖直直线，单击选择向右的箭头，将该直线向右偏移距离“30”
5	3	单击鼠标左键选中偏移“3”得到的中心线
6	样式管理 中心线层 0层 尺寸线层 粗实线层 剖面线层 细实线层 虚线层 中心线层 隐藏层	在“特性”面板中选择“粗实线层”，将其放置于粗实线层，则这条线转换为粗实线
7	样式管理 尺寸线层 0层 尺寸线层 粗实线层 剖面线层 细实线层 虚线层 中心线层 隐藏层 3.4	由于螺纹牙底用细实线表达，则单击鼠标左键选中偏移得到的另一条中心线，并在“特性”面板中选择“细实线层”，将其放置于细实线层，则这条线转换为细实线

（续）

序号	图例	操作步骤
8	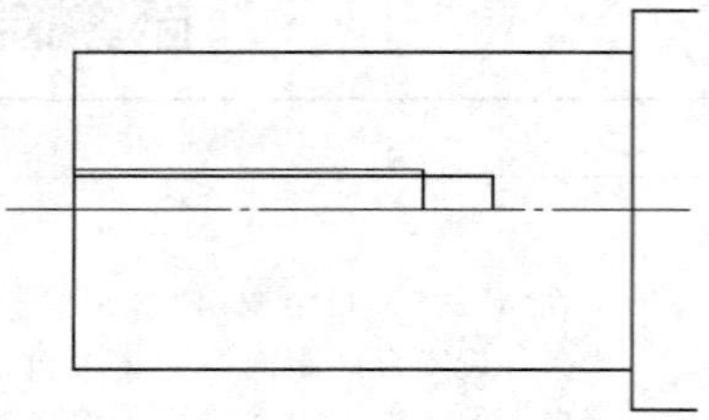	在“修改”面板中调用“裁剪”功能，对偏移得到的线进行裁剪，结果如图所示
9	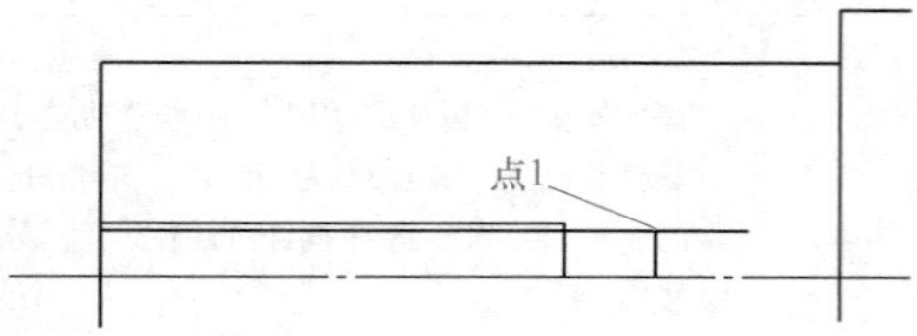	在“图层”中选择“粗实线层” 在“绘图”面板中，调用“直线”命令，单击如图所示“点 1”的位置，水平向右拖动直线，输入“5”后按<Enter>键，完成水平直线的绘制
10	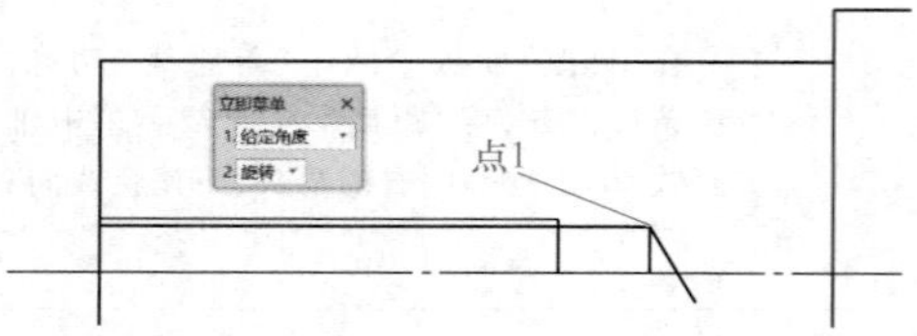	在“修改”面板中调用“旋转”功能，在立即菜单中条件设置为：“给定角度”→“旋转”。单击上一步绘制的水平直线，再按<Enter>键，即该直线作为旋转对象。单击“点 1”为“基准点”，输入旋转角“-60”，按<Enter>键完成旋转
11	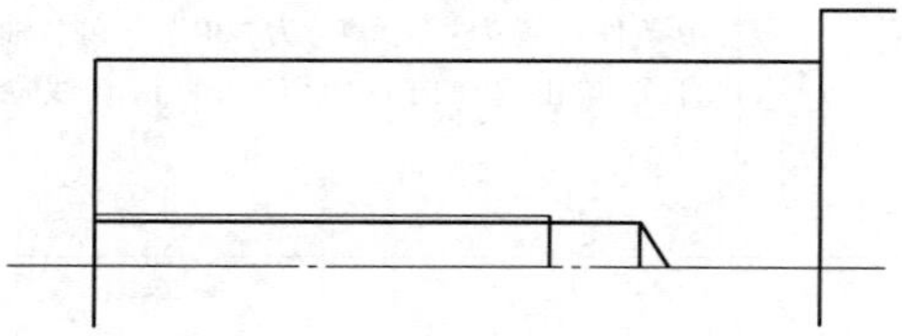	在“修改”面板中调用“裁剪”功能，按图纸轮廓对旋转得到的粗实线进行裁剪，结果如图所示
12	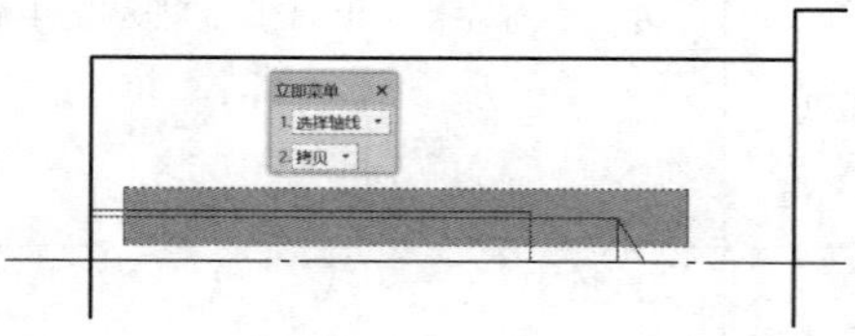	在“修改”面板中调用“镜像”功能，在弹出的立即菜单中设置为“拷贝”，框选绘制的螺纹孔轮廓
13	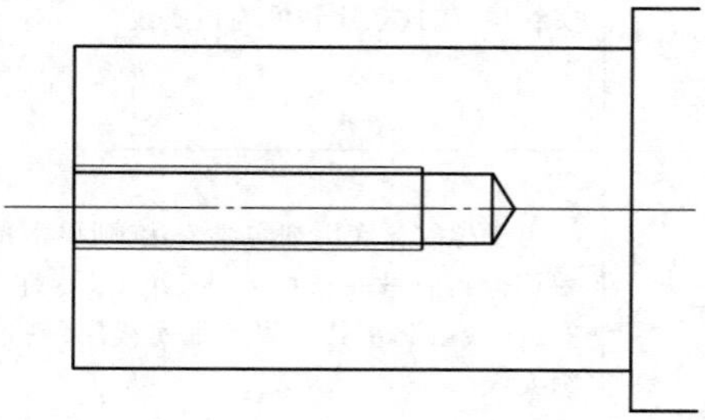	按<Enter>键确认对象选择完成 单击中心线作为镜像轴线，完成镜像操作 提示：螺纹孔也可调用“孔/轴”功能进行绘制

3. 绘制阶梯轴左端键槽

5. 3. 1-3
绘制阶梯轴左端键槽

序号	图例	操作步骤
1	立即菜单 1. 单个拾取 2. 指定距离 3. 单向 4. 空心 5. 距离 7 6. 份数 1 7. 保留源对象 8. 使用源对象属性	在“图层”中选择“粗实线层” 在“修改”面板中调用“等距线”功能，在立即菜单中条件设置为：“距离”为“7” 单击轴最左端竖直直线，单击选择向右的箭头，将该直线向右偏移距离“7”
2	立即菜单 1. 单个拾取 2. 指定距离 3. 单向 4. 空心 5. 距离 25 6. 份数 1 7. 保留源对象 8. 使用源对象属性	在“修改”面板中调用“等距线”功能，在立即菜单中条件设置为：“距离”为“25”。单击上一步偏移得到的直线，单击选择向右的箭头，将该直线向右偏移距离“25”
3	立即菜单 1. 单个拾取 2. 指定距离 3. 单向 4. 空心 5. 距离 21 6. 份数 1 7. 保留源对象 8. 使用源对象属性	在“修改”面板中调用“等距线”功能，在立即菜单中条件设置为：“距离”为“21”。单击该段轴最下面的直线，单击选择向上的箭头，将该直线向上偏移距离“21”
4		在“修改”面板中调用“裁剪”功能，按图纸轮廓对曲线进行裁剪，结果如图所示
5	立即菜单 1. 两点线 2. 单根 点1 点2	在“图层”中选择“粗实线层” 调用“直线”功能，条件设置为：“两点线”→“单根” 单击“点 1”为直线起点，竖直向上拖动鼠标后输入“35”，完成第一条直线的绘制 单击“点 2”为直线起点，竖直向上拖动鼠标后输入“35”，完成第二条直线的绘制

（续）

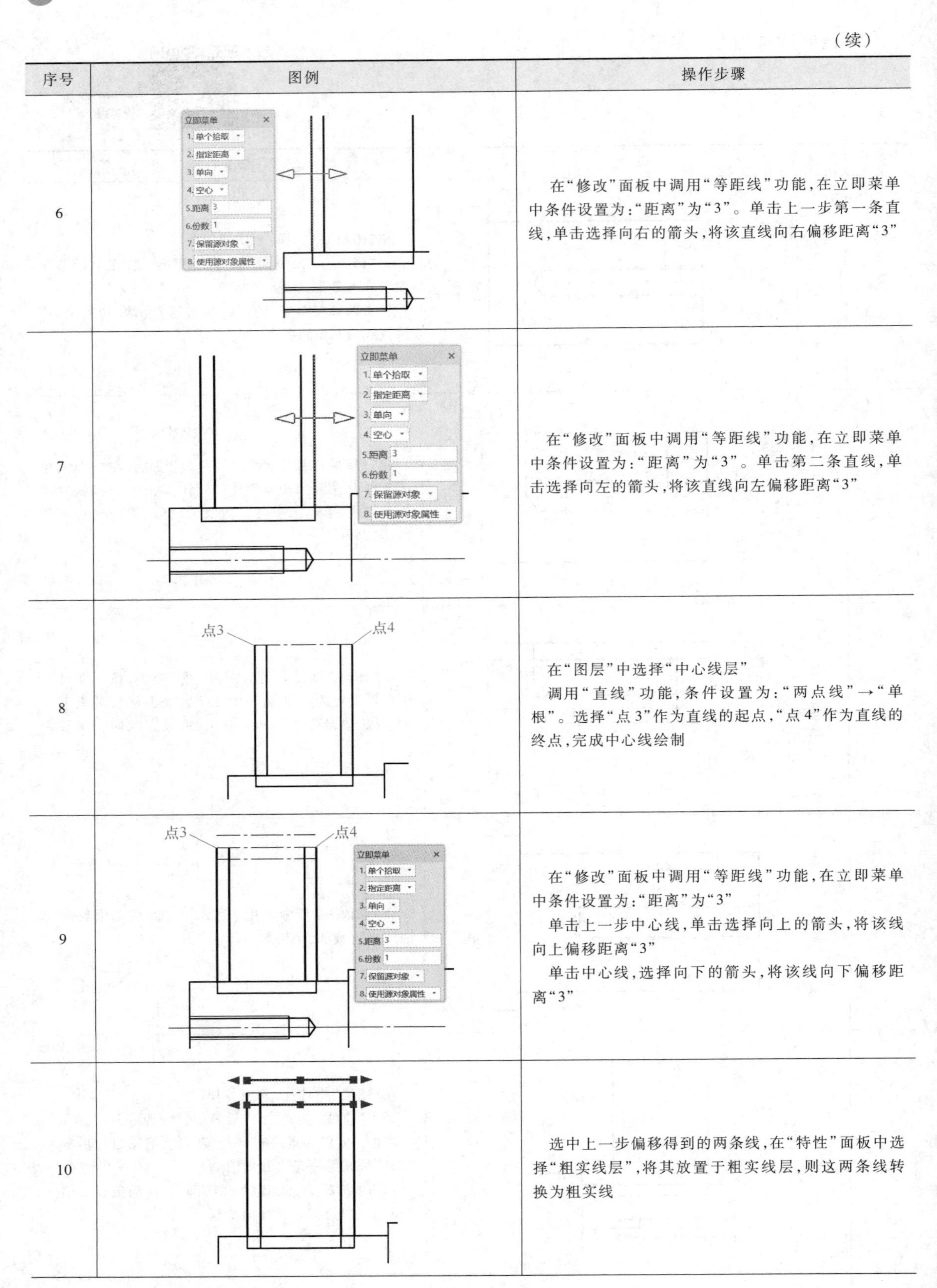

序号	图例	操作步骤
6		在“修改”面板中调用“等距线”功能，在立即菜单中条件设置为：“距离”为“3”。单击上一步第一条直线，单击选择向右的箭头，将该直线向右偏移距离“3”
7		在“修改”面板中调用“等距线”功能，在立即菜单中条件设置为：“距离”为“3”。单击第二条直线，单击选择向左的箭头，将该直线向左偏移距离“3”
8		在“图层”中选择“中心线层” 调用“直线”功能，条件设置为：“两点线”→“单根”。选择“点3”作为直线的起点，“点4”作为直线的终点，完成中心线绘制
9		在“修改”面板中调用“等距线”功能，在立即菜单中条件设置为：“距离”为“3” 单击上一步中心线，单击选择向上的箭头，将该线向上偏移距离“3” 单击中心线，选择向下的箭头，将该线向下偏移距离“3”
10		选中上一步偏移得到的两条线，在“特性”面板中选择“粗实线层”，将其放置于粗实线层，则这两条线转换为粗实线

（续）

序号	图例	操作步骤
11		在“图层”中选择“粗实线层” 在“绘图”面板中，调用“圆”功能，条件设置为：“圆心_半径”→“半径”→“无中心线” 分别选择“点5”和“点6”作为圆心，输入半径值为“3”，完成两个圆的绘制
12		在“修改”面板中调用“裁剪”功能，按图纸轮廓对曲线进行裁剪 在“图层”中选择“中心线层” 调用“直线”功能，条件设置为：“两点线”→“单根”，通过“点5”和“点6”分别绘制两条竖直中心线，如图所示
13		在“修改”面板中调用“倒角”功能，在弹出的立即菜单中条件设置为：“长度和角度方式”→“裁剪”→“长度”为“1”→“角度”为“45” 单击鼠标左键拾取“线1”和“线2”，完成第一处倒角 单击鼠标左键拾取“线1”和“线3”，完成第二处倒角

4. 绘制阶梯轴右端键槽

5.3.1-4
绘制阶梯轴右端键槽

序号	图例	操作步骤
1		“图层”切换为“粗实线层” 在“修改”面板中调用“等距线”功能，在立即菜单中条件设置为：“距离”为“5” 单击轴最右端竖直直线，单击选择向左的箭头，将该直线向左偏移距离“5”
2		在“修改”面板中调用“等距线”功能，在立即菜单中条件设置为：“距离”为“15”。单击上一步偏移得到的直线，单击选择向左的箭头，将该直线向左偏移距离“15”

（续）

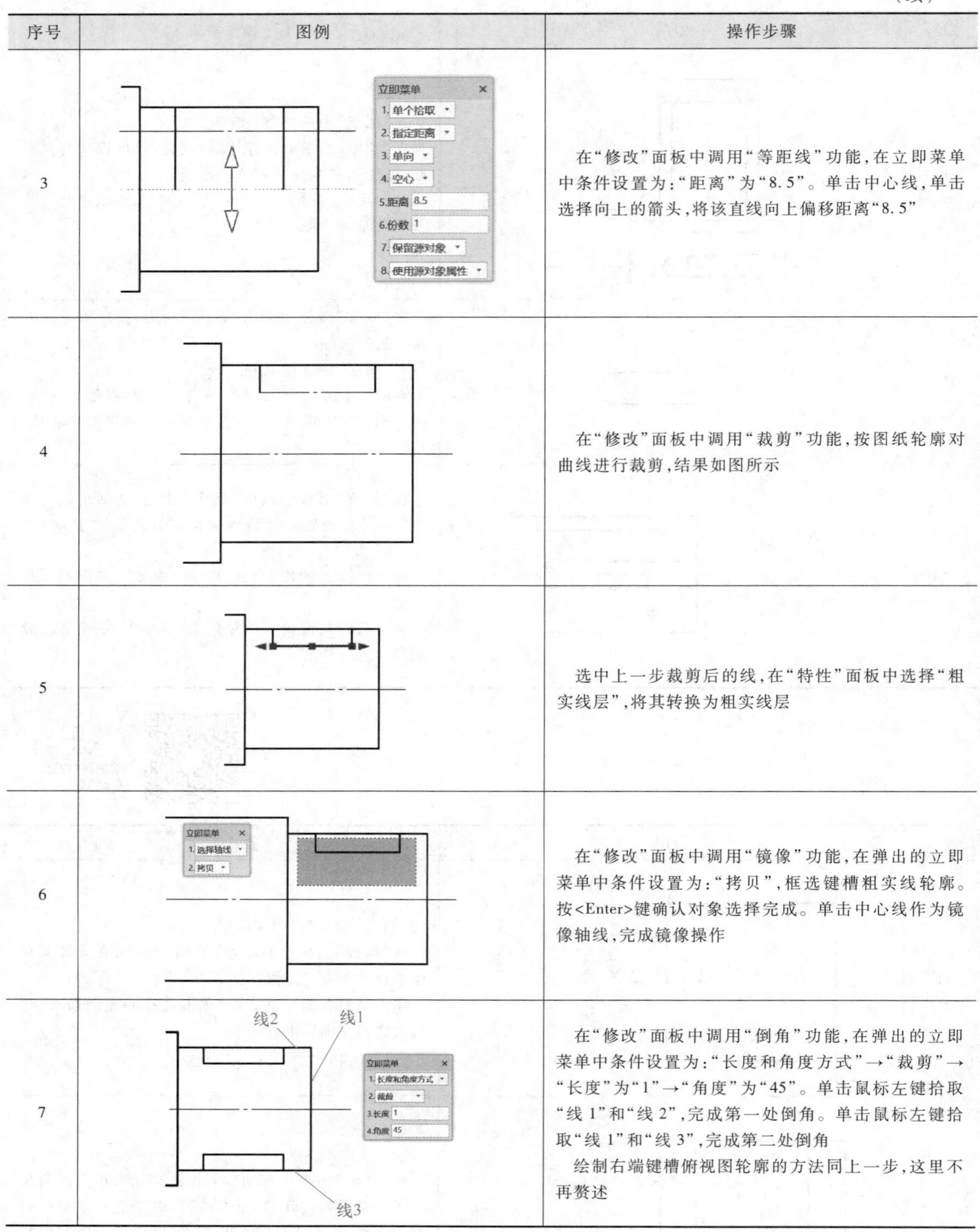

序号	图例	操作步骤
3		在“修改”面板中调用“等距线”功能，在立即菜单中条件设置为：“距离”为“8.5”。单击中心线，单击选择向上的箭头，将该直线向上偏移距离“8.5”
4		在“修改”面板中调用“裁剪”功能，按图纸轮廓对曲线进行裁剪，结果如图所示
5		选中上一步裁剪后的线，在“特性”面板中选择“粗实线层”，将其转换为粗实线层
6		在“修改”面板中调用“镜像”功能，在弹出的立即菜单中条件设置为：“拷贝”，框选键槽粗实线轮廓。按<Enter>键确认对象选择完成。单击中心线作为镜像轴线，完成镜像操作
7		在“修改”面板中调用“倒角”功能，在弹出的立即菜单中条件设置为：“长度和角度方式”→“裁剪”→“长度”为“1”→“角度”为“45”。单击鼠标左键拾取“线1”和“线2”，完成第一处倒角。单击鼠标左键拾取“线1”和“线3”，完成第二处倒角 绘制右端键槽俯视图轮廓的方法同上一步，这里不再赘述

5.3.2　创建剖面视图

轴上的键槽、孔可采用局部剖视图或断面图表达。断面图分为重合断面图和移出断面图两种。本例使用移出断面图表达，移出断面图的轮廓线用粗实线表达，并尽量画在剖切符号或剖切面轮廓线的延长线上，必要时也可将移出断面图放置在其他适当的位置。绘制方法如下。

1. 绘制阶梯轴左端剖视图

序号	图例	操作步骤
1	点1 点2 点3 点4	在"图层"中切换为"细实线层" 在"绘图"面板中调用"样条曲线"命令，分别依次单击图示各点位置完成曲线绘制
2		在"修改"面板中调用"裁剪"功能，按图纸轮廓对曲线进行裁剪，结果如图所示
3	立即菜单 1.拾取点 2.不选择剖面图案 3.非独立 4.比例: 3 5.角度 45 6.间距错开: 0 7.允许的间隙公差 0.0035	在"绘图"面板中调用"剖面线"命令，条件设置为："拾取点"→"不选择剖面图案"→"非独立"→"比例"为"3"→"角度"为"45"→"间距错开"为"0"→"允许的间隙公差"为"0.0035" 单击封闭区域，完成剖面线绘制

2. 绘制阶梯轴右端剖视图

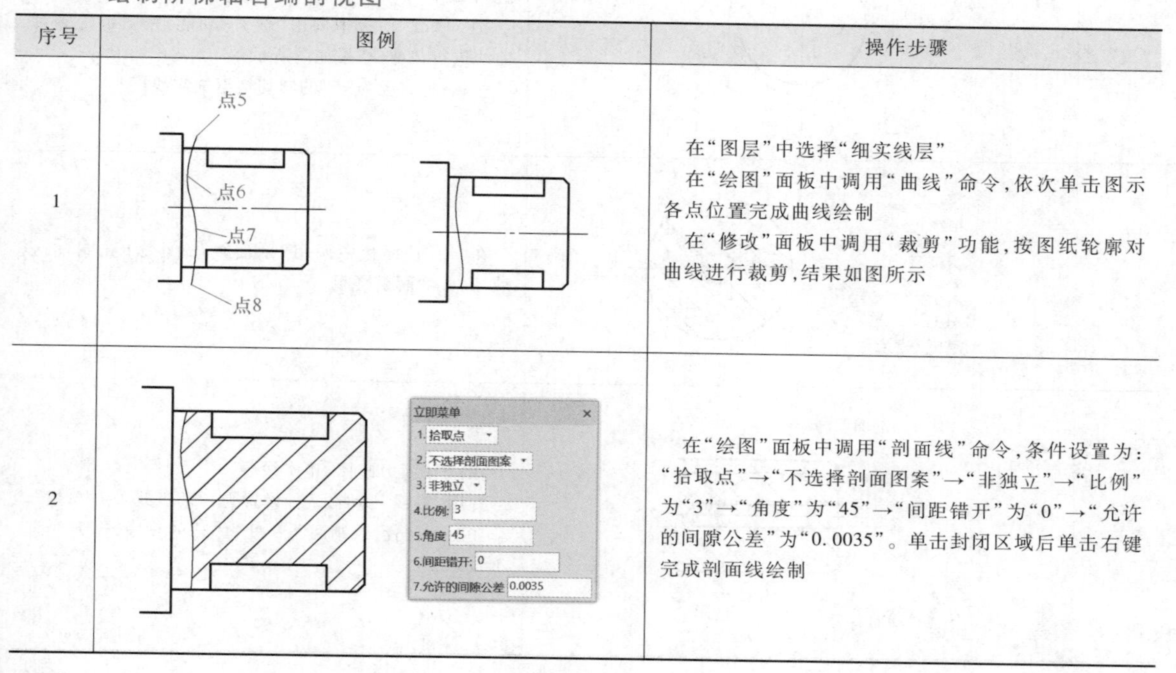

序号	图例	操作步骤
1	点5 点6 点7 点8	在"图层"中选择"细实线层" 在"绘图"面板中调用"曲线"命令，依次单击图示各点位置完成曲线绘制 在"修改"面板中调用"裁剪"功能，按图纸轮廓对曲线进行裁剪，结果如图所示
2	立即菜单 1.拾取点 2.不选择剖面图案 3.非独立 4.比例: 3 5.角度 45 6.间距错开: 0 7.允许的间隙公差 0.0035	在"绘图"面板中调用"剖面线"命令，条件设置为："拾取点"→"不选择剖面图案"→"非独立"→"比例"为"3"→"角度"为"45"→"间距错开"为"0"→"允许的间隙公差"为"0.0035"。单击封闭区域后单击右键完成剖面线绘制

3. 绘制阶梯轴左端移出断面图

5.3.2-2 绘制阶梯轴左端移出断面图

序号	图例	操作步骤
1		在“图层”中选择“粗实线层” 在“绘图”面板中调用“圆”功能，条件设置为：“圆心_半径”→“直径”→“有中心线”→“中心线延伸长度”为“3” 选择左端轴下方适当位置，单击鼠标左键作为圆心，输入直径“24”，按<Enter>键确认，单击鼠标右键或按<Esc>键退出“圆”命令
2		在“修改”面板中调用“等距线”功能，在立即菜单中条件设置为：“距离”为“3”。选择竖直中心线，将该直线向左和向右分别偏移，距离为“3” 同样使用“等距线”功能，在立即菜单中条件设置为：“距离”为“9”。选择水平中心线，将该直线向上偏移距离“9” 在“修改”面板中选择“裁剪”功能，按图纸轮廓对曲线进行裁剪，结果如图所示。注意：在“特性”面板中选择“粗实线层”，将等距的直线转换为粗实线
3		调用“圆”功能，条件设置为：“圆心_半径”→“直径”→“无中心线”，绘制如图所示直径为“5.2”和“6”的两个圆 在“修改”面板中调用“裁剪”功能，按图纸轮廓对曲线进行裁剪，结果如图所示 注意：将直径为“6”的圆切换至细实线层
4		在“绘图”面板中调用“剖面线”命令，单击封闭区域，完成剖面线绘制
5	剖面符号 剖面符号	在“图层”中选择“粗实线层” 调用“直线”功能，条件设置为：“两点线”→“单根” 在图示位置，绘制两条长度为“3”的直线，作为剖面符号

4. 绘制阶梯轴右端移出断面图

5.3.2-3
绘制阶梯轴右端移出断面图

序号	图例	操作步骤
1	立即菜单 1. 圆心_半径 2. 直径 3. 有中心线 4.中心线延伸长度 3	在“图层”中选择“粗实线层” 在“绘图”面板中调用“圆”功能，条件设置为：“圆心_半径”→“直径”→“有中心线”→“中心线延伸长度”为“3” 选择左端轴下方适当位置，单击鼠标左键作为圆心，输入直径“24”，按<Enter>键确认。单击鼠标右键或按<Esc>键退出“圆”命令
2	立即菜单 1. 单个拾取 2. 指定距离 3. 单向 4. 空心 5.距离 3 6.份数 1 7. 保留源对象 8. 使用源对象属性	在“修改”面板中调用“等距线”功能，在立即菜单中条件设置为：“距离”为“3”。选择竖直中心线，将该直线向左和向右分别偏移，距离为“3”
3	立即菜单 1. 单个拾取 2. 指定距离 3. 单向 4. 空心 5.距离 8.5 6.份数 1 7. 保留源对象 8. 使用源对象属性	在“修改”面板中调用“等距线”功能，在立即菜单中条件设置为：“距离”为“8.5”。选择水平中心线，将该直线向上和向下分别偏移，距离为“8.5”
4		在“修改”面板中调用“裁剪”功能，按图纸轮廓对曲线进行裁剪，结果如图所示 注意将等距后的曲线切换至粗实线层
5	立即菜单 1. 拾取点 2. 不选择剖面图案 3. 非独立 4.比例: 3 5.角度 45 6.间距错开: 0 7.允许的间隙公差 0.0035	在“绘图”面板中调用“剖面线”命令，单击封闭区域，完成剖面线绘制
6		在“图层”中选择“粗实线层” 调用“直线”功能，条件设置为：“两点线”→“单根” 在图示位置，绘制两条长度为“3”的直线，作为剖面符号

续表

序号	图例	操作步骤
7	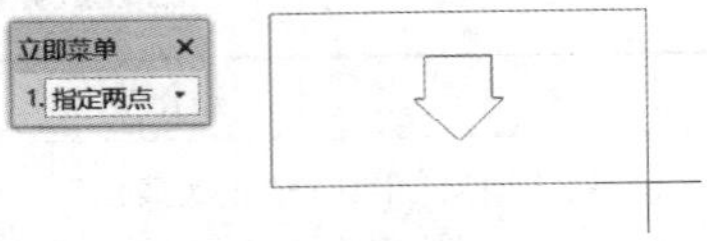	在“常用”选项卡“标注”面板中,调用“文字”功能。在剖面符号左侧,单击鼠标左键后移动鼠标,出现文字区域
8	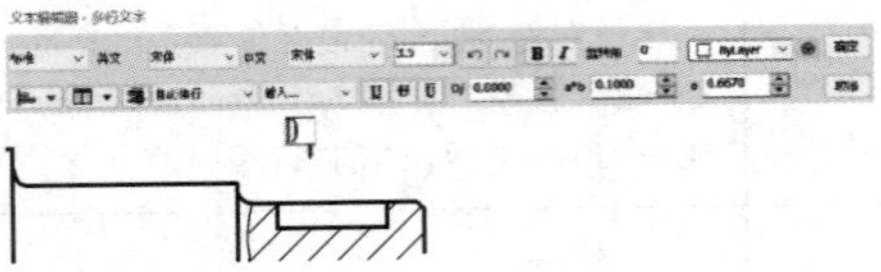	确定绘制文字区域后再次单击鼠标左键。弹出“文本编辑器”对话框,设置“文字高度”为“3.5”,输入“D”。单击“确定”按钮,完成文字“D”注写
9	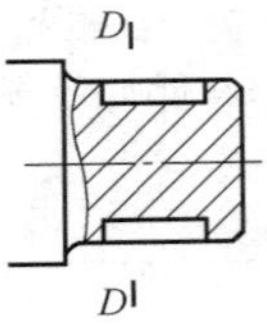	步骤同上,完成剖面符号字母的注写
10	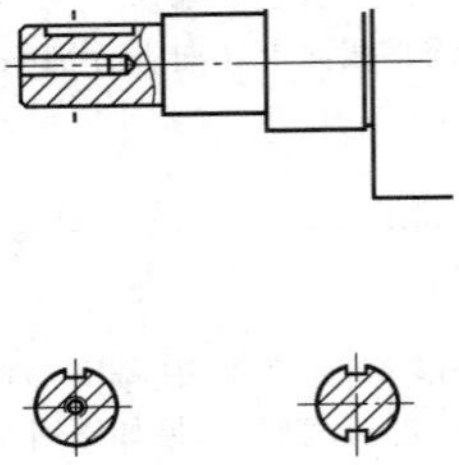	调整断面图位置,如图所示
11	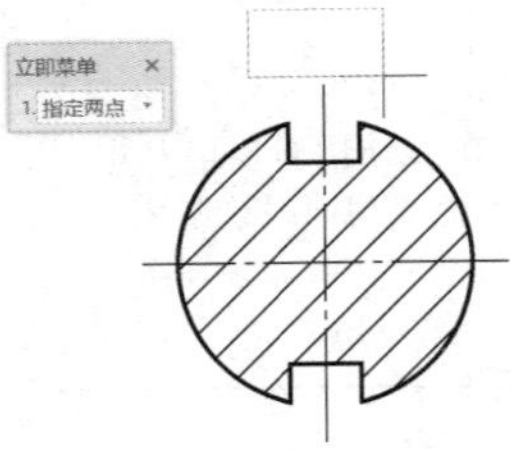	在“常用”选项卡“标注”面板中,调用“文字”功能,输入“D-D”,设置“文字高度”为“3.5”,完成标注

5.3.3 创建局部放大图

局部放大图可以画成视图、剖视图、断面图，尽量放置在被放大部位附近。当绘制局部放大图时，在视图上用细实线圈出被放大部位，并用引线序号标注。本例齿轮轴零件的退刀槽、砂轮越程槽等局部结构可采用局部放大图表示，绘制方式如下。

1. 绘制砂轮越程槽局部放大图

5.3.3-1 绘制砂轮越程槽局部放大图+修改局部放大图细节轮廓

序号	图例	操作步骤
1		在“图层”中选择“细实线层” 调用“局部放大图”功能，在立即菜单中的条件设置如图所示
2		绘制圆形边界：选择如图所示大概位置绘制直径为“5”的圆，按<Enter>键 说明：圆形边界的大小能够涵盖放大部位结构即可 确定带指引线的符号插入点：拖动鼠标在合适位置上单击鼠标左键，放置带指引线的放大符号 确定实体插入点：此时光标拖动放大视图，选择适当的位置单击鼠标左键，放置放大视图；状态栏提示“输入角度或由屏幕上确定：<-360，360>”，单击鼠标右键（即默认角度为“0”度） 确定符号插入点：在放大视图上方单击左键，放置放大符号

2. 修改局部放大图细节轮廓

序号	图例	操作步骤
1		双击局部放大图轮廓线，激活“块编辑”器。“图层”切换为“粗实线层” 在“修改”面板中调用“圆角”功能，条件设置为：“裁剪始边”→“半径”为“0.5”。选择“线1”为“始边”，“线2”为第二条边，完成倒圆角 在“修改”面板中调用“倒角”功能，条件设置为：“长度和角度方式”→“裁剪”→“长度”为“0.5”→“角度”为“45”。单击鼠标左键选择“线3”，再选择“线4”完成倒角
2		选择“块编辑器”选项卡，单击“退出块编辑”，弹出“是否保存修改”对话框，单击“是”，保存对局部放大图的修改，并返回制图环境

3. 绘制“未注圆角 R2”及齿轮倒角

序号	图例	操作步骤
1	竖直线 水平线(作为始边) 竖直线 水平线(作为始边) 立即菜单 1.裁剪始边 2.半径 2	在“常用”选项卡“修改”面板中调用“圆角”功能，条件设置为:“裁剪始边”→“半径”为“2”。选择水平线作为“始边”，再单击相邻的竖直线为第二条边，完成倒圆角 按此操作完成图形所有倒圆角特征 提示:一定要选水平线作为“始边”
2	边2 边1 I	在“修改”面板中调用“倒角”功能，条件设置为:“长度和角度方式”→“裁剪”→“长度”为“2”→“角度”为“45” 单击鼠标左键选择“边 1”，再选择“边 2”完成倒角，如图所示。依次选择其他直角相应两边，完成所有倒角操作

4. 绘制齿轮分度圆

序号	图例	操作步骤
1	立即菜单 1.单个拾取 2.指定距离 3.单向 4.空心 5.距离 5 6.份数 1 7.保留源对象 8.使用源对象属性 I	在“修改”面板中调用“等距线”功能，在立即菜单中设置为:“距离”为“5” 单击齿轮轮廓水平直线，选择向下的箭头，将该直线向下偏移距离“5”
2		选中偏移得到的直线将其切换到中心线层 选择中心线，调整其伸出长度，超出轮廓线 3mm 即可
3	点1 点3 I 点2 点4	在“修改”面板中调用“镜像”功能，在弹出的立即菜单中设置为:“拷贝” 以主视图中心线为对称轴线，完成中心线镜像 调用“直线”功能，条件设置为:“两点线”→“单根”。选择“点 1”和“点 2”，绘制直线，选择“点 3”、“点 4”，绘制另一条直线，如图所示

5.3.4 创建标注

本例中的尺寸标注包括尺寸标注、引出说明、基准代号注写、几何公差标注、粗糙度标注、倒角标注等，标注方式如下。

1. 标注主视图线性尺寸

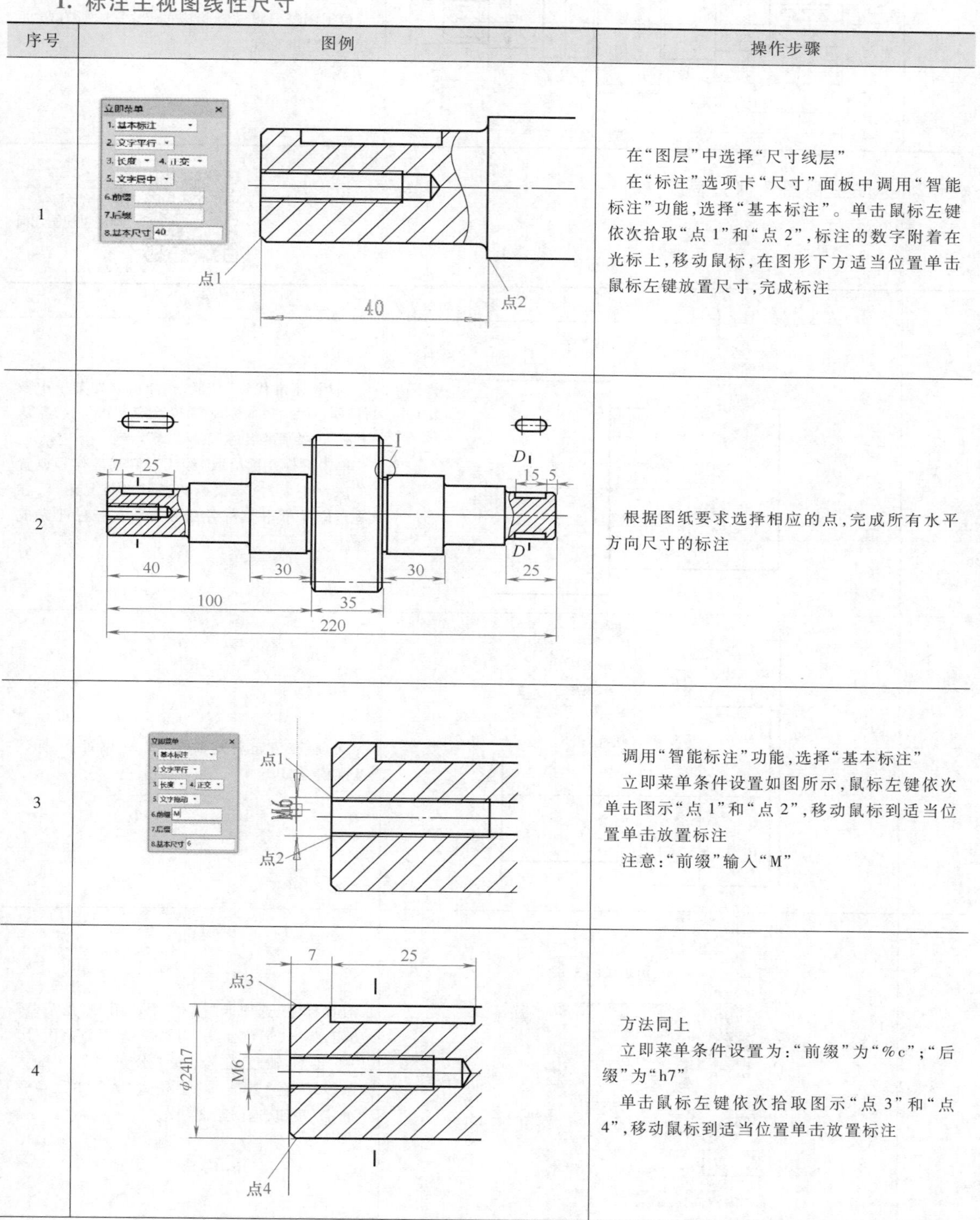

序号	图例	操作步骤
1		在“图层”中选择“尺寸线层” 在“标注”选项卡“尺寸”面板中调用“智能标注”功能，选择“基本标注”。单击鼠标左键依次拾取“点 1”和“点 2”，标注的数字附着在光标上，移动鼠标，在图形下方适当位置单击鼠标左键放置尺寸，完成标注
2		根据图纸要求选择相应的点，完成所有水平方向尺寸的标注
3		调用“智能标注”功能，选择“基本标注” 立即菜单条件设置如图所示，鼠标左键依次单击图示“点 1”和“点 2”，移动鼠标到适当位置单击放置标注 注意：“前缀”输入“M”
4		方法同上 立即菜单条件设置为：“前缀”为“%c”；“后缀”为“h7” 单击鼠标左键依次拾取图示“点 3”和“点 4”，移动鼠标到适当位置单击放置标注

（续）

序号	图例	操作步骤
5	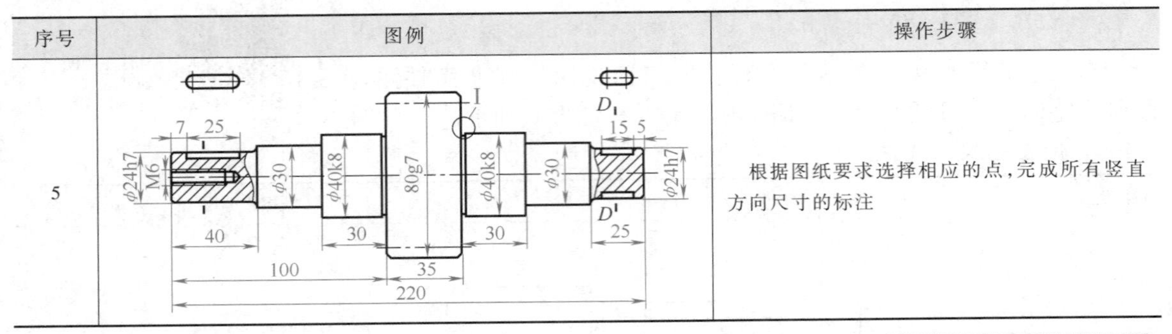	根据图纸要求选择相应的点，完成所有竖直方向尺寸的标注

2. 标注主视图几何公差

5. 3. 4-2
标注主视图几何公差

序号	图例	操作步骤
1		调用“基准代号”功能，在弹出立即菜单中条件设置为：“基本标注”→“给定基准”→“默认方式”→“基准名称”输入“A” 单击鼠标左键拾取“线 1”，将基准代号放置于该直线上，拖动鼠标调整基准符号角度，在适当位置单击鼠标左键确认，单击右键完成标注
2		同理，在齿轮右侧轴段“线 2”位置上，标注基准代号“B”
3		在“标注”选项卡“符号”中调用“形位公差”功能，弹出“形位公差”对话框，在“公差代号”中单击同轴度符号，在“公差 1”中输入“0. 025”，在“基准一”中输入“A”“B”，单击“确定”按钮，返回绘图状态

（续）

序号	图例	操作步骤
4		选择“线1”的尺寸界限①位置，移动鼠标，在适当位置单击鼠标左键，确定指引箭头位置 移动鼠标，在②位置再次单击左键，确定“引线转折点”；移动鼠标，在图示③位置单击鼠标左键确定标注框放置位置 提示：单击形位公差标注，出现控制夹点后，单击夹点可调整形位公差位置 根据图纸要求选择相应位置，完成所有几何公差的标注，方法不再赘述

3. 绘制引出标注

5.3.4-3
绘制引出标注

序号	图例	操作步骤
1		在“标注”选项卡“符号”中调用“引出说明”功能，弹出“引出说明”对话框，鼠标左键单击第一行输入栏位置 输入“6M-7H”，然后在“插入”下拉菜单中选择“尺寸特殊符号”，如图所示
2		弹出“尺寸特殊符号”对话框，鼠标左键单击“深度符号”后，单击“确定”按钮，即可插入深度符号。“深度符号”以一串字符的形式显示在输入框中，如图所示，接着输入深度值“25” 单击第二行输入栏位置，相同的方法输入第二行文字“孔↧30”，单击“确定”按钮，返回绘图界面
3		单击鼠标左键拾取左端轴竖直轮廓线和中心线交点位置作为定位点。光标附着标注文字。以图示适当位置作为引线转折点，单击鼠标左键，移动鼠标后，在适当位置再次单击左键放置标注，效果如图所示

4. 标注主视图粗糙度符号

序号	图例	操作步骤
1	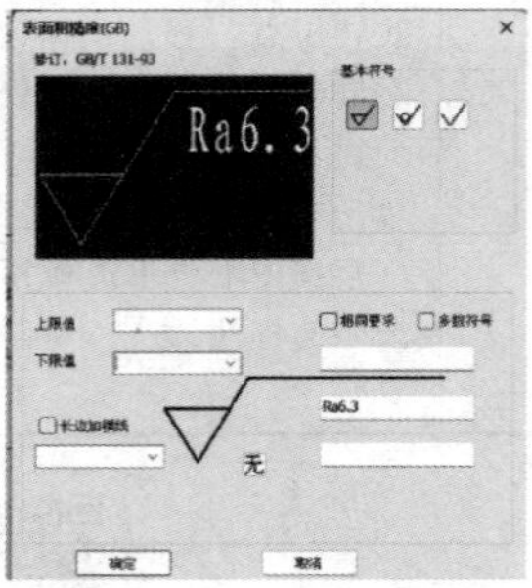	在“标注”选项卡“符号”中调用“粗糙度”功能，在弹出的立即菜单中条件设置为：“标准标注”→“默认方式”；弹出“表面粗糙度”对话框，如图所示，输入表面粗糙度值“*Ra* 6. 3”，单击“确定”按钮返回绘图界面
2	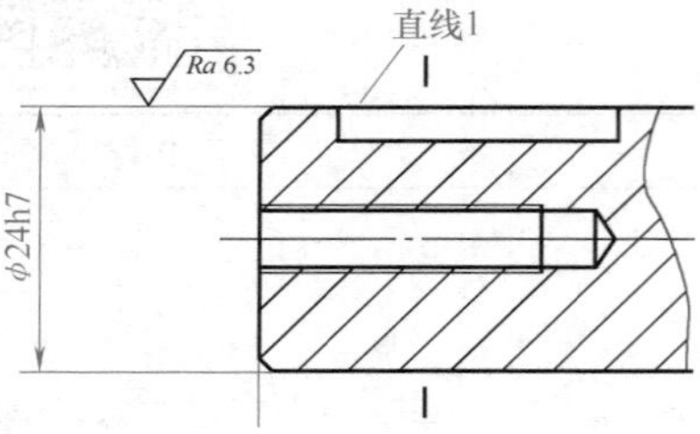	单击“直线 1”，拖动鼠标在合适的位置单击左键，完成粗糙度符号标注，如图所示
3	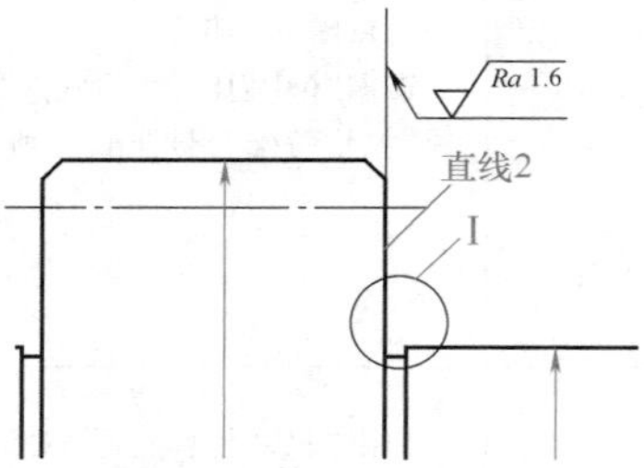	调用“粗糙度”功能，在弹出的立即菜单中条件设置为：“标准标注”→“引出方式”；弹出“表面粗糙度”对话框，输入表面粗糙度值“*Ra*1. 6”，单击“确定”按钮返回绘图界面 单击“直线 2”，在合适的位置单击鼠标左键，完成粗糙度符号标注。根据图纸要求选择相应位置，完成所有粗糙度符号标注，方法不再赘述 注意：为了清晰表达表面粗糙度符号，图例将其他已经标注的尺寸进行了隐藏

5. 标注倒角与断面尺寸

序号	图例	操作步骤
1	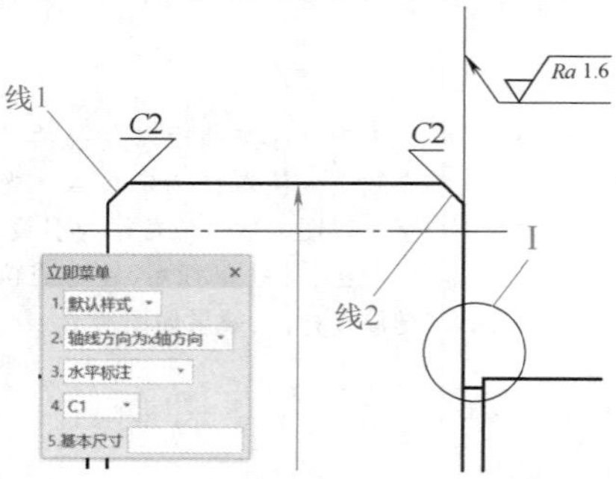	在“标注”选项卡“符号”中调用“倒角标注”功能，在弹出的立即菜单中条件设置为：“默认样式”→“轴线方向为 X 轴方向”→“水平标注”→“C1” 选择“线 1”处倒角线，在合适的位置单击鼠标左键完成标注。选择“线 2”处倒角线，完成第二处倒角的标注。根据图纸要求选择相应位置，完成所有倒角标注，方法不再赘述

（续）

序号	图例	操作步骤
2	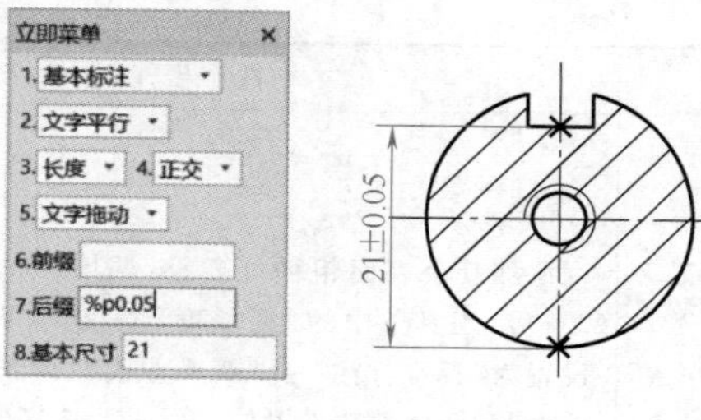 立即菜单 1.基本标注 2.文字平行 3.长度 4.正交 5.文字拖动 6.前缀 7.后缀 %p0.05 8.基本尺寸 21 21±0.05	在“标注”选项卡“尺寸”面板中调用“智能标注”功能 选择“基本标注”，立即菜单条件设置如图所示，其中“后缀”输入“%p0.05”；标注效果如图所示
3	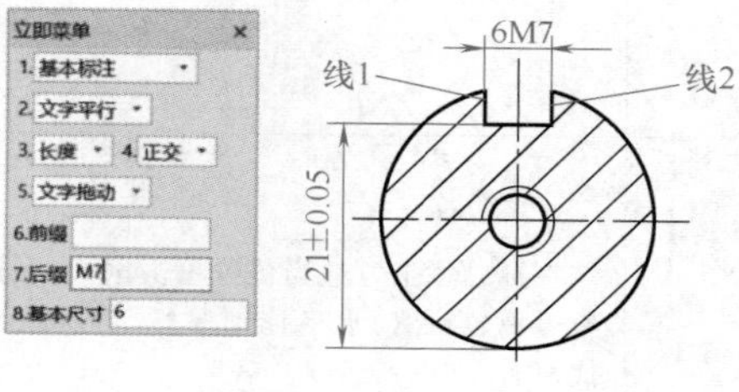 立即菜单 1.基本标注 2.文字平行 3.长度 4.正交 5.文字拖动 6.前缀 7.后缀 M7 8.基本尺寸 6 6M7 线1 线2 21±0.05	在“标注”选项卡“尺寸”面板中调用“智能标注”功能 选择“基本标注”，在立即菜单中“后缀”输入“M7”，单击鼠标左键依次拾取“线1”和“线2”，再次单击鼠标左键，在合适位置放置标注
4	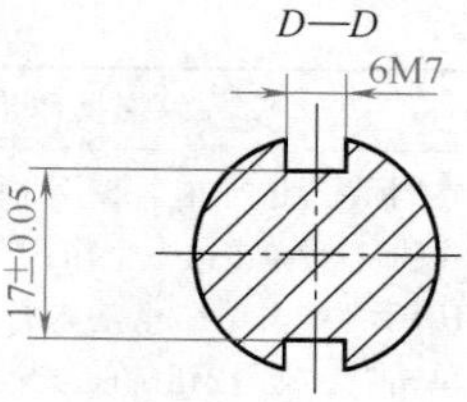 D—D 6M7 17±0.05	根据图纸要求完成右端断面图线性标注。方法同上，不再赘述
5	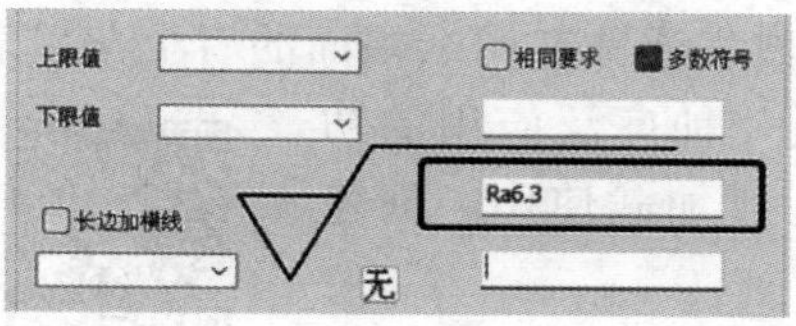 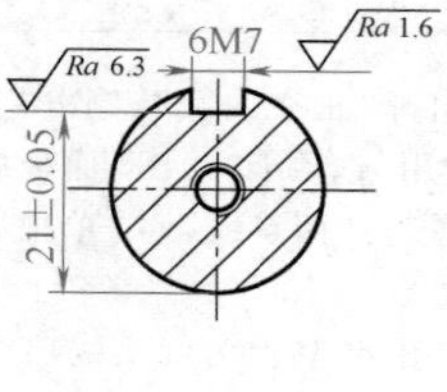 上限值 下限值 相同要求 多数符号 长边加横线 Ra6.3 无 6M7 Ra 6.3 Ra 1.6 21±0.05	在“标注”选项卡“符号”中调用“粗糙度”功能，在弹出的立即菜单中条件设置为：“标准标注”→“默认方式”，弹出“表面粗糙度”对话框，输入表面粗糙度值“6.3”，单击“确定”按钮返回绘图界面 单击键槽底部直线，拖动鼠标在合适位置放置粗糙度符号 表面粗糙度值“1.6”的标注方法相同，不再赘述

6. 标注其余粗糙度

5.3.4-6
标注其余粗糙度+注写技术要求

序号	图例	操作步骤
1		添加其余表面粗糙度要求：调用“标注”选项卡下“符号”工具条中的“粗糙度”功能，立即菜单中条件设置为“标准标注”→“默认方式”，弹出“粗糙度”对话框，对话框参数设置如图所示。选择①位置的基本符号；勾选②位置“多数符号”，单击“确定”按钮。返回绘图状态，在标题栏附近单击左键放置粗糙度符号
2		在标题栏上方适当位置单击鼠标左键，确定粗糙度符号放置位置，水平拖动鼠标，再次单击鼠标左键完成放置，如图所示

7. 注写技术要求

序号	图例	操作步骤
1	技术要求 1.调制处理50～55HRC。 2.未注圆角$R2$。	在“标注”选项卡“文字”面板中，调用“技术要求”功能，鼠标左键单击第一个输入行位置，输入“调制处理 50～55HRC。”单击第二个输入行，输入“未注圆角 $R2$。” 单击“生成”按钮，在适当位置，分别单击两个角点，放置技术要求

5.3.5 创建齿轮参数表

齿轮轴工程图中图形和参数表缺一不可。参数表通常在图纸幅面的右上角以表格的形式列出。本案例通过创建块的方法创建参数表。块是一种广泛应用的功能，用户可以根据需要定义块并保存，以方便后续加载使用。创建方式如下。

5.3.5-1
绘制表格

1. 绘制表格和输入文字

序号	图例	操作步骤
1		打开“正交”模式，“图层”切换为“粗实线层”，在“常用”选项卡“绘图”面板中调用“直线”功能，条件设置为：“两点线”→“单根”，根据图示尺寸，绘制表格外框 “图层”切换为细实线层，调用“直线”功能绘制表格内部直线

（续）

序号	图例	操作步骤
2	模数	在“常用”选项卡“标注”面板中，调用“文字”功能，文字高度设置为“2.5”。在表格中输入“模数”。相同的方法，依次输入其他文字

2. 创建块

5.3.5-2
创建块

序号	图例	操作步骤
1	插入 创建 块编辑 定义 扩充属性 插入 属性定义(A)... 更新块引用属性(U)... 属性定义 模式 不可见 锁定位置 定位方式 单点定位 指定两点 搜索边界 定位点 屏幕选择 X: 0 Y: 0 重新定位 属性 名称 模数 描述 请输入模数 缺省值 2 文本设置 对齐方式 中间对齐 文本风格 机械 字高 3.5 旋转角 0 边界缩进系数 0.1 文字压缩 确定(O) 取消(C)	在“插入”选项卡“块”面板“定义”中，调用“属性定义”功能 在弹出的“属性定义”对话框中，“属性”栏中输入“名称”为“模数”，“描述”为“请输入模数”，“缺省值”为“2” “文本设置”中选择“对齐方式”为“中间对齐”，“文本风格”选择“机械”，“字高”设置为“3.5”，“旋转角”为“0”
2	点1 点2 模数 m 模数 齿数 Z 齿形角 a 精度等级	单击“确定”按钮，选择图示“点1”和“点2”位置，完成属性定义 用相同的方法，依次完成“齿数”“齿形角”“精度等级”的属性定义
3	模数 m 模数 齿数 Z 齿数 齿形角 a 齿形角 精度等级 精度等级	在“插入”选项卡“块”面板中，调用“创建”功能。框选完成的属性定义表格，单击鼠标右键确认选择完成。选择表格右上角作为基准点
4	块定义 名称 齿轮参数 确定(O) 取消(C)	弹出“块定义”对话框，输入“齿轮参数”作为块名称，如图所示；单击“确定”按钮，弹出“属性编辑”对话框，输入对应的“属性值”，单击“确定”按钮，块定义完成。此时完成块创建

3. 插入块

序号	图例	操作步骤
1		在“插入”选项卡“块”面板中，调用“插入”功能。弹出“块插入”对话框。条件设置为：“比例”为“1”、“旋转角”为“0”
2		单击“确定”按钮后，光标附着块，移动鼠标至图框右上角单击鼠标左键插入块 提示：如果创建了多个块，可以在“名称”下拉菜单中选择对应的块
3		确定“块”插入点后，弹出“属性编辑”对话框，“输入模数”为“2”、“齿数”为“18”、“齿形角”为“20%d”、“精度等级”为“6”，单击“确定”按钮完成块插入

【技能点拨】

1. 根据图纸大小设置图形比例，图纸应合理布局。

2. 尺寸标注完成后要调整尺寸位置，将尺寸尽可能对齐，使布局美观。

3. 在工程图标注中，可以按尺寸类型进行标注，即对工程图所有视图的长度尺寸、径向尺寸、表面粗糙度、形位公差等进行统一标注；也可以按视图进行标注，即完成一个视图的所有标注后，进行下一个视图的标注。

4. 标注尺寸公差时，可以在放置尺寸数值前单击鼠标右键，在弹出的“尺寸标注属性设置”对话框中进行设置。

5. 技术要求除了调用“技术要求”功能外，也可以利用“文字”功能进行输入。

6. 对于轴类零件的绘制可以采用“轴/孔”功能实现。

7. 在制图中，可以将经常用到的图、表制成“块”的形式，后续可以调用“块”以提高制图效率。

【项目小结】

本项目介绍了轴类零件的绘制方法，由于轴类零件是回转体，视图主要由主视图、断面图、局部剖视图和局部放大图组成。绘制完成后可以通过“平移”命令或图形夹点移动视图，使视图布局合理美观。图框和标题栏都可以根据需要调用系统内标准图框和标题栏。熟练应用功能模块可以提高绘图效率。

【精学巧练】

根据图5-1所示零件图绘制阶梯轴零件图，完成尺寸标注和图幅设置，注写技术要求。

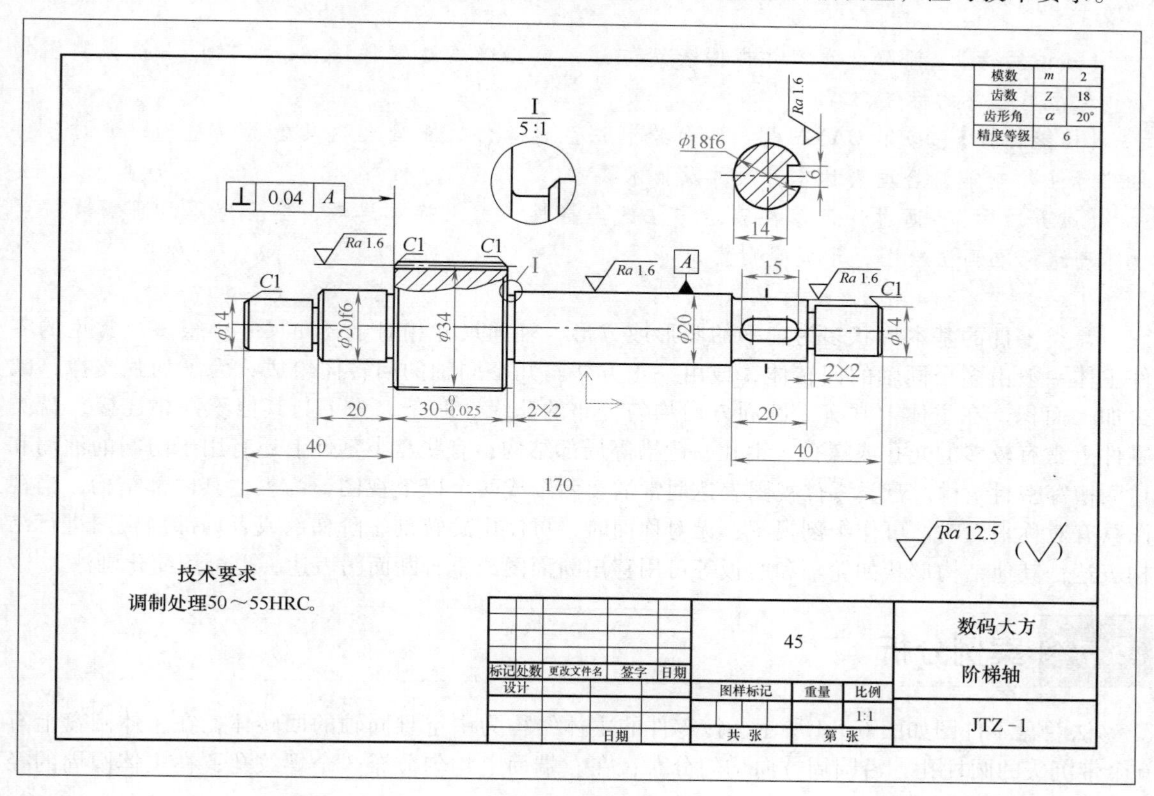

图 5-1　零件图

项目 6 盘类零件设计

【知识目标】 理解盘类零件视图表达方法，能正确表达零件结构，可以应用机械制图知识确定盘类零件的标注内容。

【技能目标】 应用 CAXA 电子图板绘制法兰盘零件，正确表达其各部分结构；通过软件的“标注”功能，合理表达零件尺寸及技术要求。

【素养目标】 通过认识零件表达方法的多样性，引入换位思考，学会感恩和理解。按照物体表达标准画法绘图，形成规则意识。

盘类零件的基本形状多为扁平的圆形或方形，轴向尺寸相对于径向尺寸小很多。常见的零件主体一般由多个同轴的回转体，或由一正方体与几个同轴的回转体组成；为了加强支撑，减少加工面积，在主体上常有沿圆周方向均匀分布的凸缘、肋条；为了与其他零件相连接，盘类零件上常有较多的光孔或螺孔、销孔、键槽等局部结构；有些盘类零件上还有用于防漏的油沟和毡圈槽等密封结构。盘类零件视图表达通常需要两个或两个以上视图，为表达其内部结构，当视图具有对称平面时，可作半剖视图；无对称面时，可使用旋转剖、阶梯剖或者局部剖视图进行结构表达；其他结构形状如轮辐和肋板等可用移出断面图或重合断面图表达，也可用简化画法。

6.1 案例分析

法兰盘零件图如图 6-1-1 所示。该零件的主体结构为中空且同轴的回转体，在主体圆盘上有 6 个带沉头的圆柱孔，沿圆周方向均匀分布；在左端面上均匀分布 3 个螺纹孔；在主体圆周的径向上，有 1 个圆锥内孔。

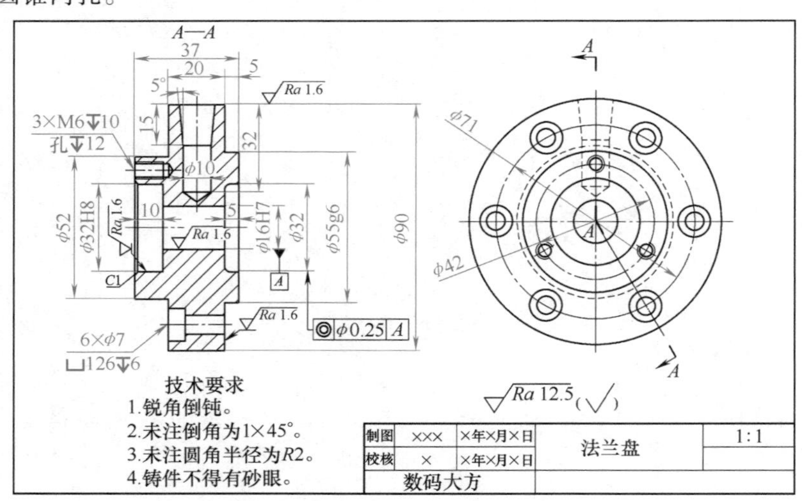

图 6-1-1 法兰盘零件图

6.2 设计思路

1. 根据对零件结构的分析确定视图表达方案

（1）盘类零件的毛坯主要有铸件或锻件，机械加工以车削为主，主视图按加工位置水平放置。

注意：当盘类零件结构比较复杂，加工工序比较多时，主视图也可按工作位置放置画出。

（2）根据结构特点，在主体圆周的径向上有1个圆锥内孔，结构上不对称，全剖的主视图无法表达沉头孔结构，因此，主视图采用旋转剖。选择绘制左视图，以表达均匀分布的圆柱沉孔和螺纹孔。

2. 根据零件结构的特点确定尺寸标注方案

此法兰盘零件主体为回转体，选用通过轴孔的轴线作为径向尺寸基准，长度方向的主要尺寸基准选用重要的端面。

根据使用要求，在工程图中应绘制尺寸公差标注、形位公差标注、表面粗糙度标注以及技术要求等。

6.3 案例操作

6.3.1 创建主视图

6.3.1 创建主视图

主视图轮廓以直线为主，采用全剖的视图表达。主要使用“直线”功能或“孔/轴”功能来绘制主视图。操作过程如下。

1. 绘制主视图外形和内轮廓

序号	图例	操作步骤
1		选择“图层”→“中心线层”，打开“正交”模式。调用“直线”功能，条件设置为：“两点线”→“单根”，拾取坐标原点后将光标移至坐标原点左侧，输入“37”，完成中心线绘制
2	20　5　19　17.5　12　26　27.5	选择“图层”→“粗实线层”，调用“直线”功能，条件设置为：“两点线”→“连续”，拾取坐标原点后将光标移至坐标原点上方，输入“27.5”，完成第一条直线的绘制；光标移至左侧，输入“5”，完成第二条直线的绘制；其他直线方法相同，不再赘述 说明：绘图前要综合分析图纸要素，通过计算等方法获得要素尺寸及要素之间的位置关系，以确定绘图方法

（续）

序号	图例	操作步骤
3	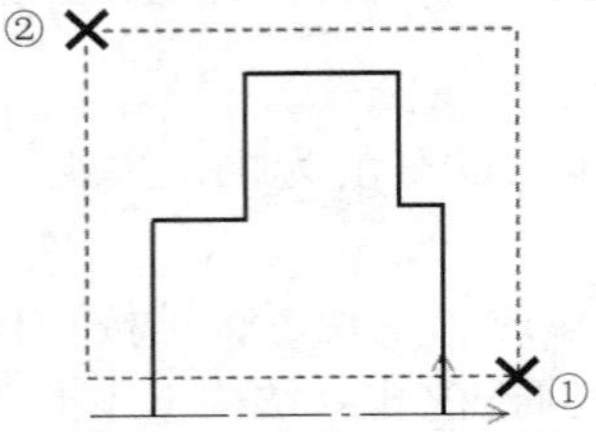 ②✕ ✕①	调用“镜像”功能，条件设置为：“选择轴线”→“拷贝”；按图示从①位置单击鼠标左键，向左上方拖拽，如图中虚线矩形框所示。在②位置再次单击鼠标左键，框选所有直线，单击鼠标右键，确认选择对象；拾取中心线为镜像中心，完成轮廓的镜像
4	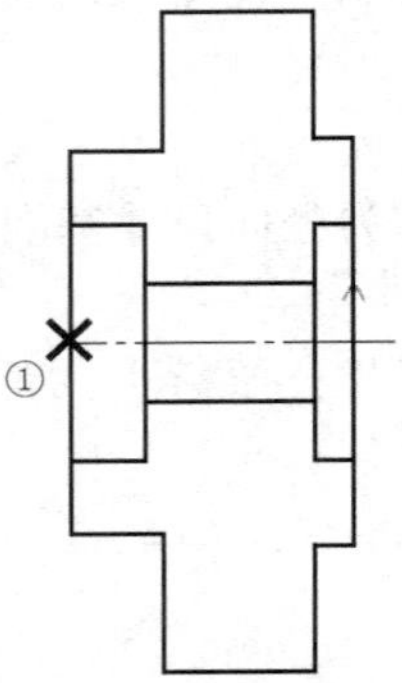 ✕①	调用“孔/轴”功能，条件设置为：“轴”→“直接给出角度”→“中心线角度”为“0” 拾取如图所示①位置点，在立即菜单中输入“起始直径”为“32”→“终止直径”为“32”→“无中心线”，动态输入轴长度为“10”，完成第一个孔轮廓的绘制 在立即菜单中修改“起始直径”为“16”→“终止直径”为“16”→“无中心线”，动态输入轴长度为“22”，完成第二个孔轮廓的绘制 在立即菜单中修改“起始直径”为“32”→“终止直径”为“32”→“无中心线”，动态输入轴长度为“22”，完成第三个孔轮廓的绘制，单击鼠标右键完成绘制

2. 绘制孔

序号	图例	操作步骤
1	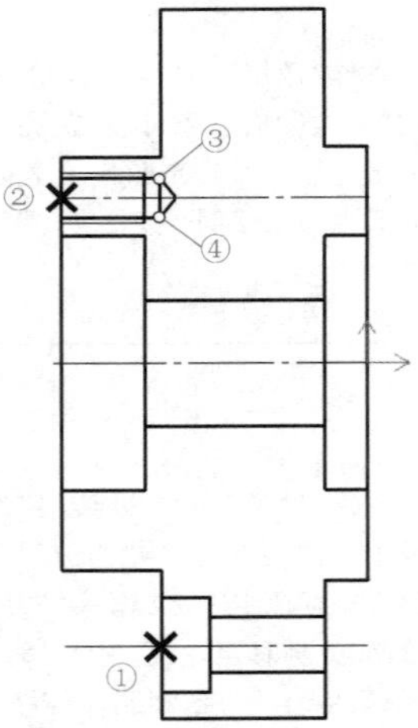 ③ ②✕ ④ ✕①	绘制两中心线：调用“等距线”功能，条件设置为：“单个拾取”→“指定距离”→“单向”→“空心”→“距离”输入“71/2”，拾取主视图轮廓中心线，在下方单击鼠标左键，生成沉头孔中心线；将“距离”参数修改为“21”，拾取主视图轮廓中心线，在上方单击鼠标左键，生成螺纹孔中心线 绘制沉头孔：调用“孔/轴”功能，条件设置为：“轴”→“直接给出角度”→“中心线角度”为“0”；拾取如图所示①位置点，在立即菜单中输入“起始直径”为“12”→“终止直径”为“12”→“无中心线”，动态输入轴长度为“6”，完成第一段孔轮廓的绘制；在立即菜单中修改“起始直径”为“7”→“终止直径”为“7”→“无中心线”，动态输入轴长度为“14”，完成第二段孔轮廓的绘制，单击鼠标右键完成绘制 绘制螺纹孔：调用“孔/轴”功能，条件设置为：“轴”→“直接给出角度”→“中心线角度”为“0”；拾取如图所示②位置点，在立即菜单中输入“起始直径” 为“5”→“终止直径”为“5”→“无中心线”，动态输入轴长度为“12”，单击鼠标右键，完成螺纹底孔轮廓的绘制；单击鼠标右键激活“孔/轴”功能，拾取如图所示②位置点，在立即菜单中输入“起始直径”为“6”→“终止直径”为“6”→“无中心线”，动态输入轴长度为“10”，单击鼠标右键，完成螺牙轮廓线的绘制 注意：单击鼠标左键拾取螺纹孔两条细线后，在“图层”中选择“细实线层” 调用“直线”功能，条件设置为：“角度线”→“X 轴夹角”→“到线上”→“度”输入“59”，拾取③位置的交点，然后拾取螺纹孔中心线。重复此步骤，将条件设置“度”修改为“-59”，完成另一条钻尖轮廓线

（续）

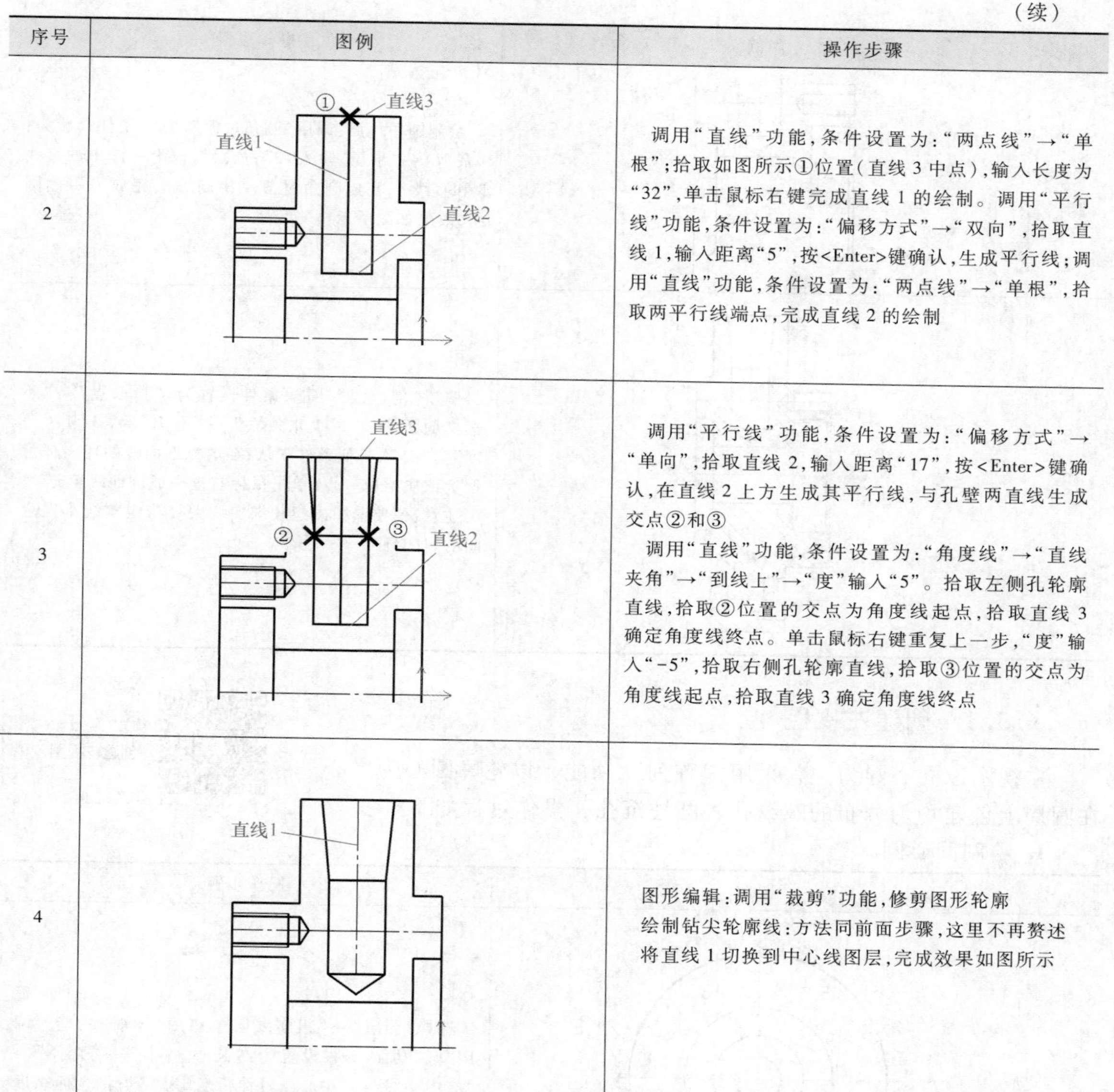

序号	图例	操作步骤
2		调用“直线”功能，条件设置为：“两点线”→“单根”；拾取如图所示①位置（直线 3 中点），输入长度为“32”，单击鼠标右键完成直线 1 的绘制。调用“平行线”功能，条件设置为：“偏移方式”→“双向”，拾取直线 1，输入距离“5”，按<Enter>键确认，生成平行线；调用“直线”功能，条件设置为：“两点线”→“单根”，拾取两平行线端点，完成直线 2 的绘制
3		调用“平行线”功能，条件设置为：“偏移方式”→“单向”，拾取直线 2，输入距离“17”，按<Enter>键确认，在直线 2 上方生成其平行线，与孔壁两直线生成交点②和③ 调用“直线”功能，条件设置为：“角度线”→“直线夹角”→“到线上”→“度”输入“5”。拾取左侧孔轮廓直线，拾取②位置的交点为角度线起点，拾取直线 3 确定角度线终点。单击鼠标右键重复上一步，“度”输入“-5”，拾取右侧孔轮廓直线，拾取③位置的交点为角度线起点，拾取直线 3 确定角度线终点
4		图形编辑：调用“裁剪”功能，修剪图形轮廓 绘制钻尖轮廓线：方法同前面步骤，这里不再赘述 将直线 1 切换到中心线图层，完成效果如图所示

3. 绘制倒角和圆角、填充剖面线

序号	图例	操作步骤
1	直线3 直线2 直线1 直线4 直线5 直线3	绘制倒角过渡：调用“内倒角”功能，条件设置为：“长度和角度方式”→“长度”输入“1”→“角度”输入“45”；依次拾取图示“直线 1”“直线 2”“直线 3”，完成倒角。相同方法完成另一侧倒角

（续）

序号	图例	操作步骤
2		绘制圆角过渡：调用"圆角过渡"功能，条件设置为："裁剪"→"半径"输入"2"；依次拾取上一图中的直线3和直线4，完成圆角过渡。相同方法完成另一侧圆角，效果如图所示
3		调用"剖面线"功能，条件设置为："拾取点"→"不选择剖面图案"→"非独立"→"比例"为"3"→"角度"为"45"，其他条件默认；在填充剖面线的环内任意位置依次拾取一点，单击鼠标右键完成剖面线填充 注意：不要漏掉内螺纹细实线大径与粗实线小径之间的封闭环

6.3.2 创建左视图

6.3.2
创建左视图

左视图以同心圆为主，采用"阵列"功能，以轮廓圆心为中心，在圆周上创建均匀分布的螺纹孔、圆柱沉孔，操作过程如下。

1. 绘制同心圆

序号	图例	操作步骤
1		选择"图层"→"粗实线层"，启用"导航"功能。调用"圆"功能，条件设置为："圆心_半径"→"直径"→"有中心线"→"中心线延伸长度"为"3"；将光标靠近主视图中心线右端点，系统自动捕捉端点，此时，水平向右滑移鼠标，出现导航线，在合适位置单击鼠标左键确定圆心位置；输入直径"90"，按<Enter>键确认；将条件设置中"有中心线"切换为"无中心线"，继续输入直径"55"，按<Enter>键确认，其他同心圆操作相同，依次完成直径52、32、16的同心圆，效果如图所示 注意：直径55的圆需要切换图层到虚线层 绘制中心线定位圆：切换"图层"→"中心线层"，调用"圆"功能，条件设置为："圆心_半径"→"直径"→"无中心线"；拾取圆心，分别输入直径71和42，绘制两个定位用中心线圆，如图所示

2. 绘制沉头孔及螺纹孔

序号	图例	操作步骤
1	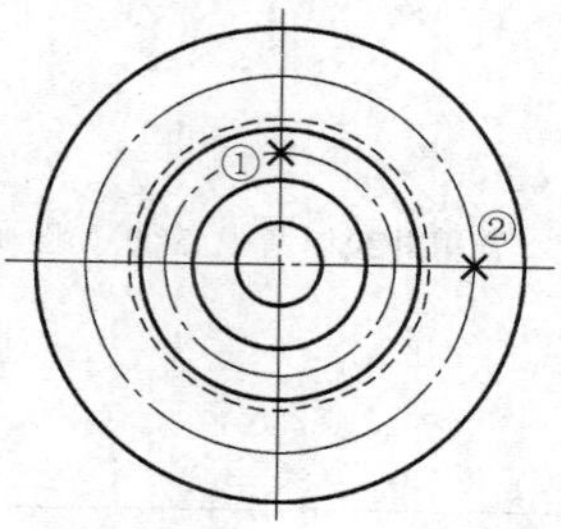 ①　②	选择"图层"→"粗实线层";选择"插入"选项卡→"图库"工具条→"常用图形",打开"插入图符"对话框;双击"螺纹",在新窗口选择"内螺纹-粗牙",单击"下一页",进入"尺寸规格"窗口,选择直径"6",修改螺距值为"1",单击完成;拾取①位置的交点,放置螺纹孔,单击鼠标右键退出当前功能。完成效果如图所示
2	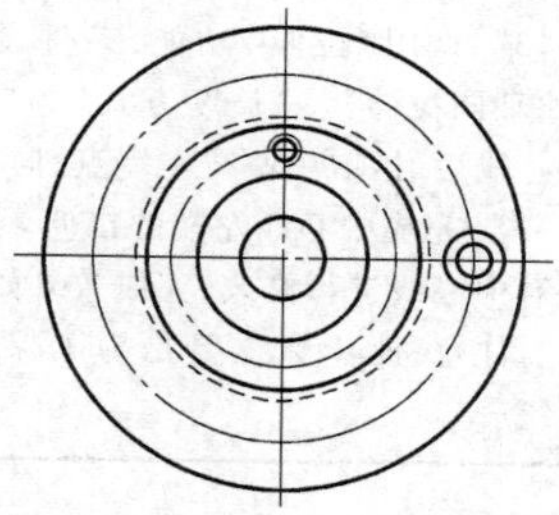	调用"圆"功能,条件设置为:"圆心_半径"→"直径"→"无中心线",选择上图②位置交点为圆心,分别绘制直径为7和12的同心圆。完成效果如图所示
3	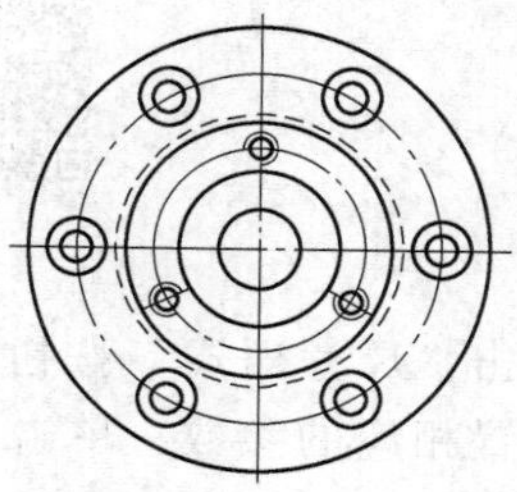	阵列生成其他相同轮廓:调用"阵列"功能,条件设置为"圆形阵列"→"旋转"→"均布"→"份数"输入"3";拾取螺纹孔,单击鼠标右键确认,拾取定位中心圆的圆心,完成螺纹孔的阵列复制 同样的方法,阵列复制沉头孔两个同心圆,其中"份数"输入为"6",过程不再赘述。效果如图所示

3. 绘制左视图锥孔轮廓

序号	图例	操作步骤
1	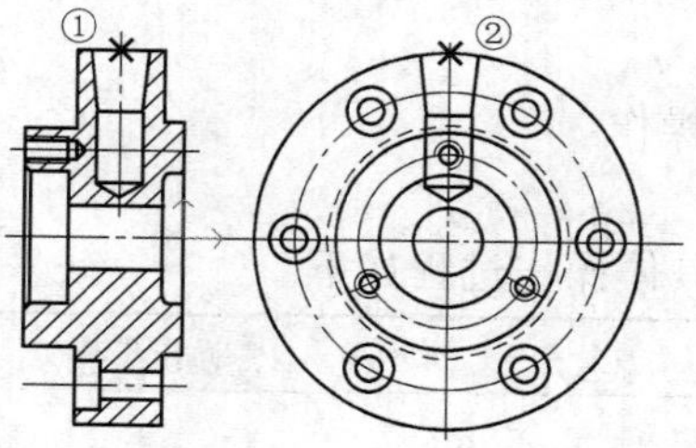 ①　②	复制主视图锥孔轮廓至左视图:调用"平移复制"功能,条件设置为:"给定两点"→"保持原态"→"旋转角"为"0"→"比例"为"1"→"份数"为"1"。拾取锥孔的轮廓线,单击鼠标右键确认,"第一点"选择图示①交点位置,"第二点"拾取图示②交点位置
2	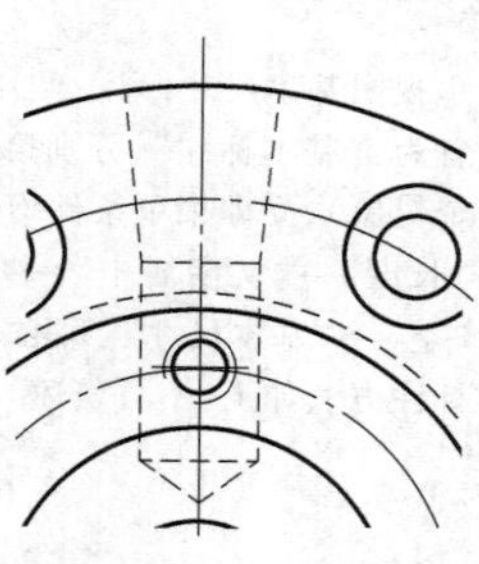	拾取左视图的锥孔轮廓,切换"图层"为"虚线层"。使用"裁剪"功能修剪左视图多余线条。裁剪后效果如图所示 注意:将左视图锥孔部分放大,使用"裁剪"功能修剪掉锥孔轮廓的多余部分

4. 修改或添加中心线

序号	图例	操作步骤
1	裁剪掉 裁剪掉 裁剪掉 绘制中心线	裁剪并绘制新中心线，如图所示
2		调整中心线，使中心线沿轮廓边界延伸长度统一为"3"：调用"拉伸"功能，条件设置为："单个拾取"→"轴向拉伸"→"长度方式"→"增量"；拾取主视图中心线后，拾取中心线左端点，向左滑移鼠标，输入长度"3"，完成中心线左端的拉伸。使用同样的方法，依次对中心线进行修改，完成效果如图所示 注意：此步骤主要是为了保证图纸中心线的规范统一

6.3.3 创建标注

6.3.3 创建标注

1. 设置当前图层、标注风格和文本风格

（1）将"尺寸线层"设置为当前图层。

（2）在功能区切换至"标注"选项卡。

（3）标注风格设置：在"标注样式"工具条中单击"尺寸样式"按钮，系统弹出"标注风格设置"对话框，用户参考相关的机械制图标准设置相应的参数，单击"确定"按钮，完成标注风格的设置。

本案例采用默认的"标准"标注风格来进行操作。

（4）文本风格设置：在"标注样式"工具条中单击"文本样式"按钮，系统弹出"文本风格设置"对话框，用户参考相关的机械制图标准设置相应的参数，单击"确定"按钮，完成文本风格的设置。

本案例采用默认的"标准"文本风格来进行操作。

2. 标注尺寸及技术要求

本案例中包括基本尺寸的标注和技术要求，具体操作过程如下。

序号	图例	操作步骤
1	37 20 5 5° 15 32 10 5	主视图基本尺寸标注：调用"尺寸标注"功能，条件设置为："基本标注"；分别拾取标注对象（或分别拾取两个对象），立即菜单条件均使用默认，即"文字平行"→"长度"→"文字居中"→"前缀"为"空"→"后缀"为"空"→"基本尺寸"（即自动判断的尺寸）。角度尺寸标注方法如上，不再赘述。标注后如图所示

（续）

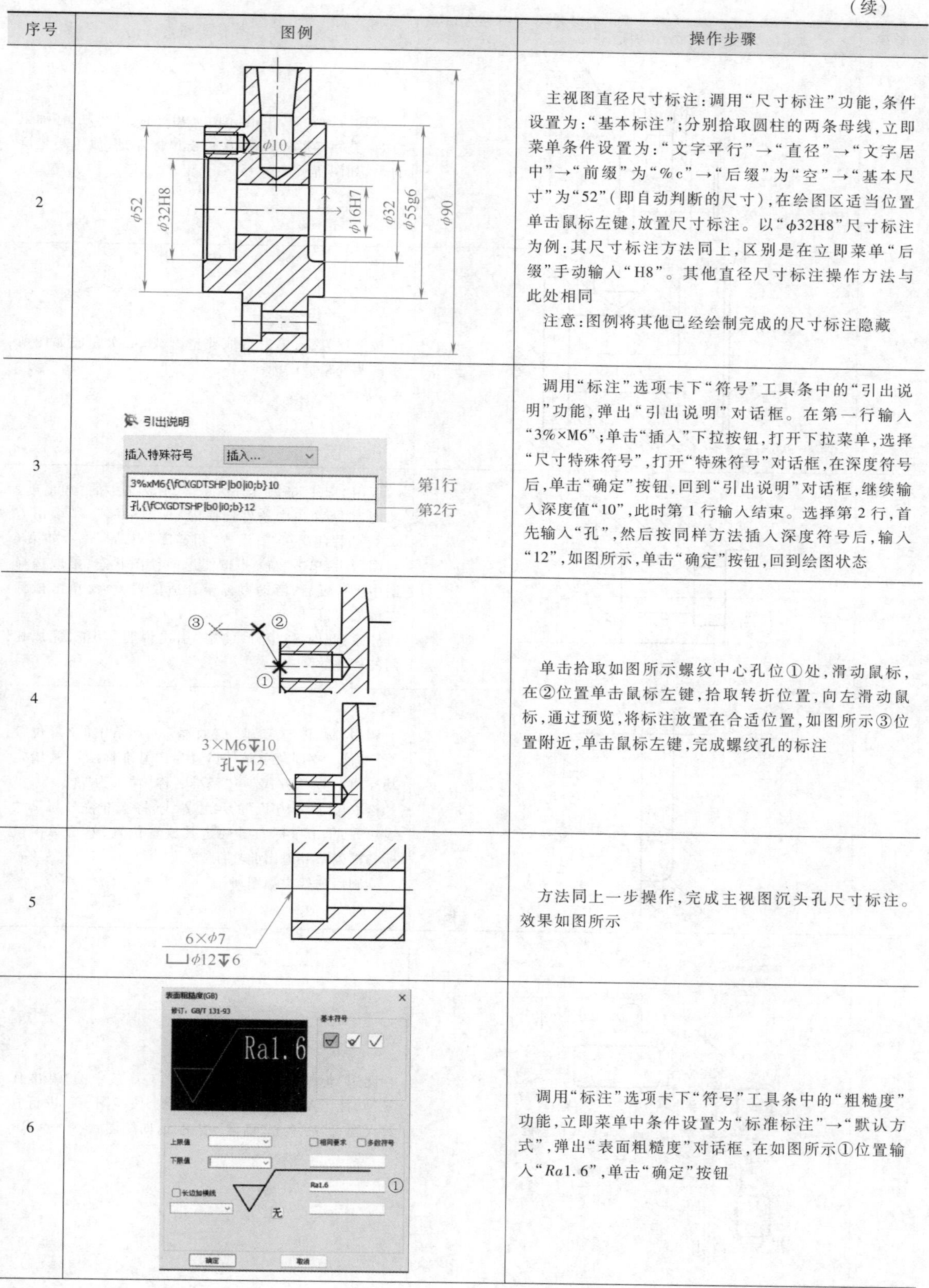

序号	图例	操作步骤
2		主视图直径尺寸标注：调用“尺寸标注”功能，条件设置为：“基本标注”；分别拾取圆柱的两条母线，立即菜单条件设置为：“文字平行”→“直径”→“文字居中”→“前缀”为“%c”→“后缀”为“空”→“基本尺寸”为“52”（即自动判断的尺寸），在绘图区适当位置单击鼠标左键，放置尺寸标注。以“ϕ32H8”尺寸标注为例：其尺寸标注方法同上，区别是在立即菜单“后缀”手动输入“H8”。其他直径尺寸标注操作方法与此处相同 注意：图例将其他已经绘制完成的尺寸标注隐藏
3		调用“标注”选项卡下“符号”工具条中的“引出说明”功能，弹出“引出说明”对话框。在第一行输入“3%×M6”；单击“插入”下拉按钮，打开下拉菜单，选择“尺寸特殊符号”，打开“特殊符号”对话框，在深度符号后，单击“确定”按钮，回到“引出说明”对话框，继续输入深度值“10”，此时第1行输入结束。选择第2行，首先输入“孔”，然后按同样方法插入深度符号后，输入“12”，如图所示，单击“确定”按钮，回到绘图状态
4		单击拾取如图所示螺纹中心孔位①处，滑动鼠标，在②位置单击鼠标左键，拾取转折位置，向左滑动鼠标，通过预览，将标注放置在合适位置，如图所示③位置附近，单击鼠标左键，完成螺纹孔的标注
5		方法同上一步操作，完成主视图沉头孔尺寸标注。效果如图所示
6		调用“标注”选项卡下“符号”工具条中的“粗糙度”功能，立即菜单中条件设置为“标准标注”→“默认方式”，弹出“表面粗糙度”对话框，在如图所示①位置输入“*Ra*1.6”，单击“确定”按钮

（续）

序号	图例	操作步骤
7	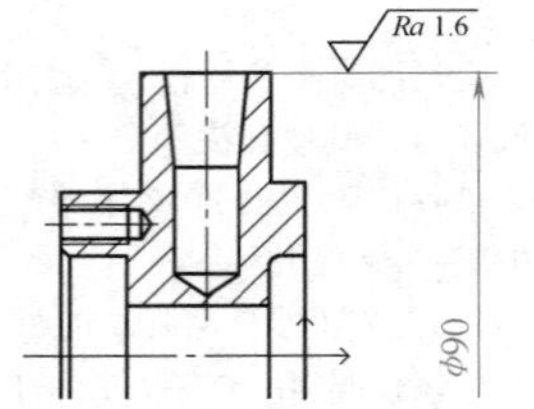 Ra 1.6 ϕ90	回到绘图状态，单击拾取“ϕ90”的尺寸界限，移动鼠标，调整粗糙度位置，再次单击鼠标左键，放置粗糙度符号，如图所示
8	Ra 1.6 Ra 1.6	按上述方法，单击拾取孔壁直线，依次完成如图所示的两处粗糙度标注
9	Ra 1.6 ①	调用“标注”选项卡下“符号”工具条中的“粗糙度”功能，立即菜单中条件切换为“标准标注”→“引出方式”→“智能结束 ”；设置“粗糙度”对话框参数如第 6 步图所示，单击“确定”按钮返回绘图状态，拾取选择图中①位置后，滑动鼠标至合适位置，再次单击鼠标左键放置符号 注意：此处可以巧妙使用“引出说明”功能，完成相同的标注效果
10	ϕ16H7 A	调用“标注”选项卡下“符号”工具条中的“形位公差”功能，立即菜单条件设置为：“基准标注”→“给定基准”→“默认方式”→“基准名称”输入为“A” 拾取尺寸“ϕ16H7”的尺寸界线，将基准符号与尺寸线对齐，单击鼠标左键确定其放置位置，然后单击鼠标右键确认并退出此功能 绘制后的效果如图所示
11	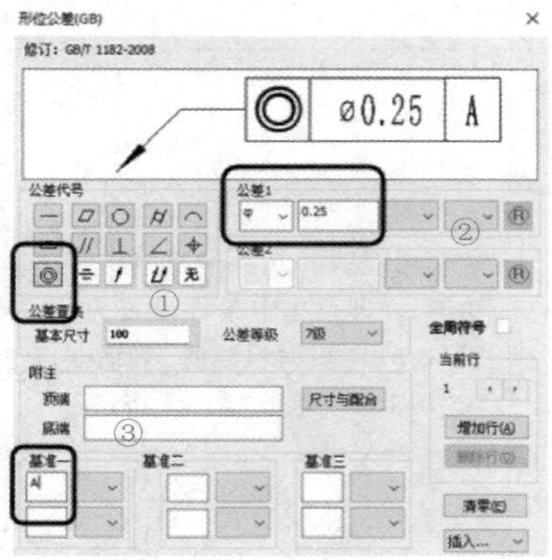 形位公差(GB) 修订：GB/T 1182-2008 ø0.25 A 公差代号 公差1 0.25 公差2 ① ② 公差查表 基本尺寸 100 公差等级 7级 全周符号 当前行 附注 顶端 底端 尺寸与配合 ③ 增加行(A) 删除行(D) 基准一 A 基准二 基准三 清零(C) 插入...	调用“标注”选项卡下“符号”工具条中的“基准代号”功能，打开“形位公差”对话框，按左图所示进行参数设置，然后单击“确定”按钮，返回绘图状态

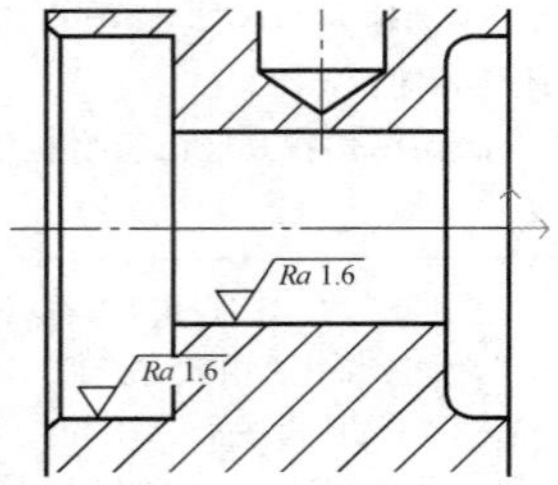

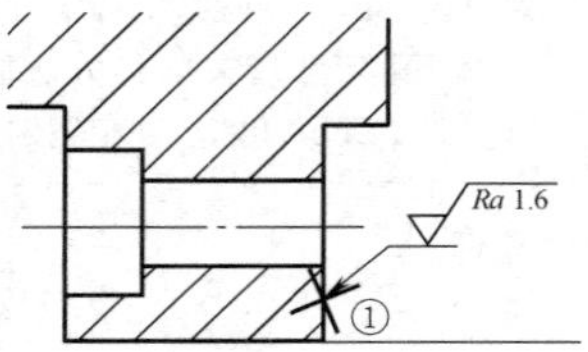

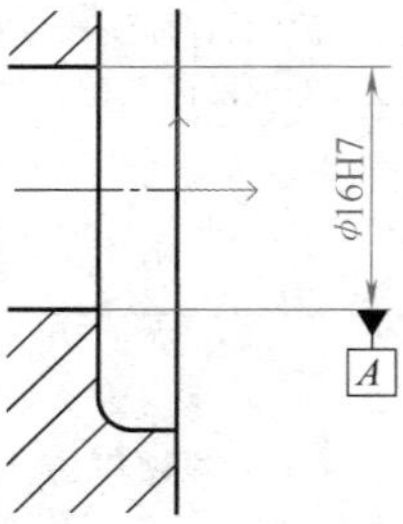

（续）

序号	图例	操作步骤
12	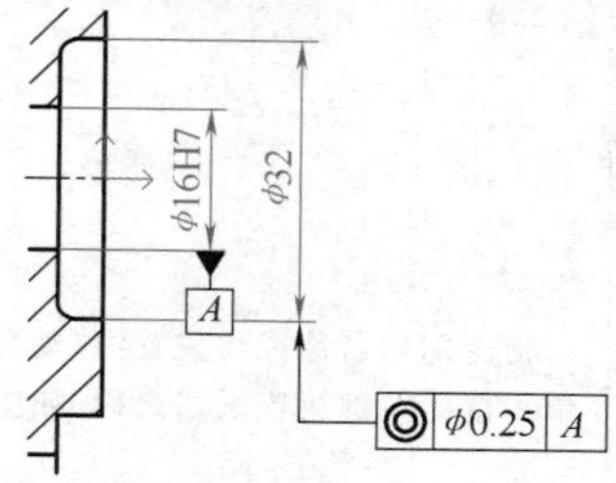	拾取尺寸“ϕ32”的尺寸界线，将指引线与尺寸线对齐，单击鼠标左键确定引线转折位置，然后滑动鼠标后，再次单击鼠标左键，放置形位公差。绘制后的效果如图所示
13	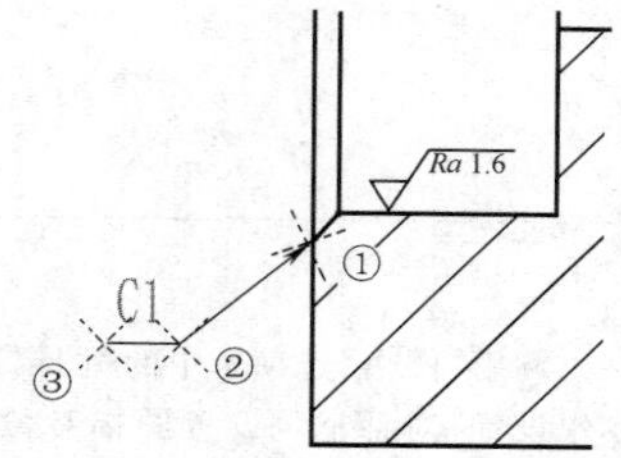	调用“标注”选项卡下“符号”工具条中的“引出说明”功能，弹出“引出说明”对话框 在第一行输入“C1”，单击“确定”按钮返回绘图状态。如图所示，在①位置单击鼠标左键，滑动鼠标，在②位置单击鼠标左键确定指引线转折点，滑动鼠标到③位置单击鼠标右键，完成倒角标注
14	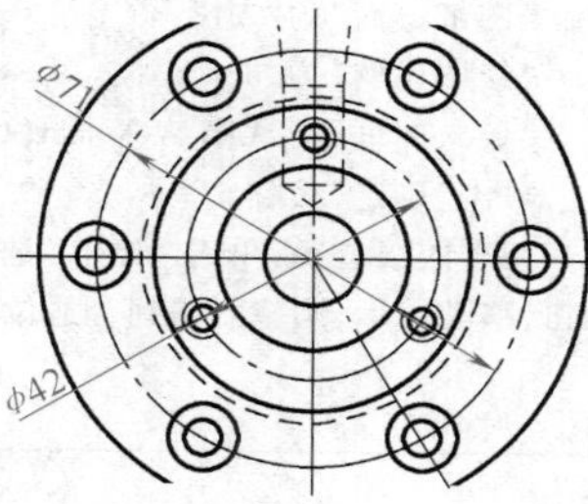	调用“常用”选项卡下“标注”工具条中的“直径”功能，拾取中心定位圆，滑动鼠标，在合适位置单击鼠标左键放置尺寸标注。效果如图所示 
15	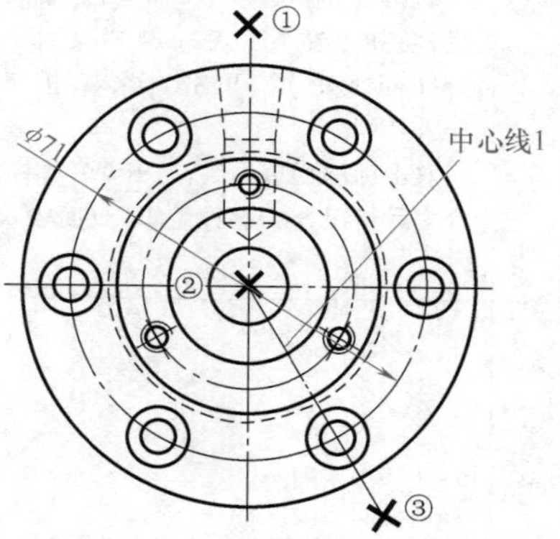	调用“标注”选项卡下“符号”工具条中的“剖切符号”功能，立即菜单条件设置为：“不垂直导航”→“自动放置剖切符号”；启用“导航”功能；使光标与竖直中心线对齐，如图所示，在①位置单击鼠标左键，然后拾取中心点②位置，通过“导航”功能，沿“中心线 1”移动鼠标，在③位置单击鼠标左键
16	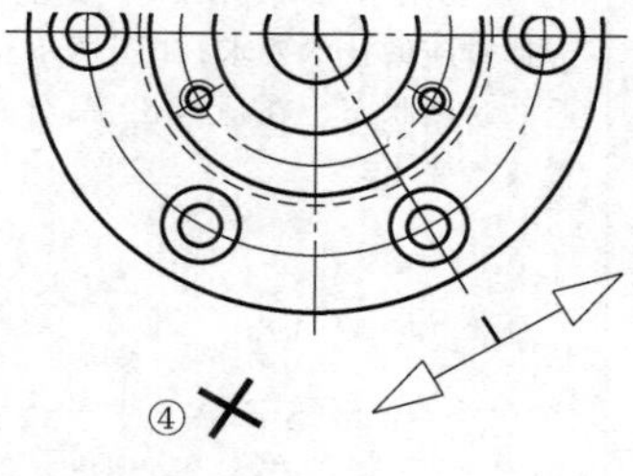	然后单击鼠标右键判断剖切方向，如图所示，在④位置单击鼠标左键，确定剖切方向

（续）

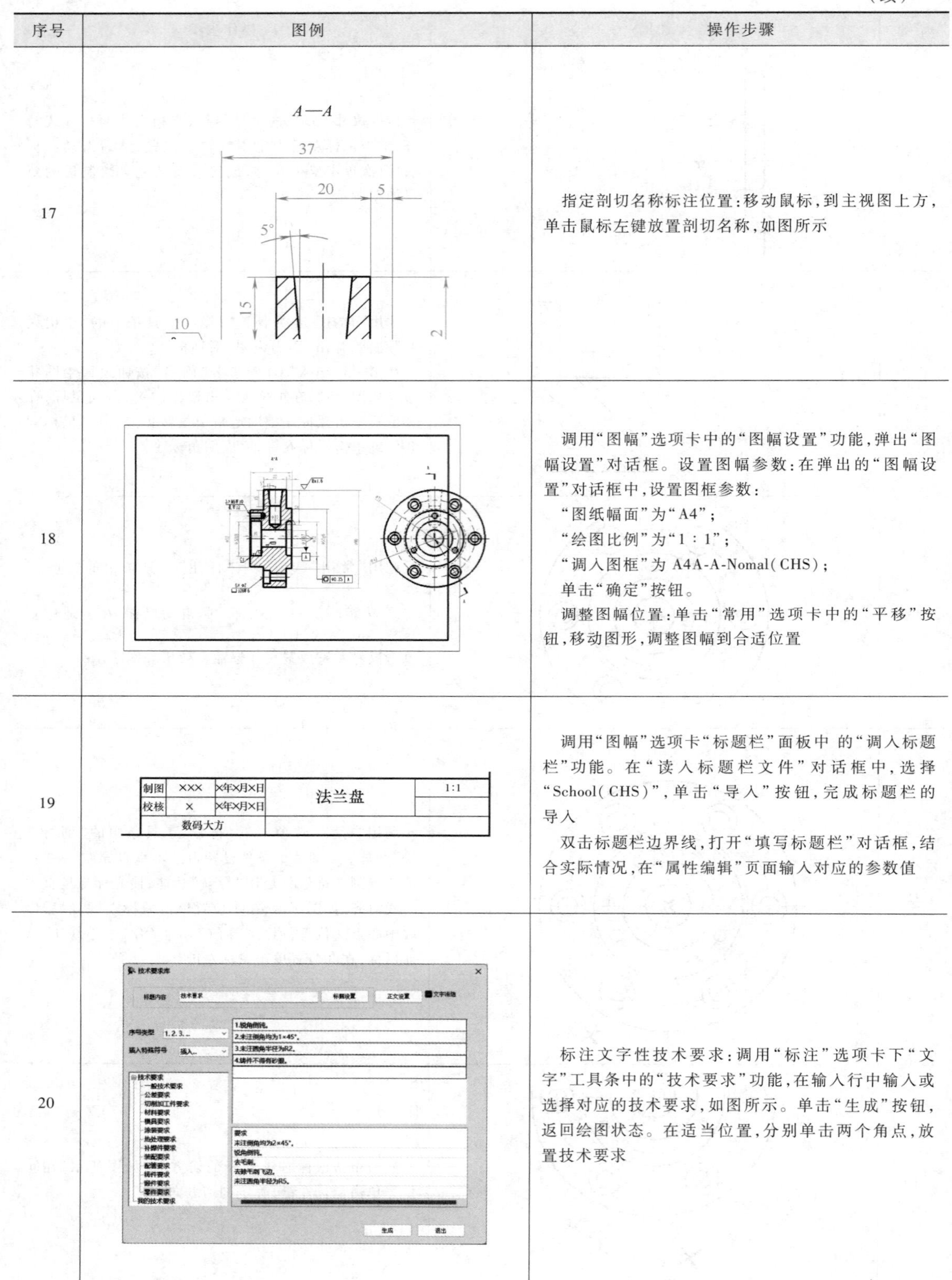

序号	图例	操作步骤
17		指定剖切名称标注位置：移动鼠标，到主视图上方，单击鼠标左键放置剖切名称，如图所示
18		调用“图幅”选项卡中的“图幅设置”功能，弹出“图幅设置”对话框。设置图幅参数：在弹出的“图幅设置”对话框中，设置图框参数： “图纸幅面”为“A4”； “绘图比例”为“1 ∶ 1”； “调入图框”为 A4A-A-Nomal(CHS)； 单击“确定”按钮。 调整图幅位置：单击“常用”选项卡中的“平移”按钮，移动图形，调整图幅到合适位置
19		调用“图幅”选项卡“标题栏”面板中 的“调入标题栏”功能。在“读入标题栏文件”对话框中，选择“School(CHS)”，单击“导入”按钮，完成标题栏的导入 双击标题栏边界线，打开“填写标题栏”对话框，结合实际情况，在“属性编辑”页面输入对应的参数值
20		标注文字性技术要求：调用“标注”选项卡下“文字”工具条中的“技术要求”功能，在输入行中输入或选择对应的技术要求，如图所示。单击“生成”按钮，返回绘图状态。在适当位置，分别单击两个角点，放置技术要求

（续）

序号	图例	操作步骤
21	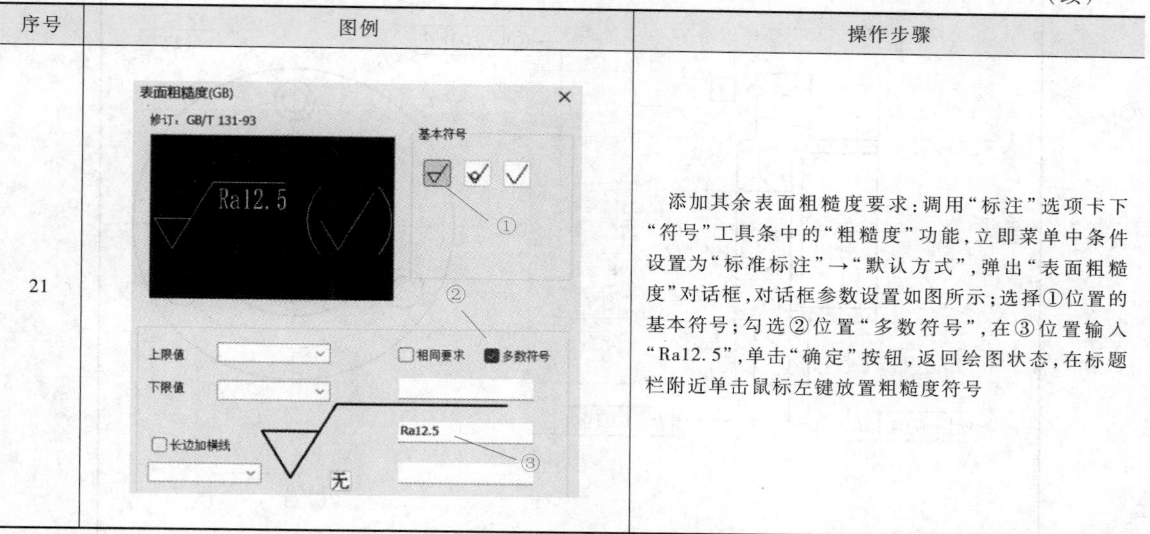	添加其余表面粗糙度要求：调用“标注”选项卡下“符号”工具条中的“粗糙度”功能，立即菜单中条件设置为“标准标注”→“默认方式”，弹出“表面粗糙度”对话框，对话框参数设置如图所示；选择①位置的基本符号；勾选②位置“多数符号”，在③位置输入“Ra12.5”，单击“确定”按钮，返回绘图状态，在标题栏附近单击鼠标左键放置粗糙度符号

【技能点拨】

1. 单击拾取图幅后，会出现“夹点”，单击鼠标左键拾取“夹点”后移动鼠标即可移动图幅。

2. 根据机械制图国家标准，如果在机件的多数（包括全部）表面有相同的表面结构要求时，则其表面结构要求可统一标注在图样的标题栏附近，此时（除全部表面有相同要求的情况外），表面结构要求的符号后面应有在圆括号内给出无任何其他标注的基本符号，或者在圆括号内给出不同的表面结构要求。

3. CAXA 电子图板为广大用户提供了“技术要求库”。对于文字性技术要求的标注，也可以在“标注”面板中单击“A（文字）”功能来注写“技术要求”标题及其正文内容，但是，此方法没有使用“技术要求”功能读取技术要求库进行技术要求注写效率高。

4. 在制图过程中，图幅及对话框的绘制在基本视图后进行，有利于用户灵活调整绘图布局，读者可以根据自己的制图习惯进行步骤的调整。

5. 对于盘类、套类零件，具有均匀分布的孔时，可以采用简化画法，即只画出一个孔的轮廓，其他孔只画出其定位中心线，在标注尺寸时注写数量。

【项目小结】

本项目介绍了法兰盘零件的绘制方法。零件主要由两个视图组成：主视图和左视图，使用“尺寸标注”命令添加零件尺寸、注写零件技术要求和标题栏，并结合零件尺寸进行图幅的设置。通过案例操作，可以梳理盘类零件的工程图绘制方法。

【精学巧练】

分析零件图 6-1，利用 CAXA 电子图板，完成端盖工程图的绘制。

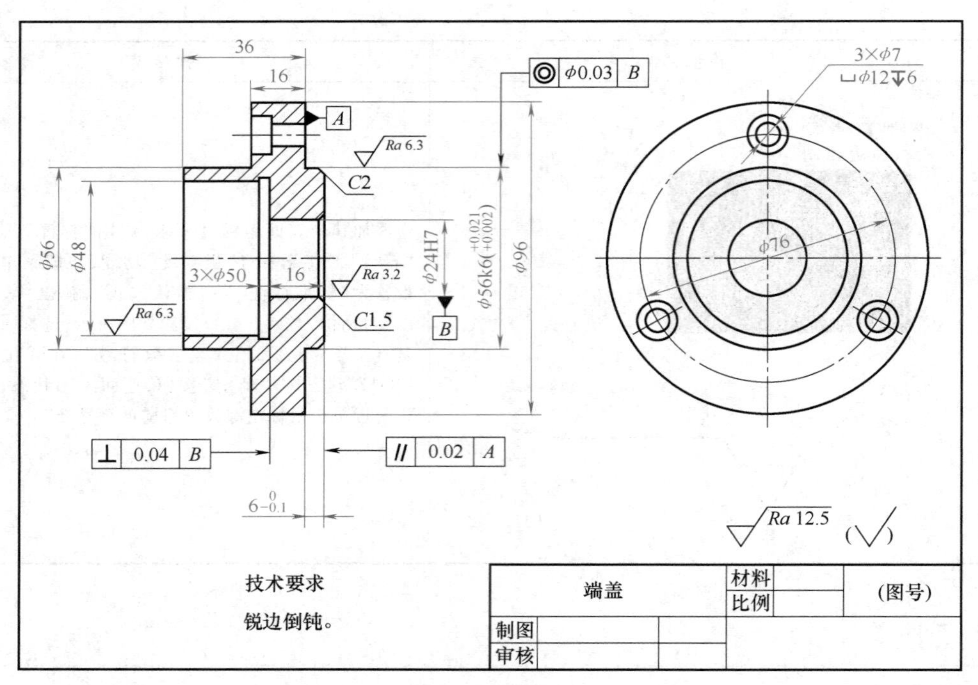
36
16
A
Ra 6.3
φ0.03 B
3×φ7
⌴φ12↧6
C2
φ56
φ48
3×φ50
16
Ra 3.2
φ24H7
φ56k6(+0.021/+0.002)
φ96
φ76
Ra 6.3
C1.5
B
⊥ 0.04 B
// 0.02 A
6-0.1
Ra 12.5 (√)
技术要求
锐边倒钝。
端盖
材料
比例
(图号)
制图
审核

图 6-1 零件图

项目 7　箱体类零件设计

【知识目标】 箱体类零件的视图表达方法；箱体类零件的标注；图幅和绘图比例的设置；技术要求的注写。

【技能目标】 能够绘制完整的箱体类零件图；能够准确注写技术要求；能够设置合适的图幅和绘制比例。

【素养目标】 培养学生有担当意识和责任意识，勇于发现问题、解决问题。

箱体类零件是机器中的主要零件之一，主要用来支承、包容和保护运动零件或其他零件，其内部有空腔、放油孔、螺纹孔、沉孔、螺栓孔、销孔、凸台和肋板等结构，形状比较复杂。箱体类零件在表达时要有基本视图，并适当配以剖视图、断面图等表达方法，这样才能完整、清晰地描述它们的内、外结构形状。例如：主视图的表达，一般选择工作位置或最能反映零件结构形状的方向作为主视方向；支承孔轴线的剖视图表达零件的内部结构，利用其他视图表现外部形状；螺纹孔、凸台及肋板等，可采用局部剖视图、局部视图或断面图等方式表达。

7.1　案例分析

传动器箱体零件图如图 7-1-1 所示。根据结构特征分析该箱体可分为四个主要部分：腔体

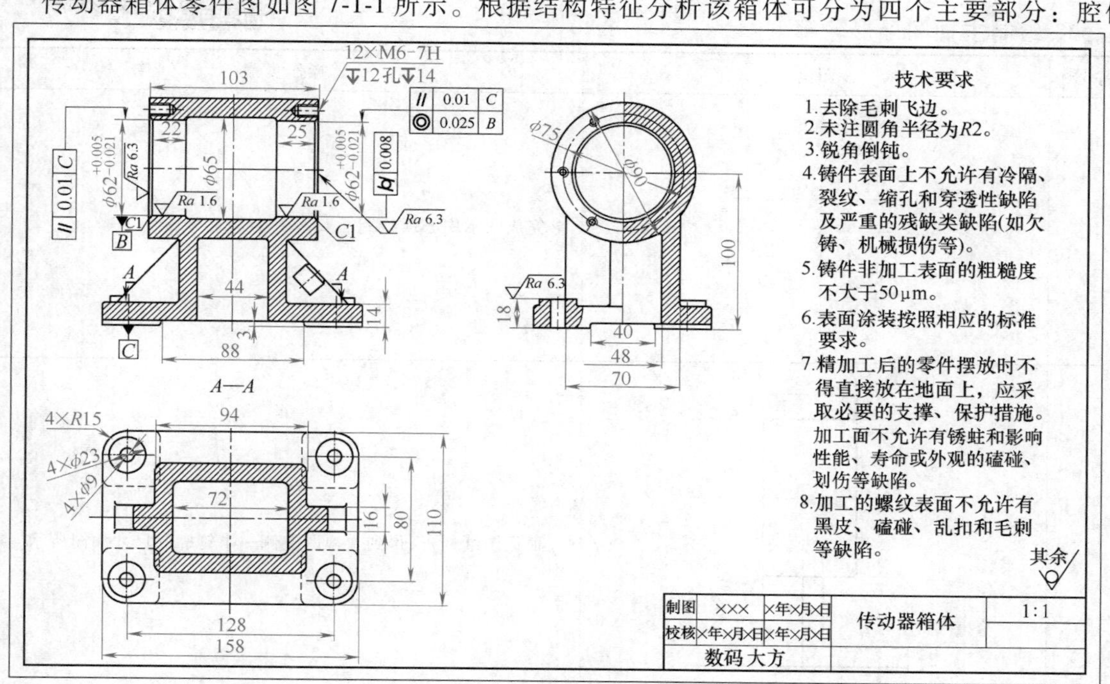

图 7-1-1　传动器箱体零件图

部分、支撑板部分、肋板部分和底板部分。在腔体部分的两端分别均布 6 个螺纹孔，共计 12 个；支撑板部分有 2 个肋板与底板连接；底板部分有 4 个凸台和 4 个通孔叠加分布在底板的 4 个转角处。

7.2 设计思路

1. 根据对零件的结构分析确定视图表达方案

（1）箱体类零件多为铸造件，应用铣床进行钻孔、攻螺纹等加工。因此，以工作位置、自然安放位置或以最能反映其各组成部分形状特征及相对位置的方向作为主视图的投影方向。

（2）根据本案例的特点，遵循零件主视图的选择原则，主视图按工作位置安放，将底板放平。箱体腔体部分结构为对称结构，主视图可以采用全剖视图来表达箱体内部结构。左视图采用半剖和局部剖的方式来表达螺纹孔的分布及数量；用局部剖视图表达底座通孔的结构。俯视图采用全剖视图表达支撑部分的内部结构及底板处凸台和通孔的位置。

2. 根据零件的结构特点确定尺寸标注方案

从俯视图看，零件结构以中心为基准呈对称结构，因此，长度和宽度上采用中心对称式标注；高度方向上以底面为基准标注高度尺寸。

根据使用要求，在工程图中应绘制尺寸公差标注、形位公差标注、表面粗糙度标注以及技术要求等。

7.3 案例操作

7.3.1 创建主视图

7.3.1-1 绘制主视图外形轮廓

1. 绘制主视图外形轮廓

序号	图例	操作步骤
1		完成图示中心线绘制
2		根据图纸分析，得到主视图左侧一半轮廓的尺寸如图所示

（续）

序号	图例	操作步骤
3	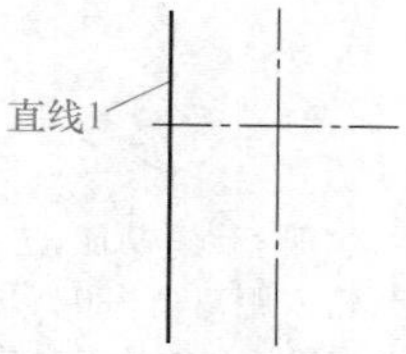 直线1	选择“图层”→“粗实线层”，调用“等距线”功能，条件设置为：“单个拾取”→“指定距离”→“单向”→“空心”→“距离”输入“51.5”→“份数”输入“1”，选取绘制竖直方向的中心线，选择左侧箭头方向，生成“直线 1”，单击鼠标右键结束当前命令
4	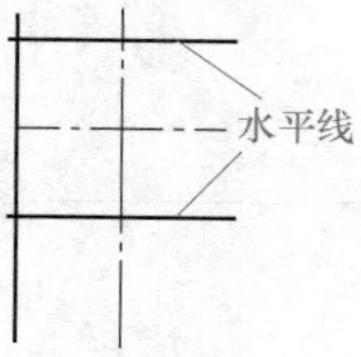 水平线	调用“平行线”功能，条件设置为“偏移方式”“双向”，选择水平中心线，输入距离“45”，按<Enter>键确定，完成两条水平线的绘制
5	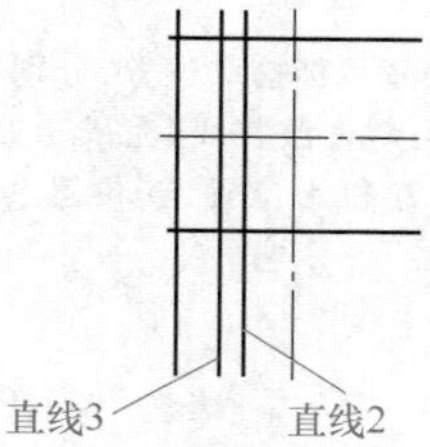 直线3 直线2	单击鼠标右键重复“平行线”功能，条件设置切换为“单向”，选择竖直方向的中心线，光标移动到中心线左侧后输入距离“22”，按<Enter>键确定，完成“直线 2”的绘制；接着输入距离“33”，按<Enter>键确定，完成“直线 3”的绘制，单击鼠标右键结束当前命令
6	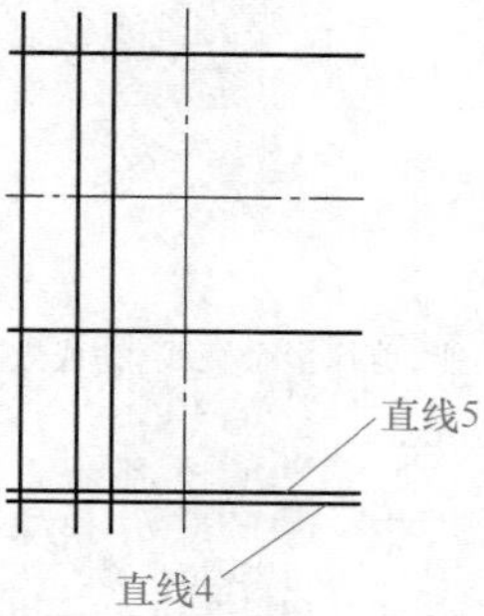 直线5 直线4	单击鼠标右键重复“平行线”功能，选择水平中心线，光标移动到中心线下方后输入距离“97”，按<Enter>键确定，完成“直线 4”的绘制；接着输入距离“100”，按<Enter>键确定，完成“直线 5”的绘制，单击鼠标右键结束当前命令
7	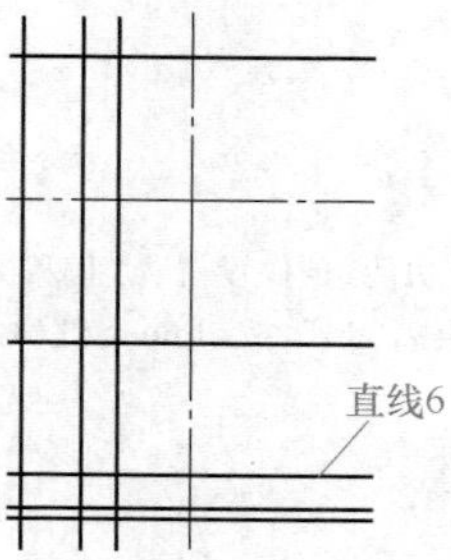 直线6	单击鼠标右键重复“平行线”功能，选择“直线 4”，光标向上方移动后，输入距离值“14”，按<Enter>键确定，完成“直线 6”的绘制，单击鼠标右键结束当前命令

（续）

序号	图例	操作步骤
8	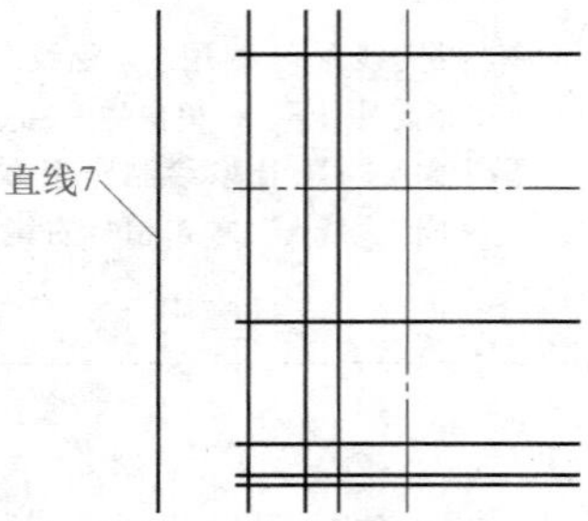 直线7	单击鼠标右键重复“平行线”功能，选择竖直方向的中心线，光标向左方移动后，输入距离值“80”，按<Enter>键确定，完成“直线 7”的绘制，单击鼠标右键结束当前命令
9	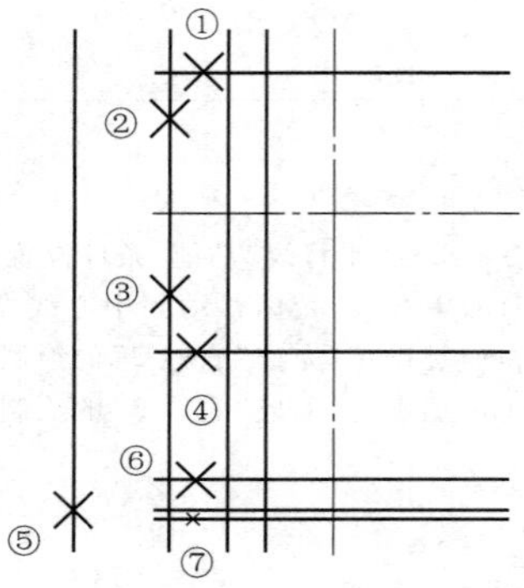 ① ② ③ ④ ⑤ ⑥ ⑦	图中所示“×”表示鼠标拾取位置，分别在①位置和②位置单击鼠标左键拾取尖角过渡直线，完成一处尖角过渡；同样的方法，分别拾取③位置和④位置、⑤位置和⑥位置、⑤位置和⑦位置
10	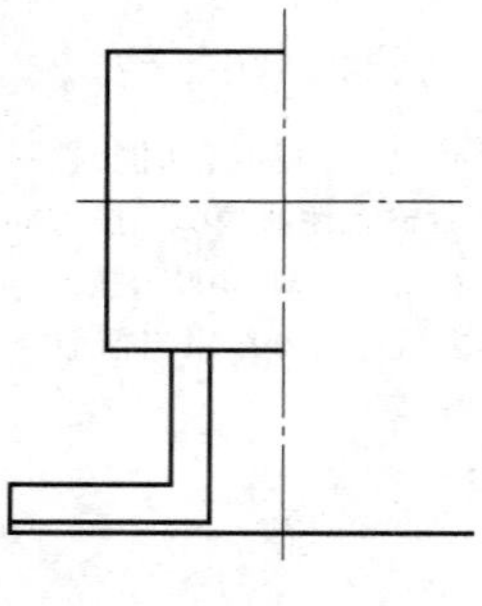	调用“裁剪”功能，剪掉多余直线，完成效果如图所示
11	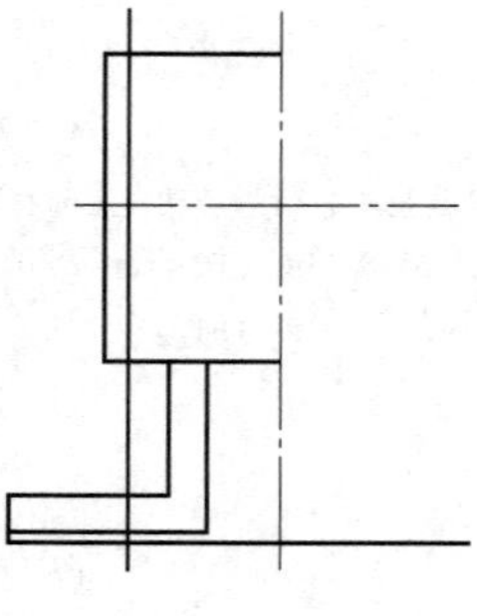	调用“平行线”功能，条件设置为“偏移方式”“单向”，选择水平中心线，输入距离“44”，按<Enter>键确定，完成直线绘制

（续）

序号	图例	操作步骤
12	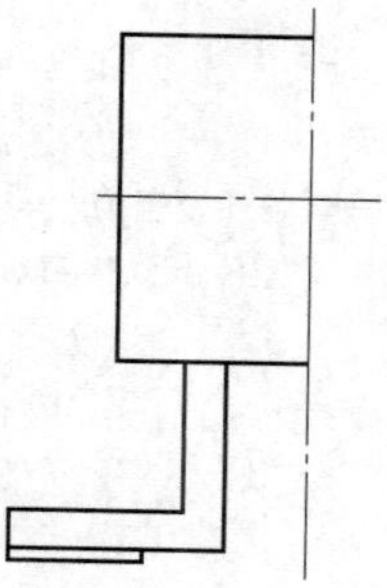	调用“裁剪”功能，剪掉多余直线，完成效果如图所示，完成主视图左侧一半轮廓的绘制
13	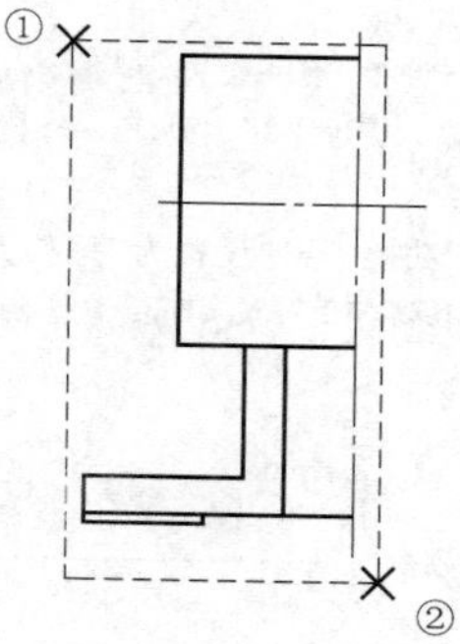	镜像已绘制的轮廓线：调用“镜像”功能，条件设置为：“选择轴线”→“拷贝”；如图框选所有直线，单击鼠标右键，确认选择对象；拾取竖直方向中心线为镜像中心，完成轮廓的镜像
14	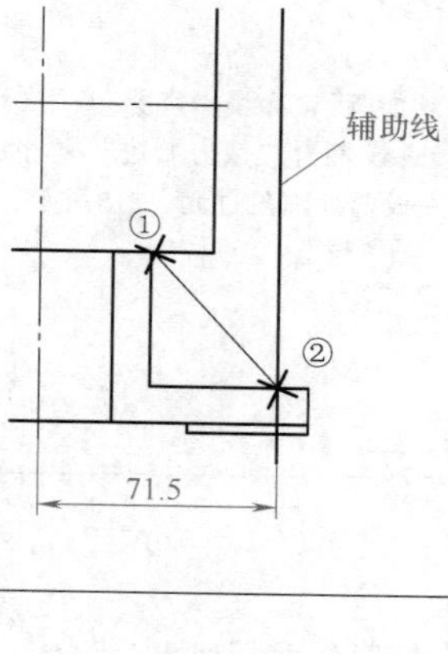	绘制肋板：调用“平行线”功能，条件设置为“偏移方式”“单向”，选择竖直中心线，鼠标移动至中心线左侧后输入距离“71.5”，按<Enter>键确定，完成辅助直线的绘制。调用“直线”功能，条件设置为：“两点线”→“单根”，拾取捕捉点①和点②，绘制肋板轮廓线 注意：绘制完肋板轮廓后删除辅助直线
15	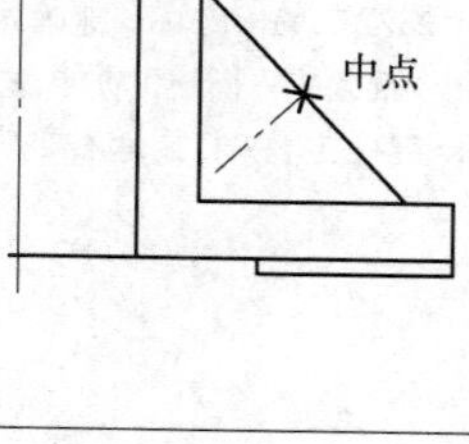	绘制肋板的重合断面图：选择“图层”→“中心线层”；过肋板线中点作直线的法线。调用“直线”功能，条件设置为：“切线/法向”→“法向”→“非对称”→“到点”，拾取肋板线，选取肋板线的中点绘制如图所示中心线

（续）

序号	图例	操作步骤
16	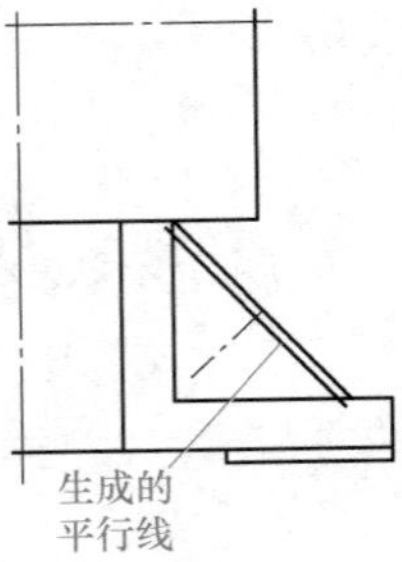 生成的 平行线	调用“平行线”功能，条件设置为“偏移方式”“单向”，选择肋板轮廓线，输入距离“2”，单击鼠标右键完成平行线绘制，如图所示
17	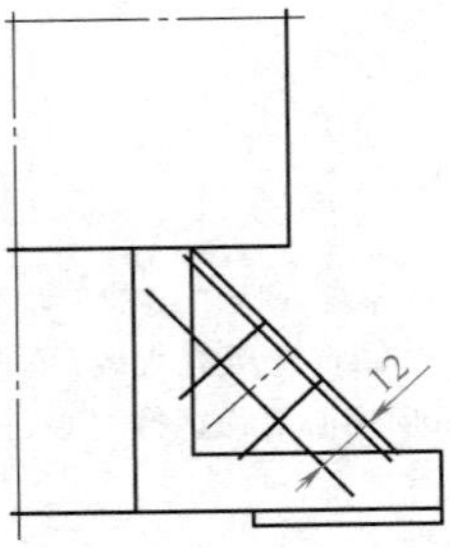 12	调用“平行线”功能，条件设置为“偏移方式”“双向”，选择新绘制的中心线，输入距离“8”，按<Enter>键确定，完成两条水平线的绘制 重复“平行线”功能，条件设置为“偏移方式”“单向”，选择肋板轮廓线，输入距离“12”，按<Enter>键确定，完成平行线的绘制，如图所示
18	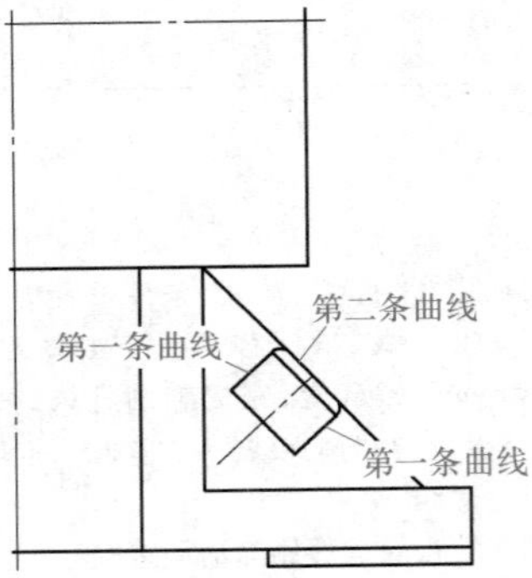 第二条曲线 第一条曲线 第一条曲线	调用“裁剪”功能，将轮廓编辑修剪；调用“修改”→“过渡”→“圆角”功能，条件设置为：“裁剪始边”→“半径”输入“2”，分别拾取两组曲线完成两处圆角过渡，如图所示
19	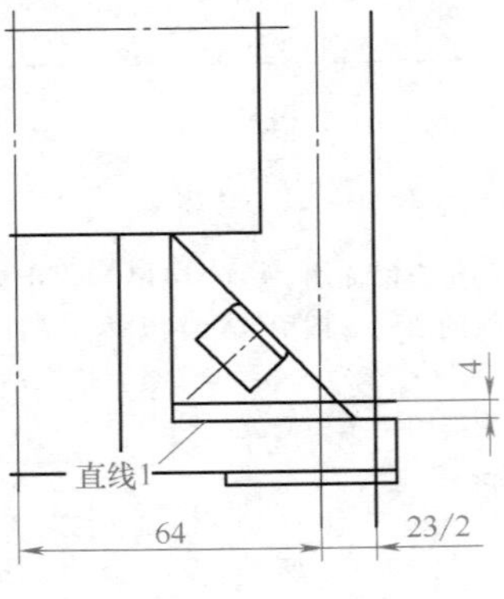 4 直线1 64 23/2	选择“图层”→“中心线层”；调用“平行线”功能，条件设置为“偏移方式”“单向”，选择竖直中心线，输入距离“64”，按<Enter>键确定，单击鼠标右键完成孔中心线的绘制 选择“图层”→“粗实线线层”；重复“平行线”功能，选择孔中心线，输入距离“23/2”，按<Enter>键确定，单击鼠标右键完成凸台边界线定位。重复“平行线”功能，选择“直线 1”，输入距离“4”，按<Enter>键确定，单击鼠标右键完成凸台边界线定位，如图所示

（续）

序号	图例	操作步骤
20		调用“裁剪”功能，将轮廓编辑修剪；调用“镜像”功能，条件设置为：“选择轴线”→“拷贝”，将肋板轮廓线和凸台轮廓线沿中心线镜像，完成效果如图所示
21		调用“圆角过渡”功能，“半径”输入“2”，完成如图所示各处圆角过渡

7.3.1-2
绘制主视图内轮廓

2. 绘制主视图内轮廓

序号	图例	操作步骤
1		调用“孔/轴”功能，条件设置为：“轴”→“直接给出角度”→“中心线角度”为“0”；拾取如图所示①位置点，在立即菜单的条件设置中“起始直径”输入“62”，“终止直径”输入“62”，“无中心线”，动态输入轴长度为“22”，按<Enter>键确认，完成第一个孔轮廓的绘制；在立即菜单中修改“起始直径”为“65”，“终止直径”输入“65”，“无中心线”，动态输入轴长度为“56”，按<Enter>键确认，完成第二个孔轮廓的绘制；在立即菜单中修改“起始直径”为“62”，“终止直径”输入“62”，“无中心线”，动态输入轴长度输入“25”，按<Enter>键确认，完成第三个孔轮廓的绘制，单击鼠标右键完成绘制 说明：此方法在孔两端面位置会有重合直线，请将本次操作中产生的轴端面直线删除
2	37.5 轮廓中心线	“图层”切换为“中心线层”。绘制中心线：调用“平行线”功能，条件设置为“单向”，选择轮廓中心线，输入距离“75/2”，在中心线上方生成新的中心线。如左图所示
3	② ①	“图层”切换为“粗实线层”。绘制螺纹孔：调用“孔/轴”功能，条件设置为：“轴”→“直接给出角度”→“中心线角度”为“0”；拾取如图所示①位置点，在立即菜单中输入“起始直径”为“7”，“终止直径”为“7”，“无中心线”，动态输入轴长度“12”，单击鼠标右键，完成螺纹牙底轮廓绘制；单击鼠标右键激活“孔/轴”功能，拾取如图所示①位置点，在立即菜单中输入“起始直径”为“6”，“终止直径”为“6”，“无中心线”，动态输入轴长度“14”，单击鼠标右键，完成螺纹牙顶轮廓线的绘制 注意：单击鼠标左键拾取螺牙两条细实线，在“图层”中选择“细实线层”

（续）

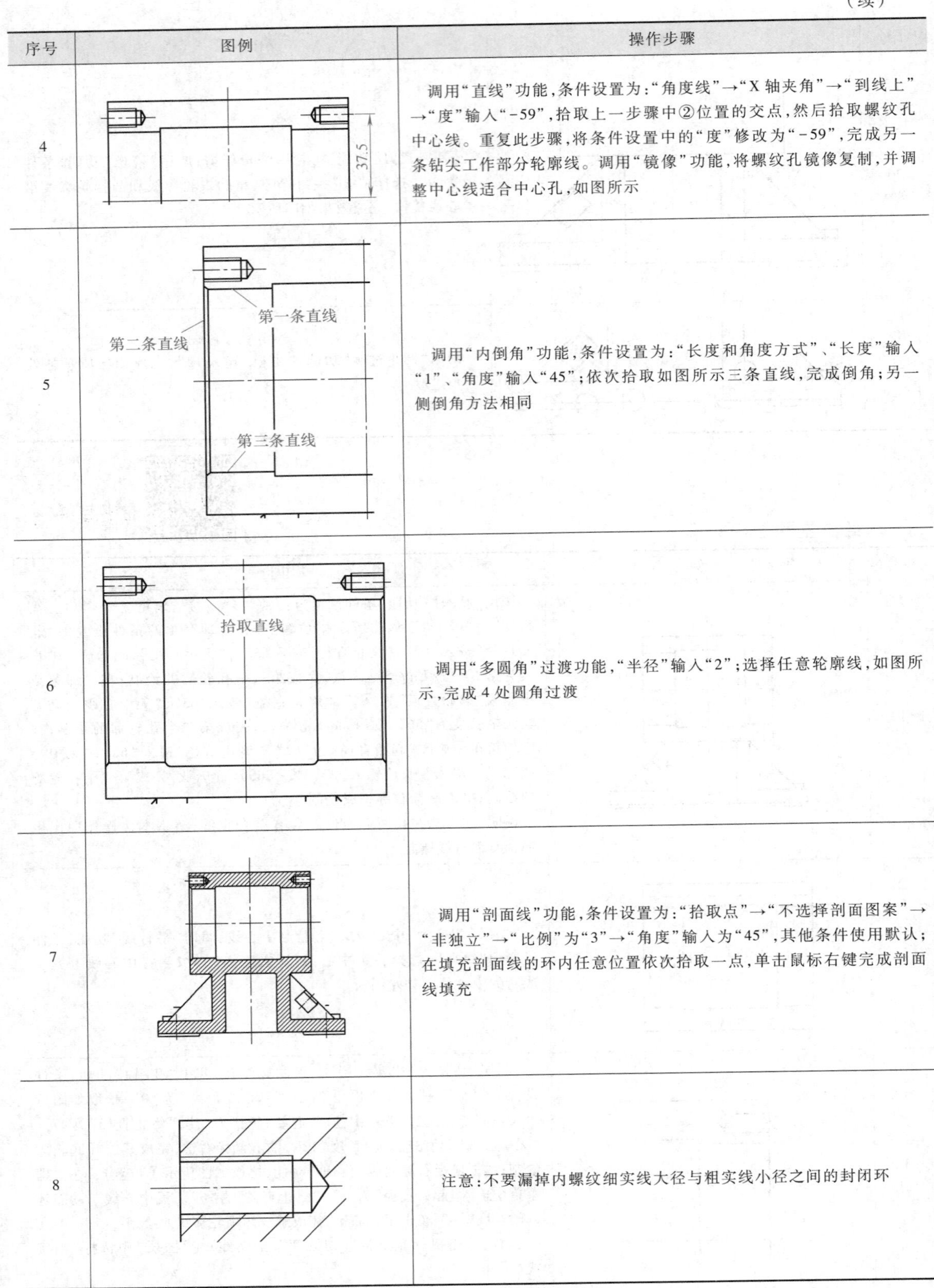

序号	图例	操作步骤
4		调用“直线”功能，条件设置为：“角度线”→“X轴夹角”→“到线上”→“度”输入“-59”，拾取上一步骤中②位置的交点，然后拾取螺纹孔中心线。重复此步骤，将条件设置中的“度”修改为“-59”，完成另一条钻尖工作部分轮廓线。调用“镜像”功能，将螺纹孔镜像复制，并调整中心线适合中心孔，如图所示
5		调用“内倒角”功能，条件设置为：“长度和角度方式”、“长度”输入“1”、“角度”输入“45”；依次拾取如图所示三条直线，完成倒角；另一侧倒角方法相同
6		调用“多圆角”过渡功能，“半径”输入“2”；选择任意轮廓线，如图所示，完成4处圆角过渡
7		调用“剖面线”功能，条件设置为：“拾取点”→“不选择剖面图案”→“非独立”→“比例”为“3”→“角度”输入为“45”，其他条件使用默认；在填充剖面线的环内任意位置依次拾取一点，单击鼠标右键完成剖面线填充
8		注意：不要漏掉内螺纹细实线大径与粗实线小径之间的封闭环

7.3.2　创建左视图

7.3.2-1
绘制轮廓线

1. 绘制轮廓线

序号	图例	操作步骤
1		选择"图层"→"粗实线层",启用"导航"功能。调用"圆"功能,条件设置为:"圆心_半径"→"直径"→"有中心线"→"中心线延伸长度"为"3";将光标靠近主视图中心线右端点,系统自动捕捉端点,此时,水平向右滑移鼠标,出现导航虚线,在合适位置单击鼠标左键,确定圆心位置;输入直径"90",按<Enter>键确认;将条件设置中"有中心线"切换为"无中心线",继续输入直径"75",按<Enter>键确认,其他同心圆操作相同,依次完成直径"64""62"的同心圆,将"75"的圆选中,切换图层为"中心线层",效果如图所示
2	尖角过渡 100 14 尖角过渡 直线1	调用"平行线"功能,条件设置为"单向",选择竖直中心线,分别绘制距离为"8""35""55"的平行直线;再次调用"平行线"功能,条件设置为"单向",选择水平中心线,绘制距离为"100"的平行直线,如图所示"直线 1",同样的方法,绘制"直线 1"的平行线,距离为"14" 调用"裁剪"功能修剪多余曲线;调用"尖角"过渡功能完成如图所示部位尖角过渡处理
3	3 20	用"平行线"功能和"裁剪"功能,完成如图所示轮廓线的绘制;调用"镜像"功能完成轮廓线的绘制

7.3.2-2
绘制螺纹孔

2. 绘制螺纹孔

序号	图例	操作步骤
1	①	选择"图层"→"粗实线层";选择"绘图"选项卡→"图库"工具条→"常用图形",打开"插入图符"对话框;双击"螺纹",在新窗口选择"内螺纹-粗牙",单击"下一页",进入"尺寸规格"窗口,选择直径"6",修改螺距值为"1",单击"完成"按钮;拾取图中①位置的交点,放置螺纹孔,单击鼠标右键退出当前功能

（续）

序号	图例	操作步骤
2		拾取螺纹孔，单击鼠标右键确认，拾取定位中心圆的圆心，完成螺纹孔的阵列复制 注意：本次阵列可用360°均布6个，然后将多余的螺纹孔删掉。完成图形如图所示

3. 绘制左视图半剖轮廓

序号	图例	操作步骤
1	中心线1 40 40 中心线2	调用“等距线”功能，条件设置为：“单个拾取”→“指定距离”→“双向”，将中心线双向等距，“距离”输入“40”，得到“中心线1”和“中心线2”，如图所示 注意：该图中的尺寸标注旨在为绘图提供便利，正常绘制时不需要标注该尺寸
2	中心线2 中心线1 4.5 11.5	调用“等距线”功能，将“中心线1”双向等距，距离为“4.5”；同样，将“中心线2”单向等距，距离为“11.5”，完成如图所示轮廓
3	中心线1 11.5 11.5 2 直线1	调用“等距线”功能，将“中心线1”双向等距，距离为“11.5”；同样，将“直线1”向上等距，距离为“2”，如图所示 调用“裁剪”功能，修剪轮廓 注意：当线条过多时，为避免修剪时出现错误，也可以做一步修剪一步
4	11.5 2	右侧凸台轮廓操作简单，根据图示尺寸完成轮廓绘制

（续）

序号	图例	操作步骤
5	直线1 11	调用“等距线”功能，将“直线 1”单向等距，距离为“11”，如图所示 调用“裁剪”功能，修剪轮廓
6	直线3 直线2	调用“直线”功能，绘制“直线 2” 调用“延伸”功能，将“直线 3”延长，完成轮廓编辑 调用“圆角”过渡功能，“半径”为“2”，完成多处圆角过渡（凸台处圆角过渡为 $R1$）

7.3.2-4
绘制局部剖视图

4. 绘制局部剖视图

序号	图例	操作步骤
1		图层切换为“细实线层”；调用“样条”功能，如图所示绘制任意样条曲线
2		图层设置为“细实线”；调用“剖面线”功能，条件设置为：“拾取点”→“不选择剖面图案”→“非独立”→“比例”为“3”→“角度”为“45”，其他条件使用默认；在填充剖面线的环内任意位置依次拾取一点，单击鼠标右键完成剖面线填充，完成后如图所示

7.3.3 创建俯视图

1. 绘制矩形轮廓线

序号	图例	操作步骤
1		绘制俯视图的中心线；确保竖直中心线与主视图的中心线对齐 调用“矩形”功能，绘制矩形轮廓线，在放置矩形时，通过“导航”功能确保竖直中心线与主视图的中心线对齐。同样的操作，条件设置切换为“无中心线”，完成“72×48”“94×70”矩形的绘制
2	R15 R5 R5	调用“圆角”功能，条件设置为：“修剪”→“半径”输入“15”，完成矩形圆角。“半径”设置为“5”，完成内部矩形倒角的操作

2. 绘制肋板和支撑板

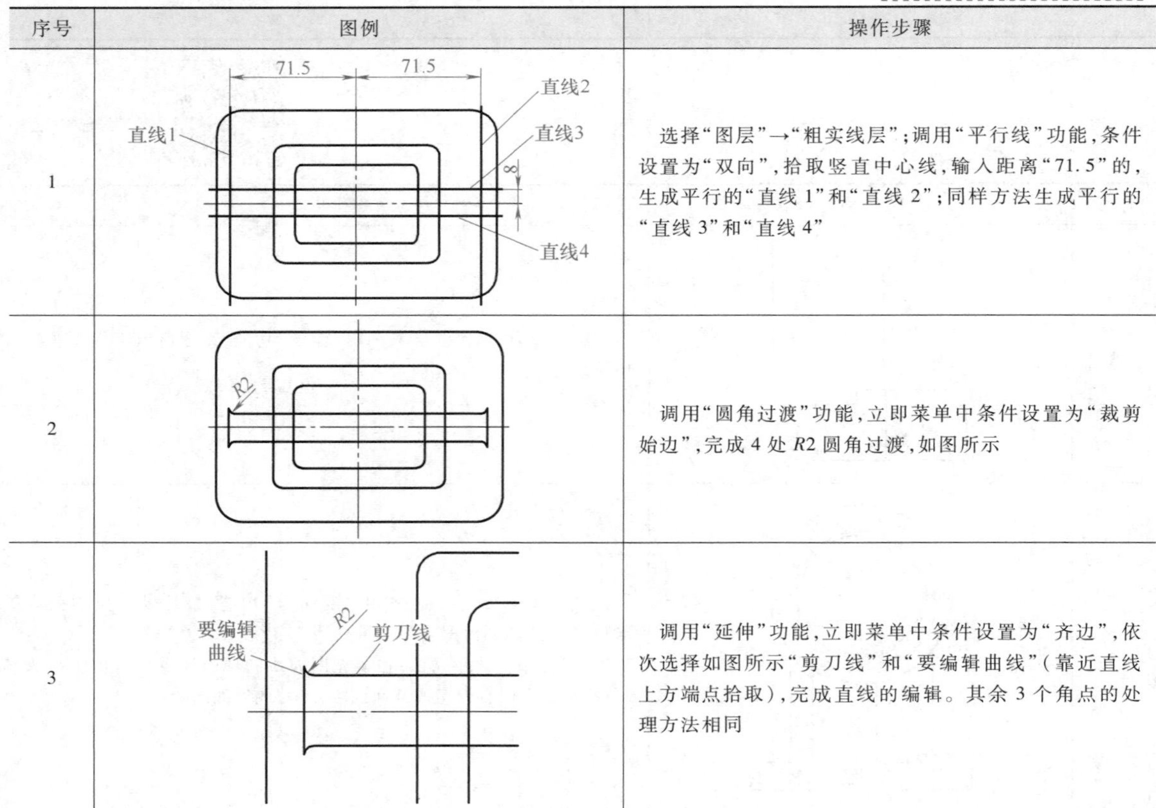

序号	图例	操作步骤
1		选择“图层”→“粗实线层”；调用“平行线”功能，条件设置为“双向”，拾取竖直中心线，输入距离“71.5”的，生成平行的“直线1”和“直线2”；同样方法生成平行的“直线3”和“直线4”
2		调用“圆角过渡”功能，立即菜单中条件设置为“裁剪始边”，完成4处$R2$圆角过渡，如图所示
3		调用“延伸”功能，立即菜单中条件设置为“齐边”，依次选择如图所示“剪刀线”和“要编辑曲线”（靠近直线上方端点拾取），完成直线的编辑。其余3个角点的处理方法相同

（续）

序号	图例	操作步骤
4		调用“裁剪”功能，完成对轮廓的编辑 调用“直线”功能，在右侧过直线中点绘制如图所示直线（左侧同样过中点绘制直线）

7.3.3-3
绘制凸台通孔、底板凸台、剖面线

3. 绘制凸台通孔、底板凸台、剖面线

序号	图例	操作步骤
1		选择“图层”→“粗实线层”；调用“圆”功能，条件设置为：“圆心-半径”→“直径”→“有中心线”，捕捉圆弧中心点为圆心，输入直径值 为“23”，继续输入直径值为“9”，单击鼠标右键完成同心圆的绘制
2		调用“阵列”功能，条件设置为：“矩形阵列”，“行数”输入“2”，“行间距”输入“-80”；“列数”输入“2”；“列间距”输入“128”。拾取上一图例中的两个同心圆及圆的中心线，单击鼠标右键完成阵列复制，如图所示
3		“图层”切换为“虚线层”；调用“平行线”功能，立即菜单中条件设置为“双向”，选择水平中心线，距离输入“20”；同样方法，选择竖直中心线，距离输入“44”；生成虚线如图所示
4		调用“圆角”过渡功能，“半径”输入“5”，完成圆角过渡，如图所示不同的位置要使用不同的裁剪形式，完成圆角过渡 说明：图示虚线轮廓为裁剪后的效果

（续）

序号	图例	操作步骤
5	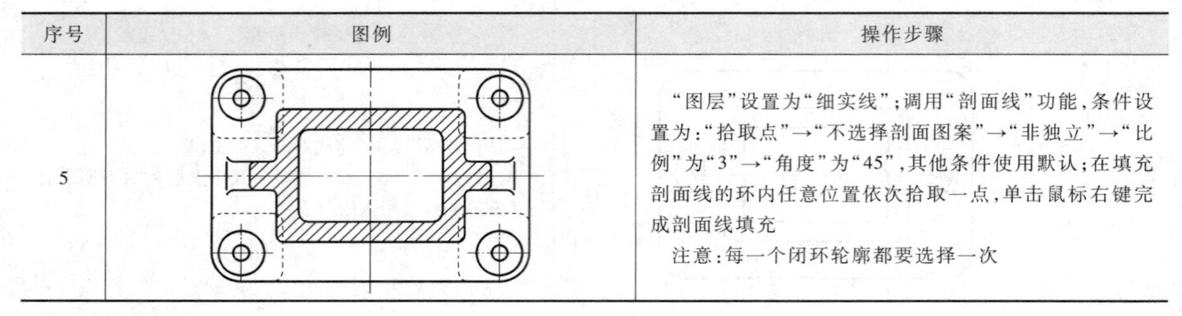	“图层”设置为“细实线”；调用“剖面线”功能，条件设置为：“拾取点”→“不选择剖面图案”→“非独立”→“比例”为“3”→“角度”为“45”，其他条件使用默认；在填充剖面线的环内任意位置依次拾取一点，单击鼠标右键完成剖面线填充 注意：每一个闭环轮廓都要选择一次

7.3.4 创建标注

7.3.4
创建标注

1. 设置当前图层、标注风格和文本风格

（1）将“尺寸线层”设置为当前图层。

（2）在功能区切换至“标注”选项卡。

（3）标注风格设置：

在“标注样式”工具条中单击“尺寸样式”按钮，系统弹出“标注风格设置”对话框，用户参考相关的机械制图标准设置相应的参数，单击“确定”按钮，完成标注风格的设置。

本案例采用默认的“标准”标注风格来进行操作。

（4）文本风格设置：

在“标注样式”工具条中单击“文本样式”按钮，系统弹出“文本风格设置”对话框，用户参考相关的机械制图标准设置相应的参数，单击“确定”按钮，完成文本风格的设置。

本案例采用默认的“标准”文本风格来进行操作。

2. 标注尺寸及技术要求

本案例中包括基本尺寸标注和技术要求添加，具体操作过程如下。

序号	图例	操作步骤
1	103 22　25 φ65 14 3 88 143	调用“尺寸标注”功能，条件设置为：“基本标注”；分别拾取标注对象（或分别拾取两个对象），立即菜单条件均使用默认。分别拾取圆柱两条母线，立即菜单中条件设置为：“文字平行”→“直径”→“文字居中”→“前缀”为“%c”→“后缀”为“空”→“基本尺寸”为“65”（即自动判断的尺寸），在绘图区适当位置单击鼠标左键，放置尺寸标注
2	$\phi62^{+0.005}_{-0.021}$　$\phi62^{+0.005}_{-0.021}$	调用“尺寸标注”功能，条件设置为“基本标注”；分别拾取圆柱两条母线，立即菜单中条件设置为：“文字平行”→“直径”→“文字居中”→“前缀”为“%c”→“后缀”为“空”→“基本尺寸”为“62”→“公差与配合”→“输入形式”→“偏差”→“输出形式”→“偏差”→“上偏差”为“+0.005”→“下偏差”为“-0.021”单击“确定”按钮，在绘图区适当位置单击鼠标左键，放置尺寸

（续）

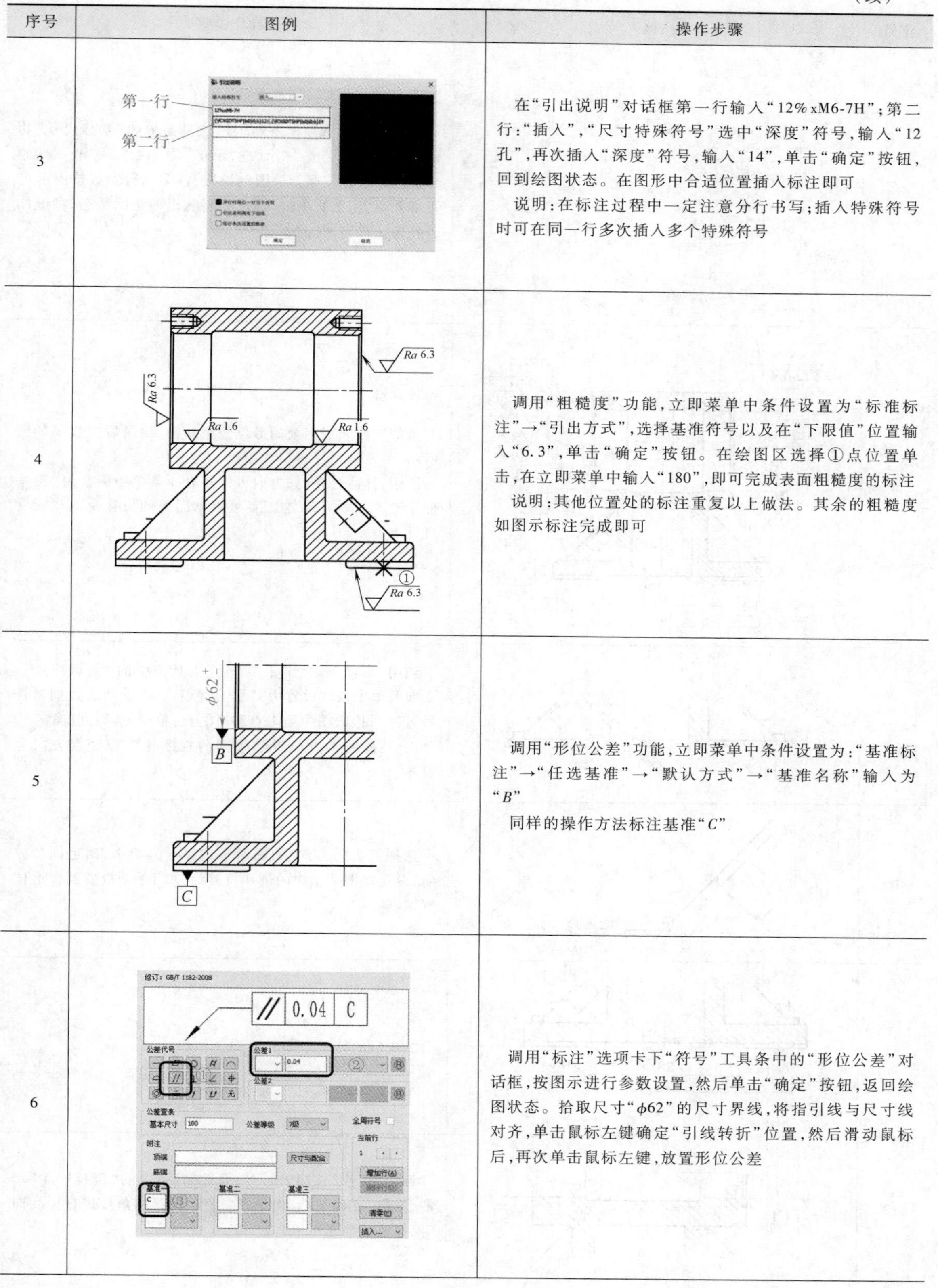

序号	图例	操作步骤
3	第一行 第二行	在“引出说明”对话框第一行输入“12% xM6-7H”；第二行：“插入”，“尺寸特殊符号”选中“深度”符号，输入“12孔”，再次插入“深度”符号，输入“14”，单击“确定”按钮，回到绘图状态。在图形中合适位置插入标注即可 说明：在标注过程中一定注意分行书写；插入特殊符号时可在同一行多次插入多个特殊符号
4	Ra 6.3 Ra 6.3 Ra 1.6 Ra 1.6 ① Ra 6.3	调用“粗糙度”功能，立即菜单中条件设置为“标准标注”→“引出方式”，选择基准符号以及在“下限值”位置输入“6.3”，单击“确定”按钮。在绘图区选择①点位置单击，在立即菜单中输入“180”，即可完成表面粗糙度的标注 说明：其他位置处的标注重复以上做法。其余的粗糙度如图示标注完成即可
5	φ62 B C	调用“形位公差”功能，立即菜单中条件设置为：“基准标注”→“任选基准”→“默认方式”→“基准名称”输入为“B” 同样的操作方法标注基准“C”
6	0.04　C ① ② ③	调用“标注”选项卡下“符号”工具条中的“形位公差”对话框，按图示进行参数设置，然后单击“确定”按钮，返回绘图状态。拾取尺寸“φ62”的尺寸界线，将指引线与尺寸线对齐，单击鼠标左键确定“引线转折”位置，然后滑动鼠标后，再次单击鼠标左键，放置形位公差

（续）

序号	图例	操作步骤
7	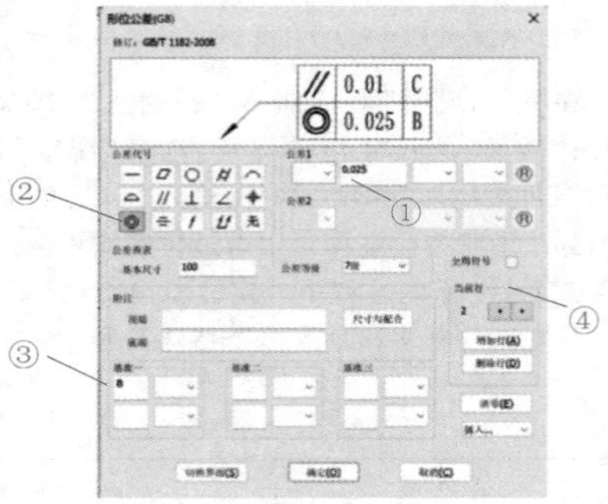	调用“标注”选项卡下“符号”工具条中的“基准代号”功能，打开“形位公差”对话框，单击“增加行”，将第一行的形位公差参数按照上一图例设置；将第二行参数按图示进行参数设置，然后单击“确定”按钮，返回绘图状态，将形位公差标注在右侧“ϕ62”处
8	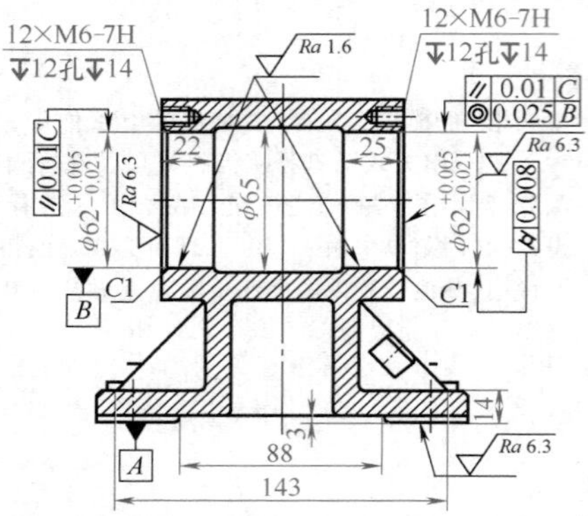	类似方法完成剩余的形位公差标注，绘制后的效果如图所示 说明：标注公差时，方向可以在立即菜单中调整为“铅垂标注”“水平标注”，绘图者可根据图面的位置及美观程度自行决定
9	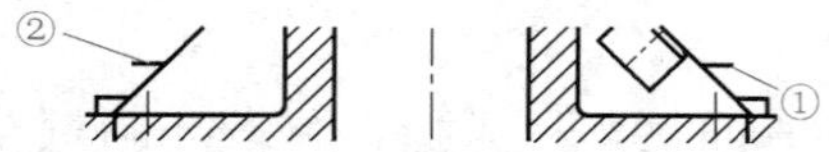	调用“标注”选项卡下“符号”工具条中的“剖切符号”，立即菜单中条件设置为：“垂直导航”→“手动放置剖切符号名称”；拾取图中第①点和第②点，单击鼠标右键确定 说明：此处①点位置必须同俯视图轮廓在竖直方向上对齐
10	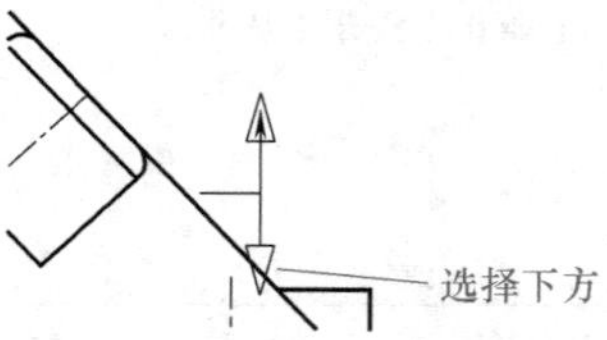 选择下方	选择箭头的方向，如图所示选择下方箭头，确定剖切方向，设置立即菜单中的剖切符号为“*A*”，手动放置到合适位置即可
11	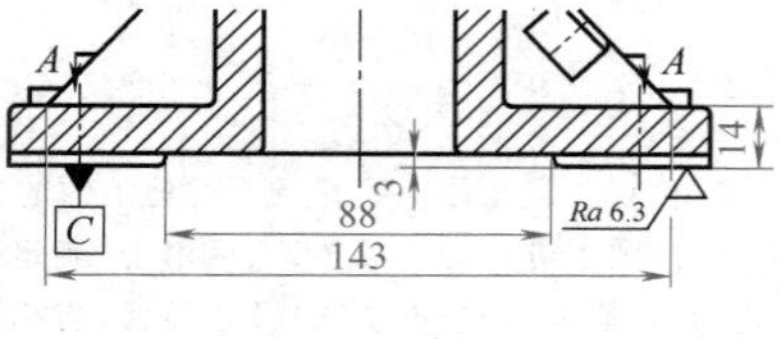	完成后的效果如图所示
12	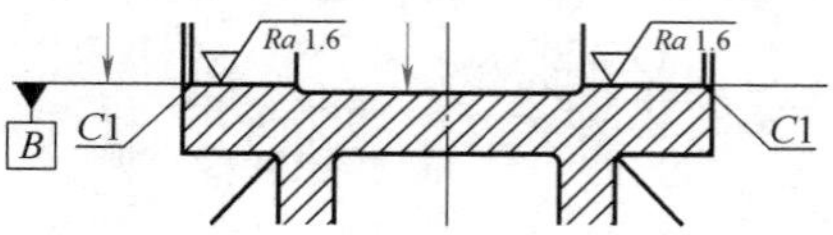	调用“标注”选项卡下“符号”工具条中的“倒角标注”功能，弹出“立即菜单”对话框。直接选择倒角线进行标注即可，完成后如图所示

（续）

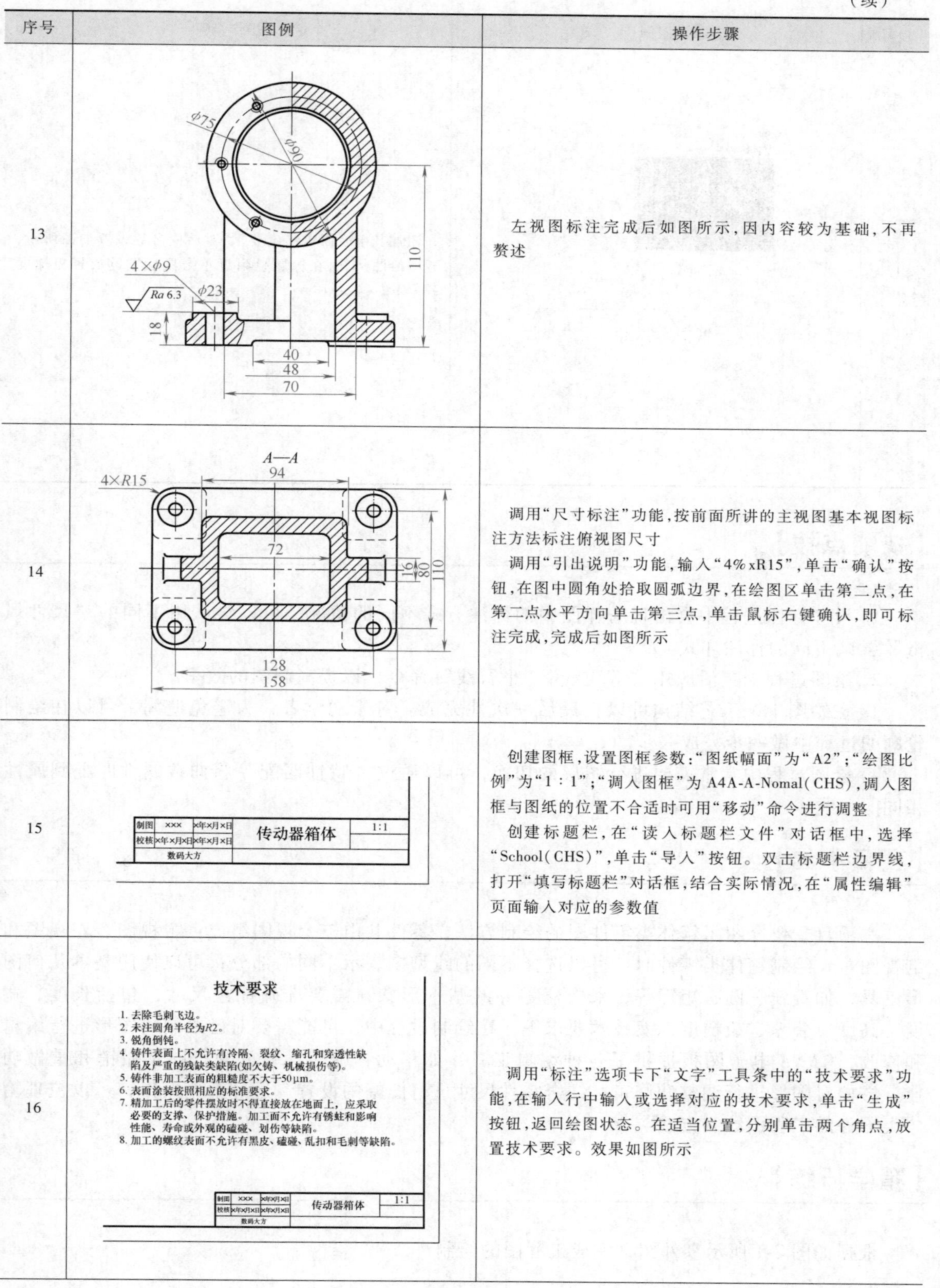

序号	图例	操作步骤
13		左视图标注完成后如图所示，因内容较为基础，不再赘述
14		调用“尺寸标注”功能，按前面所讲的主视图基本视图标注方法标注俯视图尺寸 调用“引出说明”功能，输入“4%xR15”，单击“确认”按钮，在图中圆角处拾取圆弧边界，在绘图区单击第二点，在第二点水平方向单击第三点，单击鼠标右键确认，即可标注完成，完成后如图所示
15		创建图框，设置图框参数：“图纸幅面”为“A2”；“绘图比例”为“1：1”；“调入图框”为 A4A-A-Nomal(CHS)，调入图框与图纸的位置不合适时可用“移动”命令进行调整 创建标题栏，在“读入标题栏文件”对话框中，选择“School(CHS)”，单击“导入”按钮。双击标题栏边界线，打开“填写标题栏”对话框，结合实际情况，在“属性编辑”页面输入对应的参数值
16		调用“标注”选项卡下“文字”工具条中的“技术要求”功能，在输入行中输入或选择对应的技术要求，单击“生成”按钮，返回绘图状态。在适当位置，分别单击两个角点，放置技术要求。效果如图所示

（续）

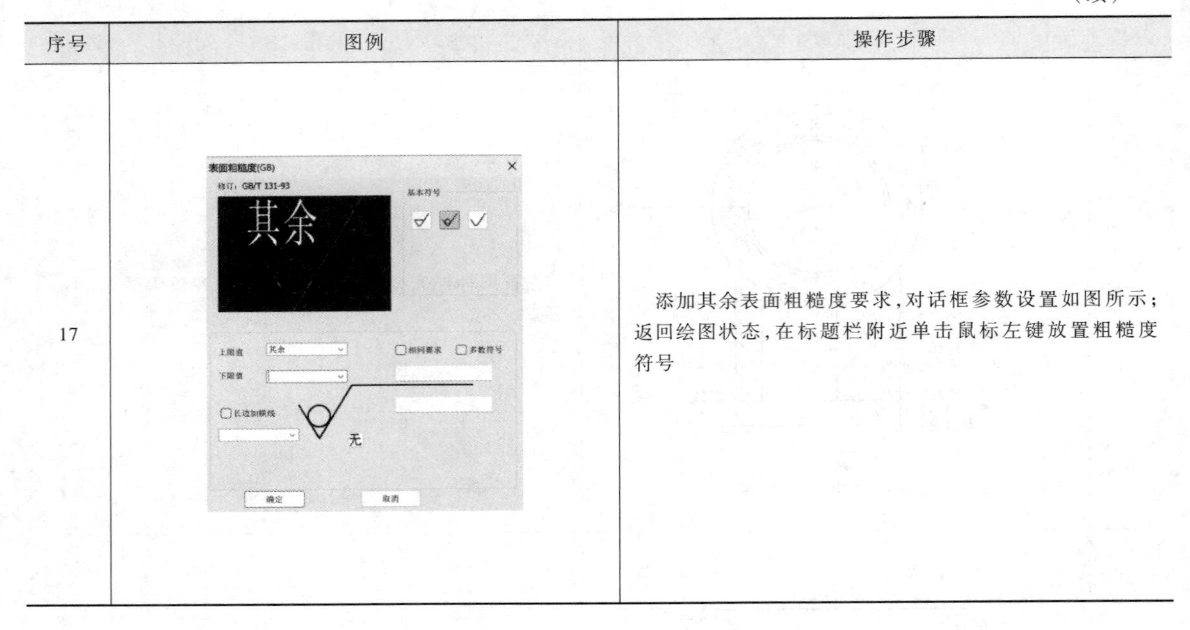

序号	图例	操作步骤
17		添加其余表面粗糙度要求，对话框参数设置如图所示；返回绘图状态，在标题栏附近单击鼠标左键放置粗糙度符号

【技能点拨】

1. 尺寸标注过程中会出现与样图中的标注方式不同的情况，可以尝试用不同的“尺寸风格”尝试不同的标注样式。

2. 绘图过程中灵活应用“等距线”“平行线”命令，以提高制图的效率。

3. 在绘图中，工艺结构可以在最后一次性完成。对于初学者，为避免遗漏，可以在绘制轮廓的过程中做一步完成一步。

4. 绘图过程中常常需要进行图层的切换，可以通过“特性匹配”将曲线属性匹配到属性相同的曲线。

【项目小结】

本项目主要介绍了箱体类零件图的绘制方法，零件共由三个视图组成：主视图、左视图和剖视图。在绘制箱体类零件时，可以选择不同的线型来表示不同的部分；可以使用基本几何图形工具，如直线、圆、矩形等，来构建零件的基本形状；需要准确标注尺寸，包括长度、宽度、高度、公差、粗糙度以及技术要求等；在绘制过程中，可能需要对已绘制的图形进行编辑和修改，CAXA 电子图板提供了各种编辑工具，如移动、旋转、缩放等，以及撤销和重做功能，方便对图形进行调整和修正；结合零件尺寸进行图幅的设置。通过案例操作，可以梳理箱体类零件的工程图绘制方法。

【精学巧练】

根据如图 7-1 所示零件图，完成工程图的绘制。

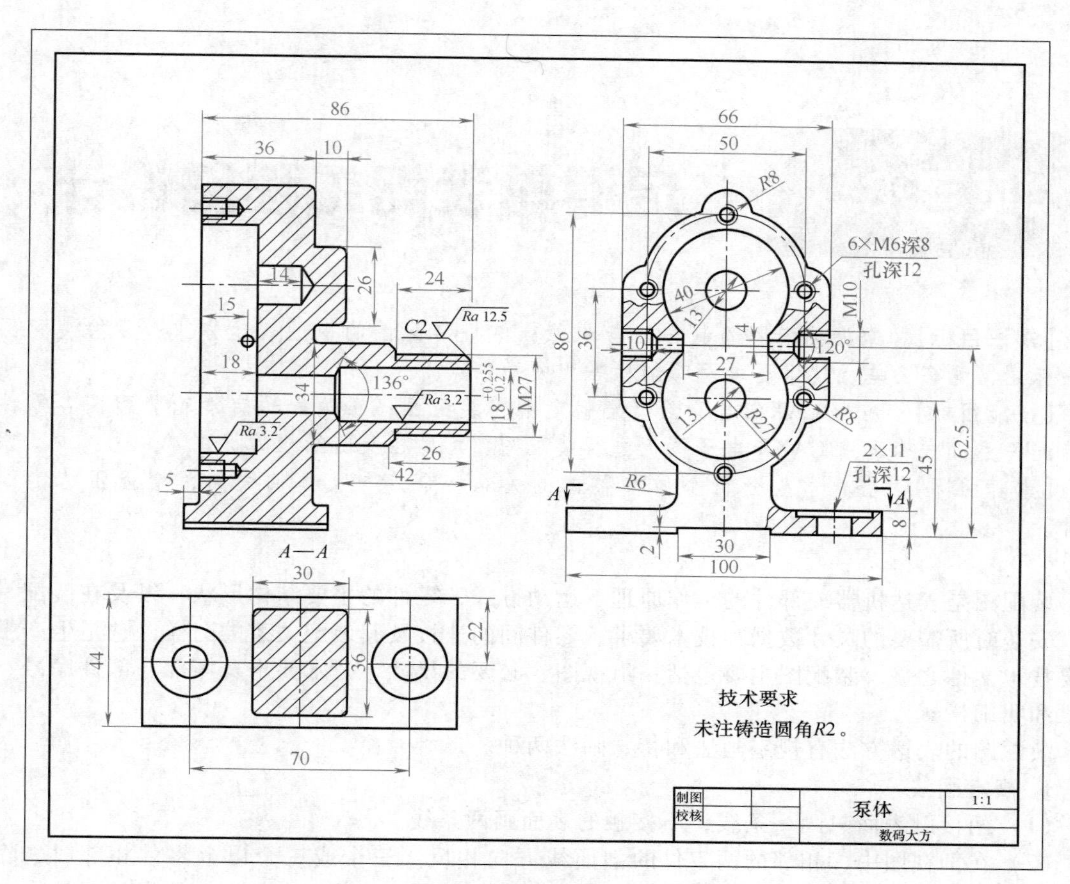
86
36
10
14
26
24
15
C2
Ra 12.5
18
136°
Ra 3.2
34
18$^{+0.255}_{-0.2}$
M27
Ra 3.2
26
42
5
A—A
66
50
R8
6×M6深8
孔深12
40
13
M10
36
4
10
120°
27
86
13
R27
R8
62.5
45
2×11
孔深12
R6
A
A
8
2
30
100
30
44
36
22
70
技术要求
未注铸造圆角R2。
制图
校核
泵体
1:1
数码大方

图 7-1　零件图

项目 8　定滑轮装配工程图设计

【知识目标】 掌握装配图绘制方法与步骤；掌握装配图的视图表达方式；掌握装配图的尺寸标注、配合公差、技术要求及明细栏等相关知识点。

【技能目标】 应用 CAXA 电子图板绘制定滑轮装配图；正确表达定滑轮装配图各零件间的装配关系；准确运用 CAXA 电子图板进行装配图、标题栏及明细栏的标注。

【素养目标】 培养学生分析个体与整体的关系、个人与集体的关系，增强团结协作的精神。

装配图是表达机器或部件的工作原理、运动方式，零件的主要结构形状，以及在装配、检查、安装时所需要的尺寸数据和技术要求、零件间的连接及其装配关系的图样，它是生产中的主要技术文件之一。装配图主要包括一组视图、必要的尺寸、技术要求及零件、部件序号、标题栏和明细栏。

装配图的表达方法有规定画法和特殊画法两种。

1. 规定画法

（1）两接触表面只画一条线，不接触的表面画两条线。

（2）在剖视图中，相邻的两零件的剖面线方向相反。三个或三个以上零件相邻时，除两个零件的剖面线方向不同外，其他零件的剖面线方向间隔或与同方向的剖面线错开。

（3）对于一些标准件（如螺钉、螺母、螺栓、垫圈和销等）和一些实心零件（如球、轴、钩等），若剖切平面通过它们的轴线或对称平面时，在剖视图中按不剖绘制。必要时，可采用局部剖视图。

（4）零件的工艺结构，如倒角、圆角、退刀槽等，可以不画。

（5）表示滚动轴承、油封、螺纹连接件等标准件时，允许对称的图形用简化画法表示，同时，螺母和螺栓的头部也用简化画法。

2. 特殊画法

（1）沿零件的结合面剖切：假想沿某些零件的结合面剖切，绘出其图形，以表达装配体内部零件间的装配情况。

（2）零件拆卸画法：当某些零件遮住了要表达的装配关系或其他零件时，可假想拆去某些零件，然后画出欲表达部分的视图，并在其上方注明“拆去××”，要求被拆去的零件在其他视图中已表达清楚。

（3）假想画法：为了表示运动零件的运动范围或极限位置，或与部件有装配关系的其他相邻部件，可将运动极限或相邻零部件用双点画线画出其主要轮廓。

（4）夸大画法：对于孔的直径、薄片的厚度或间隙在图形上等于或小于 2mm 时，允许不按原比例而将其适当夸大绘制。

（5）单独零件单独视图画法：当个别零件在装配图中没有表达清楚，而又需要表达时，可单独画出该零件的视图，并在单独画出的零件视图上方注出该零件的名称或编号，其标注方法与局部视图类似。

8.1　案例分析

定滑轮是一种简单的机械装置，滑轮被固定在支架或其他结构上，不能自由移动。滑轮通常由金属或塑料制成，轮子上有一个凹槽，用于穿过绳、链或带。它可以用来改变力的方向和大小。

定滑轮装配图主要用来表达部件的工作原理和装配、连接关系，主要零件的结构形状，以及安装后的尺寸。

本案例为定滑轮装配工程图的绘制，任务要求是根据已知的定滑轮零件图（如图 8-1-1 所示），完成装配图的绘制，如图 8-1-2 所示。

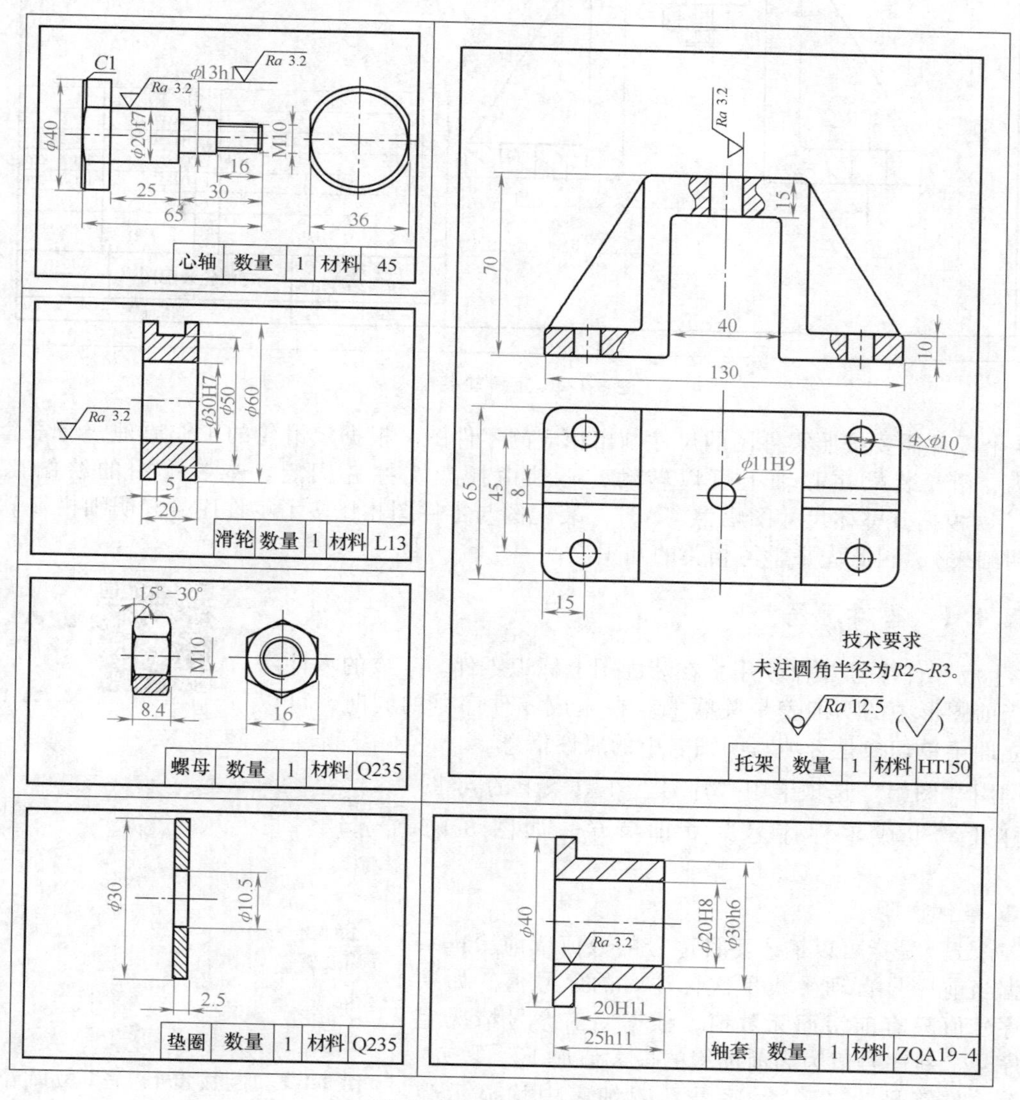

图 8-1-1　定滑轮零件图

该装配图共由 6 个零件组成，其中标准件有 2 个，包括“2 螺母”和“3 垫圈”，可以从图库中直接调取，修改相应参数，选取其对应的视图。“1 心轴”“6 滑轮”“5 轴套”“4 托

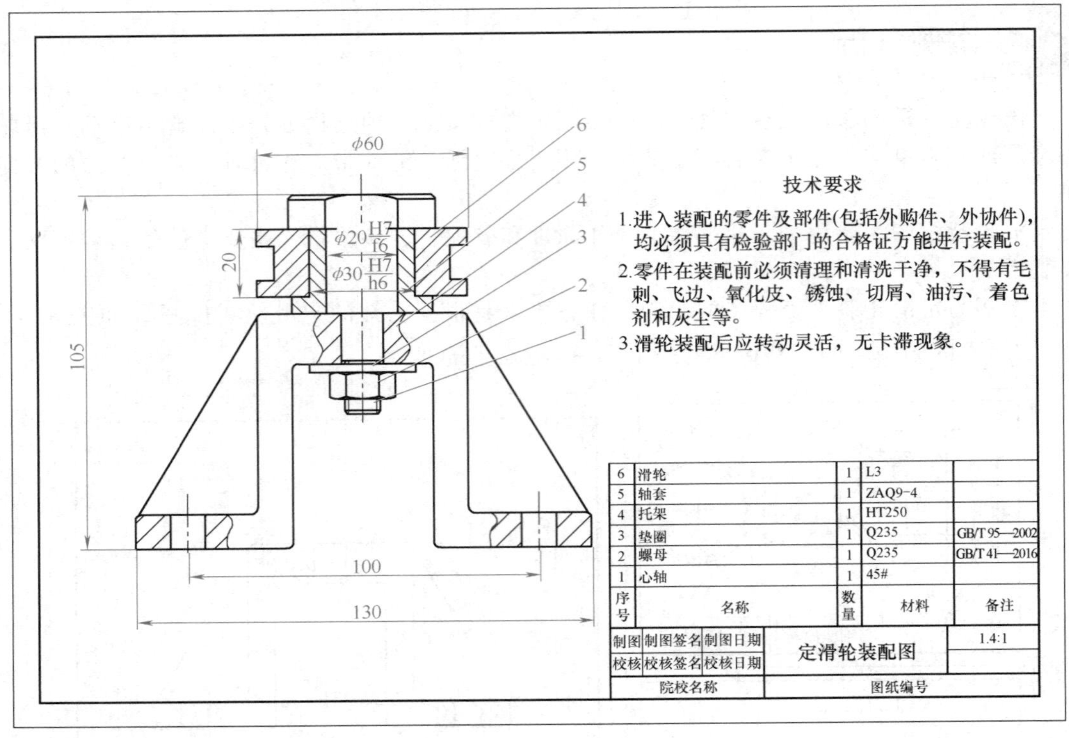

图 8-1-2　定滑轮装配图

架”4 个零件需要按照零件图的尺寸画出相应的零件图。根据定滑轮的工作原理，绳索套在滑轮槽内，滑轮装配在心轴上可以转动，心轴由托架支撑并固定。本装配图的绘图比例为“1∶1”，根据其整体尺寸图幅为“A3”。装配图与零件图相比多了零件序号和明细栏（软件中写作明细表），因此先来学习相关的知识。

8.1.1　零件序号

8.1.1
零件序号

“生成零件序号”命令用来在装配图上标识零件。生成的零件序号与当前图形中的明细表是关联的。在生成零件序号的同时，可以通过立即菜单切换是否填写明细表中的属性信息。

调用“图幅”选项卡中“序号”工具条上的图标，打开“生成零件序号”立即菜单，如图 8-1-3 所示。

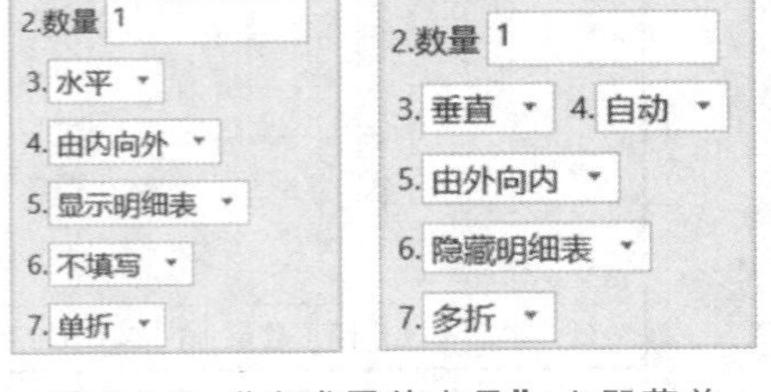

图 8-1-3　“生成零件序号”立即菜单

● 条件说明

“序号”是指可以输入零件序号的数值或前缀；系统根据当前序号自动生成下次标注时的序号值。如果输入序号值只有前缀而无数值，根据当前序号情况生成新序号，新序号值为当前前缀的最大值加 1。

第一位符号为“~”：序号及明细表中均显示为六角；

第一位符号为“!”：序号及明细表中均显示有小下画线；

第一位符号为“@”：序号及明细表中均显示为圈；

第一位符号为“#”：序号及明细表中均显示为圈下加下画线；

第一位符号为“ $ ”：序号显示为圈，明细表中显示没有圈。

“数量”是指可以指定一次生成序号的数量。若数量大于1，则采用公共指引线形式表示。

“水平/垂直”是指选择零件序号水平或垂直的排列方向。

“由内向外/由外向内”是指零件序号的标注方向。

“显示明细表/隐藏明细表”是指可以选择显示或隐藏明细表。

“填写/不填写”是指可以在标注完当前零件序号后即填写明细栏，也可以选择不填写，以后利用明细栏的填写表项或读入数据等方法填写。

表8-1-1所示是各种形式的零件序号标注示例。

表 8-1-1　零件序号标注示例

标注特征	图例	标注特征	图例
• 加圆圈 • 由外向内 • 垂直 • 指引线末端为实心点 • 单折	1 2 3	• 由外向内 • 水平 • 指引线末端为实心点 • 单折	3 2 1
• 由外向内 • 竖直 • 指引线末端为箭头 • 单折	1	• 由内向外 • 竖直 • 指引线末端为箭头 • 多折	3 2 1

如果输入的序号与已有序号相同，系统会弹出如图8-1-4所示的对话框。如果单击“插入”按钮，则生成新序号，在此序号后的其他相同前缀的序号依次顺延；如果单击“取消”按钮，则输入序号无效，需要重新生成序号；如果单击“取重号”按钮，则生成与已有序号重复的序号。

图 8-1-4　重新生成序号询问框

8.1.2　填写明细表

“填写明细表”命令是指填写当前图形中的明细表内容。调用“图幅”选项卡中“明细表”工具条上的 T 图标，打开“填写明细表”立即菜单，如图8-1-5所示。

打开对话框后直接编辑表格中的内容即可。

● 条件说明

“查找/替换”是指可以单击“查找”和“替换”按钮对当前明细表中的内容信息进行查找和替换操作。

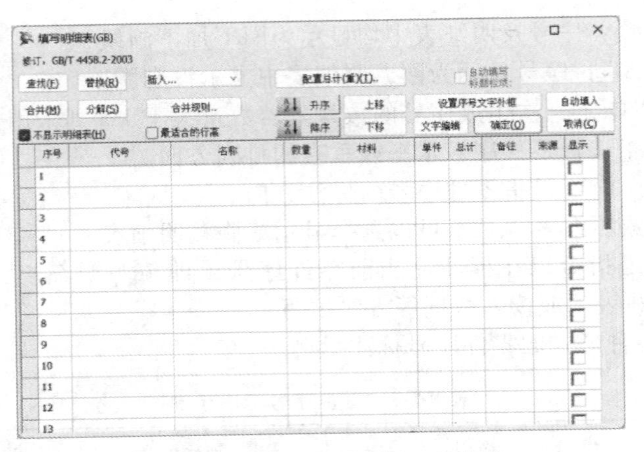

图 8-1-5 “填写明细表”立即菜单

“插入”是指可以快速插入各种文字及符号。

“合并/分解”是指可以对当前明细表中的表行进行合并和分解。

“上移/下移”是指对明细表进行手工排序。

“升序/降序”是指对明细表按升序或降序进行自动排序。

8.2 设计思路

在选择装配图的视图时，应考虑以下几点：

(1) 装配图侧重于将所有零件的连接、装配关系表达清楚，并不需要把零件的结构形状完全表达清楚。

(2) 机器或部件的每种零件至少在某一视图上出现一次，不能遗漏，以便编排零件序号及明细栏。

(3) 主视图的选择如果既能符合工作位置原则，又能符合装配关系原则，这是最理想的情况。如果主视图只能反映工作位置，而不能同时反映主要装配关系，则可在其他视图上分别表达。

(4) 视图的数量要根据机器或部件的复杂程度而定，通常应在便于读图的基础上做到“少而精”。

因此，分析如图 8-1-2 所示定滑轮的装配图，零件结构及零件间相对位置比较简单，零件 1、零件 2、零件 3、零件 5 和零件 6 在装配时同轴，且零件 4 沿该轴线在结构上对称。因此，选择一个装配主视图来表达装配尺寸。为表达各个零件之间的装配关系，视图采用局部剖视图，即零件 4、零件 5 和零件 6 采用剖视图，实心杆件 1、标准件 2 和 3，采用不剖处理。

8.3 案例操作

8.3.1 设置装配图绘图环境

8.3.1 设置装配图绘图环境

1. 新建图形文件

在 CAXA 电子图板的快速启动工具栏中单击“新建”按钮，弹出“新建”对话框，在“工程图模块”选项卡的“当前标准”下拉列表框中选择“GB”，在

“系统模板”列表中选择“BLANK”模板，然后单击“确定”按钮，新建“工程图文档 1”。

2. 设置当前的文本风格和尺寸标注风格

选择“标注”选项卡中“标注样式”工具面板，打开“当前文本样式”下拉列表，选择“机械”为当前的文本风格；打开“当前尺寸样式”下拉列表，选择“GB_尺寸”为当前的尺寸标注样式。

3. 图幅设置

调用“图幅”选项卡中的“图幅设置”功能，弹出“图幅设置”对话框。设置图幅参数：“图纸幅面”为“A3”；“绘图比例”为“1：1”；勾选“横放”；其他项目为默认。

8.3.2　绘制装配图

本案例在绘制定滑轮装配图之前，已经绘制出定滑轮各零件的零件图。只需要将各零件图以装配基准为插入点，按照装配关系进行移动，复制到一张图上，完成零件的装配即可。具体操作过程如下。

8.3.2 绘制装配图

1. 复制“零件 4 托架”工程图

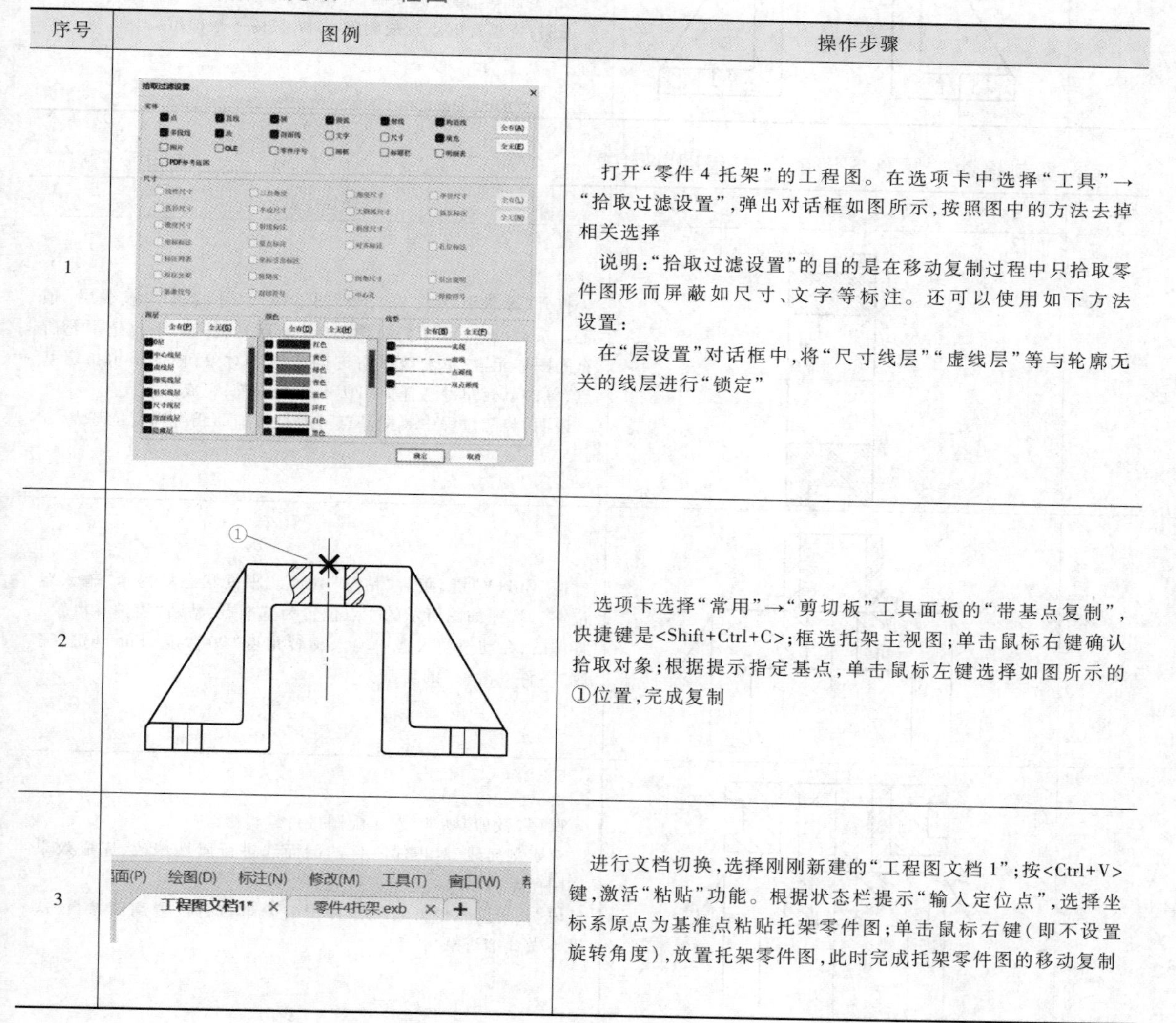

序号	图例	操作步骤
1		打开“零件 4 托架”的工程图。在选项卡中选择“工具”→“拾取过滤设置”，弹出对话框如图所示，按照图中的方法去掉相关选择 说明：“拾取过滤设置”的目的是在移动复制过程中只拾取零件图形而屏蔽如尺寸、文字等标注。还可以使用如下方法设置： 在“层设置”对话框中，将“尺寸线层”“虚线层”等与轮廓无关的线层进行“锁定”
2		选项卡选择“常用”→“剪切板”工具面板的“带基点复制”，快捷键是<Shift+Ctrl+C>；框选托架主视图；单击鼠标右键确认拾取对象；根据提示指定基点，单击鼠标左键选择如图所示的①位置，完成复制
3		进行文档切换，选择刚刚新建的“工程图文档 1”；按<Ctrl+V>键，激活“粘贴”功能。根据状态栏提示“输入定位点”，选择坐标系原点为基准点粘贴托架零件图；单击鼠标右键（即不设置旋转角度），放置托架零件图，此时完成托架零件图的移动复制

2. 复制“零件5轴套”工程图

序号	图例	操作步骤
1	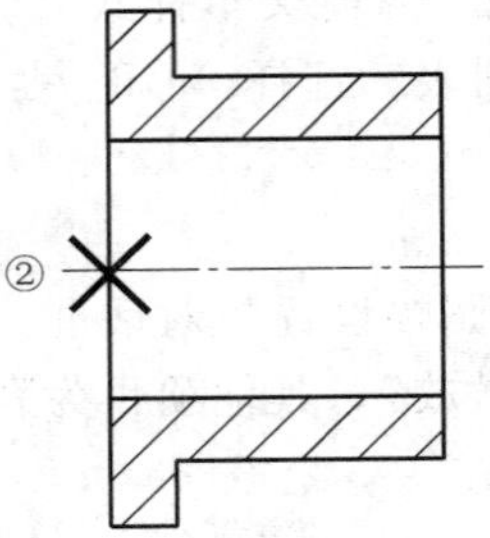	打开“零件5轴套”的工程图。将“尺寸线层”“虚线层”锁定。按<Shift+Ctrl+C>键，激活“带基点复制”功能；框选轴套剖视图，选中所有图形元素；单击鼠标右键确认拾取对象；根据提示指定基点，单击鼠标左键选择如图所示的②位置，完成复制 说明：本案例中对零件图的平移复制，都是从一个文件中打开，复制到新的文档中
2	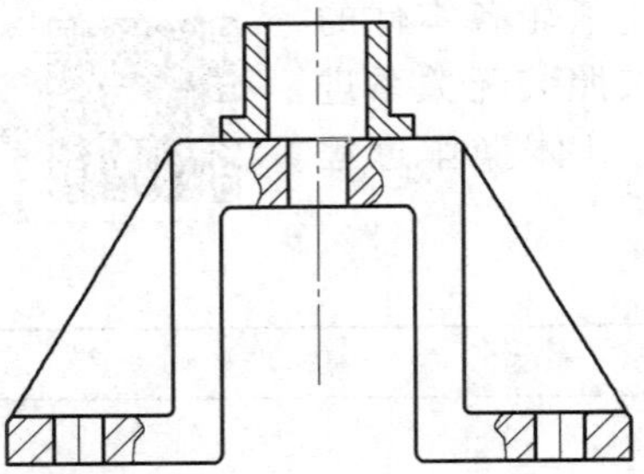	按<Ctrl+V>键，激活“粘贴”功能。根据状态栏提示“输入定位点”，选择托架①点位置（坐标原点）为基准点粘贴“零件5轴套”零件图；在动态输入框中输入旋转角度“90”，按<Enter>键，完成“零件5轴套”的复制，效果图如图所示 说明：将重合的点画线删除一根，只留一根即可

3. 复制移动“零件6滑轮”工程图并编辑

序号	图例	操作步骤
1	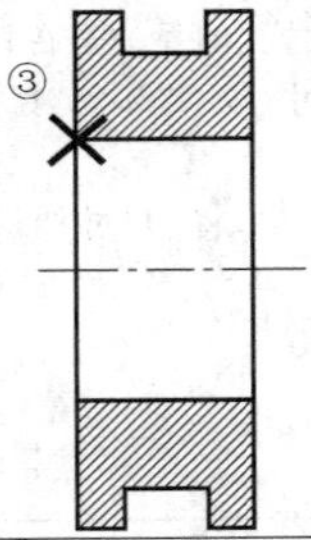	打开“零件6滑轮”的工程图。将“尺寸线层”“虚线层”锁定。按<Shift+Ctrl+C>键，激活“带基点复制”功能；框选滑轮所有的图形元素；单击鼠标右键确认拾取对象；根据提示指定基点，单击鼠标左键选择如图所示③点位置，完成复制 说明：装配过程中装配基点可通过做辅助线得到定位基点
2	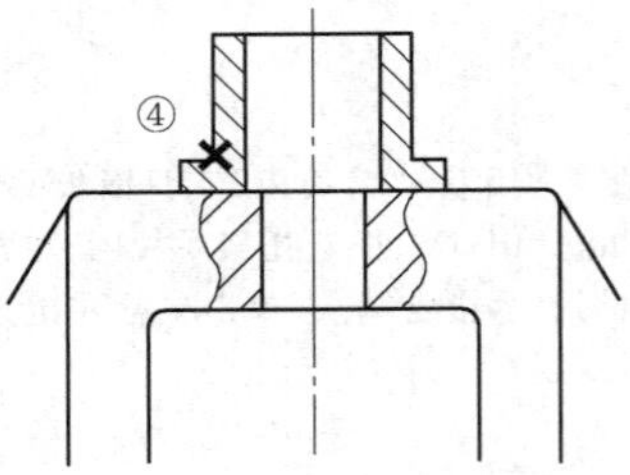	按“Ctrl+V”键，激活“粘贴”功能。根据状态栏提示“输入定位点”，选择如图所示的④点位置为基准点，粘贴“零件6滑轮”零件图；在动态输入框中输入旋转角度“90”，按<Enter>键，完成“零件6滑轮”的复制
3	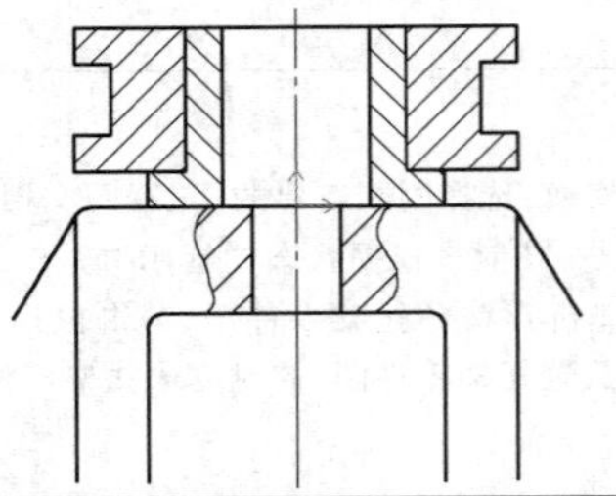	调用“裁剪”功能，对装配图进行编辑修改 双击剖面线，对相邻零件的剖面线进行属性修改，完成效果如图所示 说明：请读者根据装配零件图的要求自行设置剖面参数，这里不做详细讲解

4. 复制移动“零件1心轴”工程图

序号	图例	操作步骤
1	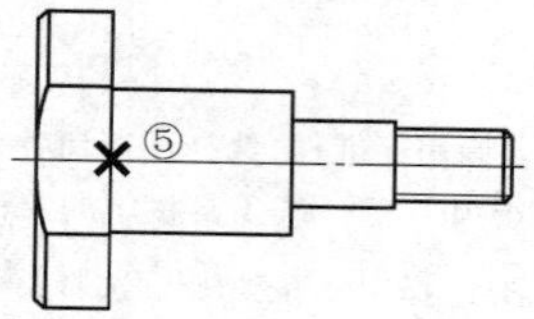 ⑤	打开“零件1心轴”的工程图。将“尺寸线层”“虚线层”锁定。按<Shift+Ctrl+C>键，激活“带基点复制”功能；框选心轴所有的图形元素，单击鼠标右键确认拾取对象；根据提示指定基点，单击鼠标左键选择如图所示⑤点位置，完成复制
2	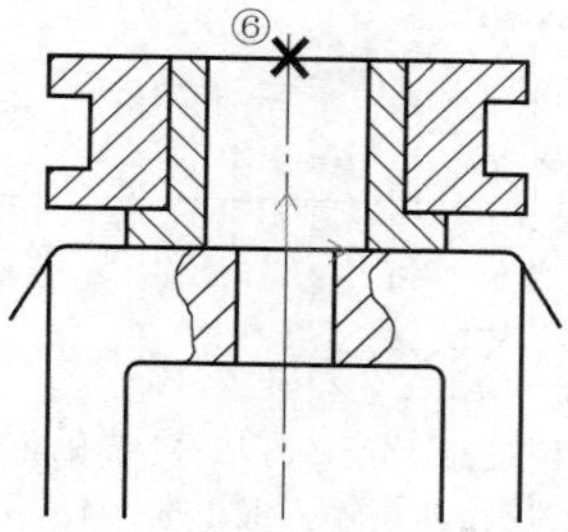 ⑥	按<Ctrl+V>键，激活“粘贴”功能。根据状态栏提示“输入定位点”，选择如图所示的⑥点位置为基准点粘贴“零件1心轴”零件图；在动态输入框中输入旋转角度“-90”，按<Enter>键，完成“零件1心轴”的复制

5. 复制移动“零件3垫圈”工程图并编辑

序号	图例	操作步骤
1	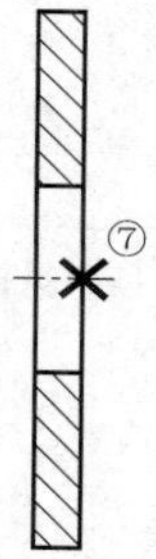 ⑦	打开“零件3垫圈”的工程图。将“尺寸线层”“虚线层”锁定。按<Shift+Ctrl+C>键，激活“带基点复制”功能；框选垫圈所有的图形元素，单击鼠标右键确认拾取对象；根据提示指定基点，单击鼠标左键选择如图所示⑦点位置，完成复制
2	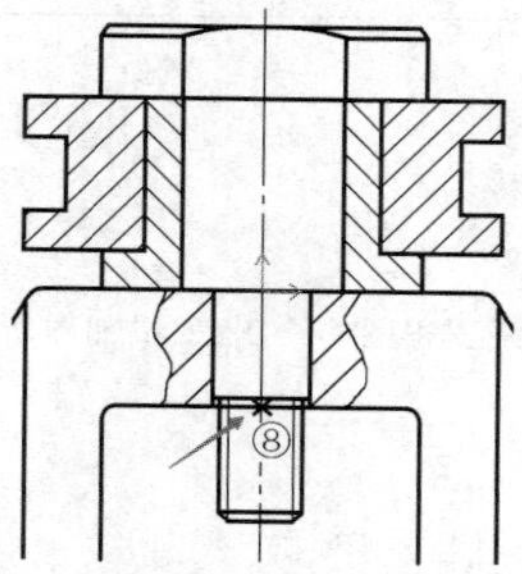 ⑧	按<Ctrl+V>键，激活“粘贴”功能。根据状态栏提示“输入定位点”，选择如图所示的⑧点位置为基准点粘贴“零件3垫圈”零件图；在动态输入框中输入旋转角度“90”，按<Enter>键，完成“零件3垫圈”的复制
3	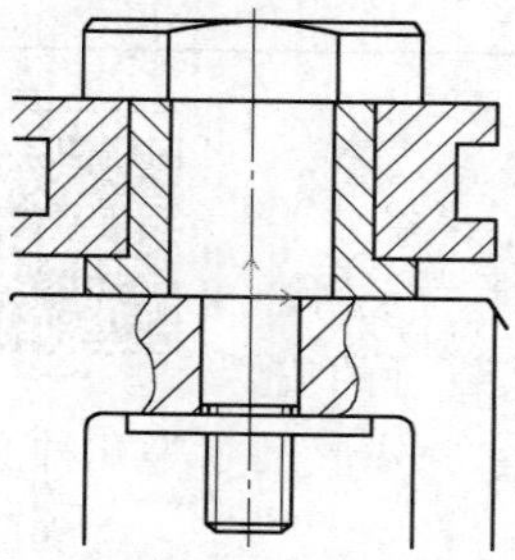	调用“裁剪”功能，对装配图进行编辑修改，垫圈采用非剖视图表达，删除剖面线与多余曲线，效果如图所示

6. 复制移动“零件 2 螺母”工程图

序号	图例	操作步骤
1		此图的螺母可调用标准件，选择不剖切处理，方法如下： 调用“插入”选项卡“图库”工具栏中的“螺母”功能，打开“插入图符”对话框，选择“六角螺母”，选择“GB/T 41—2016-1 型六角螺母-C 级”，在窗口中选择“M10”螺母，只勾选第 1 个视图，如图所示
2		单击“完成”按钮，回到绘图环境，鼠标拖动螺母视图，选择如图所示⑨点位置，在动态输入框中输入旋转角度为“180”，按<Enter>键，完成螺母视图的添加
3		调用“裁剪”功能，对螺母和螺柱装配部分进行编辑修改，效果如图所示
4		至此，完成装配工程图的绘制，效果如图所示

8.3.3 创建标注

8.3.3 创建标注

装配图上不必注出全部结构尺寸。部件装配图所标注的尺寸，是为了进一步说明部件的性能、工作原理、装配关系和总装时的安装要求。因此，一般应标注规格尺寸、装配尺寸、安装尺寸、外形尺寸等几种必要的尺寸，具体方法如下。

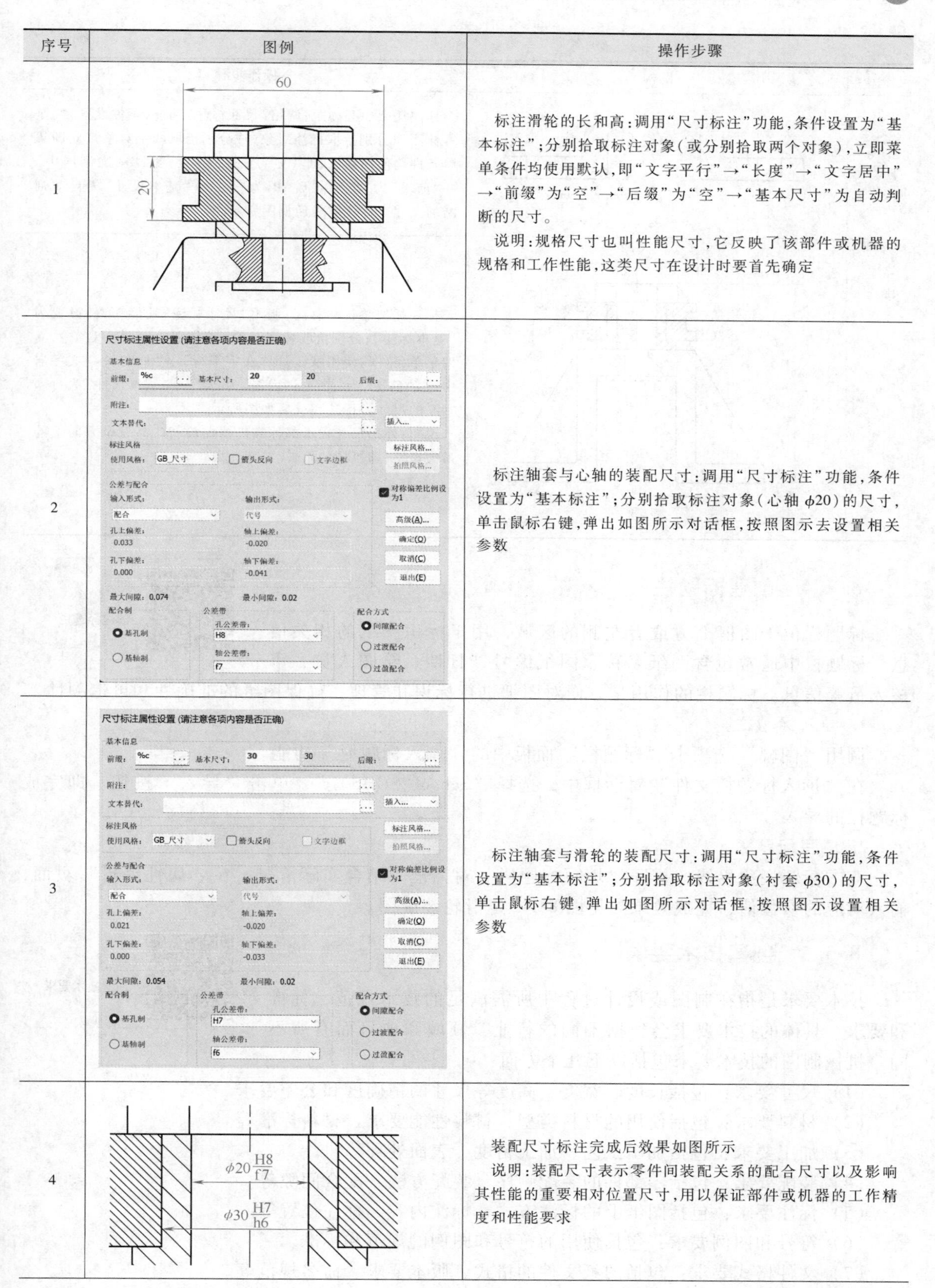

序号	图例	操作步骤
1		标注滑轮的长和高：调用“尺寸标注”功能，条件设置为“基本标注”；分别拾取标注对象（或分别拾取两个对象），立即菜单条件均使用默认，即“文字平行”→“长度”→“文字居中”→“前缀”为“空”→“后缀”为“空”→“基本尺寸”为自动判断的尺寸。 说明：规格尺寸也叫性能尺寸，它反映了该部件或机器的规格和工作性能，这类尺寸在设计时要首先确定
2		标注轴套与心轴的装配尺寸：调用“尺寸标注”功能，条件设置为“基本标注”；分别拾取标注对象（心轴 $\phi20$）的尺寸，单击鼠标右键，弹出如图所示对话框，按照图示去设置相关参数
3		标注轴套与滑轮的装配尺寸：调用“尺寸标注”功能，条件设置为“基本标注”；分别拾取标注对象（衬套 $\phi30$）的尺寸，单击鼠标右键，弹出如图所示对话框，按照图示设置相关参数
4		装配尺寸标注完成后效果如图所示 说明：装配尺寸表示零件间装配关系的配合尺寸以及影响其性能的重要相对位置尺寸，用以保证部件或机器的工作精度和性能要求

（续）

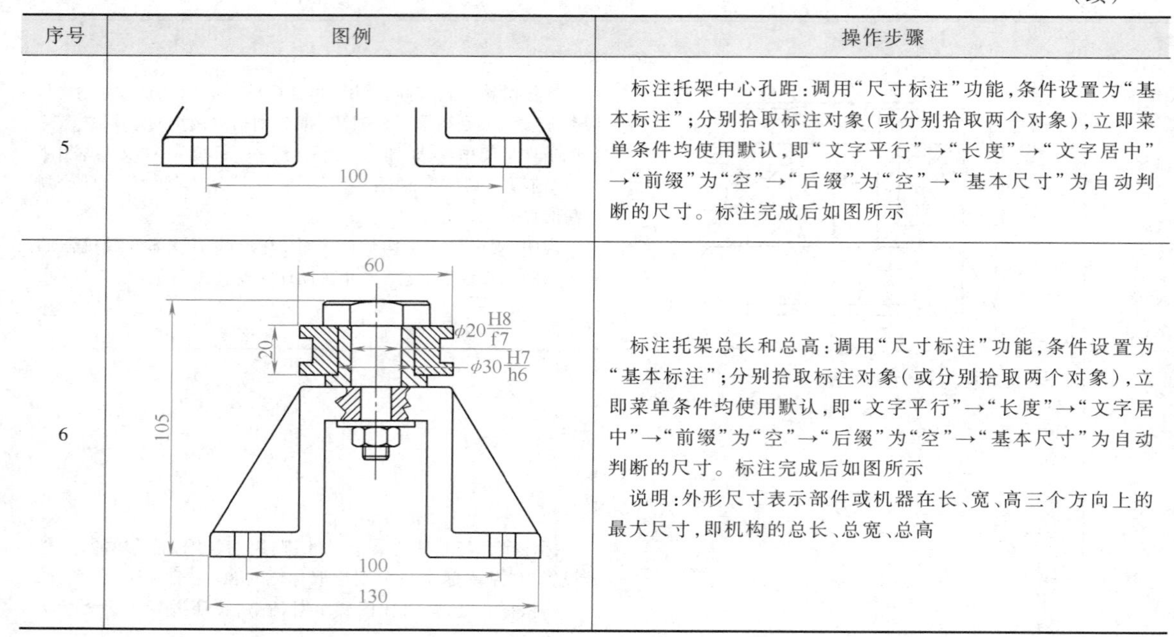

序号	图例	操作步骤
5	100	标注托架中心孔距：调用“尺寸标注”功能，条件设置为“基本标注”；分别拾取标注对象（或分别拾取两个对象），立即菜单条件均使用默认，即“文字平行”→“长度”→“文字居中”→“前缀”为“空”→“后缀”为“空”→“基本尺寸”为自动判断的尺寸。标注完成后如图所示
6	60, 20, $\phi20\frac{H8}{f7}$, $\phi30\frac{H7}{h6}$, 105, 100, 130	标注托架总长和总高：调用“尺寸标注”功能，条件设置为“基本标注”；分别拾取标注对象（或分别拾取两个对象），立即菜单条件均使用默认，即“文字平行”→“长度”→“文字居中”→“前缀”为“空”→“后缀”为“空”→“基本尺寸”为自动判断的尺寸。标注完成后如图所示 说明：外形尺寸表示部件或机器在长、宽、高三个方向上的最大尺寸，即机构的总长、总宽、总高

8.3.4 创建标题栏

8.3.4 创建标题栏

标题栏位于图框上方或者左侧的区域，用于标识图纸的相关信息。标题栏中通常包含图纸名称、图纸编号、日期、绘图人员、审核人员等信息。标题栏的作用是方便对图纸进行标识和管理，确保图纸的准确性和可追溯性。

1. 导入标题栏

调用“图幅”选项卡“标题栏”面板中的“调入标题栏”功能。

在“读入标题栏文件”对话框中，选择“School（CHS）”，单击“导入”按钮。即完成标题栏的导入。

2. 填写标题栏

双击标题栏边界线，打开“填写标题栏”对话框，结合实际情况，在“属性编辑”页面，输入对应的参数值，完成效果参见图 8-1-2 定滑轮装配图。

8.3.5 创建技术要求

8.3.5 创建技术要求

技术要求是指在制图或设计过程中所需满足的技术规范、标准和要求。具体的技术要求会根据不同的行业、领域和项目而有所不同。机械制图的技术要求包括以下几个方面：

（1）尺寸要求：包括长度、宽度、高度等尺寸的精确度和公差要求。

（2）材料要求：包括使用的材料类型、材料性能要求、材料标准等。

（3）加工要求：包括加工工艺、加工精度、表面处理等。

（4）装配要求：包括零部件的装配顺序、装配方法、配合间隙等。

（5）标注要求：包括图纸上的标注方式、标注内容、标注位置等。

（6）符号和图例要求：包括使用的符号和图例的规范和标准。

（7）文件格式要求：包括图纸文件的格式、版本要求、命名规范等。

（8）审核和验收要求：包括图纸的审核流程、验收标准和方法等。

标注文字性技术要求的方法如下：

调用“标注”选项卡下“文字”工具条中的“技术要求”功能，在输入行中输入或选择对应的技术要求，单击“生成”按钮，返回绘图状态。

在适当位置，分别单击两个角点，放置技术要求。效果如图 8-3-1 所示。

技术要求

1.进入装配的零件及部件(包括外购件、外协件)，均必须具有检验部门的合格证方能进行装配。

2.零件在装配前必须清理和清洗干净，不得有毛刺、飞边、氧化皮、锈蚀、切屑、油污、着色剂和灰尘等。

3.滑轮装配后应转动灵活，无卡滞现象。

图 **8-3-1** 生成的技术要求

8.3.6 生成序号与明细表

序号和明细栏是用于标识和描述装配图中各个零件或组件的重要信息。明细栏通常位于装配图的侧边或底部，每行对应一个零件或组件，便于查阅和理解。通过序号和明细栏的结合使用，可以清晰地呈现装配图中各个零件的关系和特征，提供必要的信息供制造、装配和维修等操作参考。生成序号与明细栏的方法如下。

序号	图例	操作步骤
1		调用“图幅”选项卡下“明细表”工具条中的“样式”功能，在对话框中设置明细表风格 在“定制表头”→“代号”中单击鼠标右键，在右键菜单中选择“删除项目”（或用鼠标左键单击“代号”后按<Delete>键），弹出如图所示对话框，单击“确定”完成删除 同样的方法，删除“代号”“重量”“来源”项目，将“名称”的“项目宽度”改为“66”。目的是使标题栏和明细栏长度一致 说明：定制表头位置留有的项目名称按照图片设置，除“名称”宽度需要改变外其余都用默认参数
2		调用“图幅”选项卡下“序号”工具条中的“生成序号”功能，立即菜单设置如图所示
3		拾取零件 1 心轴，滑动鼠标到合适位置单击左键，放置序号，如图所示

（续）

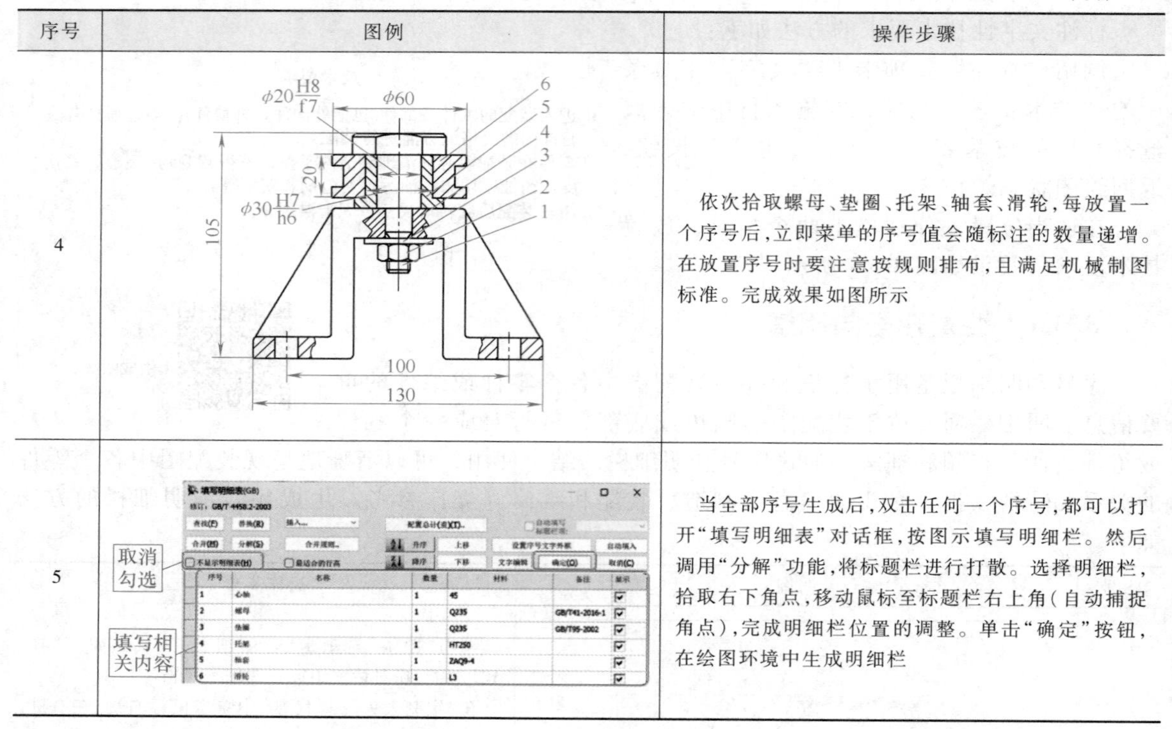

序号	图例	操作步骤
4		依次拾取螺母、垫圈、托架、轴套、滑轮，每放置一个序号后，立即菜单的序号值会随标注的数量递增。在放置序号时要注意按规则排布，且满足机械制图标准。完成效果如图所示
5		当全部序号生成后，双击任何一个序号，都可以打开“填写明细表”对话框，按图示填写明细栏。然后调用“分解”功能，将标题栏进行打散。选择明细栏，拾取右下角点，移动鼠标至标题栏右上角（自动捕捉角点），完成明细栏位置的调整。单击“确定”按钮，在绘图环境中生成明细栏

【技能点拨】

1. 移动复制的方法在使用过程中应该要提前找好配合位置，尤其基点是作为整个装配图设计过程中相当重要的点，找错基点会影响装配。

2. 标注装配图时不需要每个尺寸都详细标注，将配合尺寸、装配尺寸、总体尺寸等重要尺寸做出标注即可。

3. 创建标题栏和技术要求时可以直接从 CAXA 电子图板中调取使用，大家可以通过反复使用掌握软件自带的技术要求的内容。

4. 明细栏如要按照自己的内容和风格设置，可提前将样式风格改写好，再去标注。

【项目小结】

本项目主要通过定滑轮装配图的设计，学习使用 CAXA 电子图板进行装配图纸绘制。通过案例掌握装配图的绘图过程。在实际的设计工作中，通常需要先画出装配图而后拆画出零件图，在测绘工作中，大多是先出零件图，然后再边调整零件图边出装配图。读者可以在设计过程中不断积累经验，提高装配图设计质量和效率。

【精学巧练】

绘制零件图并完成机械的装配图，如图 8-1 所示。零件图请下载素材“项目 8 精学巧练图纸”。

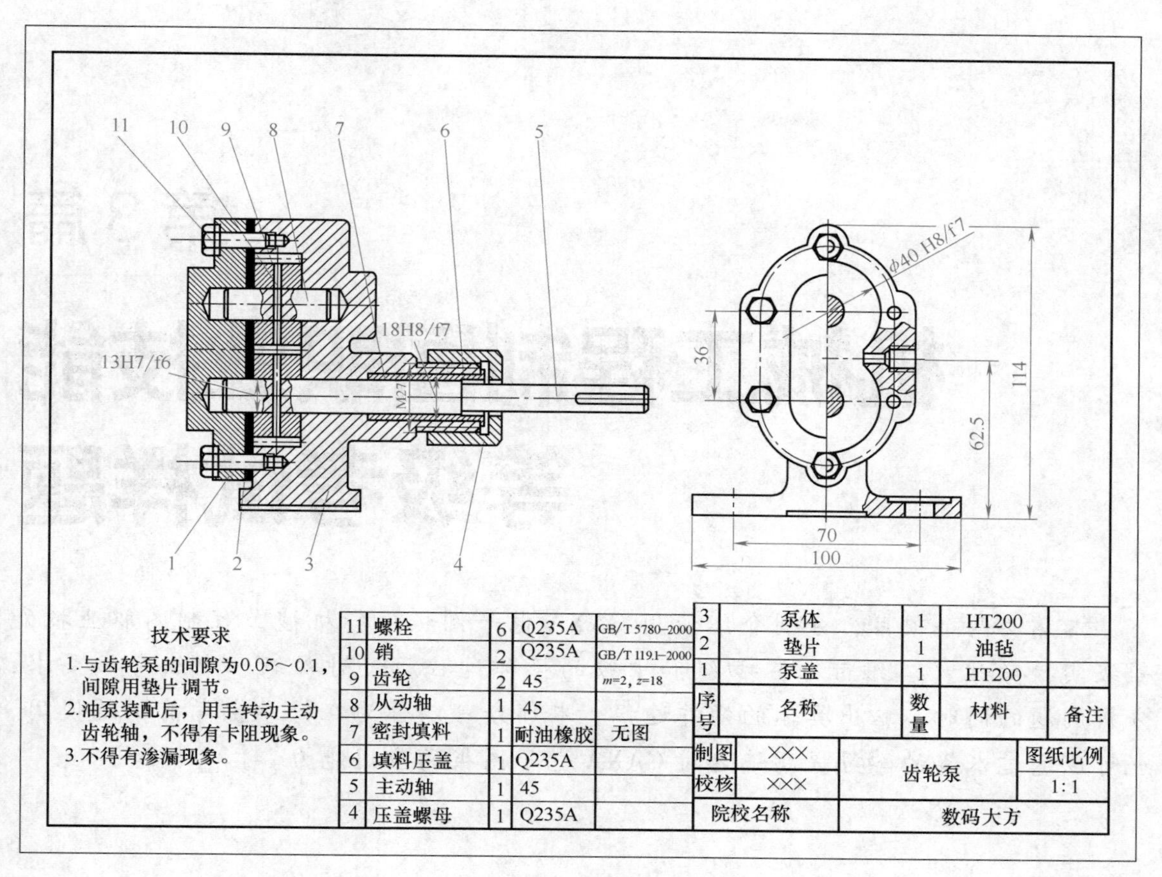

11	螺栓	6	Q235A	GB/T 5780-2000
10	销	2	Q235A	GB/T 119.1-2000
9	齿轮	2	45	m=2，z=18
8	从动轴	1	45	
7	密封填料	1	耐油橡胶	无图
6	填料压盖	1	Q235A	
5	主动轴	1	45	
4	压盖螺母	1	Q235A	

3	泵体	1	HT200	
2	垫片	1	油毡	
1	泵盖	1	HT200	
序号	名称	数量	材料	备注

制图	×××	齿轮泵	图纸比例
校核	×××		1∶1
院校名称		数码大方	

图 8-1　装配图

第3篇

机械工程制图职业技能等级考试样题

本篇共两个项目，分别介绍使用 CAXA 电子图板进行机械工程制图职业技能等级实操考试（二维部分）初级和中级的操作过程。针对初级、中级考核要求，分析例题的同时，给出具体的操作过程。本部分可以作为在校学生考前训练使用，也可以通过本篇的学习提高读者对 CAXA 电子图板的应用能力。

项目 9 机械工程制图职业技能等级实操考试（二维部分）初级考试练习

【知识目标】 掌握绘图工具、编辑工具和标注工具的使用；掌握二维工程图制图的全过程。

【技能目标】 可以分析零件结构进行合理的工程图布局，选用科学的视图表达方式表达零件完整结构；可以根据技能等级考试要求完成各题目的操作。

【素养目标】 培养学生的创造性思维、灵活的应变能力、沉稳的做事风格和严谨的学科态度。

目前，我国机械工程制图职业技能等级分为三个等级：初级、中级和高级，三个级别依次递进，高级别涵盖低级别职业技能要求。

初级二维计算机绘图的要求如下。

1. 二维图样设置

（1）能在 CAD 二维绘图软件中建立新文件，并按要求保存到指定位置。

（2）能根据图样绘制要求，设置图幅、标题栏和图层等参数。

（3）能使用绘图、标注与修改等相关指令绘制图样。

（4）能够按照出图要求打印出图。

2. 简单/中等复杂零件工程图绘制

（1）依据零件结构特征，能够定位零件图视图基准。

（2）能正确绘制零件的各视图。

（3）能正确标注零件的各类尺寸。

（4）能正确标注零件的尺寸精度、表面粗糙度和几何公差等技术要求。

（5）能正确编制文字性技术要求。

（6）能正确填写标题栏中的零件名称、代号、材料和绘图比例等信息。

3. 二维图样输出

（1）能正确设置打印纸张规格、打印范围和打印比例。

（2）能正确添加绘图仪，并设置绘图仪的打印样式、打印范围等参数。

（3）能将工程图图样虚拟打印为 pdf 文件。

（4）能正确连接计算机和打印机，选择打印机和纸张，完成工程图图样的打印输出。

9.1 初级试题题型解读

初级考试中除理论题外，上机操作主要包括两大题型：一是根据给定的零件轴测图，按照机械制图国家标准修改并完成给出的视图，根据零件分析，补画其他视图并标注尺寸，确定尺寸公差及几何公差，填写标题栏及注写技术要求；二是根据现场给定的图纸，使用现场提供的二维绘图软件抄画零件图，并按照要求进行图层设置和保存。

9.2 题型一解析与操作

题型一是根据轴测图绘制二维工程图。

具体要求如下：根据任务书要求，在规定的时间内考生根据给出的三维轴测图（如图 9-2-1 所示），按照机械制图国家标准修改并完成给定的主视图（如图 9-2-2 所示），根据零件分析，补画其他视图并标注尺寸，确定尺寸公差及几何公差，填写标题栏及注写技术要求。以“底座”命名，保存为 dwg 格式文件。

给定的主视图请下载教材“9-1. exb 素材”文件。

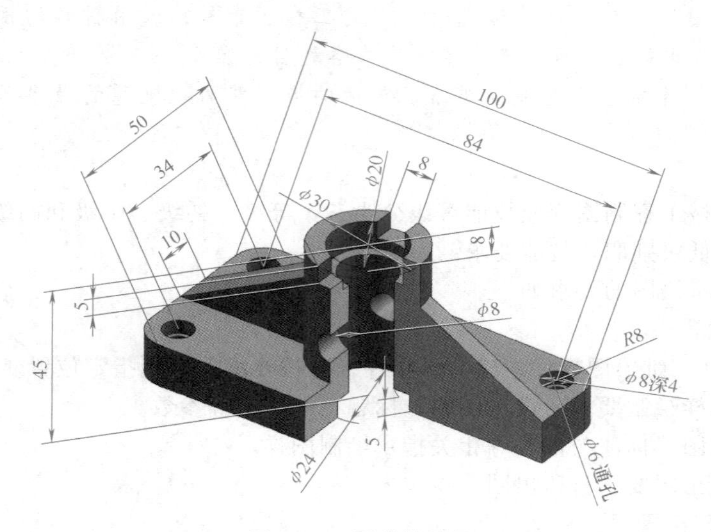

图 9-2-1 零件轴测图

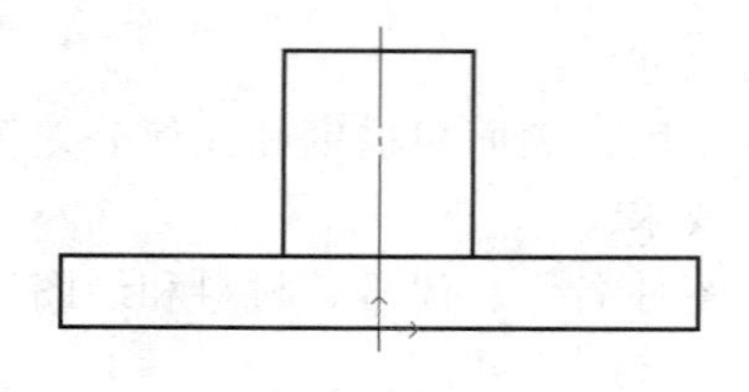

图 9-2-2 给定的主视图

9.2.1 题型一分析

如图 9-2-1 所示底座结构，它的内、外形状都比较简单，前后、左右均为对称结构。因此，主视图和左视图采用半剖视图表示，以对称中心线为界，一半画成视图，表达其外形；另一半画成剖视图，表达其内部孔轮廓。俯视图主要表达底板四个小孔、底部方槽轮廓及肋板的形状和位置。主视图已知轮廓如图 9-2-2 所示，以此视图为基准，进行完整主视图的绘制。

9.2.2　题型一操作

9.2.2-1
补全主视图

1. 补全主视图

序号	图例	操作步骤
1	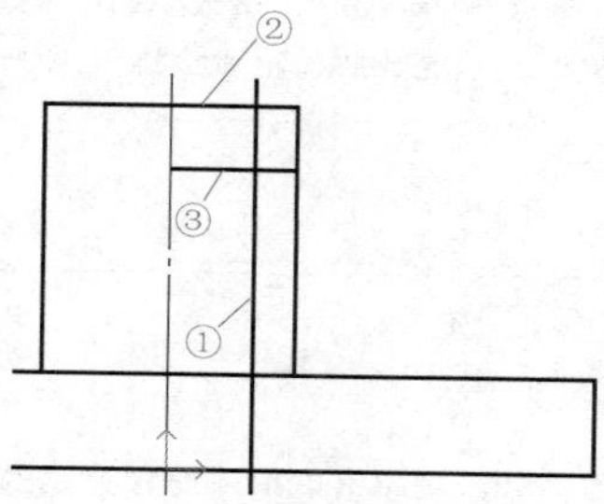	选择“图层”→“粗实线层”；调用“平行线”功能，立即菜单条件设置为：“偏移方式”→“单向”；根据信息提示，拾取“竖直中心线”，鼠标向右侧滑移，输入距离“10”，按<Enter>键确认，生成平行直线①，单击鼠标右键结束“平行线”功能；再次单击鼠标右键，重复“平行线”功能，继续拾取直线②，鼠标向下方滑移，输入距离“8”，按<Enter>键确认，生成平行直线③，单击鼠标右键结束“平行线”功能
2	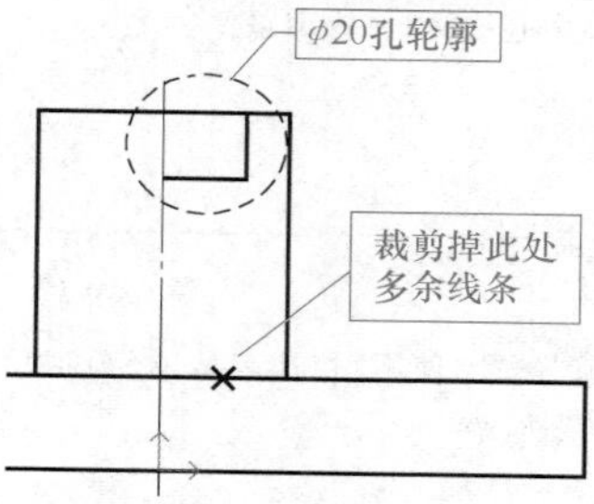 ϕ20孔轮廓 裁剪掉此处多余线条	调用“裁剪”功能，使用“快速裁剪”修剪掉多余线条，ϕ20孔轮廓效果如图所示。裁剪后仍有独立的多余线条，可以拾取后使用<Delete>键删除。同时需裁剪掉图中标记的多余线条
3	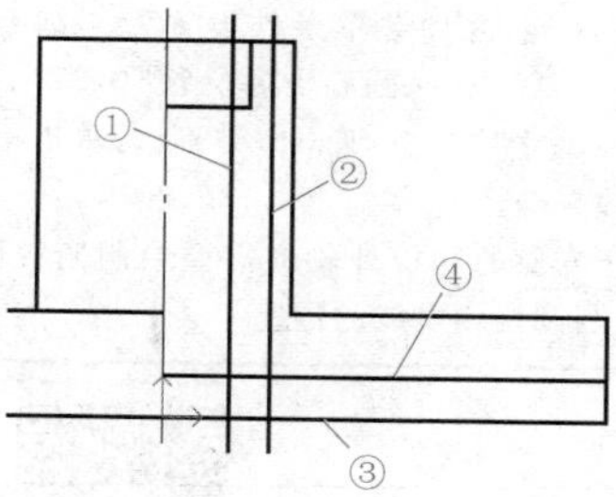	调用“平行线”功能，立即菜单条件设置为：“偏移方式”→“单向”；拾取中心线，分别输入距离“7.5”和“12”，生成平行直线①和②；同样的方法，拾取直线③，输入距离“5”，生成平行直线④。调用“裁剪”功能，使用“快速裁剪”修剪掉多余线条
4	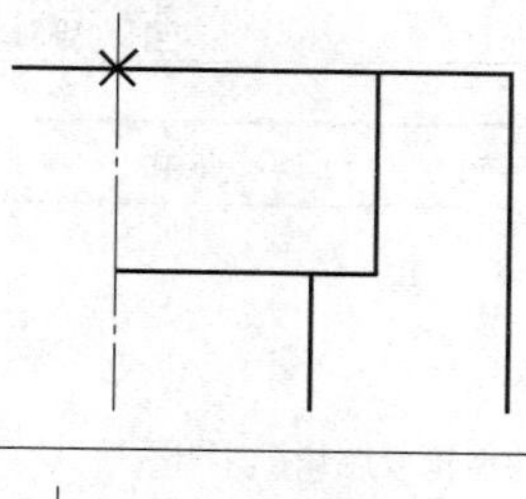	启用“导航”功能。调用“直线”功能，条件设置为：“两点线”→“连续”，按<F4>键，选择如图所示交点作为参考点，输入“@4,0”，确定直线的第1点
5	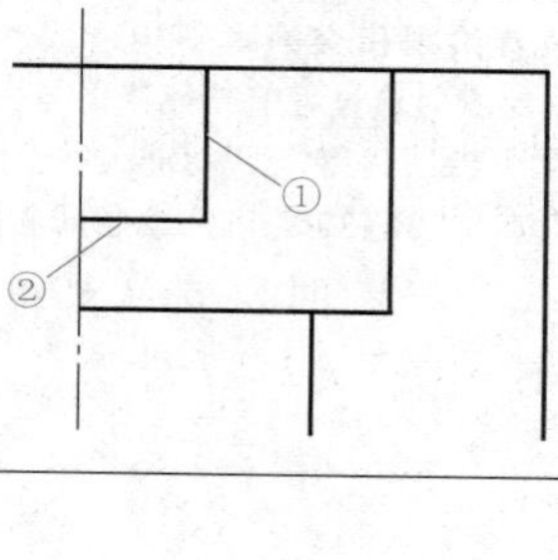	移动鼠标出现极轴“270°”，输入数值“5”，按<Enter>键确认直线第2点，直线①绘制完成；水平移动光标至中心线，出现“垂直”特征点符号时单击鼠标左键，绘制完成直线②，效果如图所示

（续）

序号	图例	操作步骤
6	第1点 肋板轮廓直线 第2点 参考点	调用“直线”功能，条件设置为：“两点线”→“连续”，按<F4>键，选择图示交点作为参考点，输入“@ 0，20”，确定直线第 1 点，捕捉拾取第 2 点，完成肋板轮廓绘制，如图所示
7	拾取元素 镜像中心线	调用“镜像”功能，立即菜单条件设置为：“选择轴线”→“拷贝”；拾取元素，选择如图所示两条直线，单击鼠标右键确认；拾取轴线，选择中心线，完成轮廓镜像
8		调用“裁剪”功能，使用“快速裁剪”修剪掉顶部多余线条，裁剪后效果如图所示
9		调用“圆”功能，立即菜单条件设置为：“圆心_半径”→“直径”→“无中心线”，输入圆心坐标位置“0，22”，按<Enter>键确认；输入直径尺寸“8”，按<Enter>键确认；单击鼠标右键结束圆绘制，绘制效果如图所示 说明：对于左侧的肋板外轮廓需要绘制俯视图后进行投影，确定其肋板与圆柱相贯线的位置

2. 绘制俯视图

序号	图例	操作步骤
1	垂直构造线 水平构造线	选择“图层”→“中心线层”；启用“导航”功能；调用“构造线”功能，在合适位置绘制相交的水平构造线和垂直构造线。其中，垂直构造线绘制时通过导航功能确保与主视图中心线对齐 切换到“粗实线层”；调用“圆”功能，捕捉中心线交点为圆心位置，分别输入直径“30”“20”“15”绘制同心圆

（续）

序号	图例	操作步骤
2	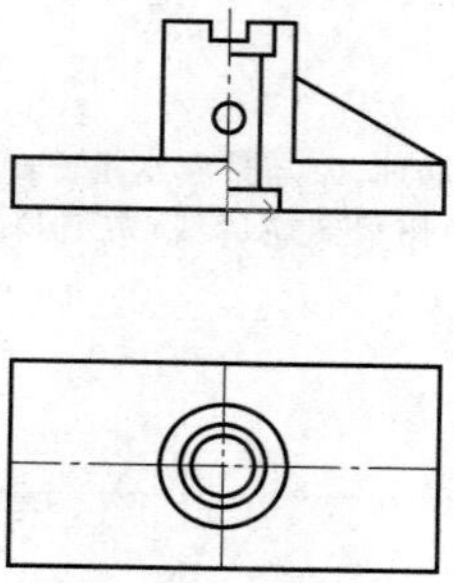	调用“平等线”功能，条件设置为：“偏移方式”→“双向”，分别拾取水平中心线和垂直中心线，绘制平行线 使用“裁剪”功能及<Delete>键，修剪掉多余线条，如图所示
3	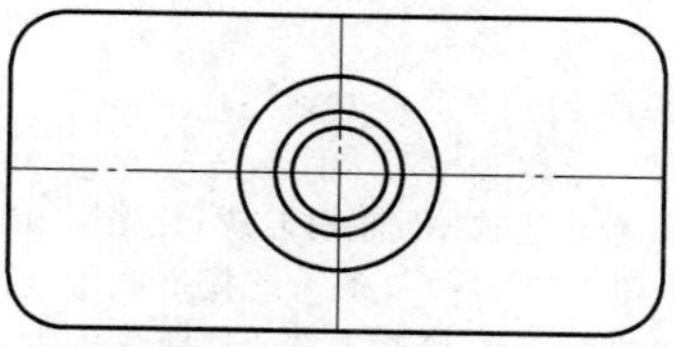	调用“过渡-圆角”功能，立即菜单条件设置为：“裁剪”→“半径”输入“8”；依次拾取倒圆角的边界，完成圆角过渡
4	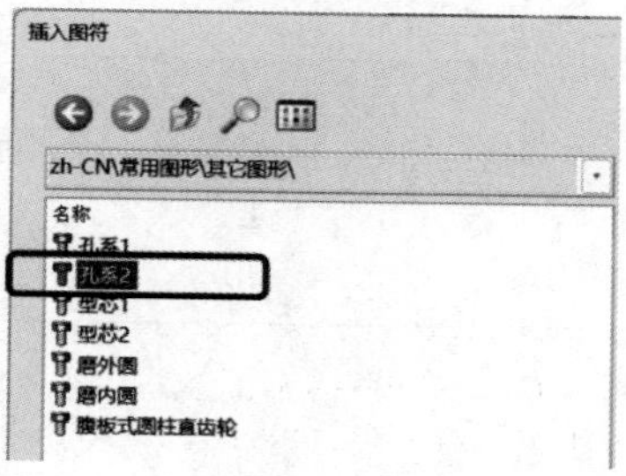 插入图符 zh-CN\常用图形\其它图形\ 名称 孔系1 孔系2 型芯1 型芯2 磨外圆 磨内圆 腹板式圆柱直齿轮	调用“插入”→“图库”→“常用图形”功能，弹出“插入图符”对话框，双击“其他图形”，弹出新的对话框，如图所示
5	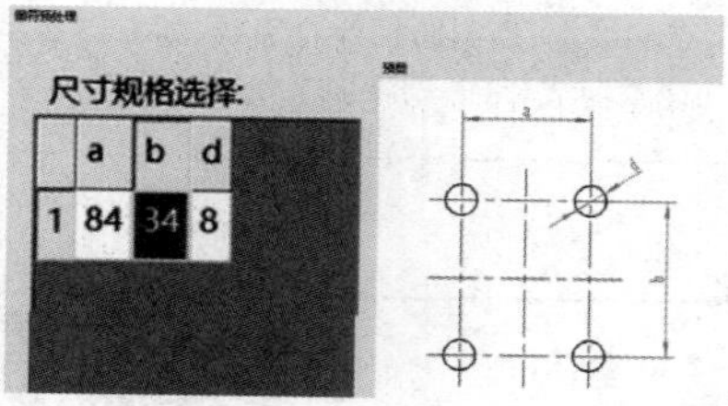 尺寸规格选择: a b d 1 84 34 8	双击“孔系2”，打开“图符预处理”对话框，如图所示；在尺寸规格处，根据图形提示，输入各参数分别为“84”“34”“8”，其他参数使用默认，单击“确定”按钮，回到绘图状态，更改立即菜单条件为“打散”；拾取圆心点为图符定位点，旋转角度为“0”，按<Enter>键确认，单击鼠标右键结束命令
6	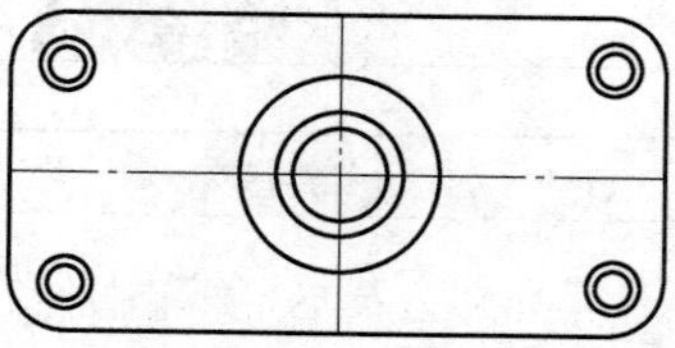	同样的方法，绘制 $\phi6$ 圆（在“尺寸规格选择”中，将直径“d”值输入为“6”）。然后删除插入图符生成的中心线。绘图效果如图所示
7	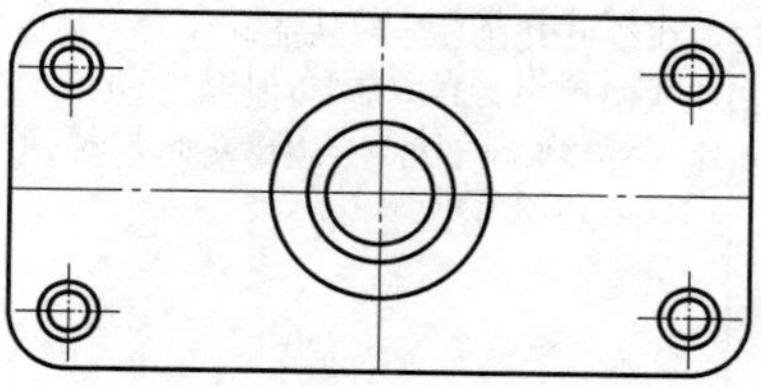	调用“常用”选项卡中“绘图”工具条下的“圆心标记”功能，立即菜单条件设置为“快速生成”→“使用默认图层”→“中心线长度”输入“7”；分别拾取4处圆形轮廓，单击鼠标右键退出当前功能。完成效果图如图所示

（续）

序号	图例	操作步骤
8		调用“平行线”功能，分别拾取水平中心线及垂直中心线，生成平行线，绘制槽俯视图轮廓线；裁剪掉多余线条，效果如图所示
9		通过投影，补全主视图肋的外轮廓：首先调用“直线”功能，条件设置为：“两点线”→“单条”，捕捉拾取①点，绘制竖直的辅助线1；捕捉拾取②点，绘制水平的辅助线2，两条辅助线相交，如图所示
10		然后调用“直线”功能，条件设置为：“两点线”→“单条”，捕捉拾取①点和②点，绘制肋板外轮廓线，如左图所示；然后调用“裁剪”功能裁剪成形，并删除多余线条

3. 绘制左视图

序号	图例	操作步骤
1		在“主菜单栏”中，选择“工具”→“三视图导航”命令，调用三视图导航功能 根据提示选择两点，绘制一条 45° 的黄色辅助导航线，如图所示

（续）

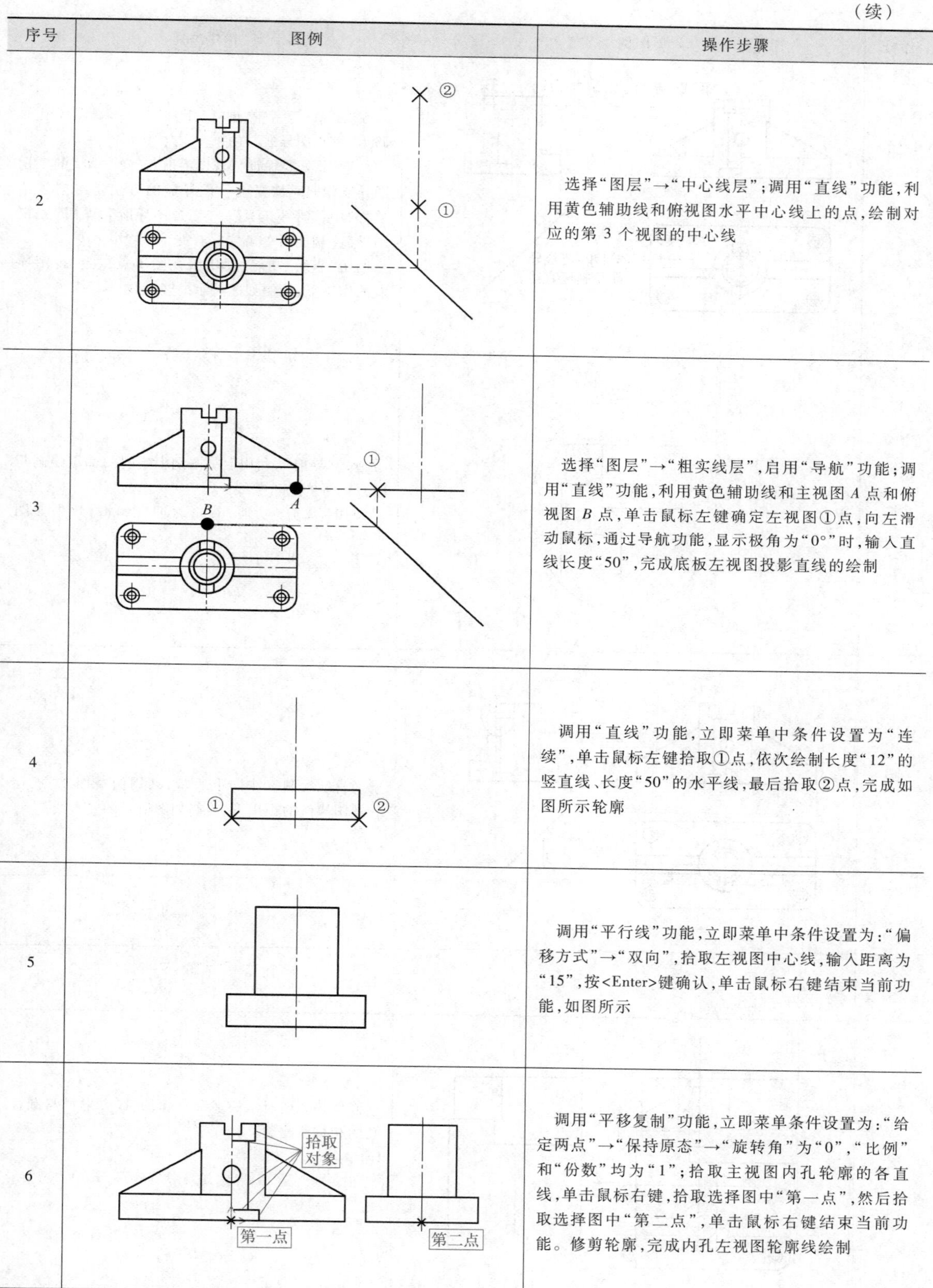

序号	图例	操作步骤
2		选择“图层”→“中心线层”；调用“直线”功能，利用黄色辅助线和俯视图水平中心线上的点，绘制对应的第 3 个视图的中心线
3		选择“图层”→“粗实线层”，启用“导航”功能；调用“直线”功能，利用黄色辅助线和主视图 *A* 点和俯视图 *B* 点，单击鼠标左键确定左视图①点，向左滑动鼠标，通过导航功能，显示极角为“0°”时，输入直线长度“50”，完成底板左视图投影直线的绘制
4		调用“直线”功能，立即菜单中条件设置为“连续”，单击鼠标左键拾取①点，依次绘制长度“12”的竖直线、长度“50”的水平线，最后拾取②点，完成如图所示轮廓
5		调用“平行线”功能，立即菜单中条件设置为：“偏移方式”→“双向”，拾取左视图中心线，输入距离为“15”，按<Enter>键确认，单击鼠标右键结束当前功能，如图所示
6		调用“平移复制”功能，立即菜单条件设置为：“给定两点”→“保持原态”→“旋转角”为“0”，“比例”和“份数”均为“1”；拾取主视图内孔轮廓的各直线，单击鼠标右键，拾取选择图中“第一点”，然后拾取选择图中“第二点”，单击鼠标右键结束当前功能。修剪轮廓，完成内孔左视图轮廓线绘制

（续）

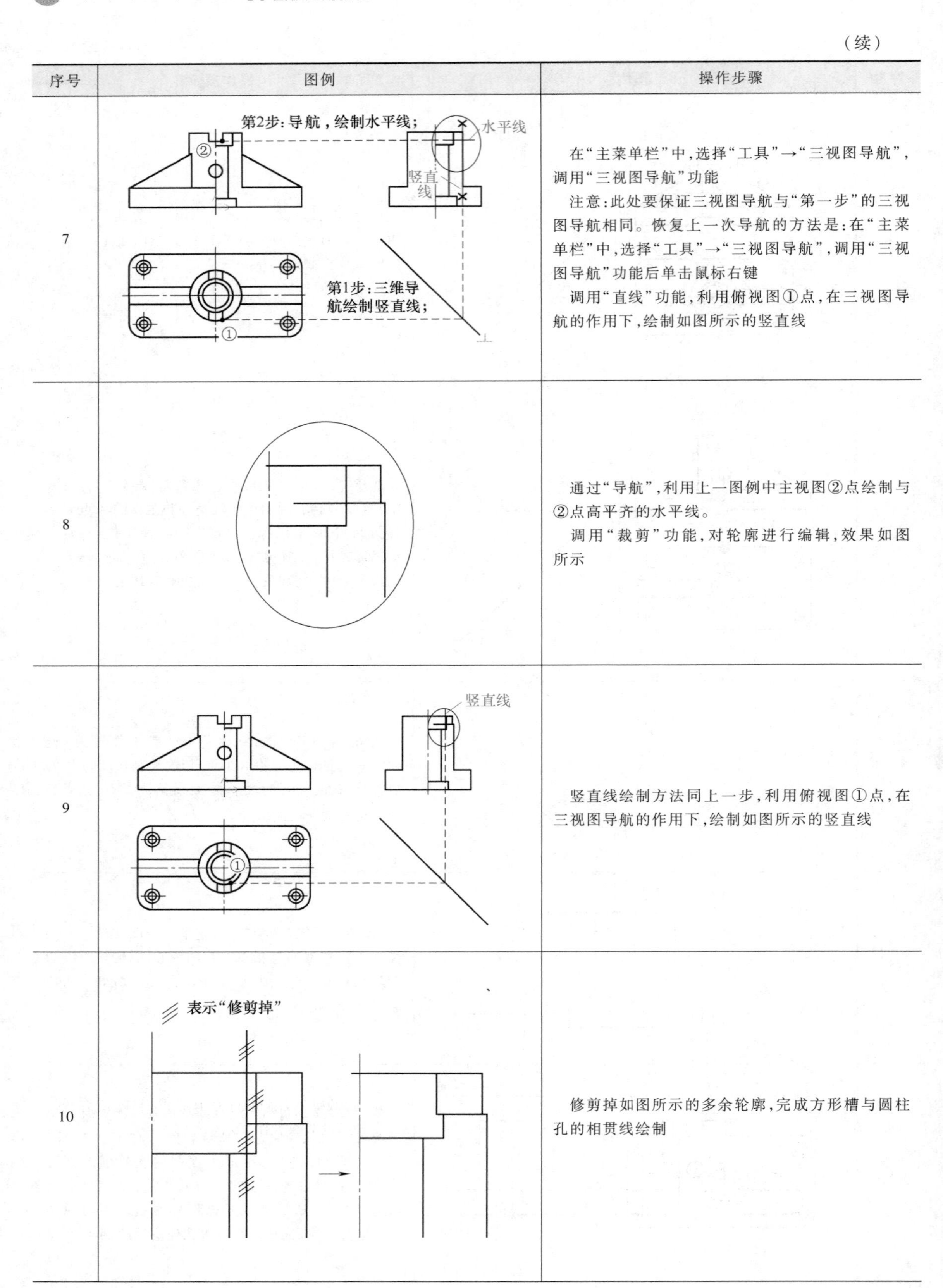

序号	图例	操作步骤
7	第2步：导航，绘制水平线； 水平线 竖直线 ② 第1步：三维导航绘制竖直线； ①	在“主菜单栏”中，选择“工具”→“三视图导航”，调用“三视图导航”功能 注意：此处要保证三视图导航与“第一步”的三视图导航相同。恢复上一次导航的方法是：在“主菜单栏”中，选择“工具”→“三视图导航”，调用“三视图导航”功能后单击鼠标右键 调用“直线”功能，利用俯视图①点，在三视图导航的作用下，绘制如图所示的竖直线
8		通过“导航”，利用上一图例中主视图②点绘制与②点高平齐的水平线。 调用“裁剪”功能，对轮廓进行编辑，效果如图所示
9	竖直线 ①	竖直线绘制方法同上一步，利用俯视图①点，在三视图导航的作用下，绘制如图所示的竖直线
10	表示“修剪掉”	修剪掉如图所示的多余轮廓，完成方形槽与圆柱孔的相贯线绘制

（续）

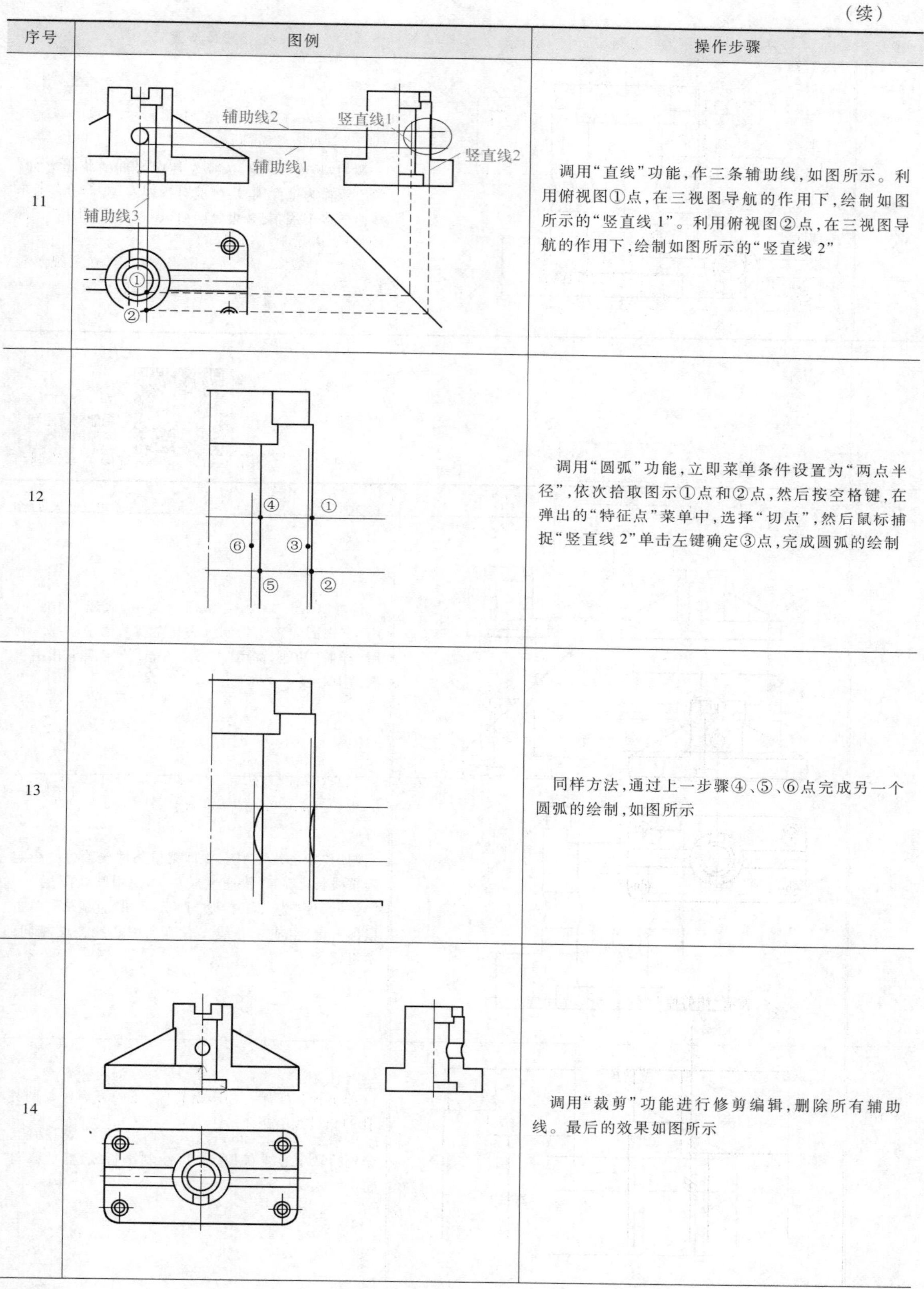

序号	图例	操作步骤
11		调用“直线”功能，作三条辅助线，如图所示。利用俯视图①点，在三视图导航的作用下，绘制如图所示的“竖直线 1”。利用俯视图②点，在三视图导航的作用下，绘制如图所示的“竖直线 2”
12		调用“圆弧”功能，立即菜单条件设置为“两点半径”，依次拾取图示①点和②点，然后按空格键，在弹出的“特征点”菜单中，选择“切点”，然后鼠标捕捉“竖直线 2”单击左键确定③点，完成圆弧的绘制
13		同样方法，通过上一步骤④、⑤、⑥点完成另一个圆弧的绘制，如图所示
14		调用“裁剪”功能进行修剪编辑，删除所有辅助线。最后的效果如图所示

（续）

序号	图例	操作步骤
15		调用“镜像”功能，选择左视图半剖的轮廓线，以中心线作为镜像轴线，生成对称轮廓线。 修剪多余线条，效果如图所示

4. 局部剖视图

序号	图例	操作步骤
1		选择“图层”→“中心线层”；调用“直线”功能，利用“三视图导航”，绘制沉头孔左视图的中心线。利用“导航”功能，调用“直线”功能，绘制沉头孔主视图的中心线
2		调用“中心线”功能，立即菜单条件设置为：“指定延长线长度”→“快速生成”→“使用默认图层”→“延伸长度”为“3”，拾取“直线 1”和“直线 2”，单击鼠标右键，生成中心线。右侧孔中心线方法相同，不再赘述
3		选择“图层”→“粗实线层”；调用“平行线”功能，分别拾取中心线和“直线 1”绘制平行线；然后修剪轮廓

（续）

序号	图例	操作步骤
4		切换到“细实线层”；调用“样条”曲线功能，立即菜单条件设置为：“直接作图”→“缺省切矢”→“开曲线”→“拟合公差”为“0”；按空格键，在弹出的“特征点”菜单中，选择“最近点”，依次选择：直线上的点①，任意两点②和③，直线上的点④，单击鼠标右键退出此命令，完成样条线的绘制

5. 添加剖面线

序号	图例	操作步骤
1		调用“剖面线”功能，条件设置为：“拾取点”→“不选择剖面图案”→“非独立”→“比例”为“3”→“角度”为“45”，其他条件使用默认；在填充剖面线的环内任意位置依次拾取一点，单击鼠标右键完成剖面线填充
2		调整中心线，使中心线沿轮廓边界延伸长度统一为“3”。调用“拉伸”功能，条件设置为：“单个拾取”→“轴向拉伸”→“长度方式”→“增量”；拾取主视图沉头孔中心线后，向上滑移鼠标，输入长度“3”，完成中心线向上的拉伸。使用同样的方法，依次对中心线进行修改，完成效果如图所示

6. 视图标注

序号	图例	操作步骤
1		调用“尺寸标注”功能，条件设置为：“基本标注”；拾取标注对象（或分别拾取两个对象），立即菜单条件均使用默认，即“文字平行”→“长度”→“文字居中”→“前缀”为“空”→“后缀”为“空”→“基本尺寸”为自动判断的尺寸，在合适的位置再次单击鼠标左键放置尺寸标注 说明：图中尺寸标注条件相同，可以一次性标注完成

（续）

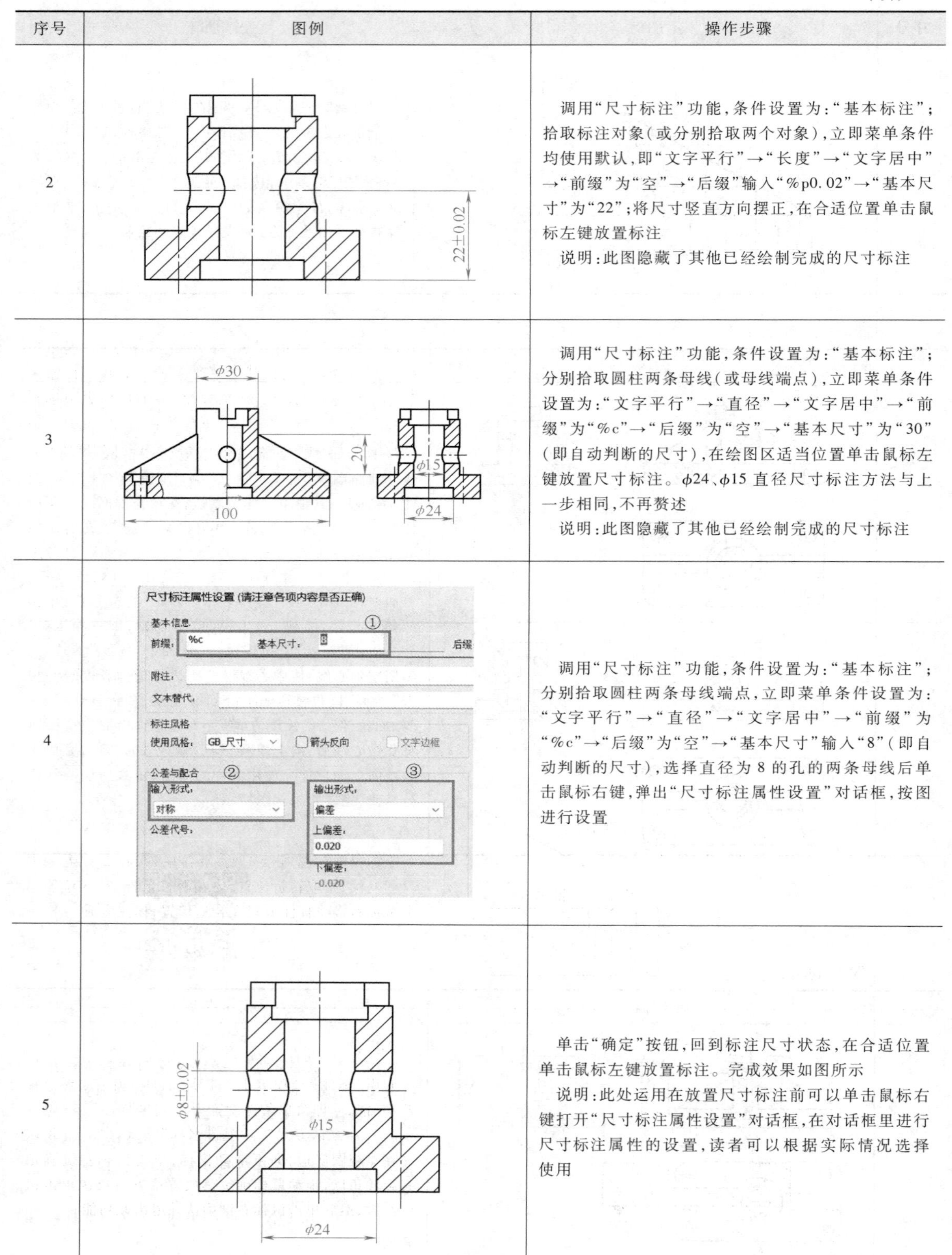

序号	图例	操作步骤
2		调用“尺寸标注”功能，条件设置为：“基本标注”；拾取标注对象（或分别拾取两个对象），立即菜单条件均使用默认，即“文字平行”→“长度”→“文字居中”→“前缀”为“空”→“后缀”输入“%p0.02”→“基本尺寸”为“22”；将尺寸竖直方向摆正，在合适位置单击鼠标左键放置标注 说明：此图隐藏了其他已经绘制完成的尺寸标注
3		调用“尺寸标注”功能，条件设置为：“基本标注”；分别拾取圆柱两条母线（或母线端点），立即菜单条件设置为：“文字平行”→“直径”→“文字居中”→“前缀”为“%c”→“后缀”为“空”→“基本尺寸”为“30”（即自动判断的尺寸），在绘图区适当位置单击鼠标左键放置尺寸标注。ϕ24、ϕ15 直径尺寸标注方法与上一步相同，不再赘述 说明：此图隐藏了其他已经绘制完成的尺寸标注
4		调用“尺寸标注”功能，条件设置为：“基本标注”；分别拾取圆柱两条母线端点，立即菜单条件设置为：“文字平行”→“直径”→“文字居中”→“前缀”为“%c”→“后缀”为“空”→“基本尺寸”输入“8”（即自动判断的尺寸），选择直径为 8 的孔的两条母线后单击鼠标右键，弹出“尺寸标注属性设置”对话框，按图进行设置
5		单击“确定”按钮，回到标注尺寸状态，在合适位置单击鼠标左键放置标注。完成效果如图所示 说明：此处运用在放置尺寸标注前可以单击鼠标右键打开“尺寸标注属性设置”对话框，在对话框里进行尺寸标注属性的设置，读者可以根据实际情况选择使用

（续）

序号	图例	操作步骤
6	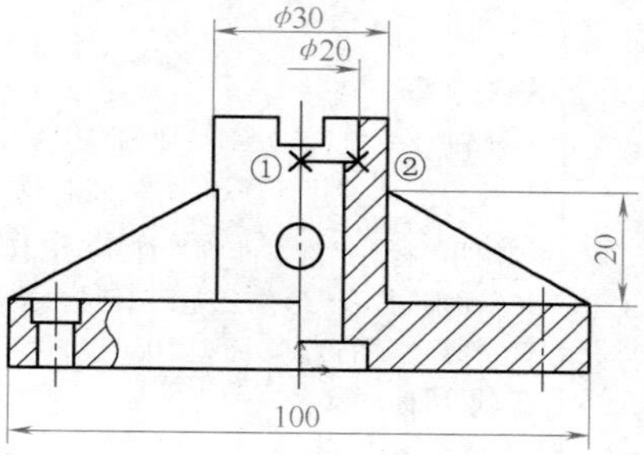	调用“尺寸标注”功能，条件设置为：“半标注”→“直径”，其他使用默认参数；分别拾取图中①点和②点，滑动鼠标，在合适位置单击鼠标左键放置标注，完成“ϕ20”尺寸标注
7		调用“标注”选项卡下“符号”工具条中的“引出说明”功能，弹出“引出说明”对话框。在第一行输入“4”，然后单击“插入”下拉按钮，在下拉列表中选择符号“x”，继续单击“插入”下拉按钮，在列表中选择符号“ϕ”，然后输入“6”；第一行输入完毕，如图所示
8	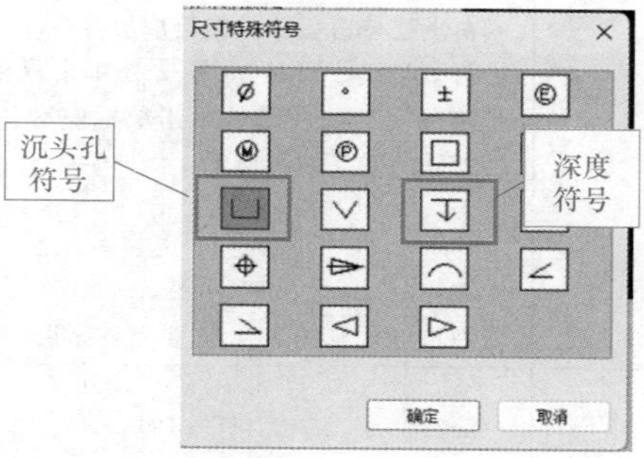	光标切换到第二行；单击“插入”下拉按钮，打开下拉菜单，选择“尺寸特殊符号”，打开“尺寸特殊符号”对话框，如图所示。选择表示“沉头”的符号后，单击“确定”按钮，回到“引出说明”对话框；继续输入“%c8”，单击“插入”下拉按钮，选择表示“深度”的符号，单击“确定”按钮，继续输入“4”，第二行输入完毕，单击“确定”按钮回到标注状态
9	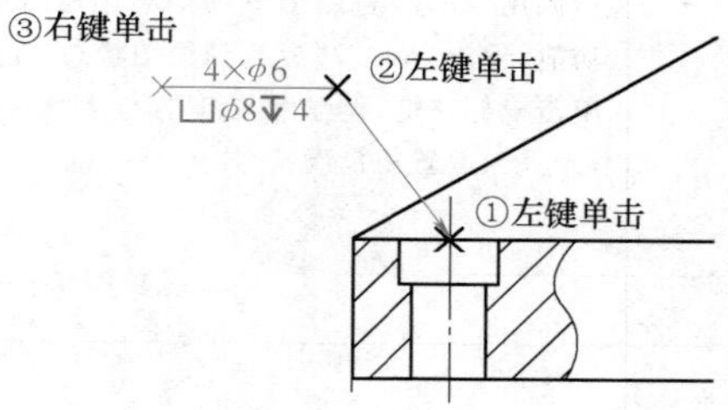	光标拾取如图所示①处，滑移鼠标，在②位置单击鼠标左键，拾取转折位置，向左滑移鼠标，在③位置单击鼠标右键将标注放置在合适位置，标注完成
10	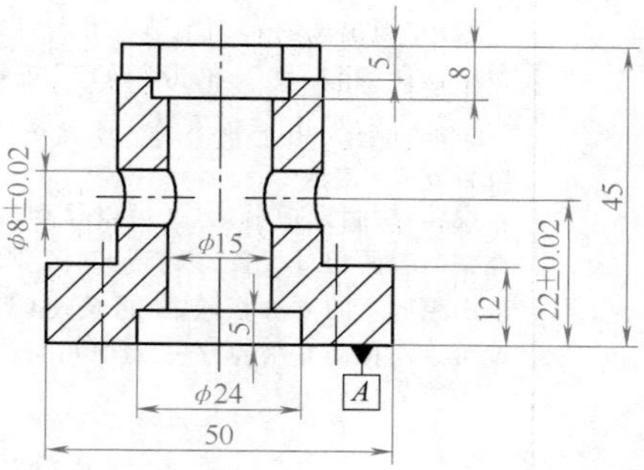	调用“标注”选项卡下“符号”工具条中的“形位公差”功能，立即菜单条件设置为：“基准标注”→“给定基准”→“默认方式”→“基准名称”输入为“A”。拾取底座左视图底边，向下滑动鼠标，单击鼠标左键确定其旋转角度，拖动鼠标确定其放置位置后再次单击鼠标左键，然后单击鼠标右键确认并退出此功能

（续）

序号	图例	操作步骤
11	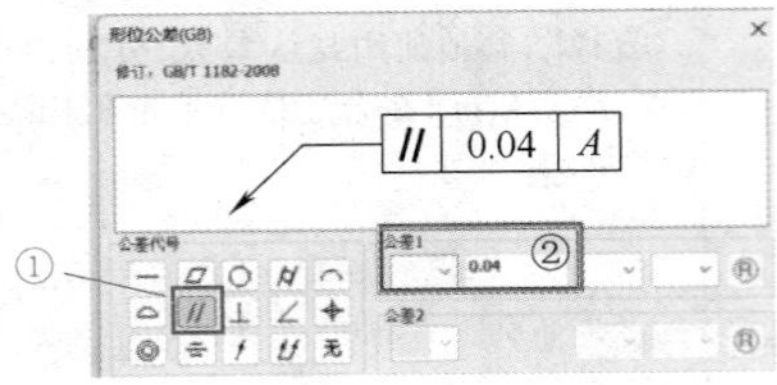	调用“标注”选项卡下“符号”工具条中的“基准代号”功能，打开“形位公差”对话框；按图示进行参数设置，选择“平行度”，公差“0.04”，然后单击“确定”按钮，返回标注状态
12	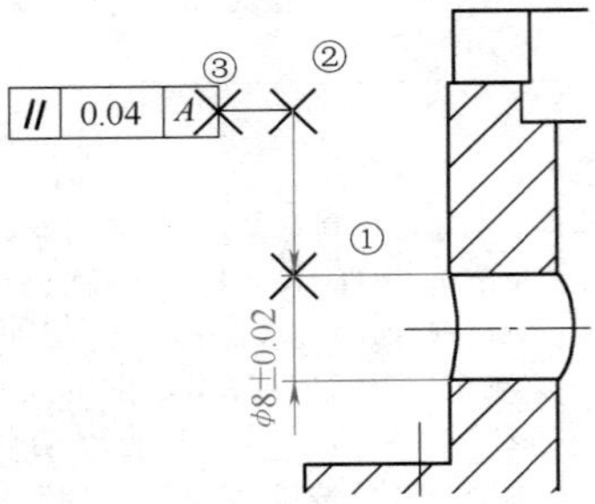	在①处单击鼠标左键拾取尺寸“ϕ8”的尺寸界线，将指引线与尺寸线对齐，在②处单击鼠标左键确定“引线转折”位置，在③处单击鼠标左键，放置形位公差。绘制后的效果如图所示
13	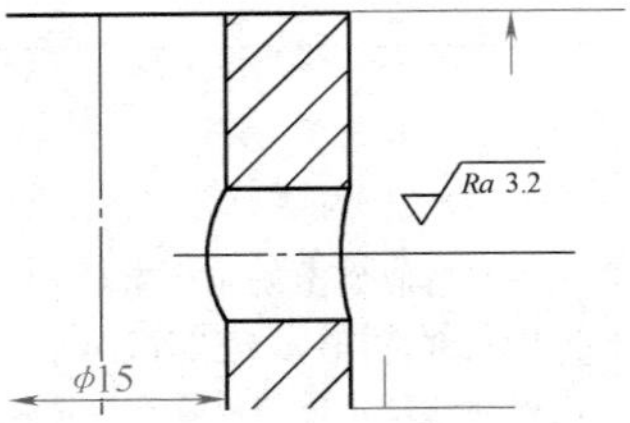	调用“标注”选项卡下“符号”工具条中的“粗糙度”功能，输入“*Ra*3.2”。回到绘图状态，在如图所示位置单击鼠标左键，调整粗糙度方位到水平，再次单击鼠标左键，放置粗糙度符号
14	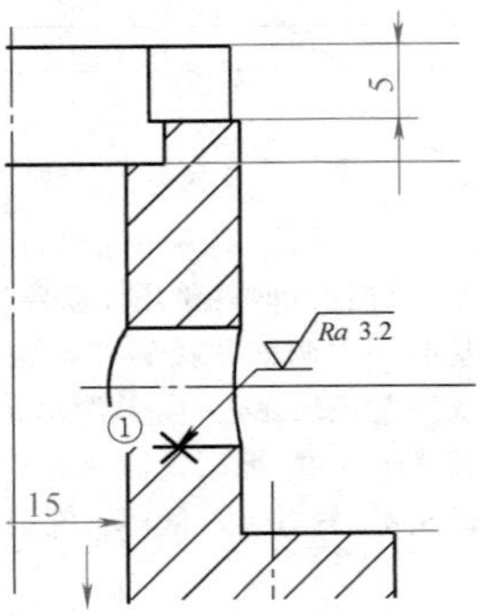	调用“引出说明”功能，在“插入特殊符号”下拉菜单中选择“粗糙度”，单击“确定”按钮，回到标注状态。在①处单击鼠标左键，放置指引线，效果如图所示 说明：绘制完指引线后，可以移动表面粗糙度符号调整二者的相对位置，以满足制图要求；绘制另一处表面粗糙度的方法相同，不再赘述（另一处表面粗糙度可以用移动复制的方法，读者可自行练习）

（续）

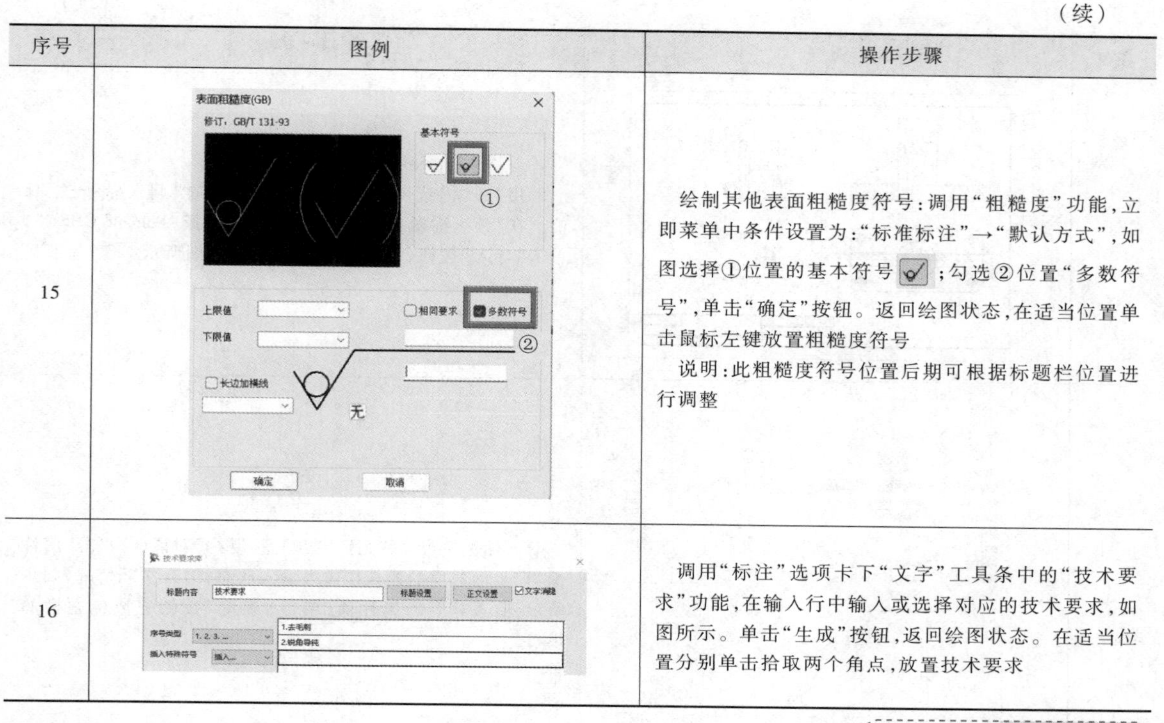

序号	图例	操作步骤
15		绘制其他表面粗糙度符号：调用“粗糙度”功能，立即菜单中条件设置为：“标准标注”→“默认方式”，如图选择①位置的基本符号 ；勾选②位置“多数符号”，单击“确定”按钮。返回绘图状态，在适当位置单击鼠标左键放置粗糙度符号 说明：此粗糙度符号位置后期可根据标题栏位置进行调整
16		调用“标注”选项卡下“文字”工具条中的“技术要求”功能，在输入行中输入或选择对应的技术要求，如图所示。单击“生成”按钮，返回绘图状态。在适当位置分别单击拾取两个角点，放置技术要求

7. 创建图幅

序号	图例	操作步骤
1		调入图幅，设置图幅参数为：“图纸幅面”为“A4”；“绘图比例”为“1∶1”；“调入图框”为 A4A-A-Normal(CHS)；单击“确定”按钮，生成效果如图所示
2		调整图幅位置：单击“常用”选项卡中的“平移”按钮，拾取图幅，滑移鼠标，调整图幅到合适位置后单击鼠标左键放置图幅。效果如图所示

（续）

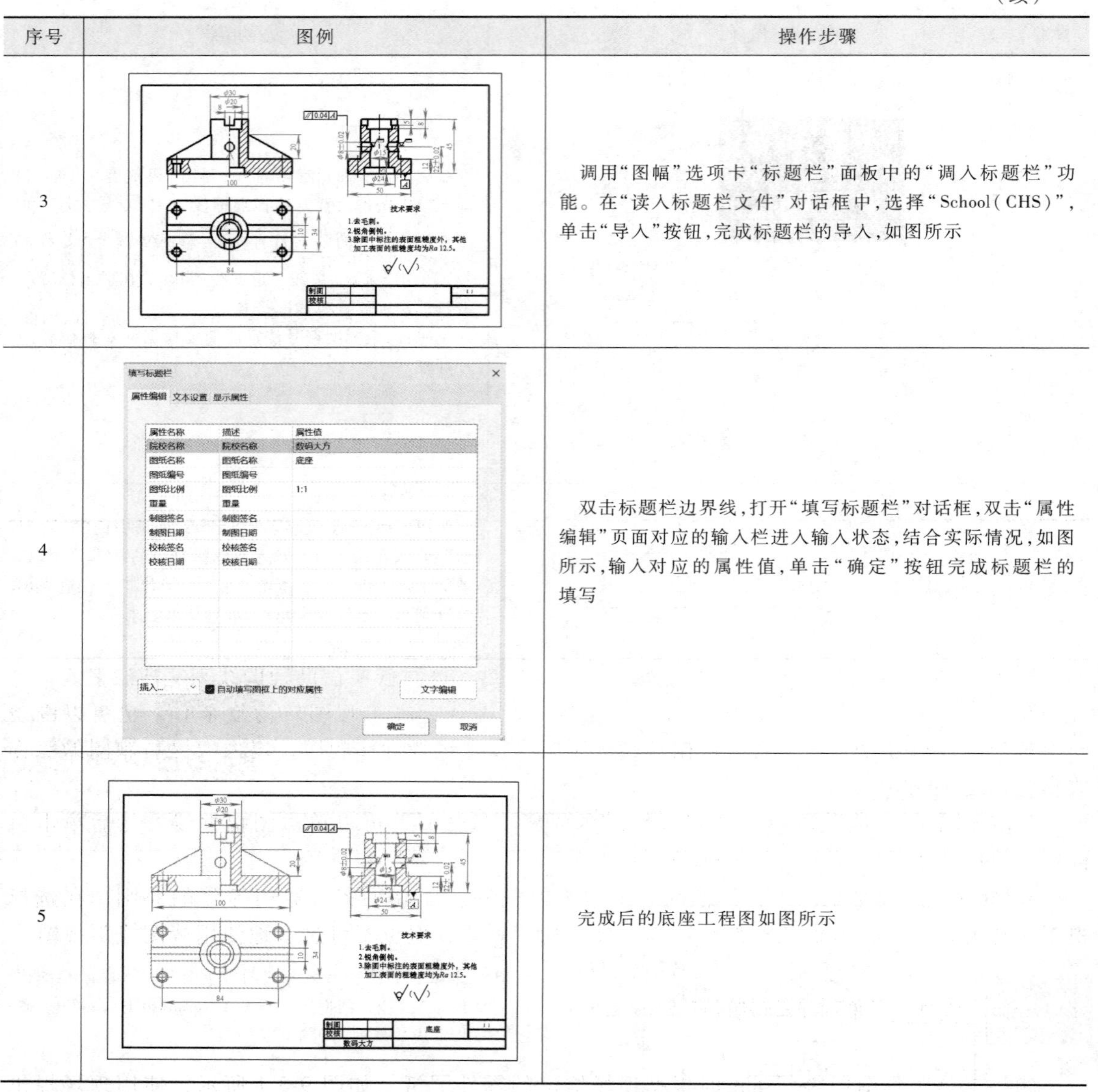

序号	图例	操作步骤
3		调用“图幅”选项卡“标题栏”面板中的“调入标题栏”功能。在“读入标题栏文件”对话框中，选择“School(CHS)”，单击“导入”按钮，完成标题栏的导入，如图所示
4		双击标题栏边界线，打开“填写标题栏”对话框，双击“属性编辑”页面对应的输入栏进入输入状态，结合实际情况，如图所示，输入对应的属性值，单击“确定”按钮完成标题栏的填写
5		完成后的底座工程图如图所示

8. 文件保存

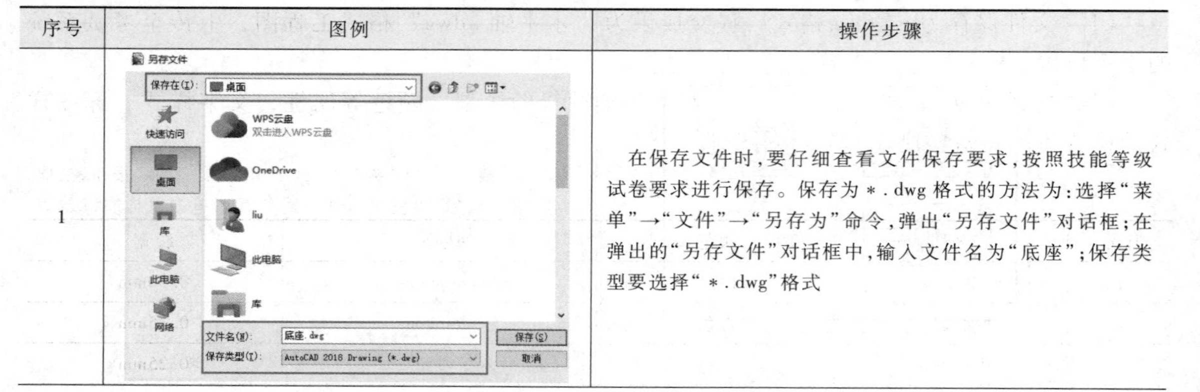

序号	图例	操作步骤
1		在保存文件时，要仔细查看文件保存要求，按照技能等级试卷要求进行保存。保存为＊.dwg格式的方法为：选择“菜单”→“文件”→“另存为”命令，弹出“另存文件”对话框；在弹出的“另存文件”对话框中，输入文件名为“底座”；保存类型要选择“＊.dwg”格式

（续）

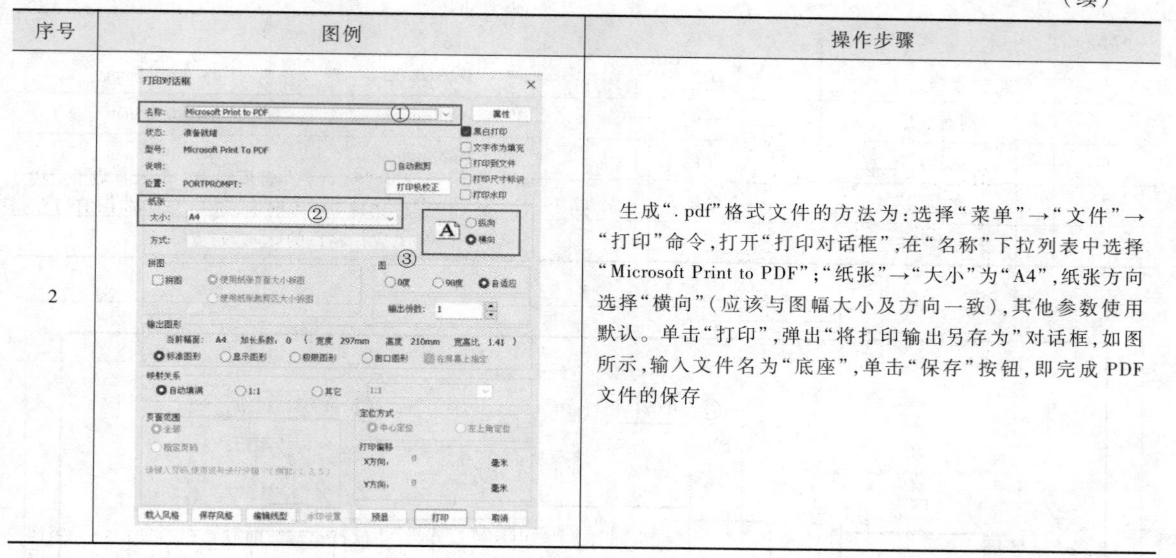

序号	图例	操作步骤
2		生成“.pdf”格式文件的方法为：选择“菜单”→“文件”→“打印”命令，打开“打印对话框”，在“名称”下拉列表中选择“Microsoft Print to PDF”；“纸张”→“大小”为“A4”，纸张方向选择“横向”（应该与图幅大小及方向一致），其他参数使用默认。单击“打印”，弹出“将打印输出另存为”对话框，如图所示，输入文件名为“底座”，单击“保存”按钮，即完成PDF文件的保存

【技能点拨】

1. 在绘制二维工程图时，有些线条不能直接画出，这时候要借助辅助线来完成绘制。

2. 在标注尺寸时，同一种标注可以一次性标注完成；在工程图较为复杂时，也可以围绕一个视图进行尺寸标注。学者可根据自己的制图习惯来选择标注顺序，以大大提高制图的工作效率。

3. 图幅是以“块”的形式被调入的，在调整其位置时，可以单击图幅框线，然后单击鼠标左键拾取蓝色特征点，滑移鼠标调整其位置。

4. 通过轴测图绘制二维工程图时，要遵循“长对正，高平齐，宽相等”的原则。在选择视图表达时，要充分考虑其外部轮廓和内部结构的表达，但也不可过多地使用视图或剖视图。

9.3　题型二解析与操作

题型二是工程图抄绘。考试时根据现场给定的零件图纸，如图9-3-1所示，使用现场提供的二维绘图软件，抄画零件图并保存至桌面上以机位号命名的文件内。具体要求如下：

（1）文件保存为＊.dwg格式，提交成果为“水平轴.dwg”格式工程图，上传至考试系统的指定位置。

（2）按照表9-3-1要求设置图层，赋予各类图线的线型、颜色等属性，文字样式、标注样式的设置应满足机械制图国家标准要求。

表9-3-1　图层设置要求

序号	名称	颜色	线型	线宽
1	轮廓实线层	白色	continuous	0.50mm
2	细线层	青色	continuous	0.25mm
3	中心线层	红色	CENTER2	0.25mm

（续）

序号	名称	颜色	线型	线宽
4	虚线层	洋红	DASHED2	0. 25mm
5	剖面线层	黄色	continuous	0. 25mm
6	标注层	青色	continuous	0. 25mm
7	文字层	绿色	continuous	0. 25mm
8	文字字体	isocp		

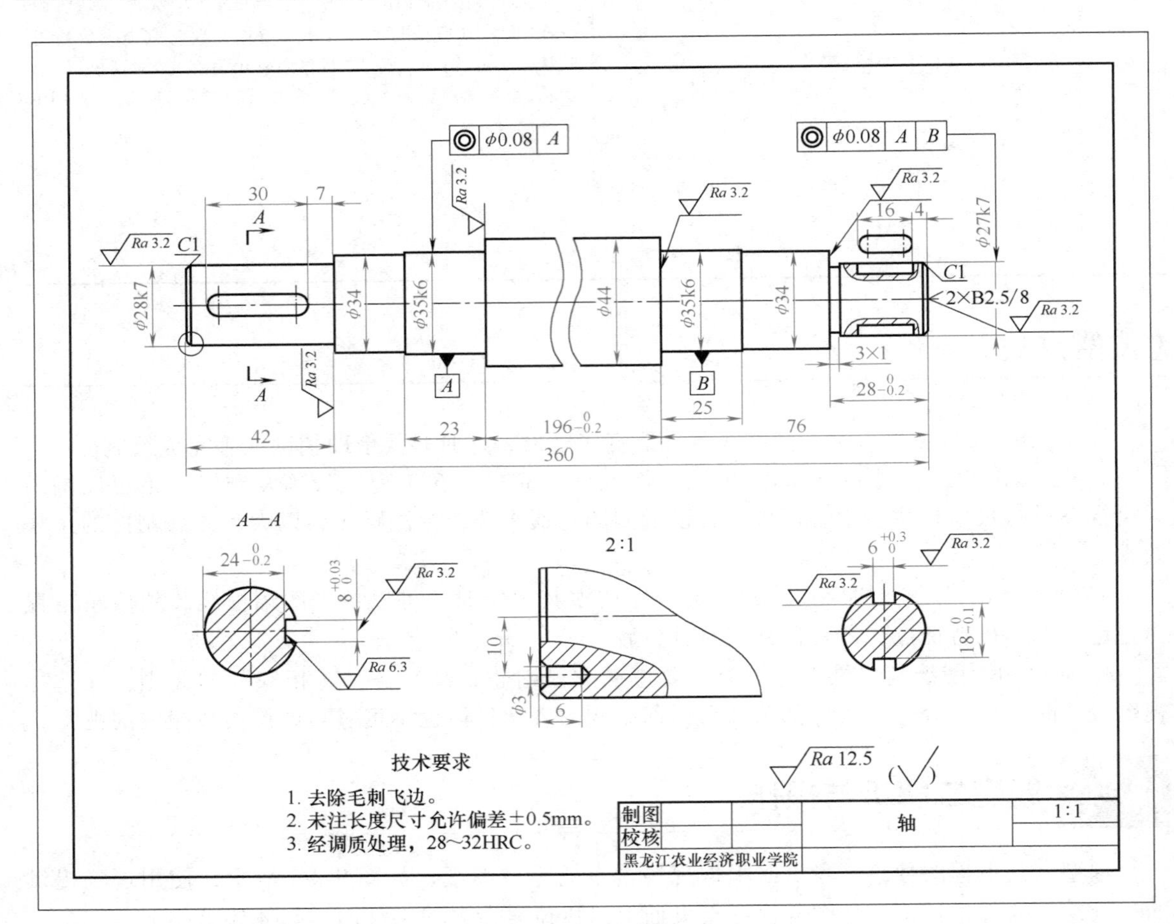

图 9-3-1 轴零件图

9.3.1 题型二分析

本题要求采用图纸规定的比例进行抄绘，所有的表达形式，包括视图表达、尺寸标注、技术要求等，均按图纸进行绘制即可。如图 9-3-1 所示的水平轴零件图，其结构主要包括两个键槽、一个退刀槽，轴的两端有 C1 倒角。两个键槽位置的轴段作移出剖面图以表达槽的结构和尺寸，最左侧轴端作局部放大图以表达细节轮廓尺寸。根据图纸尺寸标注，轴向主要尺寸基准为“$184_{-0.3}^{\ 0}$”右侧尺寸界线，径向尺寸基准为轴的中心线。绘图时，要从基准处着手，即从轴向主要尺寸基准处开始，分别向右绘制 ϕ35k6、ϕ34，槽 3×1、ϕ27k7 轮廓；向左绘制 ϕ44、ϕ35k6、ϕ34、ϕ28k7 轮廓。

抄绘需要注意的问题有：

（1）图层设置要完全符合题目要求。

（2）绘制的工程图样中不能缺项。

9. 3. 2-1
按要求设置样式

9. 3. 2　题型二操作

1. 按题目要求设置样式

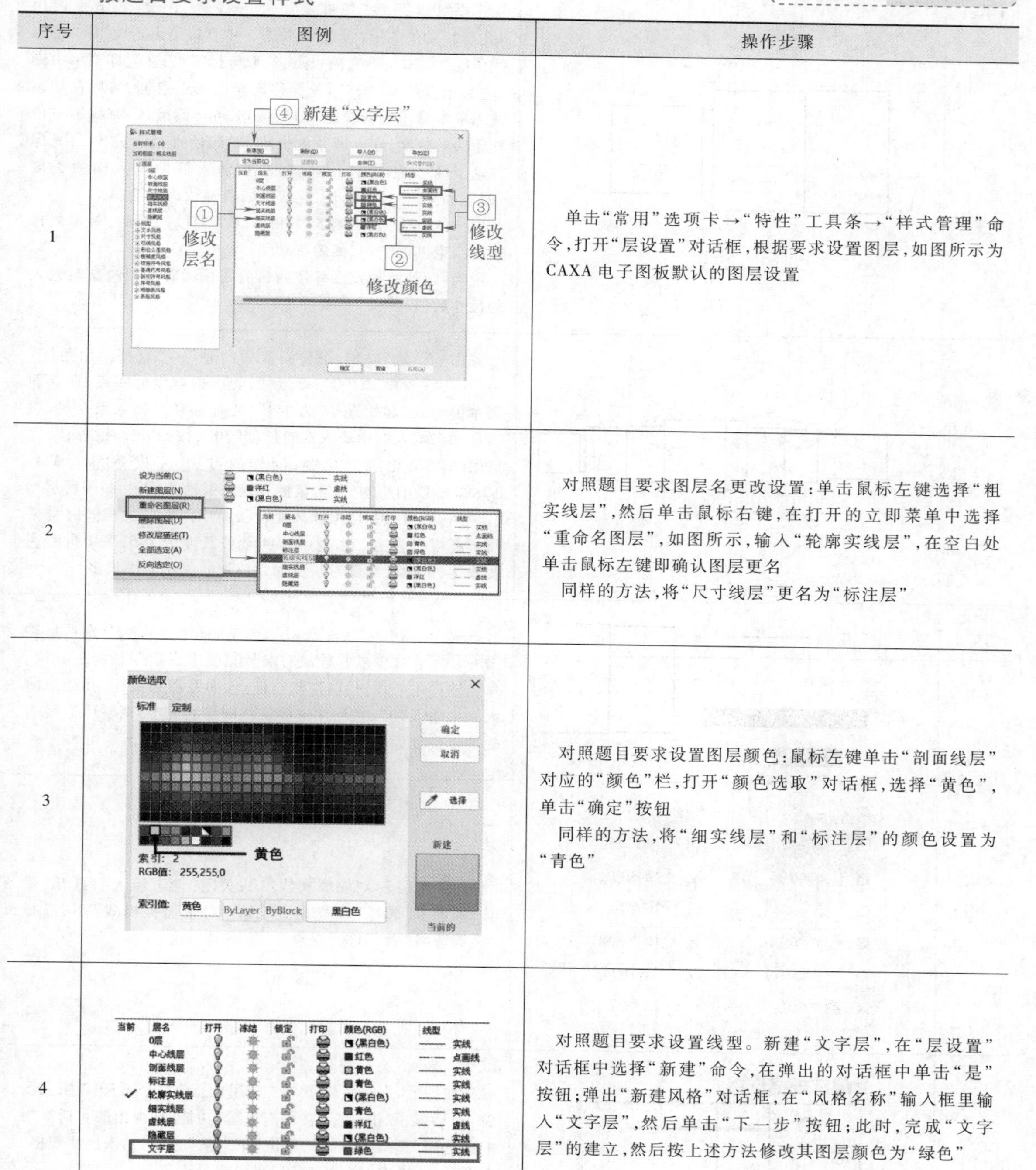

序号	图例	操作步骤
1	④ 新建“文字层” ① 修改层名 ② 修改颜色 ③ 修改线型	单击“常用”选项卡→“特性”工具条→“样式管理”命令，打开“层设置”对话框，根据要求设置图层，如图所示为 CAXA 电子图板默认的图层设置
2		对照题目要求图层名更改设置：单击鼠标左键选择“粗实线层”，然后单击鼠标右键，在打开的立即菜单中选择“重命名图层”，如图所示，输入“轮廓实线层”，在空白处单击鼠标左键即确认图层更名 同样的方法，将“尺寸线层”更名为“标注层”
3	黄色	对照题目要求设置图层颜色：鼠标左键单击“剖面线层”对应的“颜色”栏，打开“颜色选取”对话框，选择“黄色”，单击“确定”按钮 同样的方法，将“细实线层”和“标注层”的颜色设置为“青色”
4		对照题目要求设置线型。新建“文字层”，在“层设置”对话框中选择“新建”命令，在弹出的对话框中单击“是”按钮；弹出“新建风格”对话框，在“风格名称”输入框里输入“文字层”，然后单击“下一步”按钮；此时，完成“文字层”的建立，然后按上述方法修改其图层颜色为“绿色”

2. 绘制轴的主视图

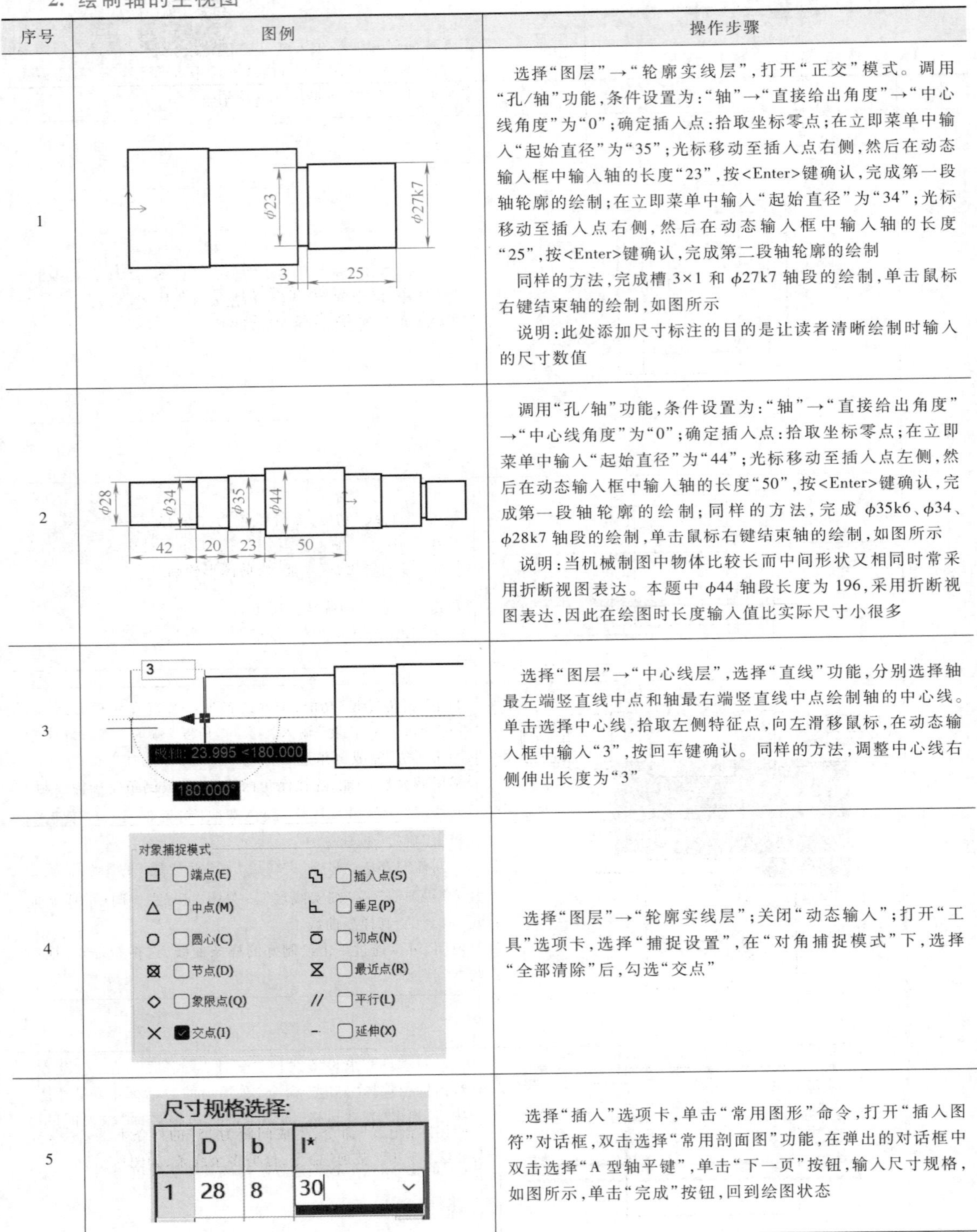

序号	图例	操作步骤
1	φ23 φ27k7 3 25	选择“图层”→“轮廓实线层”，打开“正交”模式。调用“孔/轴”功能，条件设置为：“轴”→“直接给出角度”→“中心线角度”为“0”；确定插入点：拾取坐标零点；在立即菜单中输入“起始直径”为“35”；光标移动至插入点右侧，然后在动态输入框中输入轴的长度“23”，按<Enter>键确认，完成第一段轴轮廓的绘制；在立即菜单中输入“起始直径”为“34”；光标移动至插入点右侧，然后在动态输入框中输入轴的长度“25”，按<Enter>键确认，完成第二段轴轮廓的绘制 同样的方法，完成槽 3×1 和 φ27k7 轴段的绘制，单击鼠标右键结束轴的绘制，如图所示 说明：此处添加尺寸标注的目的是让读者清晰绘制时输入的尺寸数值
2	φ28 φ34 φ35 φ44 42 20 23 50	调用“孔/轴”功能，条件设置为：“轴”→“直接给出角度”→“中心线角度”为“0”；确定插入点：拾取坐标零点；在立即菜单中输入“起始直径”为“44”；光标移动至插入点左侧，然后在动态输入框中输入轴的长度“50”，按<Enter>键确认，完成第一段轴轮廓的绘制；同样的方法，完成 φ35k6、φ34、φ28k7 轴段的绘制，单击鼠标右键结束轴的绘制，如图所示 说明：当机械制图中物体比较长而中间形状又相同时常采用折断视图表达。本题中 φ44 轴段长度为 196，采用折断视图表达，因此在绘图时长度输入值比实际尺寸小很多
3	3 23.995 <180.000 180.000°	选择“图层”→“中心线层”，选择“直线”功能，分别选择轴最左端竖直线中点和轴最右端竖直线中点绘制轴的中心线。单击选择中心线，拾取左侧特征点，向左滑移鼠标，在动态输入框中输入“3”，按回车键确认。同样的方法，调整中心线右侧伸出长度为“3”
4	对象捕捉模式 端点(E) 插入点(S) 中点(M) 垂足(P) 圆心(C) 切点(N) 节点(D) 最近点(R) 象限点(Q) 平行(L) 交点(I) 延伸(X)	选择“图层”→“轮廓实线层”；关闭“动态输入”；打开“工具”选项卡，选择“捕捉设置”，在“对角捕捉模式”下，选择“全部清除”后，勾选“交点”
5	尺寸规格选择: D b l* 1 28 8 30	选择“插入”选项卡，单击“常用图形”命令，打开“插入图符”对话框，双击选择“常用剖面图”功能，在弹出的对话框中双击选择“A 型轴平键”，单击“下一页”按钮，输入尺寸规格，如图所示，单击“完成”按钮，回到绘图状态

（续）

序号	图例	操作步骤
6	立即菜单 1. 打散 ①	光标捕捉①位置处交点，沿导航线向右滑移鼠标，如图所示，此时输入“5”，按<Enter>键确认平键起始位置，直接单击鼠标右键，完成平键槽轮廓的绘制
7	平行线b 平行线a 直线1	调用“平行线”功能，条件设置为：“偏移方式”→“单向”，拾取“直线1”，绘制两条平行线 a、b
8	立即菜单 1. 偏移方式 2. 双向 双向生成平行线	调用“平行线”功能，条件设置为：“偏移方式”→“双向”，拾取轴的中心线，输入距离“9”，按<Enter>键确认，生成两条平行线。调用“裁剪”功能，修剪图形轮廓
9		调用“倒角过渡”功能，条件设置为：“长度和角度方式”→“裁剪始边”→“长度”输入“1”→“角度”输入“45”；依次拾取倒角两边，完成倒角过渡 调用“直线”功能，连接倒角两端点，完成倒角轮廓的绘制
10		选择“图层”→“细实线层”。关闭“正交”。调用“样条曲线”命令，绘制样条曲线 说明：可以通过单击绘制好的样条曲线，选择特征点，拖动调整其轮廓
11		调用“等距线”命令，生成间距为“5”的样条曲线，平移样条曲线。调用“裁剪”命令，修剪多余线条，如图所示

（续）

序号	图例	操作步骤
12		调用“样条曲线”命令，绘制样条曲线，如图所示
13		修剪样条曲线，然后调用“镜像”命令，选择样条曲线为镜像对象，选择中心线为镜像轴线，单击鼠标右键完成镜像，如图所示
14		选择“插入”选项卡，单击“常用图形”命令，打开“插入图符”对话框，双击选择“常用剖面图”功能，在弹出的对话框中双击选择“A 型轴平键”，单击“下一页”按钮，输入尺寸规格，如图所示，单击“完成”按钮，回到绘图状态
15		光标捕捉①位置处交点，沿导航线向上滑移鼠标至合适位置，单击鼠标左键，确定图符定位点，如图所示。光标右移，出现水平导航线，单击鼠标左键完成绘制

9.3.2-3
绘制断面图和局部放大图

3. 绘制断面图和局部放大图

序号	图例	操作步骤
1		选择“插入”选项卡→“常用图形”命令→“常用剖面图”→“轴截面”，在弹出的对话框中输入尺寸规格（如图所示），单击“确定”按钮，返回绘图状态

（续）

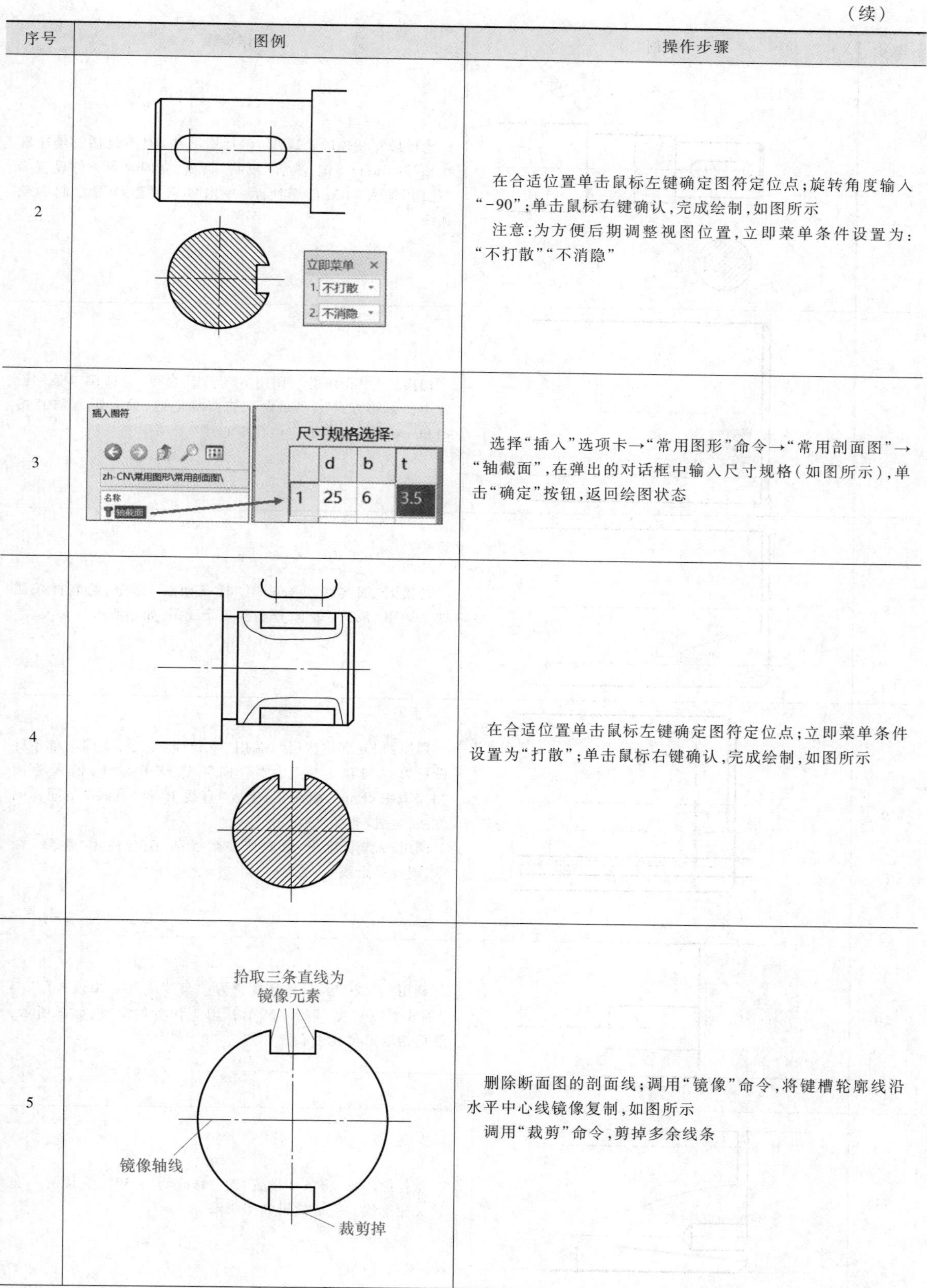

序号	图例	操作步骤
2	立即菜单 1. 不打散 2. 不消隐	在合适位置单击鼠标左键确定图符定位点;旋转角度输入“-90”;单击鼠标右键确认,完成绘制,如图所示 注意:为方便后期调整视图位置,立即菜单条件设置为:“不打散”“不消隐”
3	插入图符 zh-CN\常用图形\常用剖面图\ 名称 轴截面 尺寸规格选择: d 25, b 6, t 3.5	选择“插入”选项卡→“常用图形”命令→“常用剖面图”→“轴截面”,在弹出的对话框中输入尺寸规格(如图所示),单击“确定”按钮,返回绘图状态
4		在合适位置单击鼠标左键确定图符定位点;立即菜单条件设置为“打散”;单击鼠标右键确认,完成绘制,如图所示
5	拾取三条直线为镜像元素 镜像轴线 裁剪掉	删除断面图的剖面线;调用“镜像”命令,将键槽轮廓线沿水平中心线镜像复制,如图所示 调用“裁剪”命令,剪掉多余线条

（续）

序号	图例	操作步骤
6	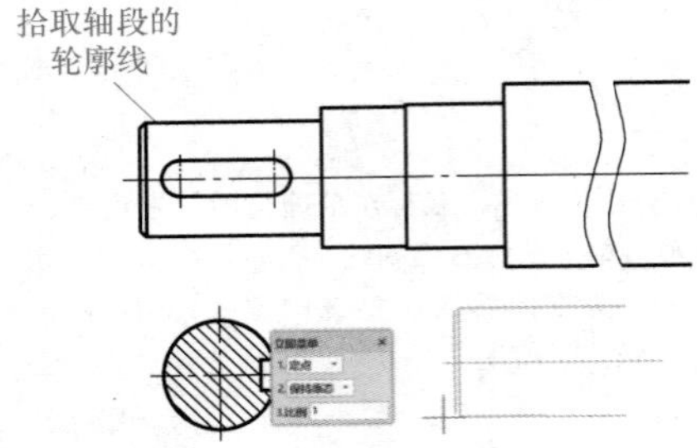	选择最左端轴段轮廓线（包括中心线，但不包括键槽轮廓线）；按<Ctrl+C>键，激活“复制”命令，立即菜单条件设置为“比例”输入“1”，如图所示，单击鼠标左键放置复制的轮廓线
7	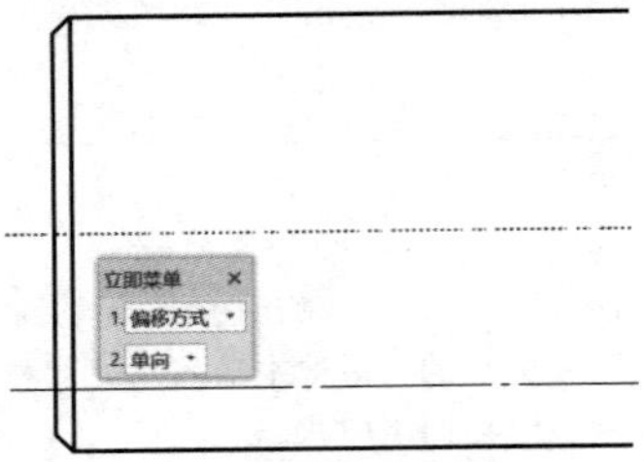	切换到“中心线层”，调用“平行线”命令，立即菜单条件设置为：“偏移方式”→“单向”，选择中心线，输入距离“10”按<Enter>键确认，生成定位孔中心线
8	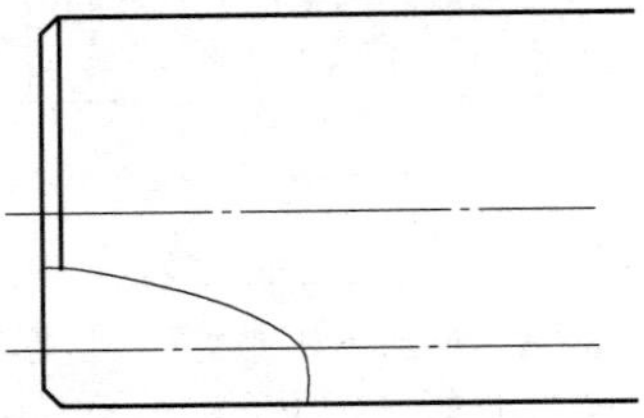	切换到“细实线层”，调用“样条曲线”命令，绘制样条曲线。调用“裁剪”命令，修剪掉多余线条，如图所示
9	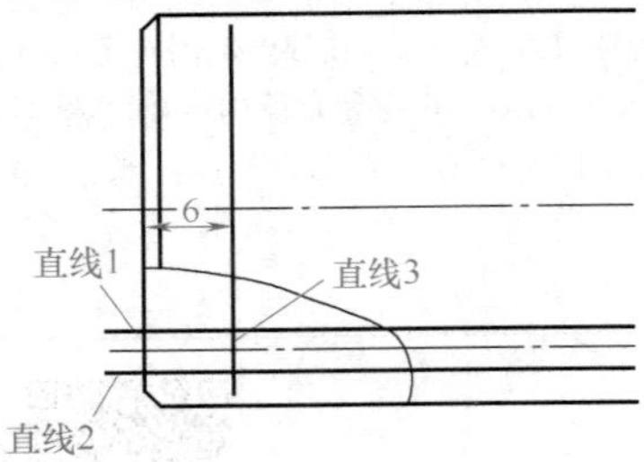	切换到“轮廓实线层”；调用“平行线”命令，立即菜单条件设置为：“偏移方式”→“双向”，选择中心线，输入距离“1.5”，按<Enter>键确认，生成“直线 1”和“直线 2”；同样的方法，生成“直线 3” 调用“裁剪”命令，修剪掉多余线条；配合使用“删除”命令，删除多余线
10	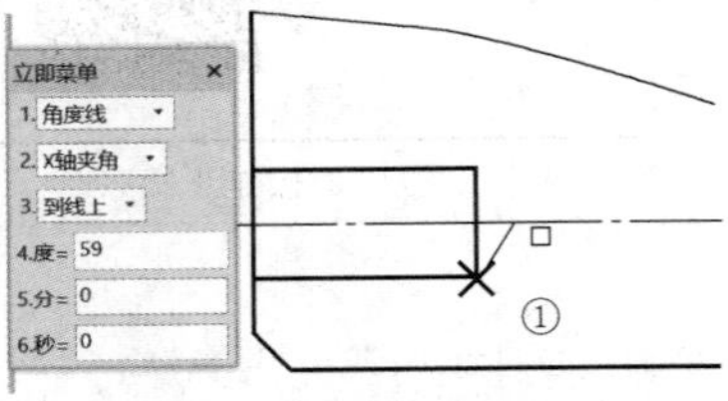	调用“直线”功能，条件设置为：“角度线”→“X 轴夹角”→“到线上”→“度”输入“59”，拾取①位置的交点，如图所示，然后拾取定位孔中心线
11	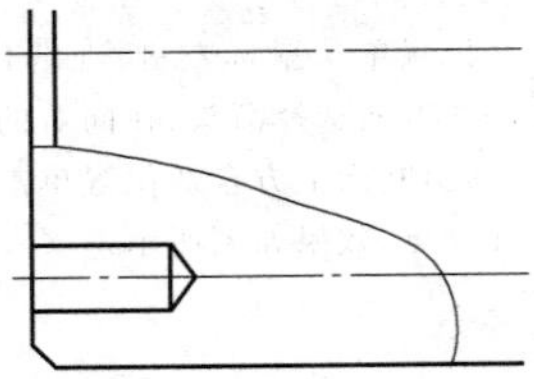	重复此步骤，将条件设置“度”修改为“-59”，完成另一条钻尖轮廓线。完成效果如图所示

（续）

序号	图例	操作步骤
12		调用“倒角”命令，立即菜单条件设置为：“长度和角度方式”→“裁剪始边”→“长度”为“1”→“角度”为“45”，如图所示，分别拾取第一条直线和第二条直线，完成孔口一侧倒角；同样方法完成另一侧倒角轮廓 调用“直线”命令，连接倒角两顶点
13		切换到“中心线层”；调用“平行线”命令，选择中心线，生成定位孔中心线 切换到“细实线层”；调用“样条曲线”命令，如图所示，绘制样条曲线 调用“裁剪”命令，修剪掉多余线条
14		调用“缩放”命令，立即菜单条件设置为：“平移”→“比例因子”；框选左侧视图的所有轮廓线后单击鼠标左键；立即菜单条件设置如图所示；选择图中①点为基准点；输入比例系数为“2”，按<Enter>键确认，完成视图的放大
15		调用“剖面线”功能，条件设置为：“拾取点”→“不选择剖面图案”→“非独立”→“比例”为“3”→“角度”为“45”，其他条件使用默认；在填充剖面线的环内任意位置依次拾取一点，单击鼠标右键完成剖面线的填充。效果如图所示 说明：在步骤 2 中，移出剖面为“块”，故在添加剖面线前，将左侧轴段的移出剖面图进行分解，然后删除剖面线。方法是：选择“修改”工具条中的“分解”命令，然后选择移出剖面图即可

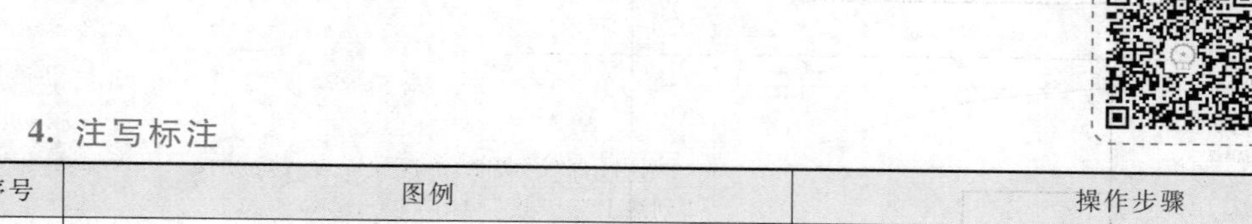

4. 注写标注

序号	图例	操作步骤
1		调用“剖切符号”功能，条件设置为：“垂直导航”→“自动放置剖切符号名”；在①位置单击鼠标左键，然后在②位置单击鼠标左键；在③位置单击鼠标右键，出现剖切方向选择箭头；在向右的箭头处单击鼠标左键；在移出断面上方合适位置单击鼠标左键指定剖面名称标注点，效果如图所示

（续）

序号	图例	操作步骤
2	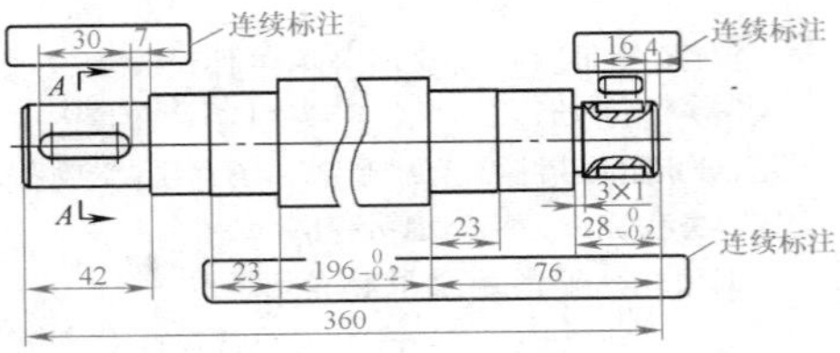	选择“图层”→“尺寸线层”；图中有三处可以使用连续标注方法，选择其中一处对连续标注的操作进行讲解。本案例中其他水平尺寸标注较简单，不做过多讲解
3	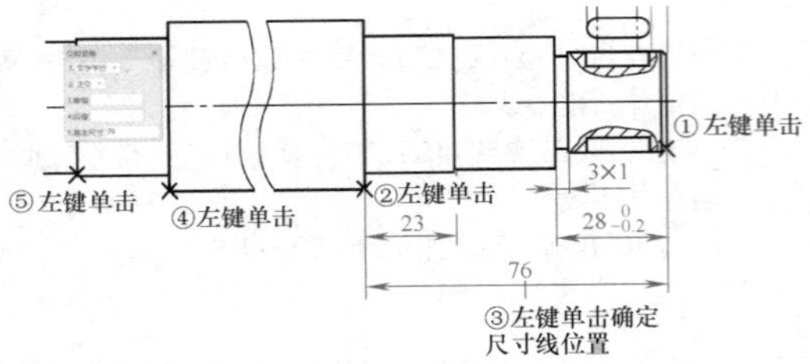	调用“连续标注”功能，立即菜单条件设置如图所示。在①位置倒角交点处单击鼠标左键选择第一引出点，然后在②位置交点处单击鼠标左键，拾取第二引出点，最后在③位置处单击鼠标左键确定尺寸线位置
4	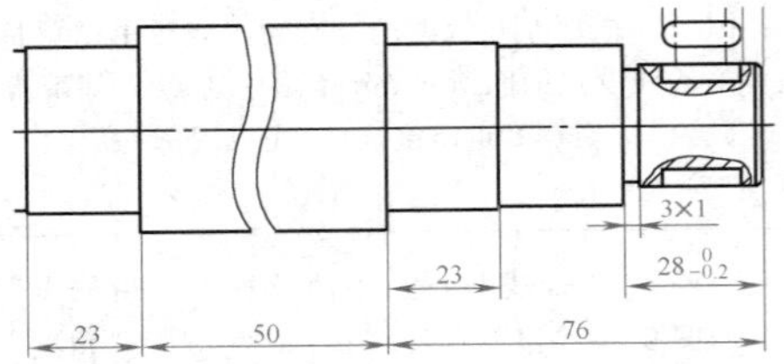	依次单击鼠标左键选择上一图例中④位置交点和⑤位置交点，完成连续标注后按<Esc>键结束命令。效果如图所示
5	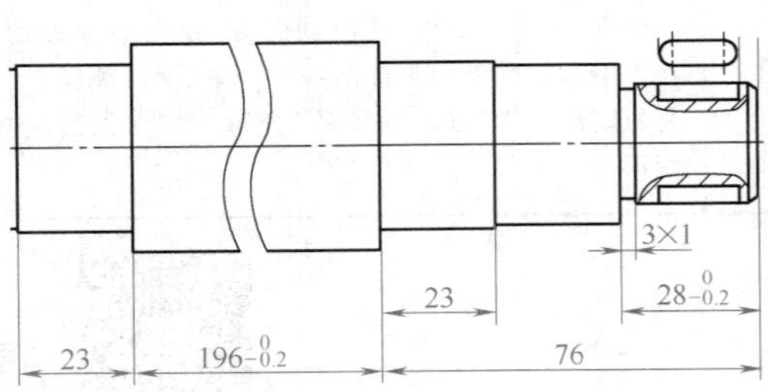	双击尺寸标注 50，打开“尺寸标注属性设置”对话框，分别修改“基本尺寸”为 196；“公差与配合输入形式”为“偏差”；“输出形式”为“上偏差”值“0”，“下偏差”值“0.2”，单击“确定”按钮，修改后尺寸标注如图所示
6	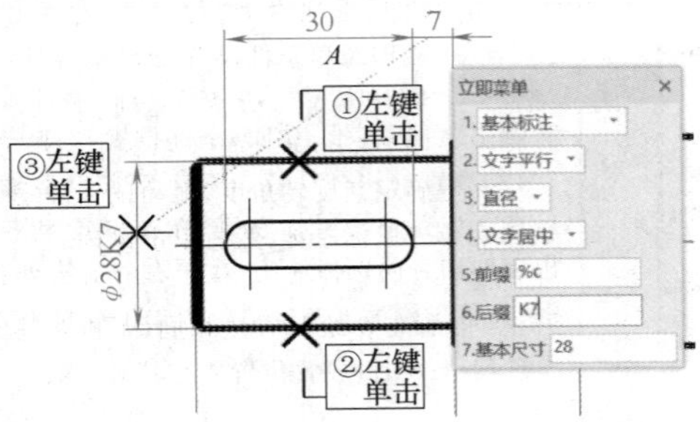	调用“尺寸标注”功能，条件设置为：“基本标注”，立即菜单条件设置如图所示；分别拾取圆柱两条母线，如图示①和②位置，在绘图区适当位置单击鼠标左键，放置尺寸标注，如图示③位置 其直径尺寸标注方法与上一步操作相同，不再赘述

（续）

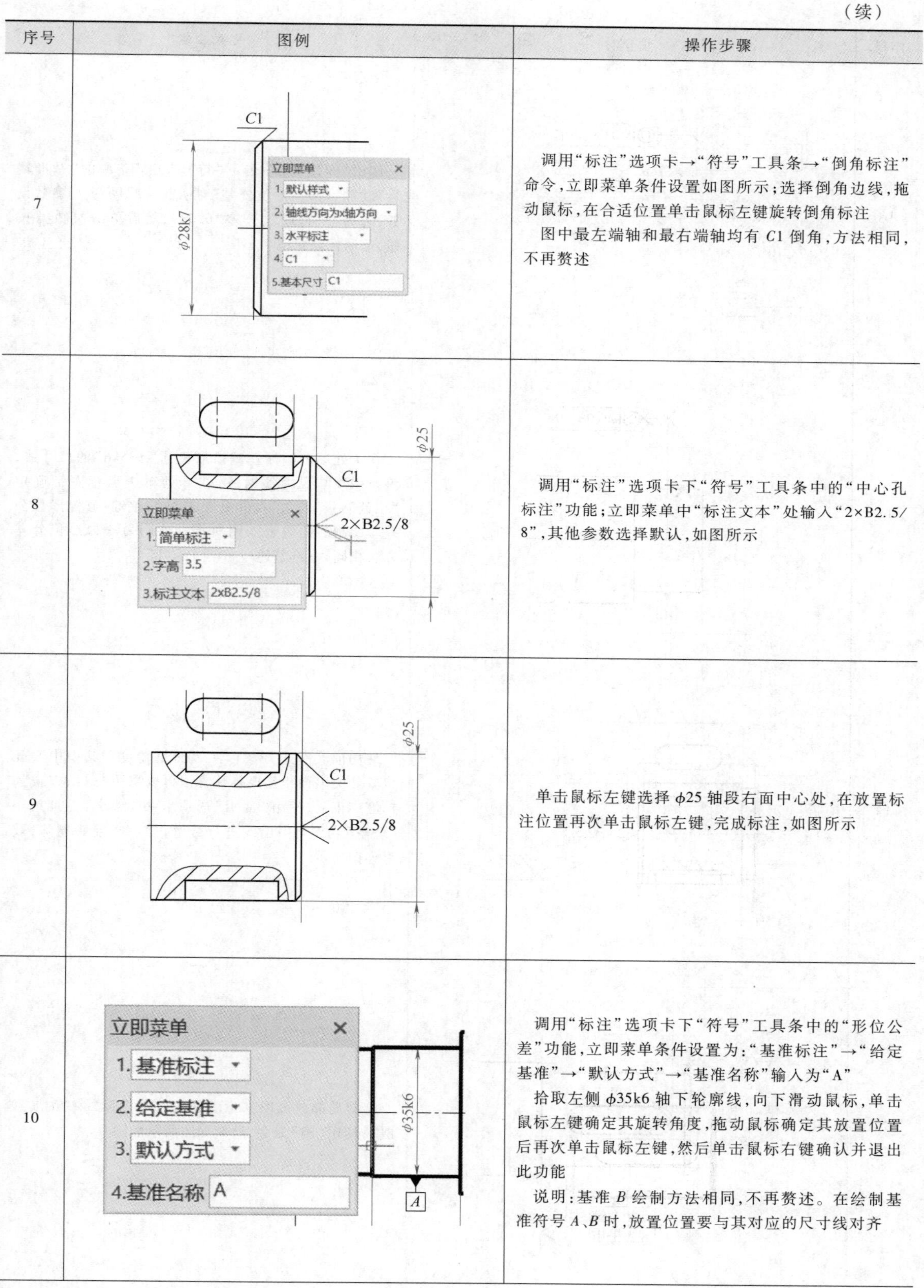

序号	图例	操作步骤
7		调用“标注”选项卡→“符号”工具条→“倒角标注”命令，立即菜单条件设置如图所示；选择倒角边线，拖动鼠标，在合适位置单击鼠标左键旋转倒角标注 图中最左端轴和最右端轴均有 *C*1 倒角，方法相同，不再赘述
8		调用“标注”选项卡下“符号”工具条中的“中心孔标注”功能；立即菜单中“标注文本”处输入“2×B2.5/8”，其他参数选择默认，如图所示
9		单击鼠标左键选择 $\phi25$ 轴段右面中心处，在放置标注位置再次单击鼠标左键，完成标注，如图所示
10		调用“标注”选项卡下“符号”工具条中的“形位公差”功能，立即菜单条件设置为：“基准标注”→“给定基准”→“默认方式”→“基准名称”输入为“A” 拾取左侧 $\phi35k6$ 轴下轮廓线，向下滑动鼠标，单击鼠标左键确定其旋转角度，拖动鼠标确定其放置位置后再次单击鼠标左键，然后单击鼠标右键确认并退出此功能 说明：基准 *B* 绘制方法相同，不再赘述。在绘制基准符号 *A*、*B* 时，放置位置要与其对应的尺寸线对齐

（续）

序号	图例	操作步骤
11	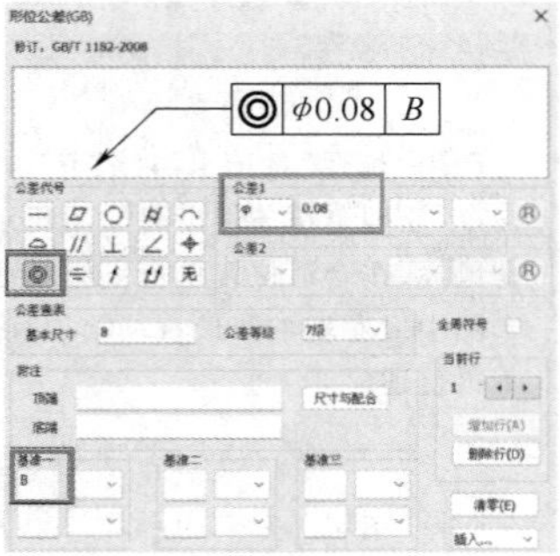 ◎ φ0.08 B	调用“标注”选项卡下“符号”工具条中的“基准代号”功能，打开“形位公差”对话框，按图示进行参数设置，选择“平行度”，公差“0.08”，然后单击“确定”按钮，返回标注状态
12	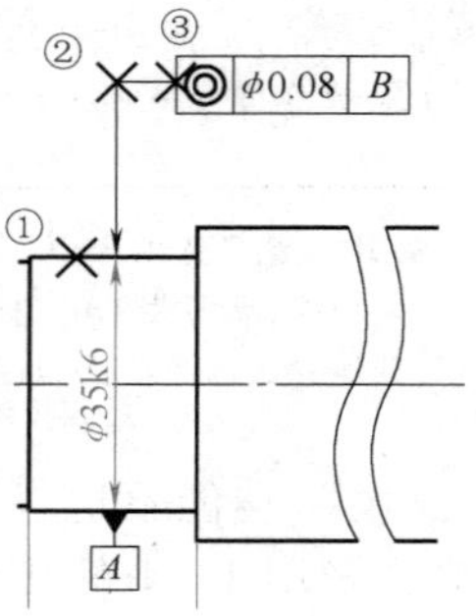 ② ③ ◎ φ0.08 B ① φ35k6 A	在①处单击鼠标左键拾取尺寸“φ35k6”的尺寸线，将指引线与尺寸线对齐，在②处单击鼠标左键确定“引线转折”位置，在③处单击鼠标左键，放置形位公差。绘制后的效果如图所示。绘制另一处形位公差方法相同，不再赘述
13	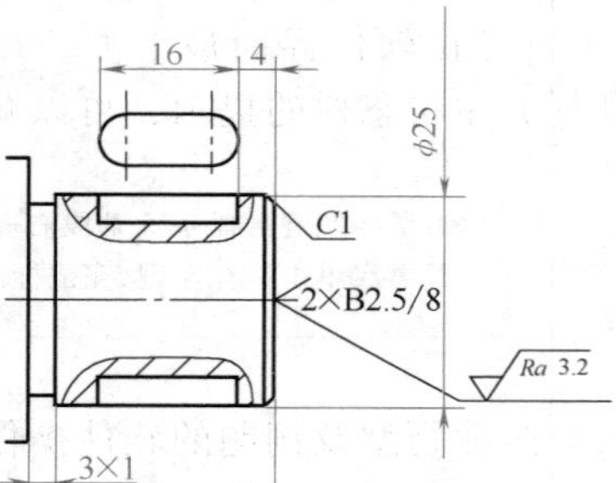 16 4 φ25 C1 2×B2.5/8 Ra 3.2 3×1	使用前文所述方法标注表面粗糙度。其中中心孔位置处的表面粗糙度标注方法可以采用“引出方式”，标注结束后，使用“常用”选项卡→“修改”工具条→“分解”功能将引出线进行分解，然后将箭头删除，效果如图所示
14	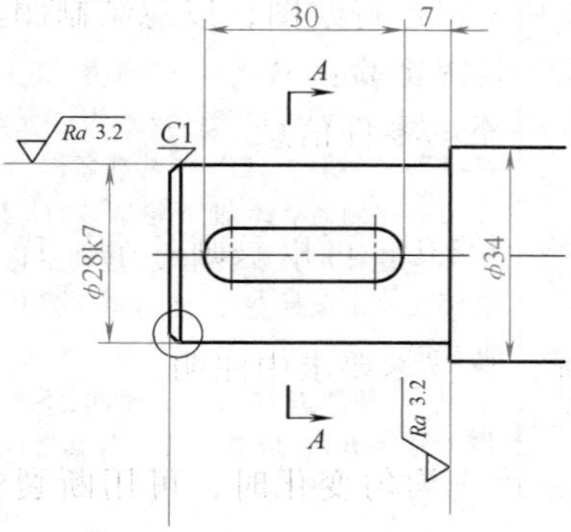 30 7 A Ra 3.2 C1 φ28k7 φ34 Ra 3.2 A	绘制局部放大图部位的圆：选择“图层”→“细实线层”；调用“圆”命令，绘制如图所示的圆

（续）

序号	图例	操作步骤
15	2:1 10 φ3 6	注写绘图比例：切换“图层”→“尺寸线层”；调用“文字”命令，在局部放大图上方用鼠标左键单击两点确定文字输入框位置；然后在输入框内输入“2：1”，如图所示，单击“文本编辑器”上的“确定”按钮，完成输入
16	Ra 12.5 (√) 制图 校核	选择“图层”→“尺寸线层”；调用“粗糙度”功能，在适当位置插入粗糙度符号 填写技术要求、填写标题栏、绘制图幅及保存图样按前文方法，完成工程图绘制 具体操作可参照项目5

【技能点拨】

1. 在“常规”选项卡“绘图”工具条上的“局部放大”功能不适合本题绘制局部放大视图。本题中在绘制局部放大图时使用的是“复制”功能，采用1：1的比例绘制完成后，使用“缩放”命令，将其放大2倍。

2. 制图结束后调整使中心线沿轮廓边界延伸长度统一可以提高图纸的标准化程度。

3. 在软件学习之初要时刻关注状态栏提示。状态栏在软件界面最下方，在进行任何一个操作步骤时，都可以提醒我们当前的操作状态。时刻关注状态栏的提示，可以减少操作步骤颠倒、重复等错误。

【项目小结】

本项目介绍了机械工程制图技能等级初级考试的两种题型及例题的软件操作过程。在绘制操作过程中，读者深入学习了各种绘图工具和编辑工具的应用，掌握了二维工程图标注各种尺寸和技术要求、设置图幅等内容；掌握了考试相关题型的要求及操作流程。要提高CAXA制图工作效率，读者应进行反复练习，运用不同的方法和思路进行绘图，以总结制图经验。针对机械工程制图技能等级初级考试中的题型一，总结以下制图经验：

1. 视图以够用为原则，采用尽量少的视图表达完整的零件信息。
2. 少用虚线表达不可见结构。
3. 避免相同结构或要素重复绘制，如圆周上均布的孔，可以只画一个，其余用点画线表示其中心位置，在尺寸标注时注明数量即可。
4. 圆角或倒角多且尺寸相同时，可以省略不画，在技术要求中注明。
5. 零件上极细小的结构可以使用局部放大图进行表达。
6. 零件长度尺寸较大，且沿长度方向的形状一致或均匀变化时，可用断裂绘制，标注时注写其真实长度尺寸。

【精学巧练】

任务一：绘制三视图

根据任务书要求，在规定的时间内考生根据给出的三维轴测图（如图 9-1 所示），按照机械制图国家标准修改并完成给出的主视图、补画断面图等三视图，出图并标注尺寸，确定尺寸公差及几何公差，填写标题栏及注写技术要求。以“底座”命名，保存为“＊.dwg”格式文件，按照要求上传至考试系统的指定位置。

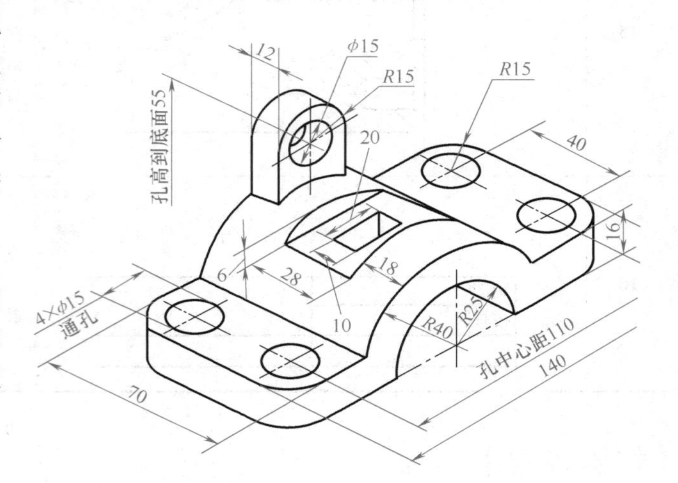

图 9-1 任务一三维轴测图

任务二：工程图抄绘

根据现场给定的水平轴图纸，使用现场提供的二维绘图软件，抄画如图 9-2 所示零件图中的水平轴并保存至桌面上以机位号命名的文件内。

要求：

（1）文件保存为“＊.dwg”格式。

（2）按照样题要求设置图层，赋予各类图线线型、颜色等属性，文字样式、标注样式的设置应满足机械制图国家标准要求。

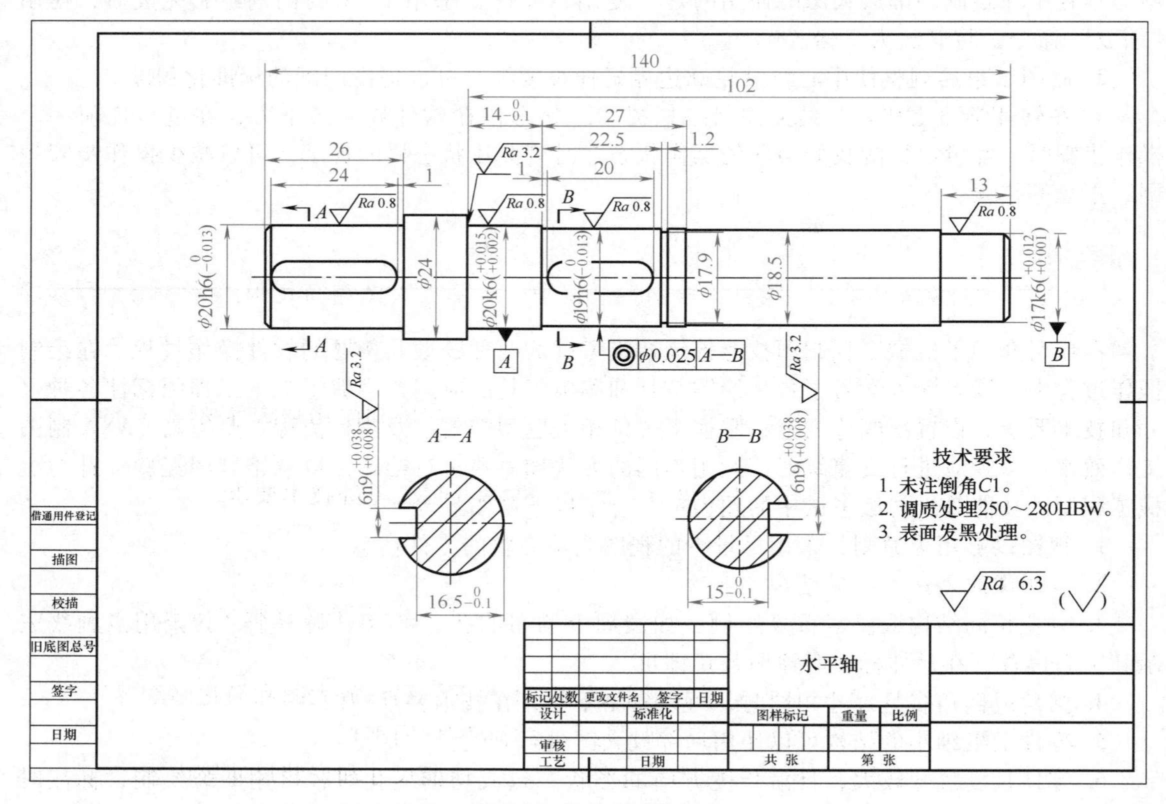

图 9-2 任务二零件图

项目 10 机械工程制图职业技能等级实操考试（二维部分）中级考试练习

【知识目标】 掌握绘图工具、编辑工具和标注工具的使用；掌握二维工程制图的全过程。

【技能目标】 可以分析零件结构进行合理的工程图布局，选用科学的视图表达方式表达零件完整结构；可以根据技能等级考试要求完成各题目的操作。

【素养目标】 善于总结和反思，才能不断进步，不断提升严谨细致、精益求精的综合素养。

对于机械工程制图中级考试，二维计算机绘图部分的要求如下。

1. 二维工程图识读与绘制

（1）绘图环境设置要求：

1）能正确设置图层、线型等参数。

2）能正确设置字体、字高等文字样式。

3）能正确设置尺寸等标注样式。

4）能正确设置粗糙度、几何公差等符号标注样式。

5）能正确选择图幅、标题栏样式，并确定图纸比例。

（2）复杂零件图的识读与绘制要求：

1）能正确识读复杂零件图的基本视图、剖视图、局部放大图和简化画法等视图，读懂零件的结构特征和加工要素。

2）依据零件结构特征，能够定位零件图视图基准。

3）能正确绘制复杂零件的基本视图、剖视图、局部放大图和简化画法等视图。

4）能正确标注复杂零件的各类尺寸。

5）能正确标注复杂零件的尺寸精度、表面粗糙度和几何公差等技术要求。

6）能正确编制热处理等文字性技术要求。

（3）复杂装配图的识读与绘制要求：

1）能正确识读复杂装配图的基本视图、剖视图、局部放大图和简化画法等视图，读懂机构的运动关系和结构特征。

2）能合理布置并绘制复杂装配图的基本视图、剖视图、局部放大图和简化画法等视图。

3）能正确标注复杂装配图上的各零部件序号并生成零件明细栏。

4）能正确标注复杂装配图的装配尺寸、外形尺寸、性能尺寸和安装尺寸等内容。

5）能正确标注机构的装配方法、检测、安装及保养注意事项等技术要求。

2. 三维零件装配图转二维工程图

（1）能将三维模型自动生成二维工程图，并能够插入三维模型的轴测图。

（2）按照工作任务要求，能自动生成三维装配体的二维装配图，并在二维装配图中插入三维装配体的轴测图。

（3）按照工作任务要求，能正确绘制三维装配体的二维爆炸图。

3. 机构测绘与绘制

能正确使用测量工具测量各零件的尺寸，确定零件视图表达方案，绘制零件草图并标注尺寸及技术要求。

10.1 中级试题题型解读

中级考试中除理论题外，上机操作主要包括三大题型：一是根据给定轴测图，利用计算机三维建模软件创建零件三维模型，并利用此三维模型绘制其二维工程图；二是根据给定的多个三维模型，进行三维模型装配，标准件可以调用或自行绘制，以题目中要求的装配机构名称命名，保存格式为源文件，以此装配结构生成三维模型装配的爆炸图，并以对应机构爆炸图为名命名文件，保存为“ *.PDF” 文件；三是利用给定的三维装配模型，绘制其二维装配工程图，此装配图须符合机械制图国家标准的相关要求，绘图环境设置参照任务一执行，二维装配图文件以题目提供的名称命名，并保存为“ *.dwg ” 格式，按照要求上传至考试系统的指定位置。

10.2 题型一解析与操作

题型一是创建零件三维模型并绘制零件二维工程图。题型一主要包括两部分：第一部分是根据图纸创建三维实体；第二部分是将三维实体生成二维工程图，并按照国家机械工程制图标准对所生成的工程图进行编辑和修改。

1. 根据图纸创建三维模型

具体要求如下：在规定的时间内考生根据给出的图纸（如图 10-2-1 所示），首先创建其三维模型，要求其造型特征完整，造型尺寸正确，建模完成后需要以“三维模型” 命名，保存格式为源文件（文中素材以“CAXA 3D 实体设计” 绘制，源文件格式为“ *.ics” ）。本书只讲解二维功能部分，“三维模型” 请下载教材资源“10.2.1 三维模型.ics” 文件。

注意：本题图形处理所需软件功能基于三维接口模块，相关技术支持需联系 CAXA 软件公司。

2. 三维模型转二维工程图

三维模型转二维工程图具体要求如下：

（1）在规定的时间内完成题目要求的二维工程图，并且视图表达方案合理，主视图方向正确，其他视图完整并合理表达。

（2）尺寸齐全、正确、清晰；零件的尺寸精度、几何精度和表面粗糙度不做要求，可根据指定零件的工作性质，合理制定若干技术要求。

（3）文件以“轴测图二维图纸” 命名，保存为“ *.dwg” 格式。

（4）按照表 10-2-1 要求设置图层，赋予各类图线线型、颜色等属性，文字样式、标注样式的设置应满足机械制图国家标准要求。

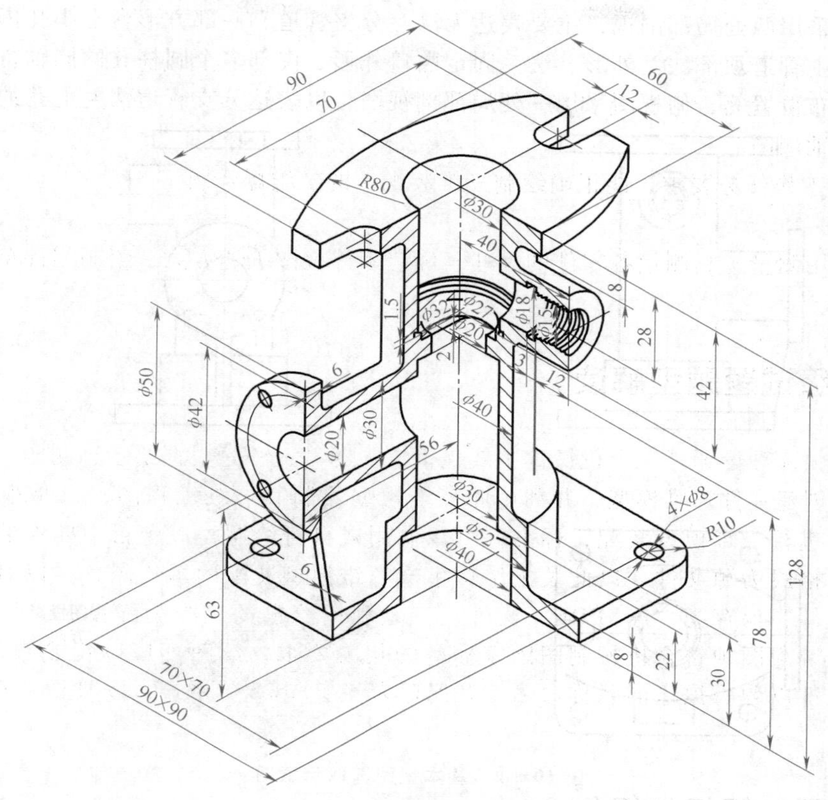

图 10-2-1　零件轴测图

表 10-2-1　图层设置

序号	名称	颜色	线型	线宽
1	轮廓实线层	白色	连续	0. 50mm
2	细线层	青色	连续	0. 25mm
3	中心线层	红色	CENTER2	0. 25mm
4	虚线层	洋红	DASHED2	0. 25mm
5	剖面线层	黄色	连续	0. 25mm
6	标注层	青色	连续	0. 25mm
7	文字层	绿色	连续	0. 25mm
8	文字字体	isocp		

10. 2. 1　题型一分析

如图 10-2-1 所示为双分支带法兰管道，它的主体结构是与方形对称底座垂直的带法兰管道，但外部接入的管道分支形式并不对称，一侧为横向带法兰管道体且下部有支撑肋，一侧为横向带内螺纹与相应退刀槽的管道体，两分支管道轴线水平面投影夹角为 90°。

为了清楚地表达它的外部形态，视图投影可采用如图 10-2-2 所示的方向。其中，主视图选择半剖视图，左半进行剖视处理，表达主管道与左侧有法兰分支管道外轮廓、肋板形态、管道内部结构及壁厚等内容；右半视图表达主管道外部轮廓及带内螺纹分支管道位置及基本外形轮廓等。左视图采用两处局部剖视，主要表达无法兰分支管道和底部方形台上小孔内部结构。俯视图主要表达主管道顶部法兰外形、法兰固定豁口外形、内部多个圆柱孔的同轴特性以及底板四个小孔的分布位置等，俯视图采用一处局部剖视图，以表达分支管道法兰上孔的结构。

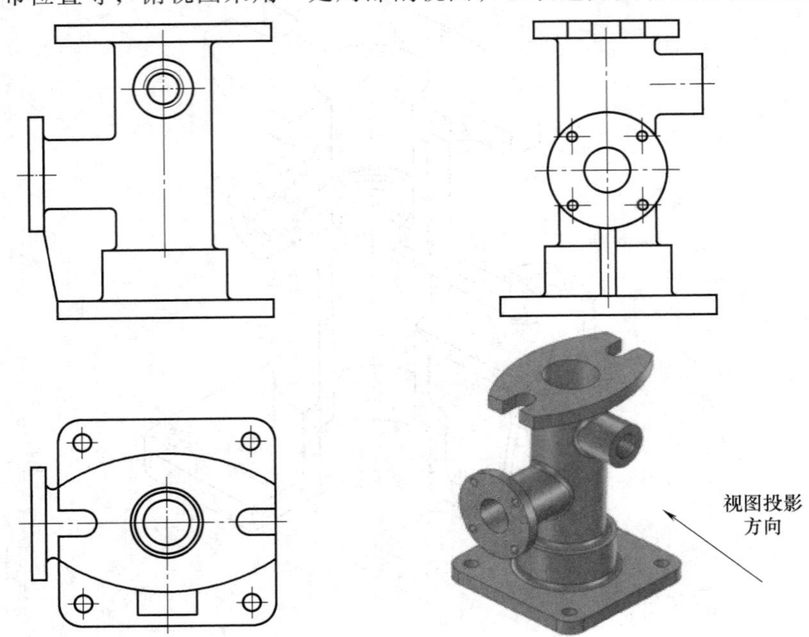

图 10-2-2　基本视图选取示意图

10.2.2
题型一操作

10.2.2　题型一操作

1. 创建三维模型

序号	图例	操作步骤
1		创建三维模型的过程需要使用 CAXA 3D 实体完成，本书不做详细讲解。为讲解后续绘制二维工程图的方法，此处请读者自行下载“10.2.1 三维实体”素材，如图所示
2		确认三维建模内外结构及相应尺寸都与题中轴测图相符后，需要对文件进行保存，在文件保存时，要仔细查看文件保存要求，按照职业技能等级试卷要求将文件保存为“＊.ics”格式：选择“菜单”→“文件”→“另存为”命令，弹出“另存为”对话框；保存类型要选择“＊.ics”格式

2. 三维建模转二维工程图

序号	图例	操作步骤
1	菜单　特征　草图　三维曲线　曲面 基准平面　参考　拉伸　旋转　螺纹　扫描　加厚　放样　自定义孔　特征　长方体　快速生成图素	在 CAXA 3D 实体设计主界面左上方，单击“新的图纸环境”
2	工程文档切换	进入 CAXA 电子图板界面，自动切换至“三维接口”选项卡，此时进入二维工程图绘图环境。可通过工程图文档选项卡在三维建模文档与维工程图文档之间进行切换

3. 绘制二维工程图

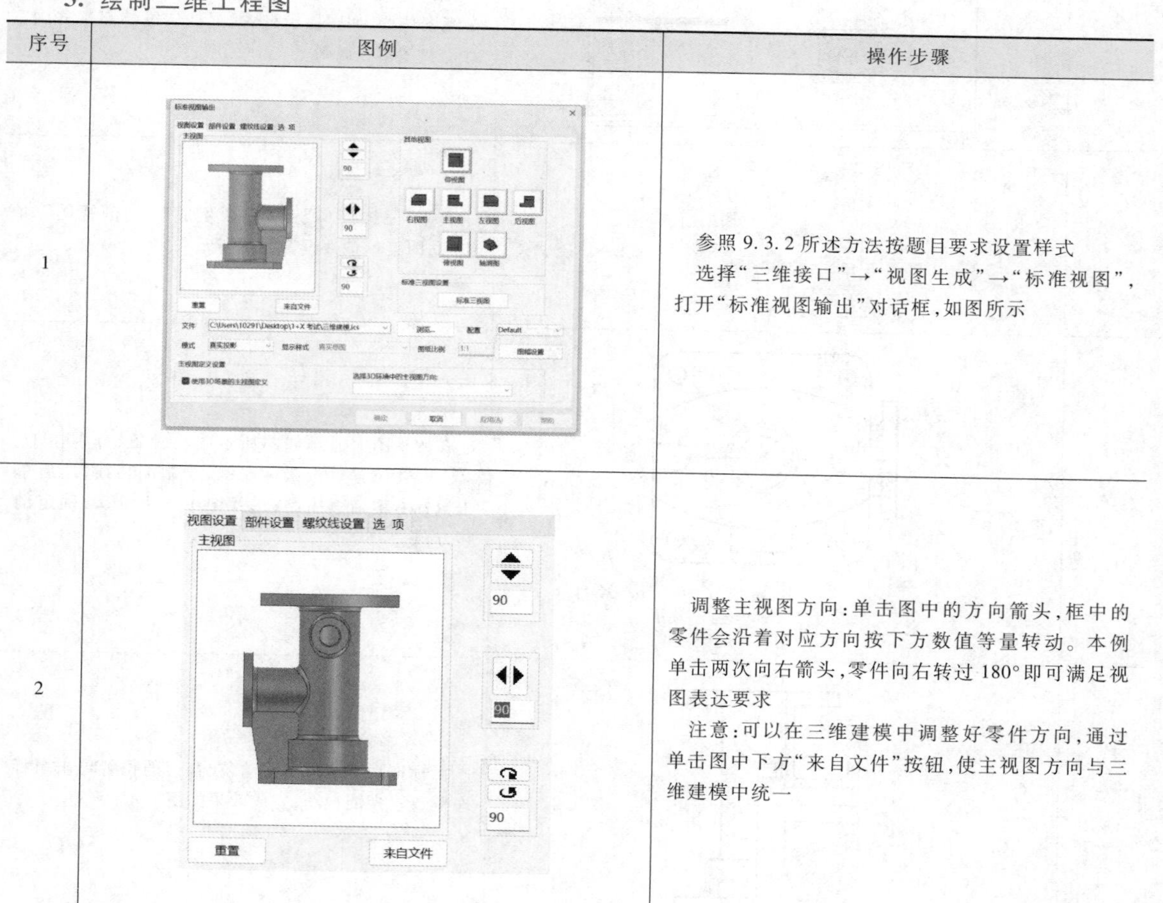

序号	图例	操作步骤
1	标准视图输出	参照 9.3.2 所述方法按题目要求设置样式 选择“三维接口”→“视图生成”→“标准视图”，打开“标准视图输出”对话框，如图所示
2	视图设置　部件设置　螺纹线设置　选　项 主视图 90 90 90 重置　来自文件	调整主视图方向：单击图中的方向箭头，框中的零件会沿着对应方向按下方数值等量转动。本例单击两次向右箭头，零件向右转过 180°即可满足视图表达要求 注意：可以在三维建模中调整好零件方向，通过单击图中下方“来自文件”按钮，使主视图方向与三维建模中统一

（续）

序号	图例	操作步骤
3	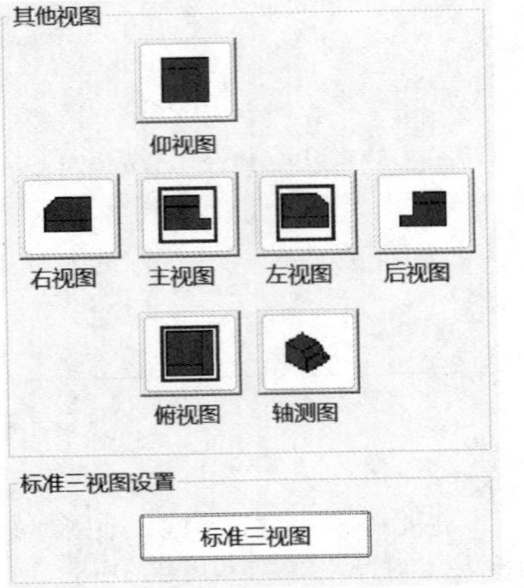	图幅设置：根据尺寸需求及存档要求，本案例图纸幅面选择“A3”；绘图比例选择“1 : 1.5”；图纸方向选择“横放”；图框选择定制图框，标题栏选择 school(CHS)形式 根据视图的表达方案，使用基本三视图，即主视图、左视图和俯视图，单击“标准三视图”按钮，直接选中主、俯、左三视图，如图所示
4	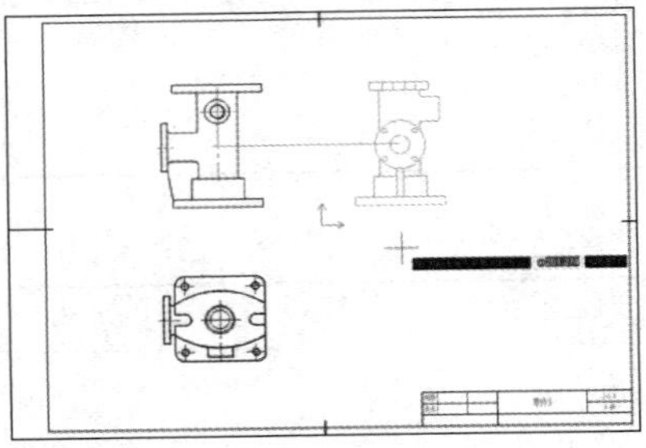	视图选择结束之后，单击对话框中“确定”按钮，系统会跳转到绘图状态。根据尺寸、标注空间等需求，拖动鼠标依次确定主视图位置、俯视图位置和左视图位置，如图所示，三视图默认维持高平齐、长对正和宽相等规则
5	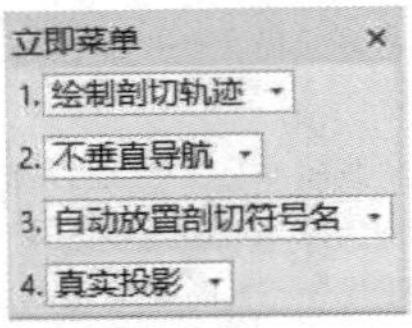	调用“三维接口”→“视图生成”→“剖视图”功能，立即菜单条件设置如图所示
6	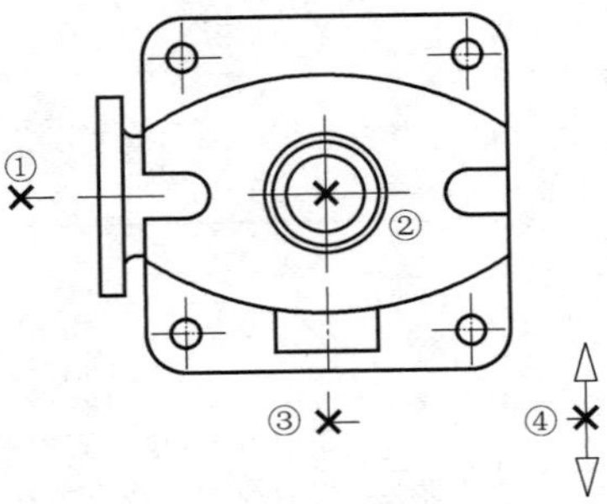	在俯视图上通过如图所示中心位置，分别在①、②、③、④位置单击鼠标左键，绘制剖切线，然后单击鼠标右键结束绘制；选择图中向上箭头，确定剖切方向
7	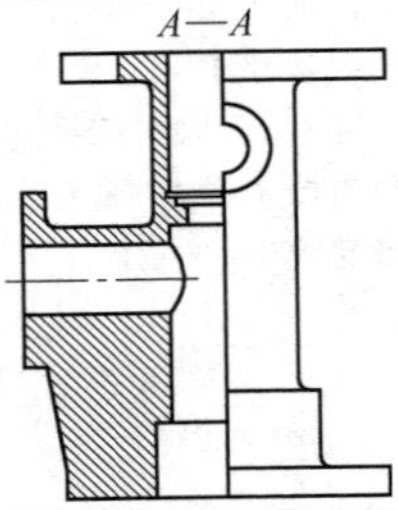	鼠标拖动半剖视图移动，在合适的位置单击鼠标左键放置半剖视图，完成效果如图所示

（续）

序号	图例	操作步骤
8	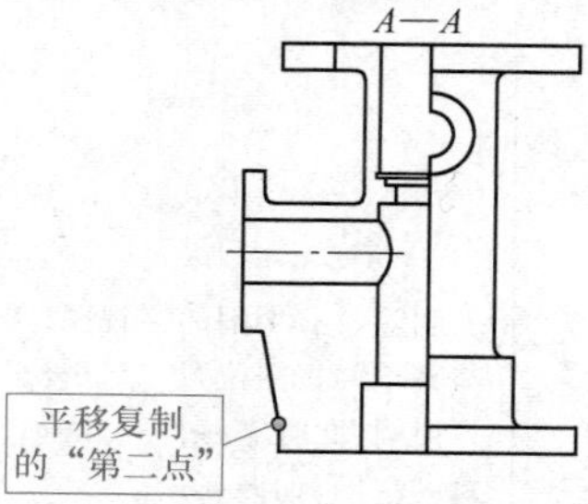 A—A 平移复制的“第二点”	调用“三维接口”→“视图编辑”→“分解”功能，拾取两个主视图块，单击鼠标右键确定；选择删除半剖视图剖面线，按<Delete>键删除剖面线，完成效果如图所示
9	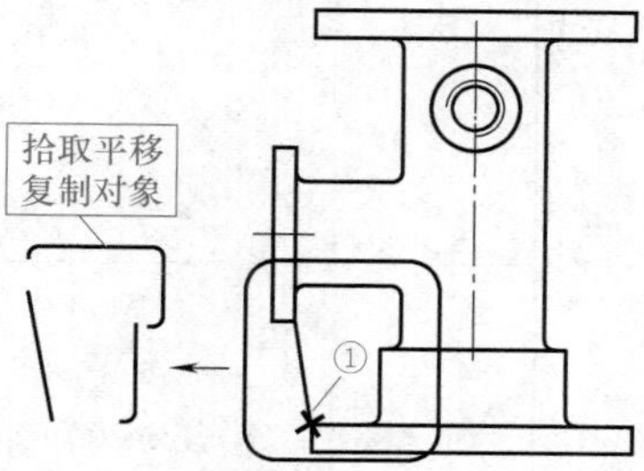 拾取平移复制对象 ①	调用“平移复制”功能，立即菜单中条件设置为：“给定两点”→“保持原态”→“旋转角”为“0”，“比例”和“份数”均为“1”；选择如图所示主视图肋板不剖的轮廓，单击鼠标右键确认；选择如图所示的主视图上①位置作为平移复制的第一点
10	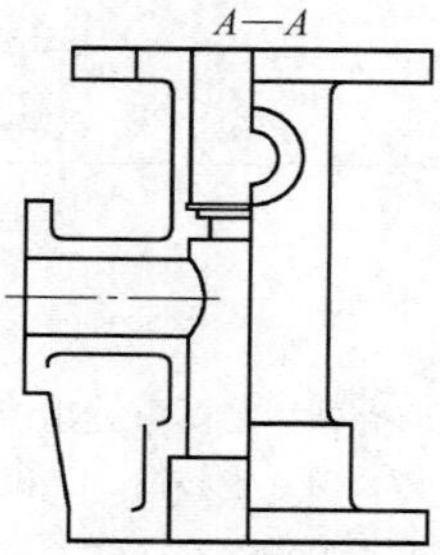 A—A	拾取步骤 8 图例所示半剖视图标识的平移复制第二点的位置，完成图形元素的平移复制，效果如图所示
11	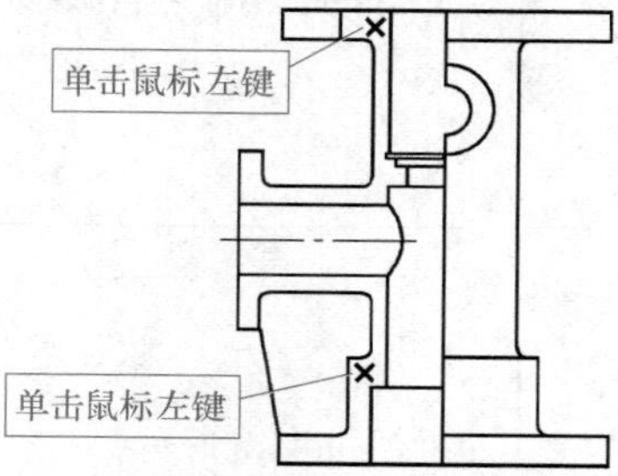 单击鼠标左键 单击鼠标左键	调用“直线”功能，立即菜单条件设置为：“两点线”→“单根”；将上一步复制的轮廓补充完整，效果如图所示
12	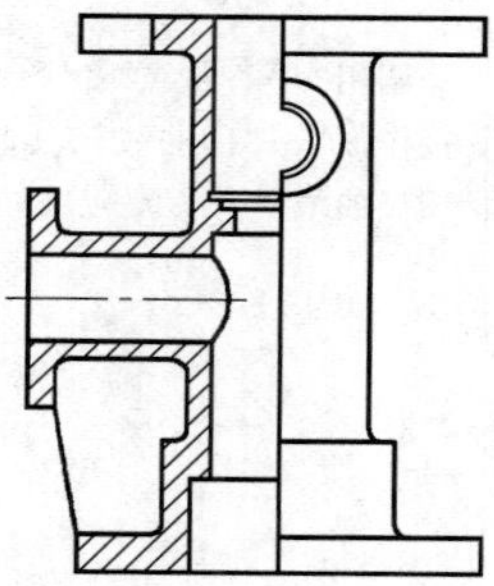	调用“剖面线”功能，立即菜单条件设置为：“拾取点”→“非独立”→“比例”输入“3”→“角度”输入“45”，如步骤 11 所示位置在封闭轮廓内部单击鼠标左键，单击鼠标右键完成剖面线绘制，效果图如图所示 注意：投影视图生成的新视图只能保证与源视图间的位置关系，如此题投影视图为主视图，源视图为俯视图，此半剖的主视图不具备与之前标准视图生成的左视图的位置联动关系

（续）

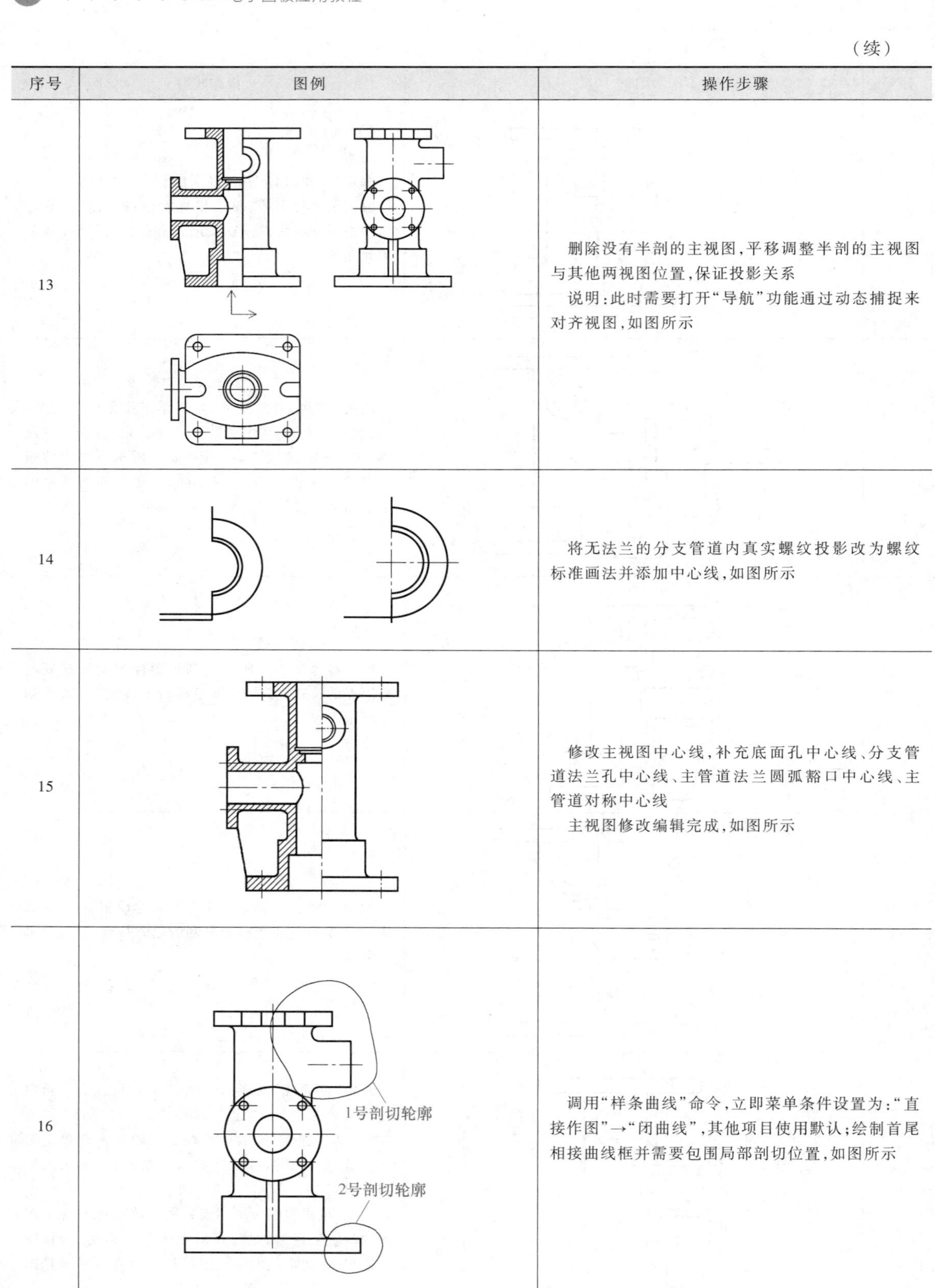

序号	图例	操作步骤
13		删除没有半剖的主视图，平移调整半剖的主视图与其他两视图位置，保证投影关系 说明：此时需要打开“导航”功能通过动态捕捉来对齐视图，如图所示
14		将无法兰的分支管道内真实螺纹投影改为螺纹标准画法并添加中心线，如图所示
15		修改主视图中心线，补充底面孔中心线、分支管道法兰孔中心线、主管道法兰圆弧豁口中心线、主管道对称中心线 主视图修改编辑完成，如图所示
16		调用“样条曲线”命令，立即菜单条件设置为：“直接作图”→“闭曲线”，其他项目使用默认；绘制首尾相接曲线框并需要包围局部剖切位置，如图所示

（续）

序号	图例	操作步骤
17	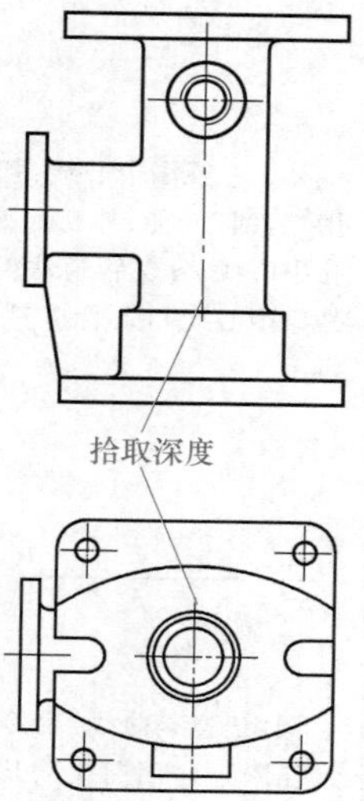 拾取深度	调用“三维接口”→“视图编辑”→“局部剖视图”功能，立即菜单切换为“普通局部剖”，命令行提示“请依次拾取首尾相接的剖切轮廓线”，拾取步骤16图例的“1号剖切轮廓”，单击鼠标右键确定；命令行提示“请指定深度指示线的位置”，此时拾取主视图（或俯视图）竖向中心线，如图所示，完成第一处局部剖视图
18	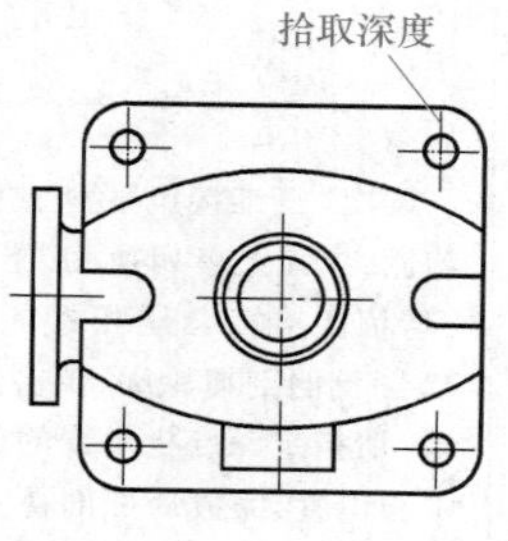 拾取深度	同上操作，拾取步骤16图例的“2号剖切轮廓”线，深度拾取如图所示中心位置，完成第二处的局部剖视图
19	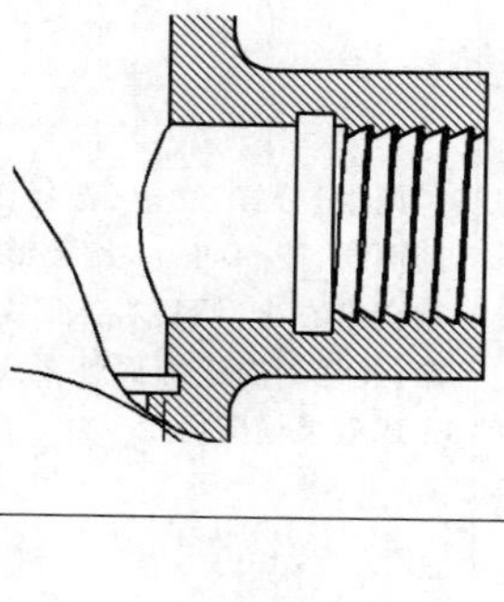	调用“分解”功能，选择左视图进行分解。选择剖面线及如图所示螺纹投影线，按<Delete>键删除拾取的图形元素。调用“直线”功能，绘制标准画法螺纹；调用“剖面线”功能，添加剖面线，注意，此处剖面线的属性要保证与前面设置的相同
20	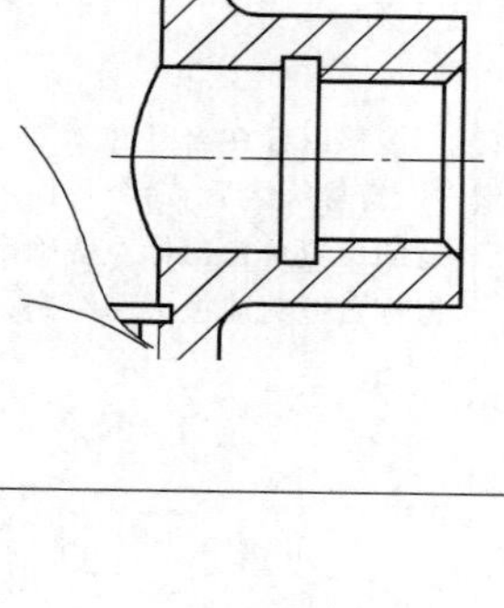	调用“直线”功能，绘制螺纹孔中心线。完成效果如图所示 说明：此处绘制标准螺纹画法时，要注意图层的切换使用，这里操作简单，不做详细步骤的讲解说明，请读者根据前面所学进行操作

（续）

序号	图例	操作步骤
21	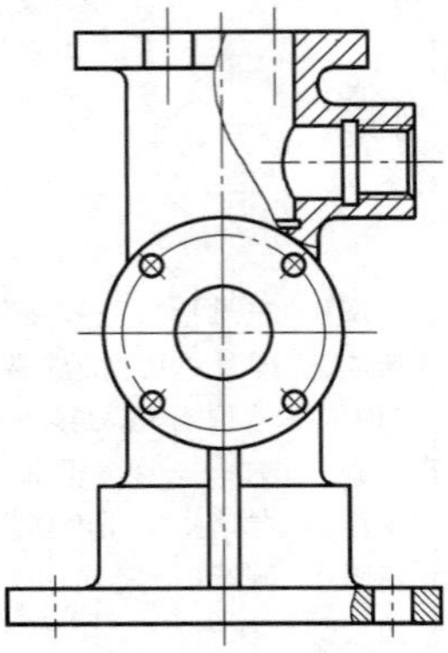	补全左视图中心线：切换图层到“中心线层”，调用“直线”功能，补充底面孔中心线、分支管道法兰孔中心线、分支管道法兰中心线、主管道法兰圆弧豁口中心线和主管道对称中心线。完成效果如图所示
22	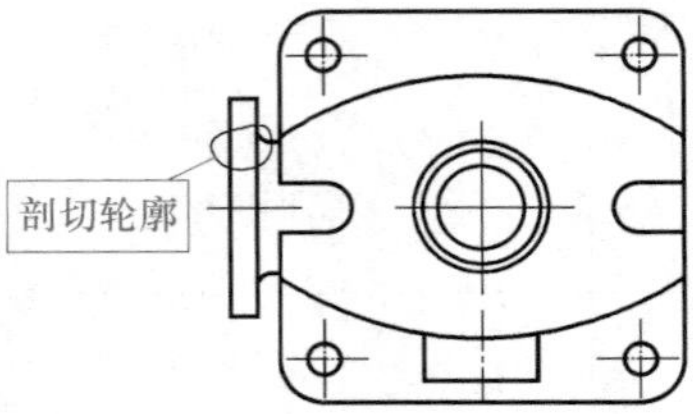 剖切轮廓	调用“样条曲线”命令，立即菜单条件设置为“直接作图”→“闭曲线”，其他项目使用默认；绘制首尾相接曲线框并需要包围局部剖切位置，如图所示
23	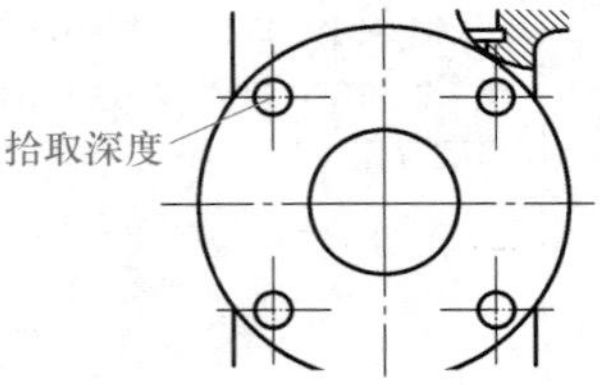 拾取深度	调用“三维接口”→“视图编辑”→“局部剖视图”功能，立即菜单切换为“普通局部剖”，命令行提示“请依次拾取首尾相接的剖切轮廓线”，拾取步骤22图例的剖切轮廓，单击鼠标右键确定。命令行提示“请指定深度指示线的位置”，此时拾取如图所示中心位置，完成局部剖视图
24	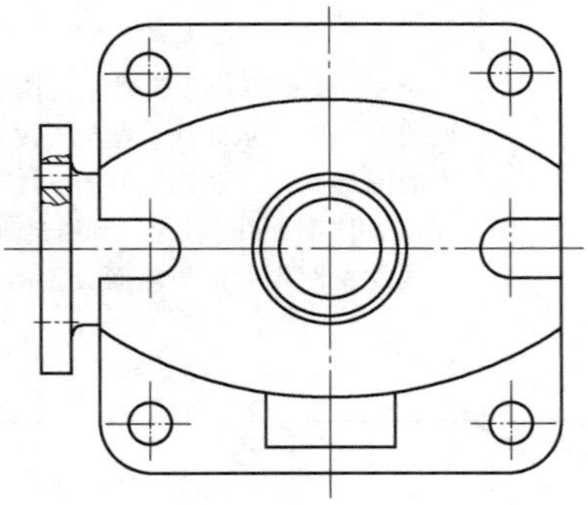	调用“分解”功能，选择俯视图，进行分解。选择剖面线，按<Delete>键删除。调用“直线”功能，绘制孔中心线；调用“剖面线”功能，添加剖面线，注意，此处剖面线的属性要保证与前面设置的相同。完成效果如图所示
25	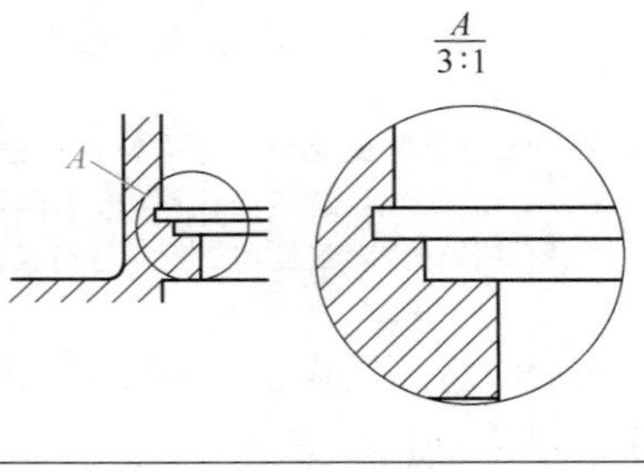 A；A 3:1	滑移鼠标在合适位置单击左键放置指引线及符号，符号插入后，命令行提示“实体插入点”，选择合适的位置单击鼠标左键确定放大图插入位置，单击鼠标右键完成放大图绘制，如图所示

（续）

序号	图例	操作步骤
26	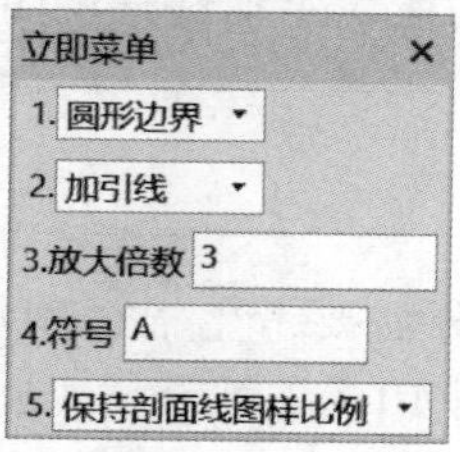 立即菜单 1. 圆形边界 2. 加引线 3.放大倍数 3 4.符号 A 5. 保持剖面线图样比例	用“三维接口”→“视图编辑”→“局部放大”功能，在立即菜单中条件设置为：“圆形边界”→“加引线”→“放大倍数”输入值为“3”→“符号”输入“A”，如图所示
27	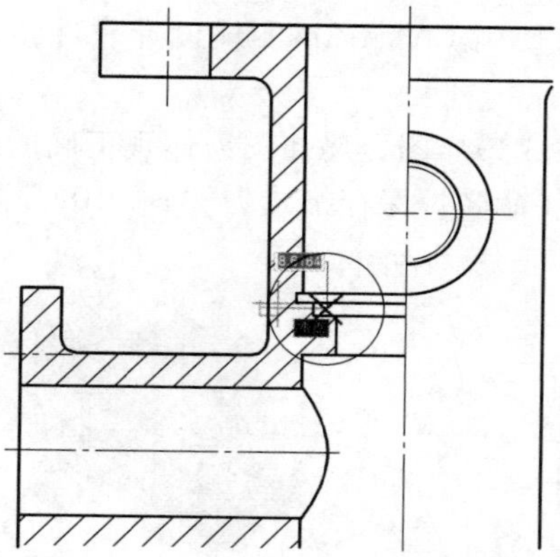	按照命令行提示“拾取中心点”，在如图所示位置单击鼠标左键；“输入半径或者圆上一点”，拖动鼠标，调整圆的大小，圈定需要放大的区域后单击鼠标左键
28	技术要求 1.加工的螺纹表面不允许有黑皮、磕碰、乱扣和毛刺等缺陷。 2.未注圆角半径为$R3$。 3.去除毛刺飞边。	视图标注请参看前面章节，这里不再赘述。调用“标注”选项卡下“文字”工具条中的“技术要求”功能，在输入行中输入或选择对应的技术要求，生成如图所示技术要求
29	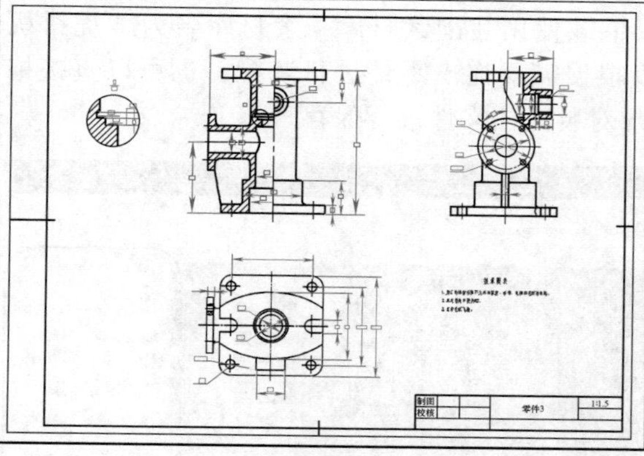	二维工程图绘制完成效果如图所示 在保存文件时，要仔细查看文件保存要求，按照职业技能等级试卷要求进行保存 说明：本题可以在 CAXA 电子图板中直接绘制工程图。但是在机械制图职业技能等级考试过程中，需要提交三维模型，因此采用三维实体转二维工程图可以提高制图速度

【技能点拨】

1. 半剖视图的生成可以通过“剖视图”功能和“局部剖视图”功能来实现，读者在练习中可以分别使用两种方法，达到熟练应用的目的。

2. 三维实体转二维工程图时，如果无法通过对话框进行投影方向的调整，可以在三维建模中进行模型方位的安排并保存，通过选择保存的文件来确定投影方向。

3. 三维实体转二维工程图时，生成的视图间存在联动关系，无论如何调整其中一个视图的位置，都可以保证视图之间符合高平齐、长对正和宽相等的规则，但是使用“分解”功能打散视图后，这种关系将不存在，需要打开“导航”功能，手动调整视图间对应关系。

10.3 题型二解析与操作

题型二是虚拟装配。本题型分为两部分，第一部分需要考生根据现场给定的装配示意图（如图 10-3-1 所示）或者试卷给定的机构装配图（如图 10-3-2 所示），使用考试提供的零件三维模型进行装配，标准件可以调用或自行绘制。装配文件以“×××机构装配”命名，保存格式为源文件（即所用软件的格式，本书中相关素材使用 CAXA 3D 实体设计软件绘制，源文件后缀为“. ics”）。

第二部分需要考生根据前一部分的装配体生成爆炸图，爆炸图需体现正确的装配顺序，有图框、BOM 表和零件指引序号，并以“爆炸图”命名，保存格式为“＊. PDF”文件。

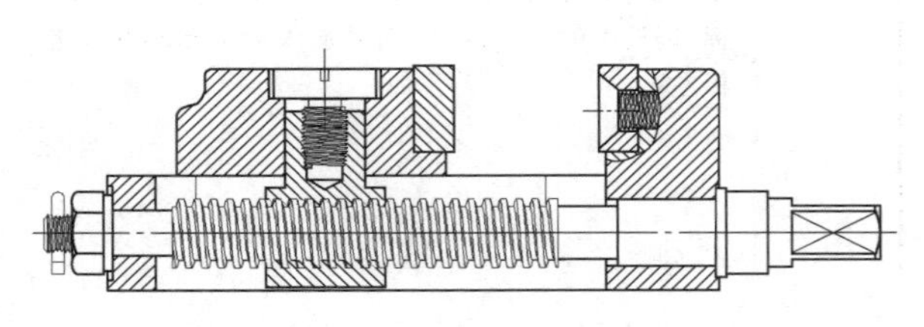

图 10-3-1 虎钳装配示意图

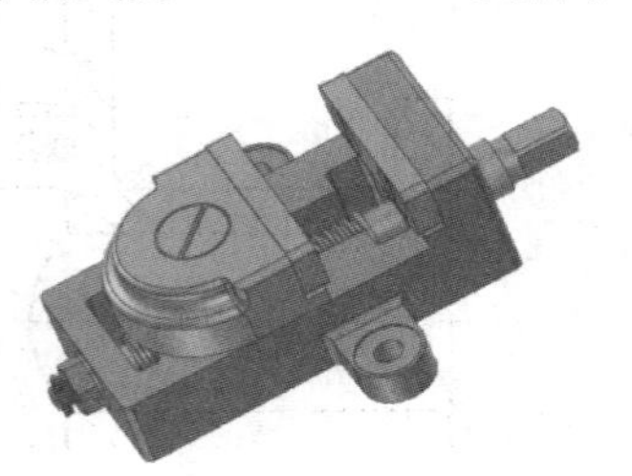

图 10-3-2 虎钳装配图

10.3.1 题型二分析

本题分两个部分，第一部分要求对给定的三维零件进行装配，此部分使用 CAXA 3D 实体设计软件完成，在此不做描述。读者可以下载使用装配素材库，素材库名为“虎钳机构装配. ics”。素材库内容如图 10-3-3 所示，可以根据需要拖出零件进行装配，也可以直接拖出素材库中已经建好的“虎钳装配体”，按照要求对装配体文件进行保存。

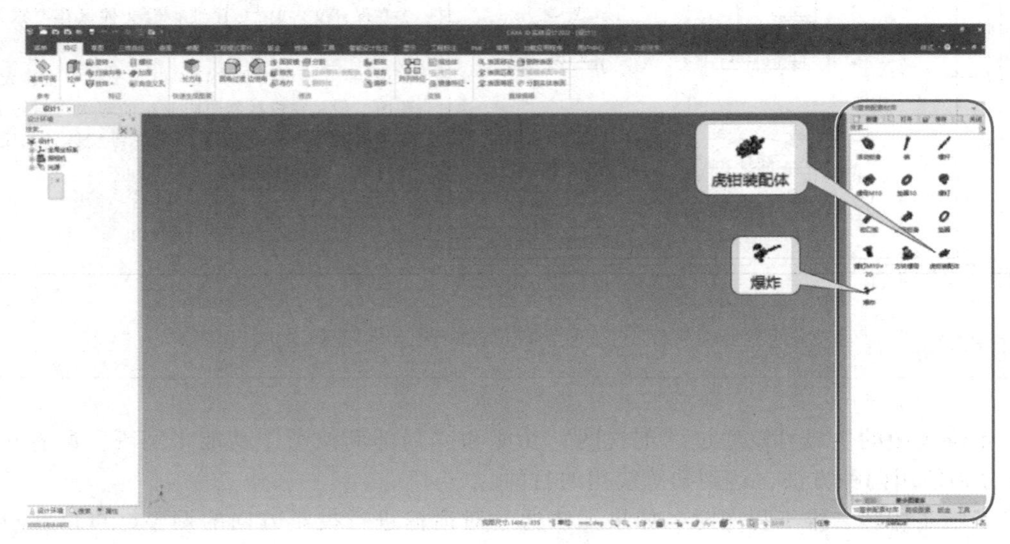

图 10-3-3 装配素材库

第二部分要求对装配体进行爆炸，并且爆炸最终效果需要体现装配的顺序，也就是爆炸之后零件的位置不能以存在干涉的轨迹到达。图框、BOM 表、零件指引线都可由 CAXA 电子图板三维接口直接生成，最后图纸保存为“＊.PDF”格式文件。

10.3.2　题型二操作

1. 对给定零件进行装配

此部分内容在 CAXA 3D 实体设计上完成，保存源文件为“虎钳机构装配.ics”，可在本章素材中下载，使用 CAXA 3D 实体设计直接打开该文件，并搭配有相应素材库，可在素材库中通过拖拽的方式自行装配练习。

2. 对装配体进行爆炸处理

此部分内容在 CAXA 3D 实体设计上完成。需要创建相应的爆炸配置，使之后的爆炸动作不会受到装配约束的影响。

说明：以上两个步骤需要在 CAXA 3D 实体设计软件上完成。请读者进行相关知识的学习。

3. 制作爆炸图

序号	图例	操作步骤
1		在 CAXA 3D 实体设计主界面左上方，单击“新的图纸环境”
2		进入 CAXA 电子图板界面，自动切换至“三维接口”选项卡，如图所示。 说明：此时可以通过“工程文档”选项卡在“任务二爆炸素材”三维模型与“任务二爆炸素材”二维图纸之间切换
3		调用“三维接口”→“视图生成”→“标准视图”功能，打开“标注视图输入”对话框；单击“来自文件”按钮，获得三维界面已经调整好的视觉角度，如图所示 图幅设置为：“图纸幅面”选择“A3”；“绘图比例”选择“1：1.5”；“图纸方向”选择“横放”；“图框”选择“定制图框”；“标题栏”选择“school（CHS）形式”，单击“确定”按钮，返回“标注视图输入”对话框

（续）

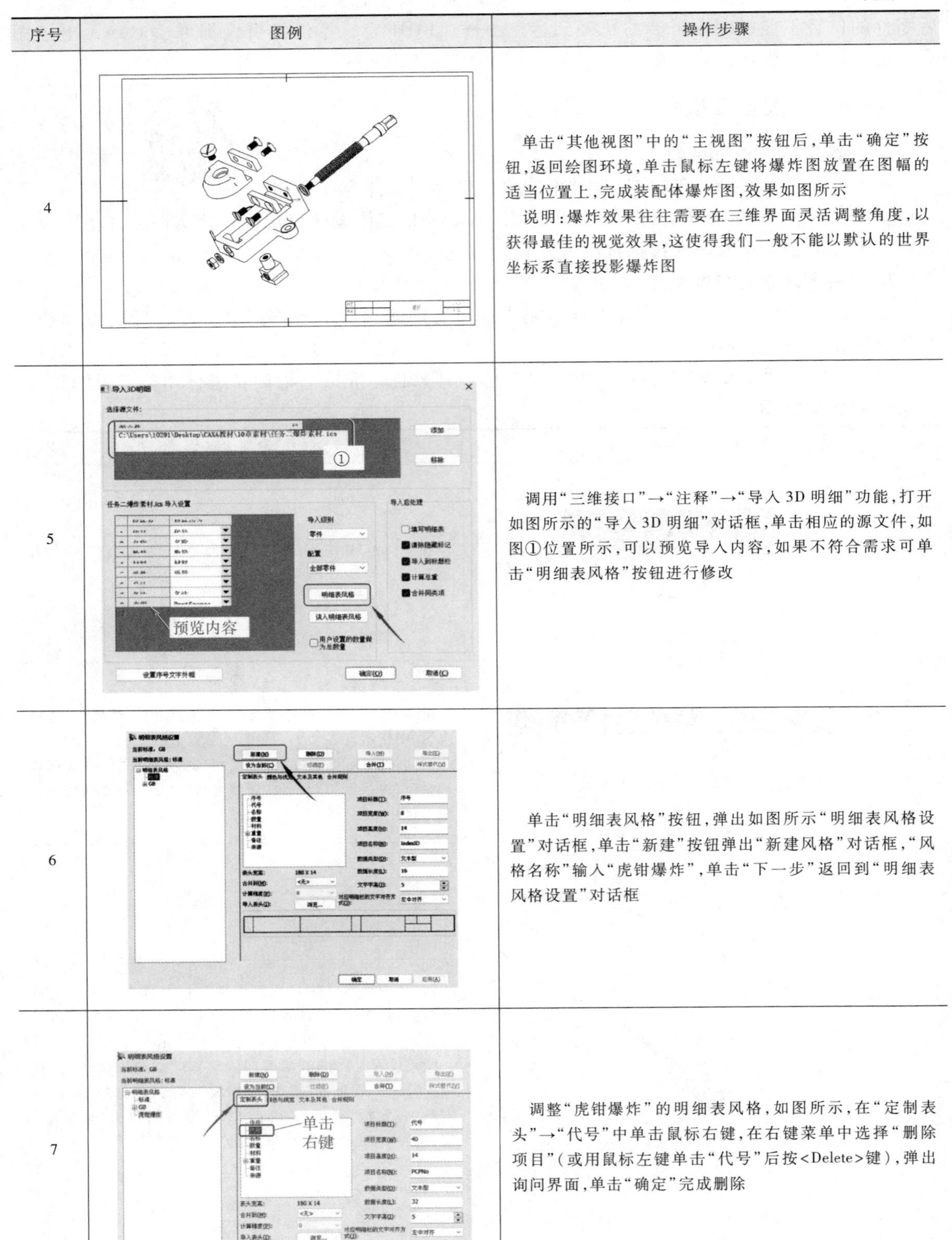

序号	图例	操作步骤
4		单击“其他视图”中的“主视图”按钮后，单击“确定”按钮，返回绘图环境，单击鼠标左键将爆炸图放置在图幅的适当位置上，完成装配体爆炸图，效果如图所示 说明：爆炸效果往往需要在三维界面灵活调整角度，以获得最佳的视觉效果，这使得我们一般不能以默认的世界坐标系直接投影爆炸图
5		调用“三维接口”→“注释”→“导入 3D 明细”功能，打开如图所示的“导入 3D 明细”对话框，单击相应的源文件，如图①位置所示，可以预览导入内容，如果不符合需求可单击“明细表风格”按钮进行修改
6		单击“明细表风格”按钮，弹出如图所示“明细表风格设置”对话框，单击“新建”按钮弹出“新建风格”对话框，“风格名称”输入“虎钳爆炸”，单击“下一步”返回到“明细表风格设置”对话框
7		调整“虎钳爆炸”的明细表风格，如图所示，在“定制表头”→“代号”中单击鼠标右键，在右键菜单中选择“删除项目”（或用鼠标左键单击“代号”后按<Delete>键），弹出询问界面，单击“确定”完成删除

（续）

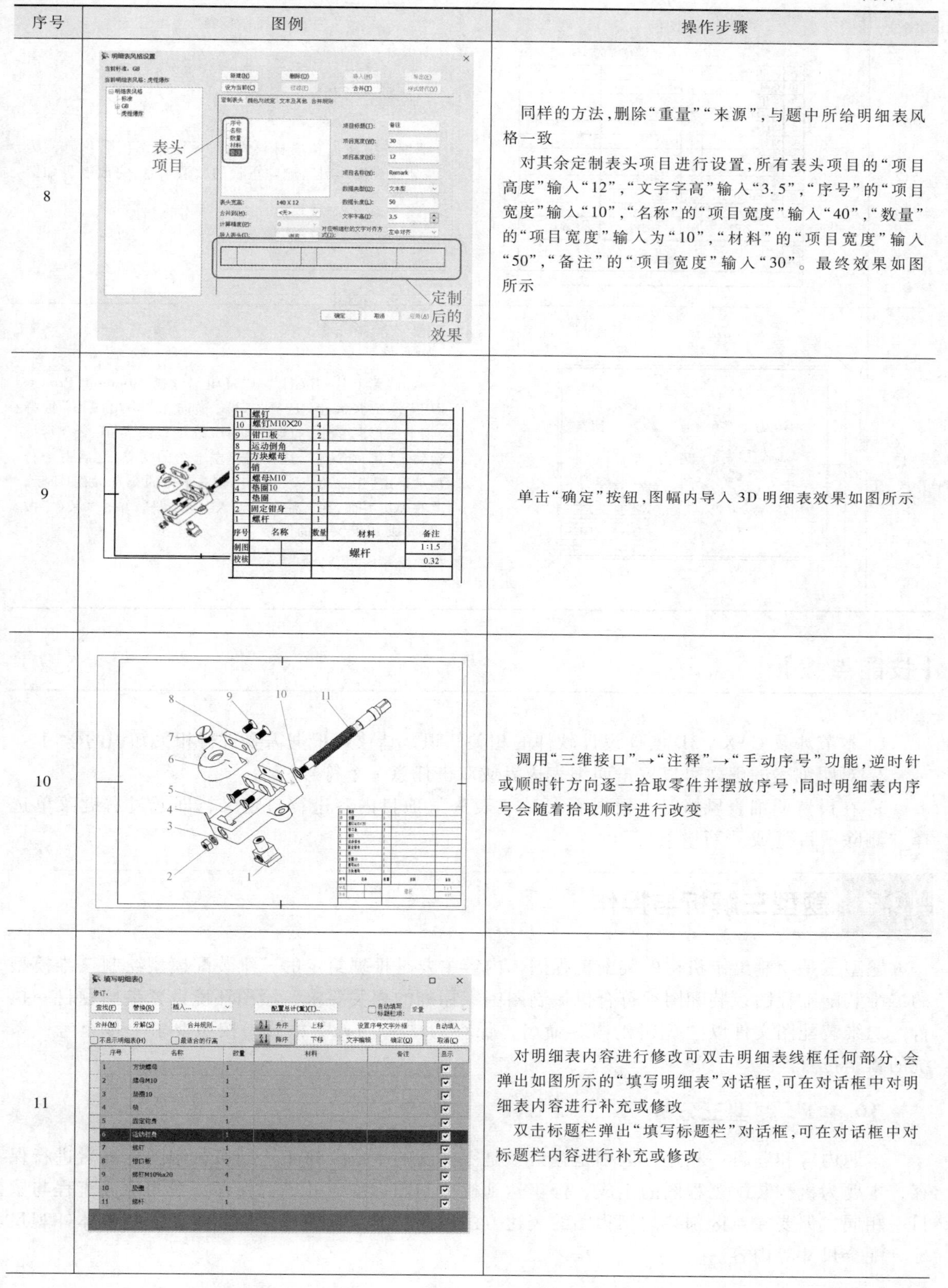

序号	图例	操作步骤
8	表头项目；定制后的效果	同样的方法，删除“重量”“来源”，与题中所给明细表风格一致 对其余定制表头项目进行设置，所有表头项目的“项目高度”输入“12”，“文字字高”输入“3.5”，“序号”的“项目宽度”输入“10”，“名称”的“项目宽度”输入“40”，“数量”的“项目宽度”输入为“10”，“材料”的“项目宽度”输入“50”，“备注”的“项目宽度”输入“30”。最终效果如图所示
9		单击“确定”按钮，图幅内导入 3D 明细表效果如图所示
10		调用“三维接口”→“注释”→“手动序号”功能，逆时针或顺时针方向逐一拾取零件并摆放序号，同时明细表内序号会随着拾取顺序进行改变
11		对明细表内容进行修改可双击明细表线框任何部分，会弹出如图所示的“填写明细表”对话框，可在对话框中对明细表内容进行补充或修改 双击标题栏弹出“填写标题栏”对话框，可在对话框中对标题栏内容进行补充或修改

（续）

<table>
<tr><th>序号</th><th>图例</th><th>操作步骤</th></tr>
<tr><td>12</td><td>
<table>
<tr><td>11</td><td>固定钳身</td><td>1</td><td>HT200</td><td></td></tr>
<tr><td>10</td><td>垫圈</td><td>1</td><td>35</td><td></td></tr>
<tr><td>9</td><td>螺杆</td><td>1</td><td>45</td><td></td></tr>
<tr><td>8</td><td>螺钉M10×20</td><td>4</td><td>Q235</td><td></td></tr>
<tr><td>7</td><td>钳口板</td><td>2</td><td>45</td><td></td></tr>
<tr><td>6</td><td>螺钉</td><td>1</td><td>Q235</td><td></td></tr>
<tr><td>5</td><td>活动钳身</td><td>1</td><td>HT200</td><td></td></tr>
<tr><td>4</td><td>销</td><td>1</td><td>30</td><td></td></tr>
<tr><td>3</td><td>垫圈10</td><td>1</td><td>35</td><td></td></tr>
<tr><td>2</td><td>螺母M10</td><td>1</td><td>Q235</td><td></td></tr>
<tr><td>1</td><td>方块螺母</td><td>1</td><td>Q235</td><td></td></tr>
<tr><td>序号</td><td>名称</td><td>数量</td><td>材料</td><td>备注</td></tr>
<tr><td>制图</td><td></td><td colspan="2" rowspan="2">虎钳装配爆炸图</td><td>1:1.5</td></tr>
<tr><td>校核</td><td></td><td></td></tr>
</table>
</td><td>明细表中添加各项材料内容，标题栏图纸名称修改为“虎钳装配爆炸图”，删除重量的数值信息，完成效果如图所示</td></tr>
<tr><td>13</td><td>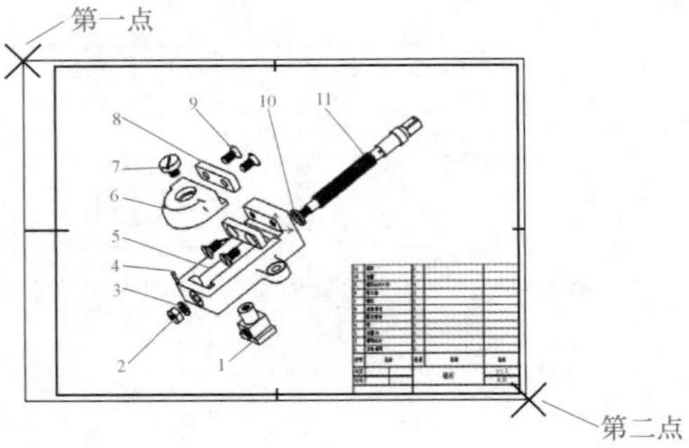
</td><td>单击“菜单”→“文件”→“打印”，选择“Microsoft Print to PDF”，“纸张大小”选择“A3”“横向”，“输出图形”选择“窗口图形”，单击“打印”返回二维工程图界面；命令行提示确定“第一角点”，选择图幅左上角的交点，之后命令行提示确定“第二角点”，选择图幅右下角的交点，如图所示，此时弹出界面，在文件名中输入“爆炸图”，单击“保存”按钮，完成 PDF 文件的保存</td></tr>
</table>

【技能点拨】

1. 本节涉及 CAXA 3D 实体设计软件的相关知识，请读者根据需要进行相关知识的学习。

2. 对明细表的编辑可以双击明细表边界或双击任意一个符号。

3. 在设置明细表风格时，根据需求对“表头”项目内容进行自定义，即通过右键菜单选择“删除项目”或“新增项目”。

10.4 题型三解析与操作

题型三是绘制给定机构的装配工程图。内容主要是根据给定的三维装配模型绘制三维模型的二维装配工程图，装配图须符合机械制图国家标准的相关要求，绘图环境设置参照题目一执行。二维装配图文件以“虎钳机构”命名，保存为“ * . dwg”格式，按照要求上传至考试系统的指定位置。

10.4.1 题型三分析

本题内容和题目一相近，区别是题目一是零件图的生成、修正达到机械制图标准后进行保存，本题为机构装配工程图的生成、修正达到机械制图标准，并进行保存。视图生成流程与题目一相同，但要注意区别装配工程图的表达方法以及装配工程图尺寸标注体现的是整体外观尺寸、配合尺寸等内容。

10.4.2　题型三操作

10.4.2
题型三操作

1. 打开已有三维装配模型

此部分内容在 CAXA 3D 实体设计软件上完成。打开 CAXA 3D 实体设计软件后，在素材库中拖出“虎钳装配体”，单击“保存”按钮，保存文件。

2. 打开装配体二维工程图环境

在 CAXA 3D 实体设计软件主界面左上方，单击“新的图纸环境”，进入 CAXA 电子图板环境，自动切换至“三维接口”选项卡（此部分与题目一操作相同）。

3. 按题目要求设置样式

按照题目一相应操作方法和流程设置样式，此处不再赘述。

4. 生成“虎钳装配体”三视图并编辑装配工程图

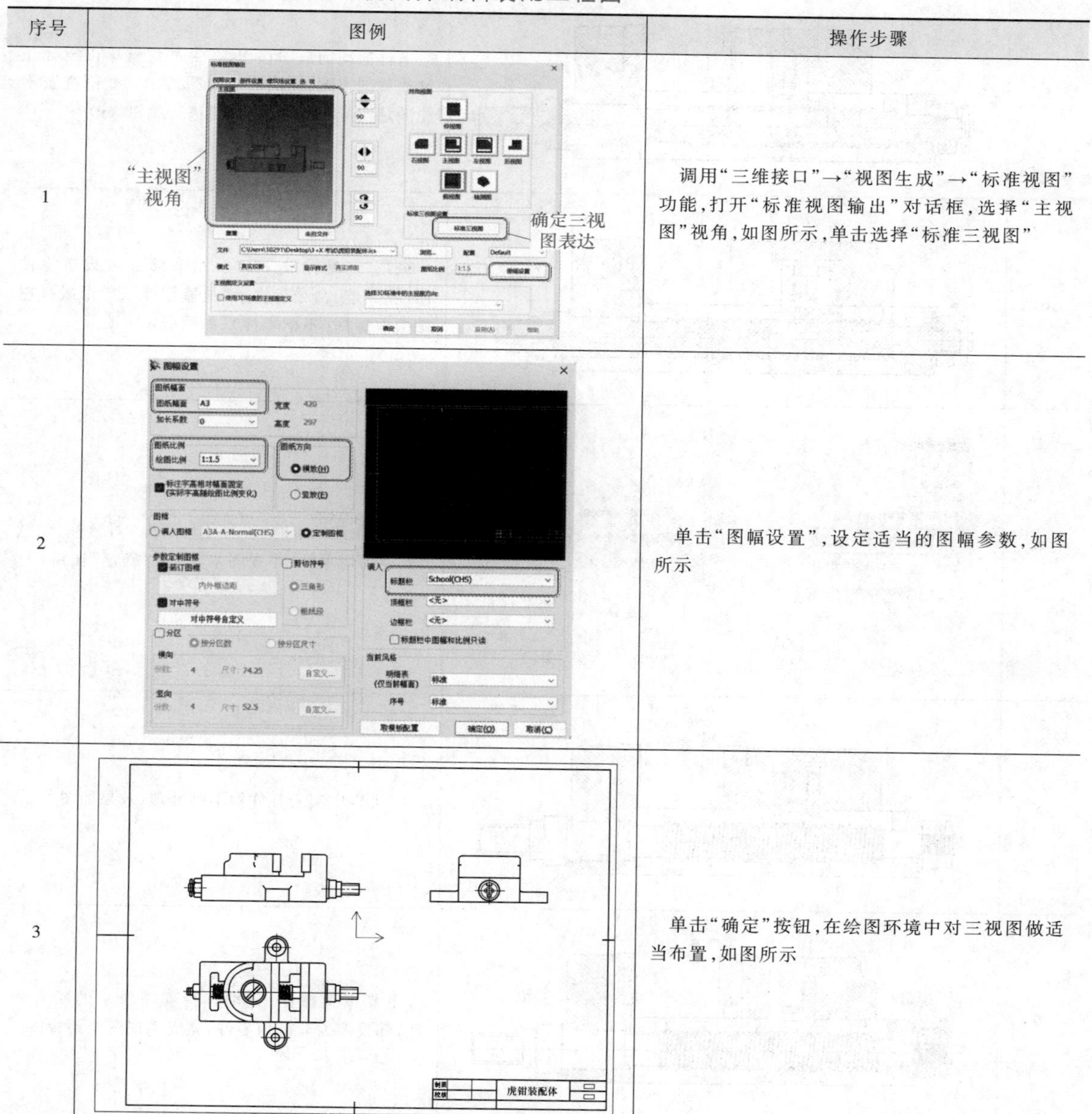

序号	图例	操作步骤
1		调用“三维接口”→“视图生成”→“标准视图”功能，打开“标准视图输出”对话框，选择“主视图”视角，如图所示，单击选择“标准三视图”
2		单击“图幅设置”，设定适当的图幅参数，如图所示
3		单击“确定”按钮，在绘图环境中对三视图做适当布置，如图所示

（续）

序号	图例	操作步骤
4	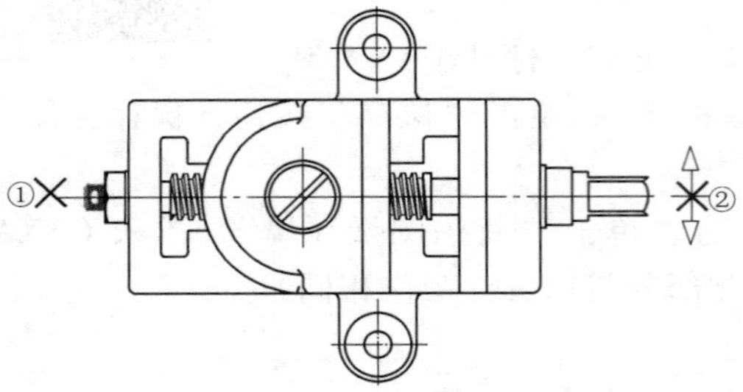	使用“三维接口”→“视图生成”→“剖视图”功能，以俯视图水平中心线为剖切面，分别在如图所示①、②位置单击鼠标左键，绘制剖切线，然后单击鼠标右键结束绘制；此时确定剖视图投影方向，单击选择向上箭头，确定剖切方向
5	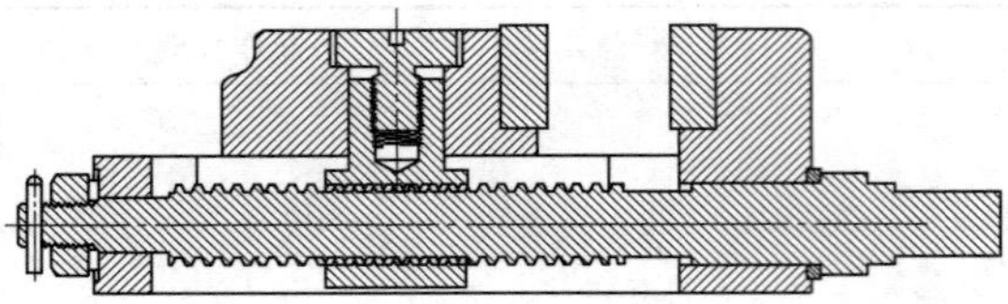	鼠标拖动剖视图移动，在合适位置单击鼠标左键放置剖视图，完成效果如图所示。此剖视图不能满足实际视图要求，需要进行编辑修改
6	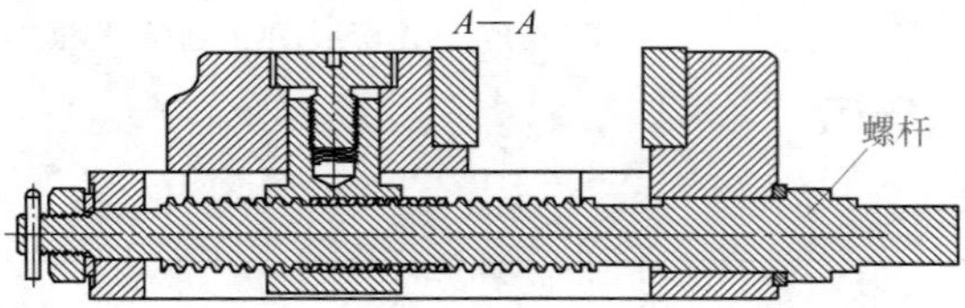	调用“三维接口”→“视图编辑”→“设置零件属性”功能，命令行提示“拾取零件”，单击鼠标左键拾取螺杆（不剖零件），如图所示
7	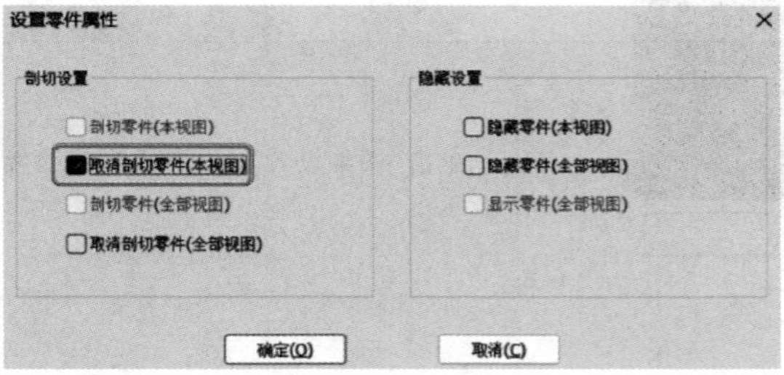	弹出如图所示的“设置零件属性”对话框，勾选“取消剖切零件（本视图）”，单击“确定”按钮
8	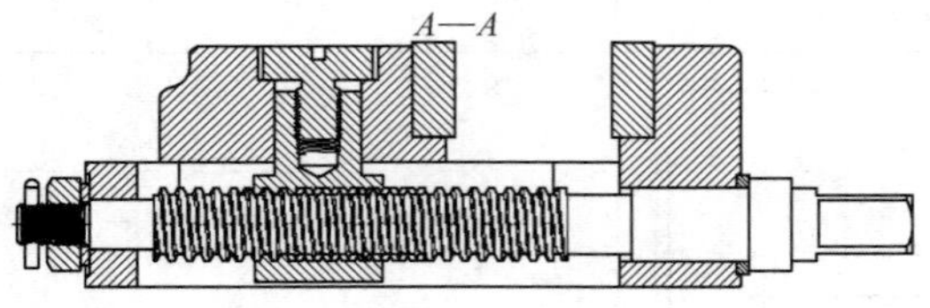	将机构中实心杆件做不剖处理，效果如图所示
9	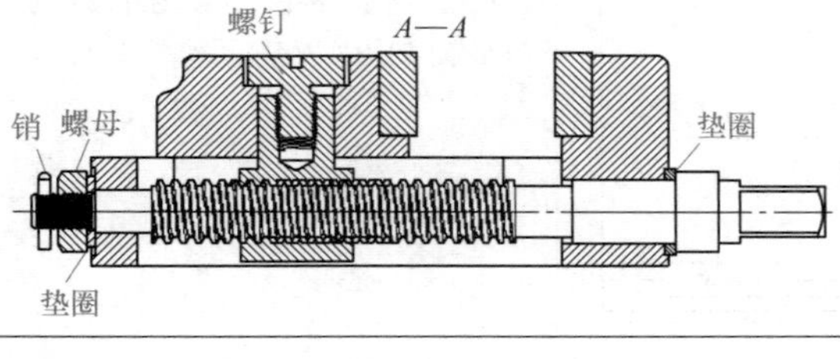	重复以上操作，分别选择如图所示的所有零件，都设置为非剖切零件，完成主视图全剖视图

（续）

序号	图例	操作步骤
10	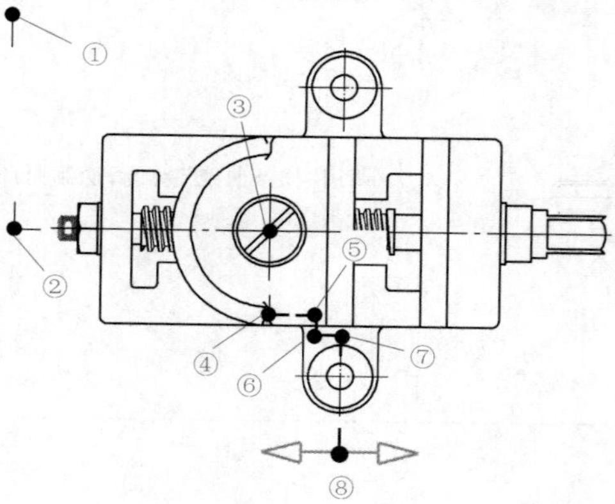 ① ② ③ ④ ⑤ ⑥ ⑦ ⑧	调用“三维接口”→“视图生成”→“剖视图”功能，在俯视图如图所示①、②、③、④、⑤、⑥、⑦、⑧位置单击绘制转折剖切面，在⑧位置单击鼠标右键结束绘制
11	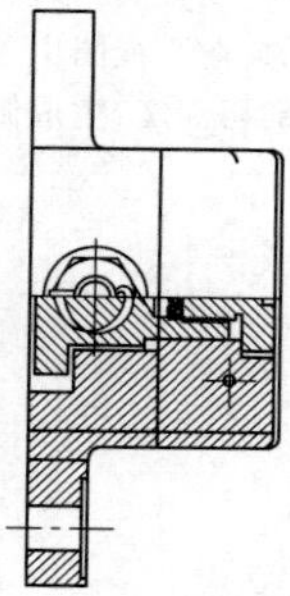	选择如图所示向右的箭头，投影左视转折剖视图如图所示。此剖视图不能满足实际视图要求，需要修改
12	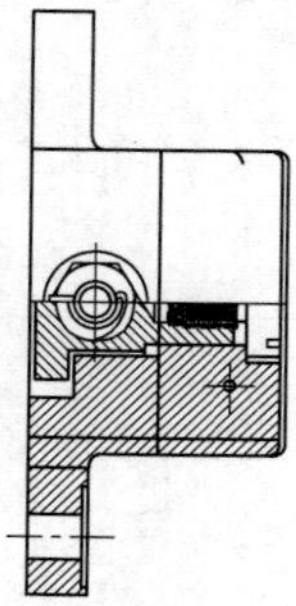	使用“三维接口”→“视图编辑”→“设置零件属性”功能，拾取非剖切零件，单击“确定”按钮，获得如图所示的剖视图
13	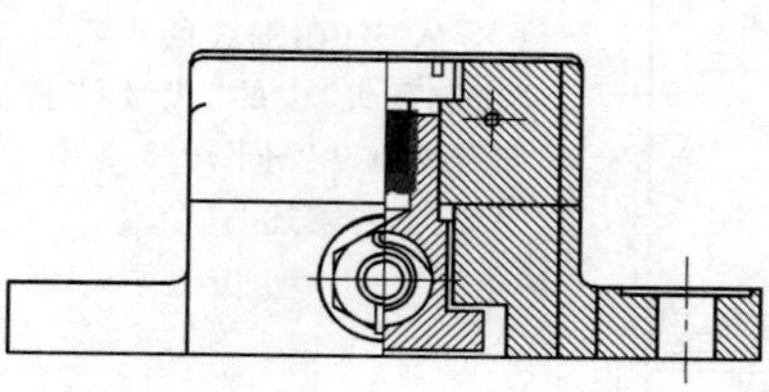	调用“旋转”功能，将步骤 12 所示视图旋转 90°，效果如图所示

（续）

序号	图例	操作步骤
14	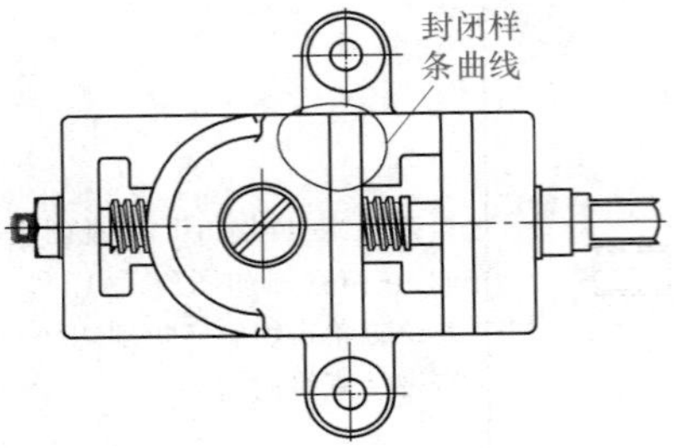 封闭样条曲线	调用“样条曲线”功能，绘制封闭样条曲线，如图所示
15	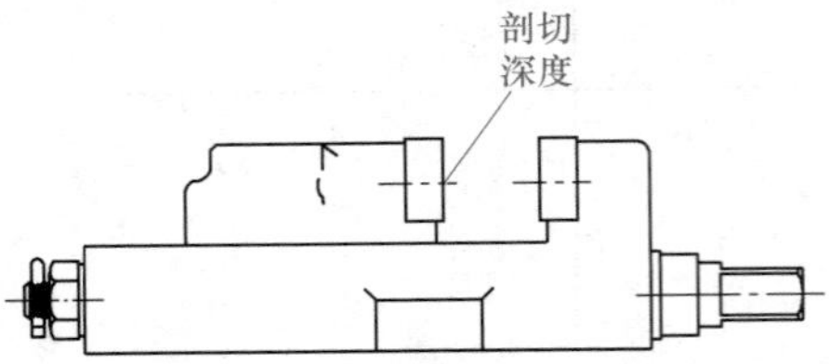 剖切深度	使用“三维接口”→“视图生成”→“局部剖视图”功能，拾取步骤 14 图示中提前绘制的剖切轮廓，在主视图中拾取螺栓孔中心线，如图所示为剖切深度，生成俯视图局部剖视图
16	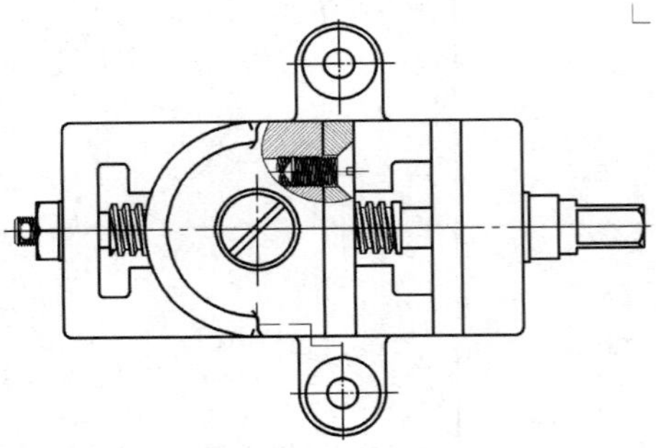	使用“三维接口”→“视图编辑”→“设置零件属性”功能，拾取螺钉为非剖切零件。剖视图效果如图所示
17	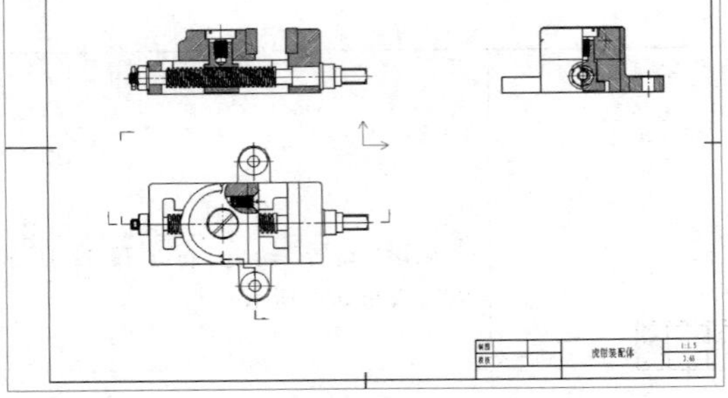	以新生成的剖视主视图及剖视左视图替代初始的主视图和左视图，调整三个视图满足长、宽、高的对应关系。效果如图所示 导入 3D 明细表的步骤与 10.3.2 类似。删除“定制表头”中的“代号”“重量”“来源”，其他明细表风格设置同 10.3.2 中导入 3D 明细表操作一致，不再赘述

（续）

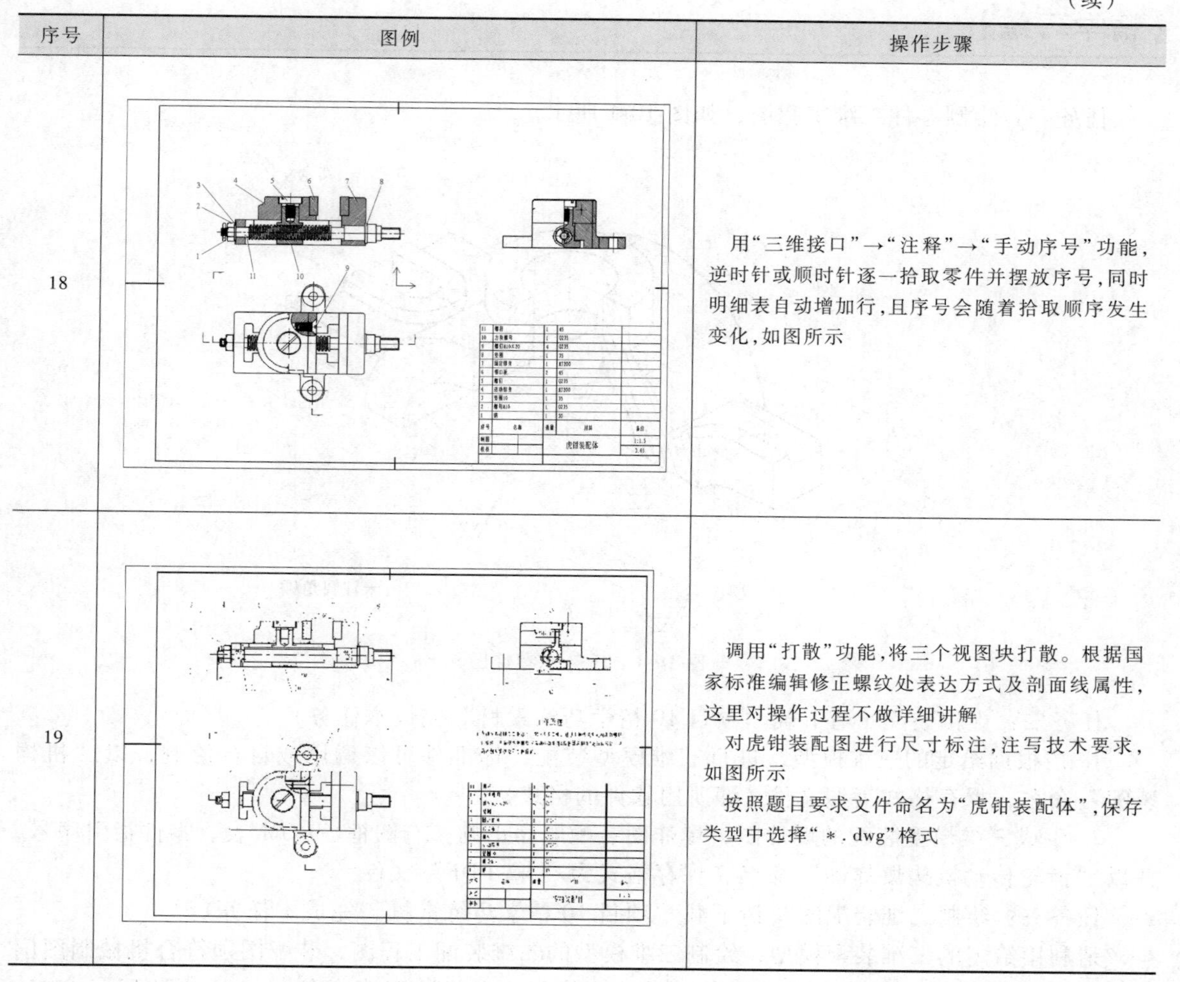

序号	图例	操作步骤
18		用“三维接口”→“注释”→“手动序号”功能，逆时针或顺时针逐一拾取零件并摆放序号，同时明细表自动增加行，且序号会随着拾取顺序发生变化，如图所示
19		调用“打散”功能，将三个视图块打散。根据国家标准编辑修正螺纹处表达方式及剖面线属性，这里对操作过程不做详细讲解 对虎钳装配图进行尺寸标注，注写技术要求，如图所示 按照题目要求文件命名为“虎钳装配体”，保存类型中选择“＊.dwg”格式

【技能点拨】

1. 对于剖视图操作后产生的剖面线，其样式和属性无法满足工程图要求时，需要通过“三维接口”选项卡中的“编辑剖面线”功能将剖面线进行重新定义。

2. 在操作过程中，如果删除了明细表，只要序号还在，双击序号就会打开“填写明细表”窗口，将左上角“不显示明细表”前面的对钩去掉即可恢复明细表在绘图区的显示。

3. 通常情况下，生成多个视图后，要对视图进行编辑并选择需要保留的视图，需要通过“分解”功能将视图块进行分解后，才能自由编辑或调整视图位置。

【项目小结】

本项目介绍了机械工程制图技能等级中级考试的三种题型及例题的软件操作过程。对于中级考试，读者需要具备三维软件绘图操作基础，通过三维软件建模与二维软件工程图相结合，可以有效地完成工程制图工作，如爆炸视图、装配工程图等。

【精学巧练】

任务一：绘制零件二维工程图，如图 10-1 所示。

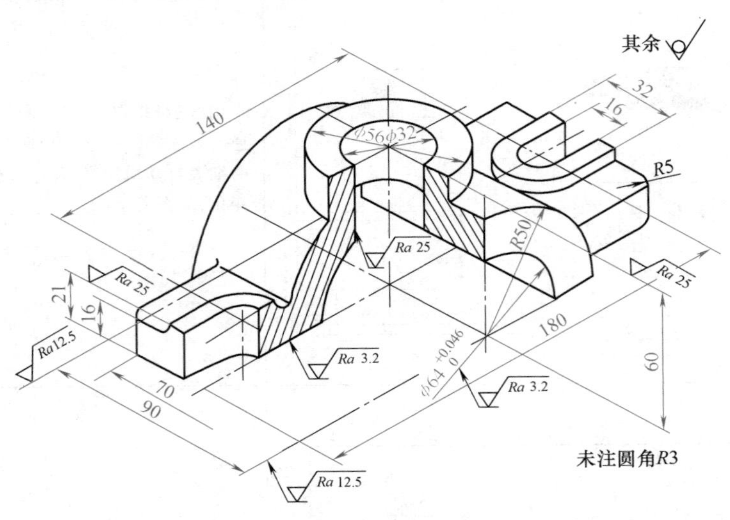

图 10-1 任务一零件图

任务二：虚拟装配（请下载“项目 10 精学巧练素材”完成本任务）。

1. 请根据给定的三维模型，进行三维模型装配，标准件可以调用或自行绘制，以“机构装配”命名，保存格式为源文件（即所用软件的格式）。

2. 生成三维模型装配的爆炸图，爆炸图装配顺序正确，有图框、BOM 表、零件指引序号，并以“齿轮传动机构爆炸图”命名，保存格式为“ * . PDF”文件。

任务三：绘制二维装配图（请下载“项目 10 精学巧练素材”完成本任务）。

请利用给定的三维装配模型，绘制三维模型的二维装配工程图，装配图须符合机械制图国家标准的相关要求，绘图环境设置参照任务一执行。二维装配图文件以“二维装配”命名，保存为“ * . dwg”格式。

参考文献

[1] 钟日铭. CAXA 电子图板 2015 从入门到精通 [M]. 2 版. 北京：机械工业出版社，2016.

[2] 张云杰，尚蕾. CAXA 电子图板 2018 基础、进阶、高手一本通 [M]. 北京：电子工业出版社，2018.

[3] 张云杰. CAXA CAD 电子图板和 3D 实体设计 2021 基础入门一本通 [M]. 北京：电子工业出版社，2022.

[4] 曹志广，刘忠刚. CAXA CAD 2021 电子图板与实体设计自学速成 [M]. 北京：人民邮电出版社，2022.